液化天然气装备设计技术

▶通用换热器卷

张周卫　苏斯君　张梓洲　田　源　著

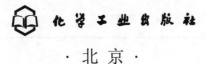

化学工业出版社

·北京·

本书主要讲述液化天然气（LNG）及天然气领域内 12 类通用换热装备的设计计算方法。主要涵盖不同类型换热器的换热工艺计算过程及结构设计过程，包括 LNG 气化器、板翅式换热器、螺旋折流板式换热器、空气冷却器、板式换热器、浮头式换热器、螺旋板式换热器、U 形管式换热器、板壳式换热器、燃烧式气化器、缠绕管式换热器、蒸发式冷凝器 12 个类别，内含低温换热基础研究与产品设计计算过程。涉及产品可应用于液化天然气、天然气、石油化工、煤化工、空气液化与分离、制冷及低温工程等领域。

本书不仅可供从事天然气、液化天然气、化工机械、制冷及低温工程、石油化工、动力工程及工程热物理领域内的研究人员、设计人员、工程技术人员参考，还可供高等学校化工机械、能源化工、石油化工、低温与制冷工程、动力工程等专业的师生参考。

图书在版编目（CIP）数据

液化天然气装备设计技术. 通用换热器卷/张周卫等著.
北京：化学工业出版社，2018.5
ISBN 978-7-122-31667-7

Ⅰ.①液…　Ⅱ.①张…　Ⅲ.①液化天然气-换热器-设计　Ⅳ.①TE8

中国版本图书馆 CIP 数据核字（2018）第 041784 号

责任编辑：卢萌萌　刘兴春　　　　　　　　文字编辑：陈　喆
责任校对：边　涛　　　　　　　　　　　　装帧设计：王晓宇

出版发行：化学工业出版社(北京市东城区青年湖南街 13 号　邮政编码 100011)
印　　装：河北鹏润印刷有限公司
787mm×1092mm　1/16　印张 23¾　字数 581 千字　2018 年 7 月北京第 1 版第 1 次印刷

购书咨询：010-64518888(传真：010-64519686)　　售后服务：010-64518899
网　　址：http://www.cip.com.cn
凡购买本书，如有缺损质量问题，本社销售中心负责调换。

定　　价：138.00 元

前 言
FOREWORD

《液化天然气装备设计技术：通用换热器卷》共收集张周卫、苏斯君、张梓洲、田源等主持设计研发的液化天然气通用换热装备 12 项，主要涵盖换热器工艺换热工艺计算过程及结构设计过程，包括液化天然气（LNG）气化器、天然气板翅式换热器、天然气螺旋折流板式换热器、空气冷却器、天然气板式换热器、天然气浮头式换热器、天然气螺旋板式换热器、天然气 U 形管式换热器、天然气板壳式换热器、LNG 燃烧式气化器、天然气缠绕管式换热器、天然气蒸发式冷凝器 12 个类别，内含低温换热基础研究与产品设计计算过程。涉及产品可应用于液化天然气、天然气、石油化工、煤化工、空气液化与分离、制冷及低温工程等领域。

本书共分 13 章，其中，第 2 章、第 11 章所列研发产品主要涉及 LNG 气化器的研发及产业化内容，主要包括 LNG 气化器、LNG 燃烧式气化器 2 类低温换热器，主要应用于-162℃ LNG 气化领域，将液化后的 LNG 气化为天然气。

第 3 章、第 4 章、第 6～10 章、第 12 章所列研发产品主要涉及天然气板翅式换热器、天然气螺旋折流板式换热器、天然气板式换热器、天然气浮头式换热器、天然气螺旋板式换热器、天然气 U 形管式换热器、天然气板壳式换热器、天然气缠绕管式换热器 8 类通用换热器，主要用于压缩后的天然气换热过程，也可作为 LNG 低温换热器使用，书中主要给出了各类换热器工艺计算过程及结构设计过程。

第 5 章、第 13 章涉及天然气空气冷却器、天然气蒸发式冷凝器的研发及产业化内容，主要应用于压缩后高温天然气的冷却过程，主要用途是将高温天然气通过空冷的方式降温至常温天然气。其中，天然气蒸发式冷凝器采用喷漆水表面蒸发加空气强制对流换热模式，可加速天然气的冷却过程，适用于气候干燥的西北部地区。

以上 12 类换热器属换热设备领域内通用的具有一定技术设计难度的换热装备系列化产品研发项目，主要应用于液化天然气（LNG）、天然气、煤化工、石油化工、低温制冷、空间低温制冷等多个领域，也可用于大型 LNG 液化系统、低温甲醇洗、低温液氮洗等重点工艺系统中的主要换热设备。从基础研发及设计技术等方面来讲均已成熟，从装备设计制造层面来讲，已能够推进涉及各大工艺系统系列装备的国产化及产业化进程。

本书第 1～4 章、第 10 章、第 12 章由张周卫负责撰写并整理，第 5～7 章由苏斯君负责撰写并整理，第 8 章、第 9 章、第 11 章、第 13 章由张梓洲、田源负责撰写并整理，全书由张周卫统稿，张梓洲、田源、殷丽、王军强协助编辑校正，苏斯君审定。

本书受国家自然科学基金（编号：51666008）、甘肃省财政厅基本科研业务费（编号：214137）、甘肃省自然科学基金（编号：1208RJZA234）等支持。

本书涉及项目产品由兰州交通大学、兰州兰石换热设备有限责任公司、甘肃中远能源动力工程有限公司技术科研人员联合开发，按照目前项目开发现状，文中重点列出 LNG 领域内 12 类通用换热装备设计计算内容，与相关行业内的研究人员共同分享，以期全力推进LNG领域内通用换热技术装备的创新研究及产业化进程。由于水平有限、时间有限及其他原因，本书中难免有不足之处，希望同行及广大读者批评指正。

兰州交通大学

兰州兰石换热设备有限责任公司

甘肃中远能源动力工程有限公司

张周卫　苏斯君　张梓洲　田源

2017 年 11 月 16 日

目 录
CONTENTS

第1章 绪论

第2章 LNG 气化器的设计计算

第3章　板翅式换热器的设计计算

第4章　螺旋折流板式换热器的设计计算

第5章　空气冷却器的设计计算

第6章　板式换热器的设计计算

第7章　浮头式换热器的设计计算

第8章　螺旋板式换热器的设计计算

第9章　U形管式换热器的设计计算

第10章　板壳式换热器的设计计算

第11章　燃烧式气化器的设计计算

第12章　缠绕管式换热器的设计计算

第13章　蒸发式冷凝器的设计计算

致谢

第1章

绪　　论

　　换热器是将热流体的部分热量传递给冷流体的设备，又称热交换器。换热器广泛应用于石油、化工、冶金、电力、船舶、供暖、制冷、食品、制药等领域，常常需要把低温流体加热或者把高温流体冷却，把液体气化成蒸气或者把蒸气冷凝成液体。这些过程均和热量传递有着密切联系，因而均可以通过换热器来完成。由传热学理论可知，热量总是自动地从温度较高的部分传到温度较低的部分。传热的基本方式有热传导、对流和辐射三种，因此，在换热器中热量总是由热流体传给冷流体，起加热作用的热流体又称加热介质，如水蒸气、导热油等；起冷却作用的冷流体又称冷却介质如空气、冷冻水等。在热交换过程中，热冷流体的温度是因整个流程而不断变化的，即热流体的温度由于放热而下降，冷流体的温度由于吸热而上升。

　　本书主要围绕液化天然气（LNG）及天然气领域内广泛应用的 12 类通用换热器（包括LNG 气化器、天然气板翅式换热器、天然气螺旋折流板式换热器、天然气干式空冷器、天然气板式换热器、天然气浮头式换热器、天然气螺旋板式换热器、天然气 U 形管式换热器、天然气板壳式换热器、LNG 燃烧式气化器、天然气缠绕管式换热器及天然气表面蒸发空冷器等）进行设计计算，以便给同行提供可参考的样本，以利于对行业内的通用换热装备进行设计计算，以加速推进 LNG 领域内通用换热装备的应用进程。LNG 气化器为液化后的-162℃ LNG进行气化时必要的换热装备，主要包括空温式气化器和燃烧式气化器两类，书中给出了换热工艺设计计算样本。其他换热器在给定进出口参数时，主要参照天然气被液化为 LNG 前，经天然气压缩机压缩后的高温高压天然气（一般为 4.6 MPa，120℃）需要冷却至常温（45℃左右），以备进行低温制冷并液化时，须采用水冷或空冷方式时的进出口参数。根据部分换热器的承压结构形式，降低了部分换热器进出口压力并进行设计，如板式换热器、板翅式换热器等。换热器选型过程主要依赖各类换热器的换热特点，根据不同承压能力及换热特性进行选型。然后给出各类换热器换热工艺设计计算样本，仅供读者设计时借鉴。以下是各类换热器的基本情况介绍。

1.1　LNG 气化器

　　LNG 气化器（图 1-1）主要包括空温式、水浴式及燃烧型三种类型，其中，空温式应用最普遍。空温式气化器是利用空气自然对流加热换热管中的低温 LNG，并将 LNG 低温冷量传递给空气，使 LNG 完全蒸发成气态天然气；LNG 水浴式气化器是将 LNG 管道安装于水浴中，利用循环水将 LNG 冷量带走，并加热 LNG 管道，使管道内 LNG 低温液体气化。LNG 燃烧型气化器采用燃气加热水浴的办法，获得热量并气化 LNG。由于空温式气化器结构简单，不需要外加动力装置及热源，节能好用，所以 LNG 接收站一般均采用空温式气化器。空温式气化器最大的缺点是空气自然对流换热效率较低，换件器翅片容易结霜，结霜后产生绝热作用，从而阻止空气与管束的换热过程。所以，运行过程中需要间歇融霜，浪费时间较多。常用的空温式气化器主要有水平布置型及垂直布置型两种，水平布置型一般适用于较小的 LNG 气化站，垂直布置型一般适用于较大型 LNG 气化站。本书中主要给出了一种垂直型 LNG 气化器设计计算样本，供同行设计时参考。

图 1-1　LNG 气化器

1.2　天然气用板翅式换热器

杭州制氧机厂在上世纪 90 年代初从美国 S.W 公司引进大型真空钎焊炉和板翅式换热器制造技术，板翅式换热器（图 1-2）随之在我国得到飞速发展，目前在空气分离、石油化工、液化天然气（LNG）等工业领域得到广泛应用。板翅式换热器通常由隔板、翅片、封条、导流片组成（图 1-3），在相邻两隔板间放置翅片、导流片以及封条组成一个夹层，称为通道，将这样的夹层根据流体的不同方式叠置起来，钎焊成一整体便组成板束，板束是板翅式换热器的核心。板翅式换热器已广泛应用于石油、化工、天然气加工等行业。板翅式换热器具有换热效率高、体积小、重量轻、可进行多股流换热等优点。目前，板翅式换热器已广泛应用于石油、化工、天然气加工等领域。其由于翅片对流体的扰动使边界层不断破裂，因而具有较大的换热系数。同时，由于隔板、翅片很薄，具有高导热性，因此使得板翅式换热器可以达到很高的效率。由于板翅式换热器具有扩展的二次表面，因此比表面积可达到 $1000m^2/m^3$。板翅式换热器适用于气-气、气-液、液-液等各种流体之间的换热以及发生集态变化的相变换热。通过流道的布置和组合能够适应逆流、错流、多股流、多程流等不同的换热工况。通过单元间串联、并联、串并联的组合可以满足大型设备的换热需要，如多股流 LNG 板翅式主换热装备。

从传热机理上看，板翅式换热器仍然属于肩臂式换热器，具有扩展的二次传热表面（翅片），所以传热过程不仅是在一次传热表面（隔板）上进行，还同时也在二次传热表面上进行。高温侧介质的热量除了由一次表面导入低温侧介质外，还沿翅片表面高度方向传递部分热量，即沿翅片高度方向由隔板导入热量，再将这些热量对流传递给低温侧介质。由于翅片高度大大超过了翅片厚度，因此，沿翅片高度方向的导热过程类似于均质细长导杆的导热过程。此时，翅片的热阻就不能被忽略。翅片两端的温度最高等于隔板温度，随着翅片和介质的对流放热，温度不断降低，直至达到翅片中部区域介质温度。本书中给出了一种以天然气与水为介质换热的板翅式换热器，主要用于高压高温天然气的冷却过程，从设计计算及结构设计方面给同行提供参考。

图 1-2　板翅式换热器实物模型

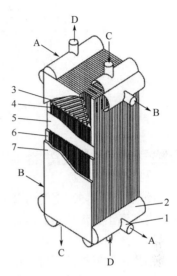

图 1-3　多股流板翅式换热器三维模型（林德公司）

1—接管；2—封头；3—导流翅片；4—传热翅片；

5—隔板；6—封条；7—侧板；A，B，C，D—流体

1.3　天然气用螺旋折流板式换热器

螺旋折流板换热器（图 1-4）通过改变壳侧折流板的布置，使壳侧流体呈连续的螺旋状流动。理想的折流板布置应该为连续的螺旋曲面，但是螺旋曲面加工困难，而且换热管与折流板的配合也较难实现。考虑到加工上的方便，采用一系列的扇形平面板（称之为螺旋折流板）替代曲面相间连接，在壳侧形成近似螺旋面，使壳侧流体产生近似连续螺旋状流动。一般来说，出于加工方面的考虑，一个螺距取 2～4 块折流板，相邻折流板之间有连续搭接和交错搭接两种方式，按流道又可分为单螺旋和双螺旋两种结构。传统换热器中最普遍应用的是弓形折流板，由于存在阻流与压降大、有流动滞死区、易结垢、传热的平均温差小、振动条件下易失效等缺陷，近年来逐渐被螺旋折流板所取代。理想的螺旋折流板应具有连续的螺旋曲面。由于加工困难，目前所采用的折流板一般由若干个 1/4 的扇形平面板替代曲面相间连接，形成近似的螺旋面。在折流时，流体处于近似螺旋流动状态。相比于弓形折流板，在相同工况下，这样的折流板（被称为非连续型螺旋折流板）可减小压降 45% 左右，而总传热系数可提高 20%～30%，在相同热负荷下，可大大减小换热器尺寸。虽然非连续螺旋折流板的加工技术比较成熟，在石化行业也已得到推广应用，但仍存在诸多不足之处。例如，扇形板连接处成非光滑的锐角过渡，对轴向运动的流体存在反压，流体通过时的突然转向会造成能量损失，在螺旋角较大时能耗更严重；相邻两片扇形板空间对接时，必须附加角接板才能填补缝隙，既费工又废料，又增大了流体的阻力。相比之下，具有理想螺旋曲面的连续型螺旋折流板有着更

好的传热与流动特性，但在实际应用时必须首先解决其加工难题。本书给出了一种螺旋折流板换热器设计计算模型，并相应给出了螺旋折流板的基本结构，供同行读者参考。

图 1-4　螺旋折流板式换热器

1.4　天然气用干式空冷器

干式空冷器（图 1-5）主要由管束和风机组成，是以环境空气作为冷却介质，横掠翅片管外，使管内高温工艺流体得到冷却或冷凝的设备，简称空冷器，也称空气冷却式换热器。空冷器可以按用户要求放置室内或室外，与设备连接可以用软管也可以用钢管。空冷器盘管材质有铝管铝片、钢管钢片两种。铝管铝片冷风机翅片与换热管可采用胀接工艺，管片接触紧密，接触热阻小，传热效率高，防腐性能好。钢管钢片冷风机翅片与换热管采用整体热浸锌工艺，管片接触更紧密，接触热阻小，传热效率高，防腐能力强。翅片为整体波纹状多孔铝片或钢片。可采用定片距（8mm、10mm、12mm）和变片距（8/16mm、10/20mm、12/24mm）的翅片组合形式。翅片为深位延长套筒和定距片相组合的定位方式、定位准确。大型空冷器一般为多台并联使用，具有换热量大、冷却能力强等特点，可模块化组合使用，一般应用于大型换热系统，在 LNG 领域主要用于冷却大型离心压缩机出口高压高温天然气。

图 1-5　天然气干式空冷器

1.5　天然气用板式换热器

板式换热器是由一系列具有一定波纹形状的金属片叠装而成的一种高效换热器（图 1-6）。各种板片之间形成薄矩形通道，通过板片进行热量交换。板式换热器是液-液、液-气进行热交换的理想设备。它具有换热效率高、热损失小、结构紧凑轻巧、占地面积小、应用广泛、使用寿命长等特点。在相同压力损失情况下，其传热系数比管式换热器高 3～5 倍，占地面积为管式换热器的三分之一，热回收率可高达 90%以上。板式换热器的形式主要有框架式（可拆卸式）和钎焊式两大类，板片形式主要有人字形波纹板、水平平直波纹板和瘤形板片三种。可拆卸板式换热器是由许多冲压有波纹的薄板按一定间隔排列，四周通过垫片密封，并用框架和压紧螺旋重叠压紧而成的。板片和垫片的四个角孔形成了流体的分配管和汇集管，同时又合理地将冷、热流体分开，使其分别在每块板片两侧的流道中流动，通过板片进行热交换。在 LNG 领域，板式换热器一般应用于中小型压缩机出口低温低压天然气或相关辅助冷却系统的换热过程。板式换热器主要由板片、前后压板、导杆等基本构件组成。

图 1-6　天然气板式换热器

1.6　天然气用浮头式换热器

浮头式换热器（图 1-7）主要由壳体与浮头管束组成，管束两端各有一块管板，其中一端与壳体固定，另一端可相对壳体自由移动，称为浮头。浮头由浮动管板、钩圈和浮头端盖组成，是可拆连接，管束可从壳体内抽出。管束与壳体的热变形互不约束，因而不会产生热应力。其优点是管间与管内清洗方便，不会产生热应力。其缺点是结构复杂，造价比固定管板式换热器高，设备笨重，材料消耗量大，且浮头端小盖在操作中无法检查，制造时对密封要求较高。其适用于壳体和管束之间壁温差较大或壳程介质易结垢的场合。

换热器内有浮头；浮头上安装管
板及管箱；壳体外设置两对法兰

图 1-7　天然气浮头式换热器

1.7 天然气用螺旋板式换热器

螺旋板式换热器由两张钢板或铝板卷制而成（图 1-8、图 1-9），形成了两个均匀的螺旋通道，两种传热介质可进行全逆流流动换热，大大增强了换热效果，即使是两种小温差介质，也能达到理想的换热效果，传热效率好，运行稳定性高，可多台共同工作，适用于气-气、气-液、液-液相互换热，主要应用于化学、石油、溶剂、医药、食品、轻工、纺织、冶金、轧钢、焦化等行业。按结构形式螺旋板式换热器可分为不可拆式（Ⅰ型）螺旋板式及可拆式（Ⅱ型、Ⅲ型）螺旋板式换热器。现行标准为 NB/T 47048—2015《螺旋板式换热器》。Ⅰ型不可拆式螺旋板式换热器螺旋通道的端面采用焊接密封，因而具有较高的密封性；Ⅱ型可拆式螺旋板换热器的结构原理与不可拆式换热器基本相同，但其中一个通道可拆开清洗，特别适用于有黏性、有沉淀液体的热交换；Ⅲ型可拆式螺旋板换热器的结构原理与不可拆式换热器基本相同，但其两个通道可拆开清洗，适用范围较广。一般认为螺旋板式换热器的传热效率为列管式换热器的 1～3 倍。等截面单通道不存在流动死区，定距柱及螺旋通道对流动的扰动降低了流体的临界雷诺数，水-水换热时螺旋板式换热器的传热系数最大可达 3000W/（m² · K）。由于螺旋板式换热器具有全焊接结构，密封性能良好，换热效率高，特别适用于清洁的天然气换热过程，可应用于 LNG 系统中天然气冷却过程。

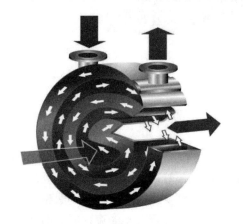

图 1-8　螺旋板式换热器换热原理图　　　　图 1-9　螺旋板式换热器实物图

1.8 天然气用 U 形管式换热器

U 形管式换热器（图 1-10）属于列管式换热器，由于 U 形管束结构具有良好的抗热应力变形性能及伸缩性能，不会因管壳之间的温差而产生热应力，热补偿性能好，特别适用于高温高压流体的换热过程；U 形管式换热器管程为双管程，流程较长，流速较高，传热性能好；承压能力强；管束可从壳体内抽出，便于检修和清洗，且结构简单，造价便宜。其缺点是管束难以更换，内层管子弯曲半径不能太小，在管板中心部分布管不紧凑，所以管子数不能太多，且管束中心部分存在间隙，使壳程流体易于短路而影响壳程换热。此外，为了弥补弯管后管壁的减薄，直管部分需用壁较厚的管子。这就影响了它的使用场合，仅宜用于管壳壁温相差较大，或壳程介质易结垢而管程介质清洁及不易结垢，高温、高压、腐蚀性强的情形。

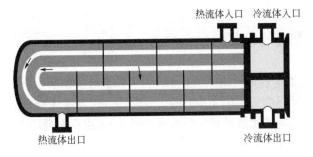

图 1-10　U 形管式换热器

1.9　天然气用板壳式换热器

板壳式换热器是以板束作为传热元件的换热器，又称薄片换热器。它主要由板管束和壳体两部分组成。将冷压成形的成对板条的接触处严密地焊接在一起，构成一个包含多个扁平流道的板管。许多个宽度不等的板管按一定次序排列。为保持板管之间的间距，在相邻板管的两端镶进金属条，并与板管焊在一起。板管两端部便形成管板，从而使许多板管牢固地连接在一起构成板管束（图 1-11、图 1-12）。板管束的端面呈现若干扁平的流道板束装配在壳体内，它与壳体间靠滑动密封消除纵向膨胀差，或在壳体中段设置膨胀节以降低热应力变形。设备截面一般为圆形，也有矩形、六边形等。板壳式换热器是介于管壳式换热器和板式换热器之间的一种结构形式，它兼顾了两者的优点，以板为传热面，传热效能好，传热系数约为管壳式换热器的 2 倍；耐温差、抗压能力强，最高工作温度可达 800℃，最高工作压力达 6.3 MPa。扁平流道中流体高速流动，且板面平滑，不易结垢，板束可拆出，清洗也方便。但这种换热器制造工艺较管壳式换热器复杂，焊接量大且要求高。

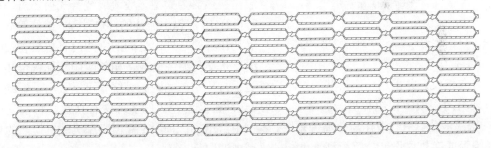

图 1-11　板壳式换热器平直板束结构图

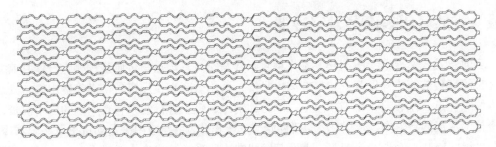

图 1-12　板壳式换热器波纹板束结构图

1.10　LNG 用燃烧式气化器

LNG 燃烧式气化器一般为直燃式气化器，直接燃烧介质来获取气化时所需的热量，是通过内部的热交换使用明火来气化 LNG 的。直燃式气化器的优势更明显，它的最大特点是不需要用水（电热水浴式气化器需要加热水才能气化），也不需要用电（特别设计的 9V DC 自动点火器），通过简单的开启按钮就可以重新点火；直燃式气化器是目前世界上独特的一款 LNG 气化器，每台设备在出厂前都已进行处理和检测试验，只需要安装后连接 LNG 气源就可以工作；不需要用水和电源，安装简单费用低；直燃式气化器也是 LNG 强制气化器的一种，目前这种技术产品还主要依赖进口。

1.11　天然气用缠绕管式换热器

缠绕管式换热器是将盘管围绕芯筒缠绕并形成缠绕管束（图 1-13），再将缠绕管束安装于壳体内的一种多股流换热器，适用于低温、多相流及多股流换热领域，相对于普通的列管式换热器具有不可比拟的优势，适用温度范围广、适应热冲击、热应力自身消除、紧凑度高。由于自身的特殊构造，使得流场充分发展，不存在流动死区。缠绕管式换热器是一款高效紧凑的换热器，不但可以利用余热，在节能环保方面也具有很重要的作用。换热器的结构形式复杂，造价成本高，并且一般位于装置的关键部位，如 LNG 主液化换热器为大型多股流缠绕管式换热器，可同时进行 10 股以上流体的换热过程。缠绕管式换热器是在芯筒与外筒之间的空间内将传热管按螺旋线形状交替缠绕而成，相邻两层螺旋状传热管的螺旋方向相反，并采用一定形状的定距件使之保持一定的间距。缠绕管可以采用单根绕制，也可采用两根或多根组焊后一起绕制，适应热冲击及温差大的流体进行换热，特别适用于 LNG 低温液化、空气液化与分离等领域。本书中给出了一种用于高温高压天然气换热的单股流缠绕管式换热器设计计算模型，供相关领域内的同行参考。

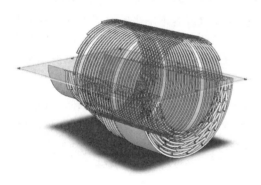

图 1-13　缠绕管式换热器缠绕管束示意图

1.12　天然气用表面蒸发空冷器

表面蒸发式空冷器（图 1-14）是一种将水冷与空冷、传热与传质过程融为一体且兼有两者之长的高效节能冷却设备，其具有结构紧凑、传热效率高、投资省、操作费用低、安装维护方便等优点，在石油、化工、冶金、电力、制冷、轻工等行业中有着广阔的应用前景，是空冷技术发展的新方向。蒸发空冷的研究始于六十年代，主要应用于发动机引擎夹套水冷却、压缩机级间冷却、润滑油冷却等。表面蒸发式空冷器是将管式换热器置于塔内，通过流通的空气、喷淋水与循环水的热交换保证降温效果。由于是闭式循环，其能够保证水质不受污染，很好地保护了主设备的高效运行，延长了使用寿命。外界气温较低时，可以停掉喷淋水系统，起到节水效果。随着国家节能减排政策的实施和水资源的日益匮乏，近几年密闭式冷却塔在钢铁冶金、电力电子、机械加工、空调系统等行业得到了广泛的应用。

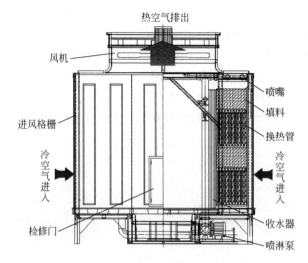

图 1-14　表面蒸发空冷器示意图

参考文献

[1] 顾安忠，鲁雪生，汪荣顺，等. 液化天然气技术 [M]. 北京：机械工业出版社，2003.

[2] GB 150—2011.

[3] GB/T 151—2014.

[4] 来进琳. 空温式翅片管气化器在低温工况下的传热研究 [D]. 兰州：兰州理工大学，2009：11-34.

[5] 王松汉. 板翅式换热器 [M]. 北京：化学工业出版社，1984.

[6] 董其伍，张垚. 石油化工设备设计选用手册　换热器 [M]. 北京：化学工业出版社，2008.

[7] 钱颂文. 换热器设计手册 [M]. 北京：化学工业出版社，2002.

[8] NB/T 47007—2010.

[9] JB/T 4758.

[10] 马义伟. 空冷器的设计与应用 [M]. 哈尔滨：哈尔滨工业大学出版社，1998.

[11] 钱滨江，伍贻文，常家芳，等. 简明传热手册 [M]. 北京：高等教育出版社，1983.

[12] 史美中，王忠铮编著. 热交换器原理与设计 [M]. 南京：东南大学出版社，2009.

[13] 朱聘冠. 换热器原理及计算 [M]. 北京：清华大学出版社，1987.

[14] 尾花英朗. 热交换器设计手册. 上册 [M]. 北京：石油工业出版社，1981.

[15] 尾花英朗. 热交换器设计手册. 下册 [M]. 北京：石油工业出版社，1982.

[16] 朱聘冠. 换热器原理及计算 [M]. 北京：清华大学出版社，1987.

[17] NB/T 47048—2015.

[18] JB/T 4723—1992T.

[19] JB/T 4717—92.

[20] 国家质量技术监督局. 压力容器安全技术监察规程 [S]. 北京：中国劳动社会保障出版社，1999.

[21] 兰州石油机械研究所. 换热器 [M]. 北京：石油工业出版社，1998.

[22] JB/T 4709—92.

［23］化工设备设计全书编辑委员会编. 化工设备设计全书　换热器［M］. 北京：化学工业出版社，2003.

［24］张延丰. 板壳式换热器：ZL200520110143.4.［P］. 2005-06-20.

［25］于国杰. LNG 沉浸式燃烧型气化器数值模拟［D］. 大连：大连理工大学，2009.

［26］孙海峰. 浸没燃烧式 LNG 气化器的传热计算与数值仿真［D］. 北京：北京建筑大学，2014.

［27］张周卫. 单股流螺旋缠绕管式换热器设计计算方法：2012102978151［P］. 2012-12.

［28］热交换器设计计算与传热强化及质量检验标准规范实用手册［M］. 北京：北方工业出版社，2006.

［29］张周卫，汪雅红著. 缠绕管式换热器［M］. 兰州：兰州大学出版社，2014-9.

［30］张周卫，李连波，李军，等. 缠绕管式换热器设计计算软件［Z］. 北京：中国版权保护中心，2013.

第2章
LNG 气化器的设计计算

空温式气化器是通过吸收外界环境中的热量并传递给低温介质使其气化的设备。由于其具备结构简单、运行成本低廉等优点，因此广泛应用于低温液体气化器、低温储运设备自增压器等。实际应用中，低温工况下星型翅片导热管气化器普遍存在结霜现象，考虑地区、温度和季节变化在内，各种气化器的结霜面积大约占总面积的 60%～85%。霜层在星型翅片导热管表面的沉积增加了冷壁面与空气间的导热热阻，减弱了传热效果，同时霜层的增长产生的阻塞作用大大增加了空气流过气化器的阻力，造成气流流量的下降，使气化器的换热量大大地减少。因此如何合理设计空温式气化器是当前急需解决的问题。

2.1 LNG 气化器设计目的与意义

与其他形式的气化器相比，空温式星型翅片管气化器最为经济，其无需额外的动力或能量消耗，可以大幅度降低供气系统的能源和动力消耗，此外，还具有无污染、结构简单、制造和使用方便等优点，使其日益受到用户的青睐，成为当前最为常用的气化器之一。空温式气化器以其节能环保的优势被广泛应用于 LNG 气化站中，现如今我国自行生产的空温式气化器的规模和装备量日益增多，但设计和制造水平均为初级阶段。首先，目前我国生产的空温式气化器缺少行业及国家标准，导致其设计制造及运行调节缺乏依据；其次，我国液化天然气空温式气化器的生产厂家大多是模仿国外先进的设计方案，在设计和制造中采用经验方法进行估算，忽略了实际使用中空温式气化器的传热传质过程和影响因素。在研究创新和优化缺乏的条件下，与国外空温式气化器相比，我国自主生产的空温式气化器具有以下缺点：气化量不足、不合理的流道布置、造价高、占地面积大、流动阻力较大。当 LNG 在空温式气化器中的气化过程不完全时，管内气液两相流体的耦合作用会使管道产生振动，进而使得气液两相流管道成为自激振系统，造成气化器翅片管内振动，振动的不稳定性严重影响气化器的传热性能，影响输气管线的安全和高效运行，甚至造成事故，影响人身和财产安全。

空温式气化器具有依靠自身显热和吸收外界大气环境热量而实现气化功能，不消耗水、电等，运行成本较低的优点。其缺点是：气化器体积大，气化量受气温的影响较大，在气温较低时气化量可能达不到额定值。据统计，空温式气化器在 0℃ 的气化能力达到其额定流量的 65%，为了解决这个问题，可以在温度低的时候启用备用设备。从经济上考虑，仍要比使用电热式气化器更合适。

2.2 气化器初步设计

2.2.1 结构设计

2.2.1.1 基管壁厚计算

基管壁厚按下式计算：

$$\delta_0 = \frac{p_z D}{2[\sigma]^t + p_z} + C \tag{2-1}$$

式中 p_z ——工作压力，MPa；

D ——基管外径，mm；

$[\sigma]^t$ ——设计温度下材质的许用应力，MPa；

C ——包括壁厚负偏差、腐蚀裕量和圆整量在内的壁厚附加量，mm。

设定外径 $D = 14\,\text{mm}$，铝材质 $[\sigma]^t = 24.5\,\text{MPa}$：

$$\delta_0 = \frac{p_z D}{2[\sigma]^t + p_z} + C = \frac{0.1 \times 14}{2 \times 24.5 + 0.1} + C = 0.028 + C \tag{2-2}$$

考虑壁厚附加量 C，取 $\delta_0 = 2\,\text{mm} = 0.002\,\text{m}$。

2.2.1.2 肋片厚度预定

先设定一个肋片厚度，再用毕渥数判定设置的肋片是否起换热作用，条件如下：

$$\frac{2\lambda}{\alpha\delta} > 1 \tag{2-3}$$

式中 λ ——肋片材质的热导率，W/(m·K)；

α ——与自由流动空气对流的换热系数，W/(m²·K)。

设定肋片高度为 $H = 0.08\,\text{m}$，肋片厚度 $\delta = 0.002\,\text{m}$。

2.2.1.3 肋片的换热量

对于高且薄的肋片，可不计肋端的对流换热，即视肋端为绝热，单片肋片的换热量由下式计算：

$$q = \lambda f \Delta T u \tanh(uH) \tag{2-4}$$

其中：

$$f = L\delta\,(\text{m}^2)$$

$$u = \sqrt{\alpha S/(\lambda f)}$$

$$S = 2(\delta + L) = 2 \times (0.002 + L)(\text{m})$$

$$\tanh(uH) = \mathrm{e}^{uH} - \mathrm{e}^{uH}\big/(\mathrm{e}^{uH} + \mathrm{e}^{uH})$$

$$\Delta T = T_0 - T_f$$

式中 T_0 ——环境温度，℃；

T_f ——肋片根部温度，℃。

2.2.1.4　肋片数量的确定

肋片数不足则换热量不足，但肋片数也不能过多，因为肋片数增加时，肋间距离相应缩小。这样，由于流体黏滞作用和肋片间互相吸收一部分辐射热，会降低换热效果。因此，肋片数存在一个最佳值。这个值通常反映在肋片高度与肋片间距的比值上。

由此推导得肋片数与肋片间距的最佳关系为：

$$b = \sqrt{\frac{50v^2 H}{\beta g \Delta T Pr}} \qquad (2-5)$$

式中　b——肋片间距，m；

β——流体膨胀系数，K^{-1}；

v——运动黏度，m^2/s；

g——重力加速度，m/s^2；

H——肋片高度，m；

Pr——普朗特数。

相应于此易得肋片数的最佳值：

$$n = \frac{\pi D}{\delta + b} \qquad (2-6)$$

2.2.2　换热管的总换热量

换热管的总换热量为肋片的换热量与基管的换热量之和：

$$Q = nq + \alpha \Delta T L(\pi D - n\delta) \qquad (2-7)$$

式中　ΔT——肋片根部温度 T_f 沿管长方向的变化。

对于此种情况，传统的办法是用对数平均温差取代温差 $T_0 - T_f$ 之值，近似认为换热管的液体进口段壁温与进液温度相等，气体出口端壁温近似认为等于气体温度，则有对数平均温差如下：

$$\Delta T = \frac{\Delta T_1 - \Delta T_2}{\ln(\Delta T_1 / \Delta T_2)} \qquad (2-8)$$

式中：

$$\Delta T_1 = T_0 - T_1 \qquad \Delta T_2 = T_0 - T$$

代入数值计算：

$$\Delta T_1 = T_0 - T_1 = 31.3 + 162 = 193.3(℃)$$

$$\Delta T_2 = T_0 - T = 31.3 - 20 = 11.3 (℃)$$

对数平均温差：　$\Delta T = \dfrac{\Delta T_1 - \Delta T_2}{\ln(\Delta T_1 / \Delta T_2)} = \dfrac{193.3 - 11.3}{2.84} = 64.08(℃)$

2.2.3　空气的物性参数

换热管进口气体焓 $h_{in} = 1.5101 \, kJ/kg$；

换热管出口气体焓 $h_{out} = 919.2528 \, kJ/kg$；

工作介质流量 $V = 133 \text{ m}^3/\text{h}$;

工作介质做功为：$N = pV \times 10^5 / 427 = 0.3 \times 133 \times 10^5 / 427 = 9.34 \times 10^3$

$$= 9.34 \times 4.18 \times 10^3 = 3.9 \times 10^4 (\text{kJ}/\text{h})$$

工作介质吸热量为：

$$Q = V\rho(h_{\text{out}} - h_{\text{in}}) + N = 133 \times 1.9855 \times (919.2528 - 1.5101) + 3.9 \times 10^4 \tag{2-9}$$
$$= 2.81 \times 10^5 (\text{kJ}/\text{h})$$

2.2.4 对流换热系数

现取其平均系数得计算式：

$$\alpha = 1.015(\Delta T/H)^{1/4} = 1.015 \times (64.08/0.08)^{1/4} = 5.40[\text{kJ}/(\text{m}^2 \cdot \text{K})] \tag{2-10}$$

2.2.5 判断设置肋片是否合理

铝的热导率为 $214\text{W}/(\text{m} \cdot \text{K})$，则：

$$\frac{2\lambda}{\alpha\delta} = \frac{2 \times 214}{5.40 \times 0.002} > 1 \tag{2-11}$$

说明肋片设置合理。

2.2.6 肋片数的确定

肋片间距 b：

$$b = \sqrt{\frac{50v^2 H}{\beta g \Delta T Pr}} = \sqrt{\frac{50 \times (1.6424 \times 10^{-5})^2 \times 0.08}{3.286 \times 10^{-3} \times 9.8 \times 64.08 \times 0.719}} = 2.697 \times 10^{-5} (\text{m}) \tag{2-12}$$

说明肋片可设置得很密，考虑制作工艺等因素，取 $n = 8$。

2.2.7 换热管的换热能力计算

$$S = 2(\delta + L) = 2 \times (0.002 + L) \tag{2-13}$$

$$f = L\delta = 0.002L \tag{2-14}$$

$$u = \sqrt{\alpha S / (\lambda f)} = \sqrt{5.40 \times 2 \times (0.002 + L)/(214 \times 0.002L)} = 5 \tag{2-15}$$

$$\tanh(uH) = e^{uH} - e^{uH}/e^{uH} + e^{uH} = 0.379 \tag{2-16}$$

$$q = \lambda f \Delta T S \tanh(uH) = 214 \times 0.002L \times 64.08 \times 5 \times 0.379 = 51.9L(\text{kJ}/\text{s}) \tag{2-17}$$

$$Q = nq + \alpha \Delta TL(\pi D - n\delta) = 425.455L(\text{kcal}/\text{h}) = 1778.4L(\text{kJ}/\text{h}) \tag{2-18}$$

2.2.8 所需换热管总长

$$1778.4L = 5.22 \times 10^5$$
$$L = 294 \text{ m}$$

2.2.9 管子布置

带肋片直管长 6m，弯管两竖段长度分别为 0.15m，横段长度为 0.2m。布置为 7 排，每一排 7 根管子。

2.3　液化天然气传热分析

2.3.1　液化天然气的传热特性

根据目前国内外 LNG 的储存温度、同类产品的操作和设计参数以及 LNG 的物性，考虑气化器产品的使用范围和 LNG 气化后的外输压力要求，选取 LNG 入口操作温度为-162℃，气化器 LNG 出口温度为 30℃（为气态天然气）。

液化天然气入口温度为-162℃，属于低温液体，饱和温度低，汽化潜热小，在气化器中的沸腾换热十分剧烈，与常温或高温介质传热特性相比，具有以下特点：

（1）热物性变化剧烈

液化天然气在翅片管入口段与空气侧温差最大，随着温度迅速升高，压力下降，其热物性变化异常激烈，常规的变物性关系式并不适用。

（2）传热的不稳定性

低温系统在开始启动时，由于低温介质和系统设备的温差很大，使得设备产生巨大的热应力，这一不稳定传热过程瞬间完成，但对设备换热性能的影响不可忽略，需要研究温度场的瞬态变化规律。

（3）两相流与近临界流

液化天然气在气化器内温度升高至泡点后开始气化，这一过程涉及沸腾相变和两相流的复杂问题，液化天然气由多种组分组成，各组分的泡点和露点不同，泡点最低的组分最先气化并扰动流动换热过程，且处于传热机理十分复杂的近临界流和强迫两相流的对流传热工况。近临界流和两相流遵循着不同的流动及换热规律，两者的流型不同，进而使得传热过程具有很大的差异，而且随着干度和时间的变化，流型也不断转变，而且在临界流和两相流传热区域内液化天然气的流动不稳定且流量振荡。

（4）热传导

在低温下流体的热物理性质变化剧烈，其自身的传热将受到很大影响。液化天然气属于低温流体，纯液相的热导率不断变化，其热传导过程不能忽略这一变化。低温流体容易形成导热各向异性的结晶沉淀物，使得传热过程更为复杂。

2.3.2　LNG 气化机理分析

管内 LNG 气化的机理可以描述为：LNG 混合物进入气化器后，在吸热过程中，沸点低、蒸汽压高的组分（即甲烷）先发生气化，从而使得液相组分发生变化，但由于液相在气化过程中会断续与传热面发生接触，以及液体会被气泡分裂成气沫，从而沸点较高的组分在操作压力对应的饱和温度之前便可以发生气化，最后结果是各种组分的液体都得到了气化，所以气化器出口的气体与入口液相的组分是相同的。

一般认为，沸腾传热主要有核态沸腾和对流蒸发两种机理，当管壁上的液膜蒸发完毕后，管内介质的流型为气相夹带液滴的雾状流，此时介质的吸热量一部分用于使液滴蒸发，另一部分用于使气相过热，表现为气相温度上升，高于饱和温度，当液滴完全蒸发后，两相区结束，进入了单相气对流换热区。

空温式气化器的布置方式多为并列管束式，其中竖直并列蛇形管在我国最为常见，该形式包括竖直向上和向下的流动通道。然而，Klimenko 研究后提出：竖直向下的流动沸腾换热强度最差，而竖直向上的流动传热效果最好，本书设计的空温式气化器为竖直向上流动。

空温式气化器主要由换热管、压力调节装置和液位显示系统组成（图 2-1）。换热器主要由传热性能较好的低温铝合金纵向翅片管组成，横截面一般为星型翅片，每根翅片管又分为蒸发段和过热段，蒸发段吸收管外空气侧热量将液化天然气转化为气态，过热段将天然气进一步加热，提高天然气的出口温度以满足燃气管网输配要求。

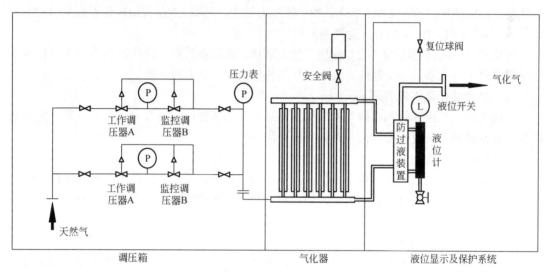

图 2-1　空温式气化器主要工艺流程图

2.3.3　LNG 气化特点分析

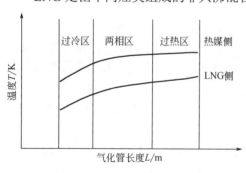

图 2-2　LNG 气化示意图

LNG 是由不同烃类组成的非共沸混合物，即开始气化的温度与完全气化的温度不同，气化过程中温度不断发生变化。LNG 管内流动的强制气化过程可用图 2-2 表示，分为过冷区、两相区和过热区，这与单一成分的液体气化不同。单一成分的液体气化在两相区温度相同，为图中虚线所示；而非共沸液体气化温度在两相区中是变化的，如图中实线所示。

气化器中 LNG 的气化过程是一个以沸腾换热为主的传热传质过程，当温度低于泡点温度时，处于单相液体换热区；高于泡点而低于露点时，处于两相区；高于露点时处于单相气体换热区。

2.3.4　两相流与对流沸腾换热分析

2.3.4.1　概述

气体和液体都是流体，他们单独运动时的规律基本相同，但是当共存时，除了介质与管道壁面之间存在作用力外，两相之间也存在相互作用力，有可能发生机械不平衡现象，使得动量方程复杂化；从能量平衡的观点出发，除流体与外界存在能量交换外，两相界面上也存在着能量交换，而且这种交换必然伴随着机械能损失，使能量方程复杂。

在加热沸腾的两相流动中，相变会导致质传递和含气率变化，一方面相分布（形状和数量）沿流道不断发生变化，使得流动计算变得复杂；另一方面传质过程中会伴随着动量和能量传递，从而造成连续方程、动量和能量方程复杂化。

虽然迄今为止对沸腾传热和两相流动的实验和理论研究已经取得了显著成果，但是将有关沸腾传热和气液两相流的实验结果和理论分析归纳起来概括到理论高度，还具有一定的难度。

两相流比常规的单相流多了一个相态和两相界面，因此流场的组成应该包括三个部分，以常见的气液两相流为例，其流场包含气、液和气液界面。两相界面的存在会对两相流的流动和换热特性产生比较大的影响。在界面上介质的参数存在着急剧的变化，所以会存在参数后特性的传递现象。

两相流的传热和流动特性研究中的一个至关重要的因素就是流型，不同的流型会对应其特有的传热和流动机制。在加热的管道中，沿着管流方向，气相的体积份额会逐渐增多，液相的体积百分数会逐渐减少，所以沿程会出现不同流型的替换现象。

2.3.4.2　气液两相流的流型

在气液两相流动中，两相流体的几何分布特点称为两相流机构或者是流动形式（简称流型）。由于本课题研究的是垂直上升管中 LNG 的传热相变，因此介绍一下垂直上升管中气液两相流的流型。垂直上升管中气液两相流的流型如图 2-3 所示，分别为：

① 泡状流　泡状流是最常见的两相流流型之一，该流型的特点是液相中夹带有微小的气泡，直径小于 1mm 的是环形气泡，直径大于 1mm 的气泡形状则是多种多样的。

② 弹状流　弹状流是指液相中夹带有气弹的流型，气弹的前部是球形的，尾部较平，气弹之间还夹有细小的气泡，气弹与管壁之间则存在着液膜。

③ 块状流　管内气速增大会导致气弹发生分裂，此时便会形成块状流，在该流型中，块状气体的大小与形状不一，气体在液相中无规则地流动。

④ 丝束环状流　在该流型中，管壁上是含有小气泡的较厚的液膜，管子核心处则为气相，气体中含有细小液滴组合成的条状纤维。

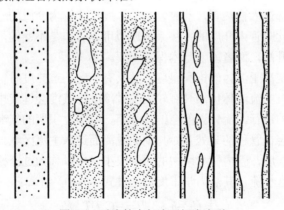

图 2-3　垂直管中气液两相流流型

⑤ 环状流　在该流型中，管壁上存在一层液膜，管子核心为气相，气体中夹带有细小液滴。对管壁加热，使得管壁上的液膜发生气化后，两相流流型便会转变为雾状流，此时管

壁上也没有液膜存在，整个管道均为夹带液滴的气相。

2.3.5 流动沸腾换热

在沸腾换热过程中，在加热面或者接近于加热面的一层过热的液体中形成了气泡，通过相变过程可以带走大量的热量，所以沸腾相变换热是一种较高效的传热方式，在很多场合中均得到了应用。根据流动的情况可将沸腾分为池内沸腾和流动沸腾，前者是一种在自然对流控制下的传热方式，后者一般是在强制流动中伴随的换热方式。流动沸腾又可以分为管内强迫对流和管外强迫对流，LNG 在换热管中的吸热气化属于管内流动沸腾，故以下主要对管内流动沸腾进行讨论。

2.3.5.1 流动沸腾特性曲线

在流量和压力一定的情况下，管内流动沸腾的特性曲线如图 2-4 所示，其中 q 为热流密度，ΔT 为过热度，即加热壁面与对应压力下液体饱和温度之差。

图 2-4 中所示流体以过冷状态进入管内，在接近入口段部分的流型为单相液强制流动，

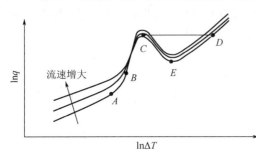

图 2-4　管内流动沸腾特性曲线

此时的换热系数随流速的增加而增加。在沸腾曲线的 A 点处开始出现核态沸腾，其中 AB 段为部分核态沸腾区，此区域中管壁上开始形成单个的小气泡，此区域的换热是对流换热和相变换热的叠加，故 AB 段的换热系数比过冷区要大。图中的 BC 段为充分发展核态沸腾区，小气泡互相合并成为大气泡，该区为相变换热控制区，对应的两相流流动形式为泡状、塞状以及环状流。在热流密度最大的 C 处，管内的液相蒸发完毕变成气相。图中 CE 段为过渡流动沸腾区，该区域的总换热系数随着热流密度的增加而增加，对应的两相流流型为雾状流，在该阶段加热壁面处于烧干或湿润的状态，壁面温度的波动范围较大。

2.3.5.2 流动沸腾过程分析

图 2-5 为在热流密度不大的条件下，垂直上升管中流动沸腾的流型与传热的关系图。

过冷液体经由下部进入换热管，此时管壁的温度低于管内介质的饱和温度，流体的流动形式为单相液流动，此时管内介质的换热系数近似可以看作是不变的，流体温度与管壁温度沿着管流的方向平行升高，两者差值基本保持不变。

当管壁的温度升至高于流体的饱和温度，并具有一定的过热度时，小气泡便得以在管壁上形成，但是因为此时主流液体仍然具有较大的过冷度，气泡会继续排列在壁面上而并不与壁面脱离。随着加热的进行，流体温度会继续升高，壁面上积聚的气泡会逐渐增多，气泡尺寸也逐渐增加，气泡会在管程的某处开始与壁面脱离而进入主流区域。在这之前，主流液体温度一直低于其饱和温度，管内气相所占的比例很小，所以称为过冷核态流动沸腾区，对应的两相流流型一般为泡状流。其热力学干度可通过式（2-19）计算：

$$x = \left(h_1 - h_{1,\text{sat}} \right) / l = -C_p D T_{\text{sat}} / l \tag{2-19}$$

式中，h_1 和 $h_{1,\text{sat}}$ 分别对应单位质量的入口液体与饱和液体焓值。由式（2-19）计算出的干度为负值，表明此时液相处于过冷状态，过冷沸腾开始时的壁面温度（即泡点处的温度）

可通过下式来进行计算：

$$T_w - T_{sat} = (8\sigma q T_{sat} / \lambda_1 \lambda_g \rho_g)^{0.5} Pr_1 \qquad (2\text{-}20)$$

当流体温度升至其对应压力下的饱和温度时，热力学干度 x 等于 0，开始进入饱和态沸腾区。小气泡逐渐合并成为大气泡，管内的流型转化为塞状流。气相的增多使得干度值进一步增加，气相以气柱的形式占据着管子中心，液相则以环状液膜的形式紧贴管壁流动。此时的换热效果较为强烈，热量通过管壁上的液膜传递至气液界面，随着液膜蒸发的进行，管壁上的液膜变得越来越薄，当液膜完全消失时管壁便会出现蒸干状况。此时由于气相和加热壁面的直接接触导致了传热的恶化，从而使得管壁温度急剧上升，出现缺液现象，此时的流型转变为雾状流，即气流中夹带着微小的液滴。气相中的液滴蒸发完毕，便进入单相气对流换热区。

由于热力学不平衡现象的存在，在管子的径向截面上会存在温度梯度，从而在干度 $x = 0$ 的截面上，管中心的温度仍然低于饱和温度；在缺液区时，由于管壁附近过热蒸汽的存在，干度 $x = 1$ 的截面在缺液区结束（即单相气区开始部位）之前便已经出现，如图 2-5 所示。

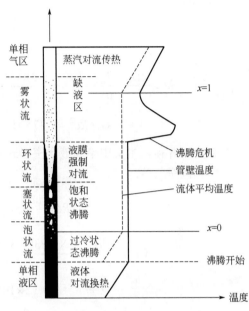

图 2-5　垂直管中流动沸腾的流型与传热关系图

2.3.6　管外空气侧对流传热分析

空温式翅片管气化器的热源来自于外界空气，翅片管内介质温度大大低于空气温度，在温差的驱动下，热量由空气传向翅片管。随着热量传递，翅片管温度逐渐升高，空气温度降低，两者之间形成不均匀温度场，不均匀温度场造成了不均匀密度场，由此产生的浮升力引发了自然对流作用，强化了翅片管壁面处传热效果。

在低温工况下，空气的自然对流有许多特点，如空气所受浮力与速度的方向相反、更接近于实际气体性质、空气的黏度较小、热导率较小。已有的经验公式多针对普冷或高温介质，若直接用于计算低温工况的空气自然对流传热，有一定的温差。空气的自然对流换热系数较小，范围大约是 $1 \sim 10 \mathrm{W/(m^2 \cdot K)}$。其传热热阻是影响空温式气化器总换热量的主要热阻，分析翅片管外侧空气的流动与传热特性是十分必要的。

2.3.6.1　翅片管外空气流动状态

严格意义上讲，对流换热均属于伴有自然对流和强迫对流的混合对流换热，用无量纲特征数格拉晓夫数与雷诺数的平方的比值 Gr/Re^2 来平衡自然对流与强迫对流的相对强弱。一般采用的规则是：若 $Gr/Re^2 \leqslant 0.1$，就视为"纯"强迫对流；若 $Gr/Re^2 \geqslant 10$，则允许忽略强迫对流的影响，按照"纯"自然对流换热对待；若 $0.1 < Gr/Re^2 < 10$，则需要同时考虑强迫对流和自然对流的影响。参数计算公式如下：

$$Gr = \frac{g t^3 \alpha}{v^2} \qquad (2\text{-}21)$$

$$Re = \frac{ud}{v} \tag{2-22}$$

$$\alpha = -\frac{1}{\rho}\frac{\partial \rho}{\partial T} \tag{2-23}$$

液相区空气侧：

$$Re = \frac{ud_1}{v} = \frac{0.62 \times 0.01}{3.0887 \times 10^{-7}} = 2 \times 10^4 \tag{2-24}$$

$$Gr = \frac{g(T_0 - T_w)/T_0 l^3}{v^2} = \frac{9.8 \times (31.3 + 273 - 113) \times 1/304.3 \times 1.3^3}{(9.23 \times 10^{-6})^2} = 1.47 \times 10^{12} \tag{2-25}$$

$$Gr/Re^2 = 1.47 \times 10^{12}/(2 \times 10^4)^2 = 3.68 \times 10^3 > 10$$

初步计算得，本文中单向液区空温式翅片管气化器空气侧可按"纯"自然对流计算。

气相区空气侧：

$$Re = \frac{ud_1}{v} = \frac{4 \times 0.01}{3.604 \times 10^{-7}} = 1.1 \times 10^5 \tag{2-26}$$

$$Gr = \frac{gt^3\alpha}{v^2} = \frac{9.8 \times 1/304.3 \times (31.3 + 273 - 301) \times 1.3^3}{(16 \times 10^{-6})^2} = 9.12 \times 10^8 \tag{2-27}$$

$$Gr/Re^2 = 9.12 \times 10^8/(1.1 \times 10^5)^2 = 0.075 < 0.1$$

初步计算得本文中单向气区空温式翅片管气化器空气侧可按"纯"强迫对流计算流态。

不同的流动形态，其换热性能截然不同。自然对流可分为层流、过渡流和湍流，层流的传热热阻较大，传热系数较低，湍流时的换热系数有所提高，通常以瑞利准则 $Ra = GrPr$ 来判断沿竖壁外侧的自然对流的流态。当 $GrPr < 10^8$ 时，为层流，当 $10^8 < GrPr < 10^{10}$ 时为过渡状态；当 $GrPr > 10^{10}$ 时完全发展成湍流。埃克特和杰克森利用实验对竖壁外侧的自然对流进行研究，提出 $GrPr = 10^9$ 是竖壁自然对流层流和湍流的判据，该判据也可用于竖圆管。空温式气化器翅片管是竖壁和竖管的结合体，此处利用该判据对其空气侧流态进行分析。

翅片管的外壁温度沿管长方向变化，假定壁温为-160℃，环境空气的温度恒为31.3℃，则其定性温度 $T = -64.35$ ℃，通过查表可获得空气的热物性参数：$v = 8.318 \times 10^{-6} \ \text{m}^2/\text{s}$，$\alpha = 1.129 \times 10^{-5} \ \text{m}^2/\text{s}$。

空气的热膨胀系数：

$$\beta = \rho_0 - \rho/(\rho_0 \Delta T) \tag{2-28}$$

式中，ρ_0 为流体主流的密度；ρ 按照壁温 T_w 查表；ΔT 为 T_w 与 T_0 之差。计算得 $\beta = 4.5 \times 10^{-3} K^{-1}$。

平均瑞利数：

$$Ra_L = g\beta t l^3/(v\alpha) \tag{2-29}$$

经计算得，本文中的翅片管空气侧自然对流的流态为湍流。

2.4　天然气热物性计算

2.4.1　气样组成

LNG 主要成分为甲烷，另有少量乙烷、丙烷等烃类，几乎不含水、硫、二氧化碳等物质，如表 2-1 所示。LNG 常压下储存温度为-162℃，液化后体积缩小约为标准状况下的 1/600，运输方便，使用经济。

表 2-1　通常 LNG 组分

组分	摩尔分数/%	组分	摩尔分数/%
甲烷	94.4732	异戊烷	0.0507
乙烷	3.955	正戊烷	0.00
丙烷	0.9127	氮气	0.2028
异丁烷	0.1724	硫化氢	$< 0.15 \times 10^{-6}$
正丁烷	0.2332	总硫含量	<25mg/kg

2.4.2　泡点和露点的计算

LNG 在管内的气化过程可分为单相液、两相以及单相气三区，当温度低于泡点温度时处于单相液区，温度高于露点温度时为单相气区，其余为两相区。对气化器进行模拟首先应当确定这两个温度，以便进行分区。

对 LNG 加热，泡点是指开始产生第一个气泡时的温度，此时溶液处于气液平衡状态，泡点的定义式为：

$$\Sigma k_i z_i = 1 \tag{2-30}$$

最后一个液滴消失时的温度称为露点，定义式为：

$$\Sigma z_i / k_i = 1 \tag{2-31}$$

式中　z_i——混合物中组分的摩尔分数；

　　k_i——混合物中组分的相平衡常数。

在气液相平衡中，混合物中组分 i 的相平衡常数（$k_i = y_i / x_i$）应为压力 p、温度 T 以及气液平衡相组成 y_i 和 x_i 的函数，即 $k_i = f(T, p, x_1, x_2, \cdots, y_1, y_2, \cdots)$。对烃类体系，组成对 K_i 的影响相对比较小，故可认为 $k_i = f(T, p)$。

目前对烃类体系通常采用以下的经验关联式来估计 k_i 的近似值：

$$k_i = p_{ci} / p \exp\left[5.42(1 - T_{ci}/T)\right] \tag{2-32}$$

或

$$k_i = p_{ci} / p \exp\left[5.373(1 - T_{ci}/T)\right] \tag{2-33}$$

式中　p_{ci}——混合物中组分 i 的临界压力，MPa；

　　T_{ci}——混合物中组分 i 的临界温度，K。

在指定的温度和压力下，判定混合物处于单相区还是两相区的判据为：

当 $\Sigma k_i z_i = 1$，$T = T_B$，混合物处于泡点；

当 $\Sigma k_i z_i > 1$，$T_B < T < T_D$，混合物处于两相区；

当 $\Sigma k_i z_i < 1$，$T = T_D$ 混合物处于露点。

式中　T_B ——混合物的泡点温度，K；

　　　T_D ——混合物的露点温度，K。

经计算得上述组分 LNG 的泡点温度为 163.7K，露点温度为 211.2K。

2.4.3　混合物热物性计算的方法

天然气是多组分混合物，在计算其热物性时需要考虑组分之间的影响。在常用的计算方法中，通常将混合物的热物性表示为纯组分热物性、组分的摩尔分数以及组分分子量的函数。这种方法具有以下缺点：首先，由于混合物中分子的尺寸、形状、极性等存在着差别，不可避免地会产生相互作用，而该方法忽略了这种相互作用的存在；其次，该方法要求有准确的纯组分物性参数，当没有实验数据而选用估算值时不可避免地会产生误差。

所以需要引入混合规则，将混合物看作一种虚拟的纯物质，其具有一套虚拟的物性参数值，这些取值是通过混合规则求出的。该算法可以避免以上的两个问题，故这种方法已成为混合物热物性计算的趋势。

混合规则指的是混合物的虚拟参数与其组成及各纯物质参数之间的关联式：

$$Q_m = \sum_i \sum_j z_i z_j Q_{ij} \tag{2-34}$$

式中　Q_m ——混合物的参数；

　　　Q_{ij} ——包括组分 i 和 j 的性质，表示组分间的相互作用数。

2.4.3.1　热导率计算

多数液体的热导率会随着温度的升高而降低，在沸点以前，热导率与温度呈线性关系。在常温下压力对液相热导率的影响比较小，甚至在 5～6MPa 的中压范围，在工程上仍然可以不计压力的影响。在计算液体混合物的热导率时，一般思路是采用相应的混合规则根据各个组分的热导率求出。目前适用于计算二元混合物热导率的模型比较成熟，而针对于多组分液体混合物的热导率计算公式相对较少，此处选择比较常用的 Li 模型进行计算。

LNG 各组分热导率的计算，公式中的参数如表 2-2 所示。

表 2-2　热导率计算公式参数取值

组分	参数		
	A	B	C
氮	0.213	-4.2050×10^{-4}	-7.2951×10^{-6}
甲烷	-1.0976	0.5387	190.58
乙烷	-1.3474	0.7003	305.42
丙烷	-1.2127	0.6611	369.82
正丁烷	-1.8929	1.2885	425.18
异丁烷	-1.6862	0.9802	408.14

目前，液体混合物黏度的计算通常采用组分黏度与摩尔组成相关联的混合规则，用于估算 LNG 混合物黏度的方法还较少。Teja 和 Rice 以混合物压缩因子的对比态原理为基础，提出了 Teja-Rice 液体混合物黏度计算方程。该方法对有机混合物的黏度计算可以取得较精确的结果。对非极性混合物的黏度计算，平均误差约为 2%；对极性-极性混合物以及非极性-极性混合物，平均误差约为 2.5%。本书选用此方程计算 LNG 的黏度。

各组分在 4.6 MPa 下的黏度值查文献得到：

Teja-Rice 法计算液化天然气黏度的方程如下：

$$\ln(\mu_m \varepsilon'_m) = \ln(\mu \varepsilon'_i)^{(r1)} + [\ln(\mu \varepsilon'_i)^{(r2)} - \ln(\mu \varepsilon'_i)^{(r1)}] w_m - w^{(r1)} / w^{(r2)} - w^{(r1)} \tag{2-35}$$

$$\varepsilon'_i = V_{c,i}^{2/3} / (T_{c,i} M_m)^{1/2} \tag{2-36}$$

$$\varepsilon'_m = V_{c,m}^{2/3} / (T_{c,m} M_m)^{1/2} \tag{2-37}$$

式中　μ ——LNG 混合物黏度；

ε'_i ——组分 i 特性参数；

ε'_m ——LNG 混合物特性参数。

2.4.3.2　密度计算

运用两参数立方形状态方程中的 p-R 方程计算，因为 p-R 方程较其他类型的状态方程对物质液相密度的预测精度较高。

p-R 方程为：

$$p = \frac{RT}{V-b} - \frac{a}{V^2 + 2Vb - b^2} \tag{2-38}$$

写完压缩因子的形式即为：

$$Z^3 - (1-B)Z^2 + (A - 3B^2 - 2B)Z - AB + B^2 + B^3 = 0 \tag{2-39}$$

$$a = 0.457235 R^2 T_c^2 / p_c \left[1 + f_\omega(1 - T_r^{1/2})\right]^2 \tag{2-40}$$

$$f_\omega = 0.37464 + 1.54226\omega - 0.26992\omega^2 \tag{2-41}$$

$$b = 0.077796 RT / p_c \tag{2-42}$$

$$A = \frac{ap}{R^2 T^2} \quad B = \frac{bp}{RT} \tag{2-43}$$

式中　p ——系统压力，Pa；

p_c ——临界压力，Pa；

T ——系统温度，K；

T_c ——临界温度，K；

T_r ——对比温度，K；

V ——比体积，m^3/mol；

ω ——偏心因子；

Z ——压缩因子；

R ——摩尔气体常数，$R = 8.3145 J/(mol \cdot K)$。

对于混合物，p-R 方程的混合规则为：

$$a = \sum_i \sum_j a_i a_j (1 - K_{ij}) z_i z_j \quad\quad (2\text{-}44)$$

$$b = \sum_i z_i b_i \quad\quad (2\text{-}45)$$

式中　K_{ij}——二元交互作用系数，对烃-烃 $K_{ij}=0$。

根据以上各式求得压缩因子 Z，然后再由 $\rho = p / ZRT$ 即可求得密度值。

2.4.3.3　定压比热容计算

当纯液体组分 i 的 c_{pi} 值可以得到时，液体混合物的 c_{pm} 值可写为：

$$c_{pm} = \Sigma z_i C_{pi} [\text{ J/(mol} \cdot \text{K)}] \quad\quad (2\text{-}46)$$

应用这种方法实际上忽略了混合焓的影响，这对烃类及与其相近的同系物是适合的。

2.4.4　气态天然气热物性计算

2.4.4.1　热导率计算

在低压和中压下，压力对气相热导率的影响较小，但在高压（高于 1MPa）下，压力对气相热导率的影响不能忽略。本文中气化器的工作压力为 4.6MPa，故应采用适用于高压气体混合物的 Stiel-Thodos 模型计算其热导率。

Stiel-Thodos 模型采用的混合规则与 Teja-Rice 法相同。

计算热导率的公式如下：

当 $\rho_{rm} < 0.5$ 时，$(\lambda_{gm} - \lambda_m) \varGamma Z_{cm}^5 = 1.22 \times 10^{-2} \left[\exp(0.535 \rho_{rm}) - 1 \right]$

当 $0.5 \leqslant \rho_{rm} < 2.0$ 时，$(\lambda_{gm} - \lambda_m) \varGamma Z_{cm}^5 = 1.14 \times 10^{-2} \left[\exp(0.67 \rho_{rm}) - 1.069 \right]$

当 $2.0 \leqslant \rho_{rm} < 2.8$ 时，$(\lambda_{gm} - \lambda_m) \varGamma Z_{cm}^5 = 2.6 \times 10^{-3} \left[\exp(1.155 \rho_{rm}) + 2.016 \right]$

式中　λ_{gm}——高压天然气混合物的热导率，W/(m·K)；

$\quad\quad \lambda_m$——低压天然气混合物的热导率，W/(m·K)，由 Ribblett 方法计算得到：

$$\lambda_m = \frac{\sum\limits_{i=1}^n \lambda_i z_i M_i^{2/3}}{\sum\limits_{i=1}^n z_i M_i^{1/3}} \quad\quad (2\text{-}47)$$

$\quad\quad \lambda_i$——各组分在低压下的热导率值，可由 $\lambda_i = A_i + B_i T + C_i T^2 + D_i T^3$ 计算得到，系数取值可查阅相关文献；

$\quad\quad \varGamma$——对比热导率，m·K/W，计算式为：

$$\varGamma = 210(T_{cm} M_m^3 p_{cm}^{-4})^{1/6} \quad\quad (2\text{-}48)$$

$$p_{cm} = Z_{cm} RT_{cm} / V_{cm} \quad\quad (2\text{-}49)$$

$$Z_{cm} = 0.291 - 0.08 \omega_m \quad\quad (2\text{-}50)$$

$\quad\quad \rho_{rm}$——对比温度，计算式 $\rho_{rm} = V_{cm} / V_m$；

$\quad\quad V_{cm}$——混合物的摩尔体积，m³/mol。

2.4.4.2　黏度计算

在低压下压力对黏度的影响可以忽略不计，但高压时压力对黏度的影响较大，需要进行修正。高低压的判定依据为：当 $p_{rm} > 0.188T_{rm} - 0.12$ 时，为高压气体混合物，否则为低压气体混合物。式中：p_{rm} 为混合物的虚拟对比压力，$p_{rm} = p/p_{cm}$；T_{rm} 为混合物的虚拟对比温度，$T_{rm} = T/T_{cm}$。

经计算得到在该课题的温度范围内，天然气均为高压气体混合物。选用适用于高压气体混合物的 Lucas 法计算其黏度值。

Lucas 法的计算公式如下：

$$\mu_{gm}\zeta_m = \mu_m\zeta_m[1 + ap_{rm}^{1.3088}/bp_{rm}^e + (1 + cp_{rm}^d)^{-1}] \tag{2-51}$$

$$a = 1.245\times10^{-3}/T_{rm}\exp(5.1726T_{rm}^{-0.3286}) \tag{2-52}$$

$$b = a(1.6553\times T_{rm} - 1.2723) \tag{2-53}$$

$$c = 0.4489/T_{rm}\exp(3.0578\times T_{rm}^{-37.7332}) \tag{2-54}$$

$$d = 1.7368/T_{rm}\exp(2.2310\times T_{rm}^{-7.6351}) \tag{2-55}$$

$$e = 0.9425\exp(-0.1853T_{rm}^{0.4489}) \tag{2-56}$$

$$\zeta_m = 1.76(T_{cm}p_{cm}^{-4}M_m^{-3})^{1/6} \tag{2-57}$$

$$\mu_m\zeta_m = 8.07T_{rm}^{0.618} - 3.57\exp(-0.449T_{rm}) + 3.4\exp(-4.058T_{rm}) \tag{2-58}$$

式中　μ_{gm}——高压下气体混合物黏度，Pa·s；

　　　μ_m——低压下气体混合物黏度，Pa·s。

2.4.4.3　密度计算

由于 p-R 方程既适用于气相，也适用于液相，且其对气相的计算精度较高，因此采用该方程来计算天然气的密度值。

2.4.4.4　定压比热容计算

在低压下，气体定压比热容的计算可按理想气体进行。气体混合物在低压下的定压比热容为：

$$c_p^0 = \Sigma z_i c_{pi}^0 \tag{2-59}$$

各组分的定压比热容可按式（2-60）计算：

$$c_{pi}^0 = B + 2CT + 3DT^2 + 4ET^3 + 5FT^4 \tag{2-60}$$

其中各系数的取值如表 2-3 所示。

表 2-3　气体摩尔定压比热容计算常数

名称	A	B	C	D	E
甲烷	34.942	-3.9957×10^{-2}	1.918×10^{-4}	-1.53×10^{-7}	3.93×10^{-11}
乙烷	28.146	4.3447×10^{-2}	1.895×10^{-4}	-1.91×10^{-7}	5.33×10^{-11}
丙烷	28.277	0.116	1.96×10^{-4}	-2.33×10^{-7}	6.97×10^{-11}

定压比热容的值可由迈耶公式求得：

$$c_v^0 = c_p^0 - R \tag{2-61}$$

而在高压下，气体的定压比热容与定容比热容不能按理想气体处理，其计算公式为：

$$c_{\mathrm{v}} = c_{\mathrm{v}}^{0} + \int_{0}^{\rho} -T/\rho^{2}(\partial^{2}P/\partial T^{2})_{\rho}\mathrm{d}\rho \tag{2-62}$$

$$c_{\mathrm{p}} = c_{\mathrm{v}} + T\left[(\partial P/\partial T)_{\rho}^{2}/(\partial P/\partial \rho)_{\mathrm{T}}^{2}\right]/\rho^{2} \tag{2-63}$$

根据 p-R 方程求得上式中的微分，代入即可求得高压下的定压比热容值。

2.5　气化器换热计算

2.5.1　空温式气化器的参数确定与计算

已知天然气参数如下：

进口温度：-162℃。

出口温度：20℃。

设计压力：0.3MPa。

流　　量：133m³/h。

空气温度：31.3℃。

工作压力：0.1MPa。

本次设计空温式气化器单台设计气化量为 133m³/h，工作压力为 0.3MPa，每根换热管均为 8 翅片结构。单根翅片管高度为 6m，内径 d_1 取 10mm，外径 d_2 取 14mm，翅片高度 y 取 80mm，翅片厚度取 2mm，翅片管的材质为铝合金。

在实际运行中，温度为-162℃的 LNG 由下部总管进入，分别流入每根换热管，在单根换热管完成气化，并将低温天然气加热至 20℃，最后经上部汇管流出。

2.5.2　换热模拟的简化假设

在进行换热计算时，采用以下简化假设：

① 刚刚进入气化器的低温液化天然气与气化器中原有液化天然气的混合是在一瞬间完成的，即认为气化器中液化天然气的温度与各组分的比例在液体内部是处处均匀的；

② 由于气化器工作时间比较长，因此采用稳态分区计算方法；

③ 认为气化器运行中，压力是恒定的；

④ 管流采用一维近似；

⑤ 管外空气按干空气处理；

⑥ 管外空气侧按大空间自然对流换热处理。

2.5.2.1　单相液区换热计算

按从管内到管外的顺序，翅片管的热量传达依次为管内流体与管壁的强制对流换热、通过管壁的导热、管外空气与翅片和管壁的对流换热。

（1）管内流体的对流换热

管内 LNG 或气态天然气的对流换热可以按照内部强制对流换热的实验准则关联式进行计算。

$$Re = \frac{ud_1}{\upsilon} \tag{2-64}$$

式中　Re——雷诺数；

　　　u——翅片管断面平均流速，m/s；

　　　d_1——翅片管内径，m；

　　　υ——微元段起始温度时 LNG 的运动黏度，m^2/s。

已知：

$$u = 0.62\,\text{m/s} \quad v = 2.79779 \times 10^{-7}\,\text{m}^2/\text{s}$$

$$Re = ud_1/v = 0.62 \times 0.01/2.79779 \times 10^{-7} = 2.2 \times 10^4$$

由 Re 确定出壁面的摩擦系数 f：

当 $Re < 3000$ 时：　　　　　　　　$f = 64/Re$

当 $3000 \leqslant Re \leqslant 5000$ 时：　　$f = 0.316Re^{-0.25}$

当 $Re > 5000$ 时：　　　　　　　$f = 0.184Re^{-0.2}$

式中　f——摩擦因数。

$$f = 0.184 \times (2 \times 10^4)^{-0.2} = 0.025$$

由管内对流换热的准则关系式确定出流体侧的表面传热系数 α_1：

$$StPr^{2/3} = f/8 \tag{2-65}$$

$$St = \frac{0.025/8}{2.278^{2/3}} = 1.805 \times 10^{-3}$$

$$\alpha_1 = St\rho uc_p \tag{2-66}$$

$$\alpha_1 = 1.805 \times 10^{-3} \times 423.1093 \times 0.62 \times 3475 = 1645.4\,[\text{W/(m}^2 \cdot \text{K)}]$$

式中　St——斯坦顿数；

　　　Pr——普朗特数，$Pr = 2.2278$；

　　　α_1——管内流体侧的表面传热系数；

　　　ρ——LNG 的密度，kg/m^3，$\rho = 423.1093\,kg/m^3$。

　　　c_p——管内介质的定压比热容，$J/(kg \cdot K)$，$c_p = 3.475\,kJ/(kg \cdot K)$。

由此可以确定出管内单位长度的对流换热量 q_1：

$$q_1 = \alpha_1(T_n - T)A_1 \tag{2-67}$$

式中　q_1——管内单位长度的对流换热量，W/m；

　　　T_n——管内壁温度，K；

　　　T——管内流体的温度，K；

　　　A_1——管内壁单位长度的面积，m^2。

$$A_1 = \pi d_1 = 3.14 \times 0.01 = 0.0314$$

$$q_1 = 1645.4 \times 4 \times 0.0314 = 206.67\,(\text{W/m})$$

（2）通过管壁的导热

利用通过圆筒壁的导热公式，计算没有翅片部分管外壁的温度 $T_w = -155\,℃$，此温度即为翅片的根部温度。

$$q_0 = \frac{2\pi\lambda_{Al}(T_w - T_n)}{\ln(d_2/d_1)} = \frac{2 \times 3.14 \times 214 \times 3}{\ln(0.014/0.01)} = 11982.4(\text{W}) \tag{2-68}$$

式中　T_w——管外壁的温度，K；

　　　d_2——翅片管外径，m；

　　　λ_{Al}——铝合金的热导率，W/(m·K)，查得 $\lambda_{Al} = 214$ W/(m·K)。

（3）管外空气侧的对流换热

空气侧换热可看作大空间自然对流换热，单个翅片的换热可以看作空气与等截面直肋的换热。

首先由空气的定性温度 T_m 确定其物性参数，T_m 的计算公式为：

$$T_m = (T_n + T_0)/2 = (118 + 31.3 + 273)/2 = 211(\text{K})$$

进而求得瑞利数 Ra：

$$Ra = GrPr = \frac{\beta_0 g(T_0 - T_w)l^3}{v^2}Pr \tag{2-69}$$

式中　β_0——体积膨胀系数，K^{-1}；

　　　Ra——瑞利数；

　　　Gr——格拉晓夫数；

　　　g——重力加速度，m/s^2；

　　　l——定型尺寸，m。

查得空气的物性参数为：$T_m = 211 - 273 = -62\,\text{℃}$，$Pr = 0.728$，$\upsilon = 9.23 \times 10^{-6}\,\text{m}^2/\text{s}$。

$$Ra = GrPr = \frac{g(T_0 - T_w)\dfrac{1}{T_0}l^3}{v^2}Pr = \frac{9.8 \times (31.3 + 273 - 118) \times \dfrac{1}{31.3 + 273} \times 6^3}{(9.23 \times 10^{-6})^2} = 1.52 \times 10^{13}$$

由于翅片管为立式安装，故此处自然对流换热计算选用竖壁准则关联式：

$$Nu = \left\{0.825 + 0.387Ra^{1/6} \Big/ \left[1 + (0.492/Pr)^{9/16}\right]^{8/27}\right\}^2 \tag{2-70}$$

式中　Nu——努塞尔数。

$$Nu = \left\{0.825 + 0.387 \times (2.19 \times 10^{13})^{1/6} \Big/ \left[1 + (0.492/0.728)^{9/16}\right]^{8/27}\right\}^2 = 2958.8$$

求得空气侧的表面传热系数 α_0，单位为 W/(m²·K)：

$$\alpha_0 = Nu\lambda'/l = 2958.8 \times 2.04 \times 10^{-2}/6 = 10.06 \tag{2-71}$$

式中　λ'——干空气的热导率，W/(m·K)，$\lambda' = 2.04 \times 10^{-2}$ W/(m·K)。

求得空气侧单位长度的自然对流换热量 q_2：

$$q_2 = \alpha_0(T_0 - T_w)A_2 \tag{2-72}$$

$$A_2 = \pi d_2 + 12(2h + \delta)\eta \tag{2-73}$$

$$\eta = \frac{\tan h(mh)}{mh} \tag{2-74}$$

$$m = \sqrt{2\alpha_0/(\lambda_{Al}\delta)} \tag{2-75}$$

式中　q_2——空气侧单位长度的自然对流换热量，W/m；

　　　A_2——空气侧单位长度翅片管的面积，m^2；

　　　h——翅片高度，m；

　　　δ——翅片厚度，m；

　　　η——翅片效率，即翅片的实际换热量与假设整个翅片处于翅根温度时所得换热的比值；

　　　m——中间变量。

$$m = \sqrt{2\alpha_0 / (\lambda_{Al}\delta)} = \sqrt{2\times10.06 / (214\times0.002)} = 6.86$$

$$\eta = \tanh(mh) / (mh) = \tanh(6.86\times0.08) / (6.86\times0.08) = 0.91$$

$$A_2 = \pi d_2 + 12(2h+\delta)\eta = 0.014\pi + 12(2\times0.08+0.002)\times0.91 = 1.81\,(m^2)$$

$$q_2 = \alpha_0(T_0 - T_w)A_2 = 10.06\times(31.3+273-118)\times1.81 = 3392.26\,(W/m)$$

（4）翅片管的总传热系数

由以上计算可以得到翅片管总传热系数 K 为：

$$\frac{1}{K} = R_f + \frac{1}{\alpha_1} + \frac{\delta}{\lambda_{Al}} + \frac{1}{\alpha_0\beta\eta} = 0.002 + \frac{1}{1645.4} + \frac{0.002}{214} + \tag{2-76}$$

$$\frac{1}{10.06\times57.64\times0.91} = 4.5\times10^{-3}$$

$$K = 222.2\ W/(m^2 \cdot K)$$

式中　R_f——污垢热阻，取 R_f=0.002m・K/W；

　　　β——翅片管外壁与内壁面积之比，$\beta = F_2 / F_1, F_2 = \pi d_2 + 12(2y+\delta)\eta$。

2.5.2.2　单相气区换热计算

（1）管内流体的对流换热

$$Re = \frac{ud_1}{v} = \frac{4\times0.01}{5.50998\times10^{-6}} = 7.26\times10^3$$

由于 $Re > 5000$，所以 $f = 0.184Re^{-0.2} = 0.184\times(7.26\times10^3)^{-0.2} = 0.03$

由管内对流换热的准则关系式确定出流体侧的表面传热系数 α_1：

$$StPr^{2/3} = f/8$$

$$\alpha_1 = St\rho uc_p$$

$$St = \frac{0.03/8}{0.7312^{2/3}} = 4.79\times10^{-3}$$

$$\alpha_1 = 4.79\times10^{-3}\times1.9855\times4\times2232.7 = 84.9\,[W/(m\cdot K)]$$

由此可以确定出管内单位长度的对流换热量 q_1：

$$q_1 = \alpha_1(T_n - T)A_1 = 84.9\times4\times0.0314 = 10.66\,(W)$$

（2）通过管壁的导热

假定没有翅片部分管外壁的温度 $T_w = 26\ ℃$，此温度即为翅片的根部温度。

单位管长的导热量：

$$q_0 = \frac{2\pi\lambda_{Al}(T_w - T_n)}{\ln\dfrac{d_2}{d_1}} = \frac{2\times3.14\times214\times2}{\ln\dfrac{0.014}{0.01}} = 7988.29(W/m)$$

（3）空气侧对流换热

空气侧换热可看作大空间自然对流换热，单个翅片的换热可以看作空气与等截面直肋的换热。

首先由空气的定性温度 T_m 确定其物性参数，T_m 的计算公式为：

$$T_m = \frac{T_0 + T_w}{2} = \frac{31.3 + 26}{2} = 28.65\,(\text{℃})$$

式中　　T_0——空气温度，℃。

进而求得瑞利数 Ra：

$$Ra = GrPr = \frac{\beta_0 g (T_0 - T_w) l^3}{\nu^2} Pr = \frac{3.3 \times 10^{-3} \times 9.8 \times (31.3 - 26) \times 6^3}{(5.86986 \times 10^{-6})^2} \times 0.73 = 7.88 \times 10^{11}$$

$$Nu = \left\{ 0.825 + 0.387 Ra^{1/6} \Big/ \left[1 + \left(0.492 / Pr \right)^{9/16} \right]^{8/27} \right\}^2$$

$$= \{0.825 + 0.387 \times (7.88 \times 10^{11})^{1/6} / [1 + (0.492/0.73)^{9/16}]^{8/27}\}^2 = 1045.22$$

$$\alpha_0 = Nu \lambda' / l = 1045.22 \times 2.67 \times 10^{-2} / 6 = 4.65 [W/(m^2 \cdot K)]$$

求得空气侧单位长度的自然对流换热量 q_2：

$$m = \sqrt{2\alpha_0 / (\lambda_{A1} \delta)} = \sqrt{2 \times 4.65 / (214 \times 0.002)} = 4.66$$

$$\tan h(mH) = e^{mH} - e^{-mH} \Big/ e^{mH} + e^{-mH} = e^{4.66 \times 0.08} - e^{-(4.66 \times 0.08)} \Big/ e^{4.66 \times 0.08} + e^{-(4.66 \times 0.08)} = 0.355$$

$$\eta = \frac{\tan h(mH)}{mH} = \frac{0.355}{4.66 \times 0.08} = 0.95$$

$$A_2 = \pi d_2 + 12(2h + \delta)\eta = 0.014\pi + 12(2 \times 0.08 + 0.002) \times 0.95 = 1.89\,(\text{m}^2)$$

$$q_2 = \alpha_0 (T_0 - T_w) A_2 = 4.65 \times (31.3 - 26) \times 1.89 = 46.58\,(\text{W/m})$$

则传热系数为：

$$\frac{1}{K} = R_f + \frac{1}{\alpha_1} + \frac{\delta}{\lambda_{A1}} + \frac{1}{\alpha_0 \beta \eta}$$

$$\frac{1}{K} = 0.002 + \frac{1}{84.9} + \frac{0.002}{214} + \frac{1}{4.65 \times 60.19 \times 0.95} = 0.018\,(\text{m}^2 \cdot \text{K/W})$$

$$K = 55.56\,[\text{W}/(\text{m}^2 \cdot \text{K})]$$

2.5.2.3　两相区换热计算

LNG 在换热管内的相变流动换热是沸腾传热和气液两相流两种复杂的耦合。在二元混合物的沸腾换热过程中，由于第二种组分的存在会对气泡的生长速度产生影响，且即使第二种组分的含量很少，该过程的沸腾换热系数与纯液体相比也会产生较大的差异。三种及其以上混合物的沸腾换热过程的特点与二元混合物是相似的。

由于 LNG 是多元组分混合物，而混合物的沸腾换热很复杂，因而是较难处理的，目前对二元混合物有一些沸腾换热系数的计算公式，但其中均含有与特定二元物质组合有关的实验系数。尤其是对于一些多组分混合物，在给定的状态范围内，某些组分尚未达到沸腾状态，在此条件下要得到合适的换热计算关系式难度就更大。因此在对涉及多元组分沸腾换热问题的设备进行设计时，一般是采用实验所得到的换热数据来进行近似的热工计算。

目前对沸腾传热和气液两相流的理论研究一般是针对于特定介质进行的，多为对单一物质的研究，其流动换热关系式不能直接应用于本文的 LNG 介质。

综上所述，本文在进行两相段的换热计算时，采用简化假设，由于 LNG 中甲烷的含量高达 90%，故将此段的 LNG 看作是仅含甲烷的单质。在此段保持泡点温度不变。泡点温度和露点温度为-146.4356℃。

（1）管内流动沸腾区换热计算

在该区甲烷始终处于 0.3MPa、-146.4356℃的状态，查液态甲烷在此状态下的物性参数值：

$\rho_1 = 399.3761\,kg/m^3$，　$c_{pl} = 3.6182\,kJ/(kg \cdot K)$，　$\mu_1 = 8.65769 \times 10^{-5}\,Pa \cdot s$，　$\sigma_1 = 0.01\,N/m$，

$\lambda_1 = 0.1624\,W/(m \cdot K)$，　$\gamma = 479.8773\,kJ/kg$。则：

$$\alpha_1 = \frac{\lambda_1}{\rho_1 c_{pl}} = \frac{0.1624}{399.3761 \times 3.6182} = 1.12 \times 10^{-4}\,(m^2/s) \quad \nu_1 = \frac{\mu_1}{\rho_1} = \frac{8.65769 \times 10^{-5}}{399.3761} = 2.16 \times 10^{-7}\,(m^2/s)$$

甲烷属于低温流体，Klimenko 的方法是目前计算低温流体流动沸腾换热最精确的关系式，该方法的具体表述如下：

$$N_{CB} = Rq_m/q\left[1 + x(\rho_1/\rho_g - 1)\right](\rho_1/\rho_g)^{1/3} \tag{2-77}$$

当 $N_{CB} < 1.2 \times 10^4$ 时：
$$Nu = Nu_b \tag{2-78}$$

当 $1.2 \times 10^4 \leqslant N_{CB} \leqslant 2.0 \times 10^4$ 时：$Nu = \max(Nu_b, Nu_c)$ \qquad (2-79)

当 $N_{CB} > 2.0 \times 10^4$ 时：
$$Nu = Nu_c, Nu = a_f b/\lambda_1 \tag{2-80}$$

式中　N_{CB} ——中间变量；

　　R ——汽化潜热，J/kg；

　　q_m ——单位面积的质量流量，kg/(m² · s)；

　　q ——单位长度的热流密度，W/m；

　　x ——干度；

　　ρ_1 ——液相密度，kg/m³；

　　ρ_g ——气相密度，kg/m³；

　　Nu_b ——核态沸腾区的努塞尔数；

$$Nu_b = 0.0061(qb/R\rho_g\alpha_1)^{0.6}(pb/\sigma)^{0.2}Pr_1^{-0.33}(\lambda_g/\lambda_1)^{0.12} \tag{2-81}$$

　　Nu_c ——液膜强制对流区的努塞尔数；

$$Nu_c = 0.087(u_1 b/\nu)^{0.6}(\rho_g/\rho_1)^{0.2}Pr_1^{1/6}(\lambda_g/\lambda_1)^{0.09} \tag{2-82}$$

　　a_f ——流动沸腾区的表面传热系数，W/(m² · K)；

　　b ——气泡特征尺寸常数，m；

$$b = \left[\sigma/g(\rho_1 - \rho_g)\right]^{0.5} \tag{2-83}$$

　　λ_1 ——液相的热导率，W/(m · K)；

　　σ ——表面张力，N/m；

　　Pr_1 ——液态 LNG 的普朗特数；

　　λ_g ——气相的热导率，W/(m · K)。

$$u_i = q_m / \rho_1 \left[1 + x(\rho_1 / \rho_g - 1)\right] \qquad (2\text{-}84)$$

式中　u_i——气液混合物的速度，m/s。

$$N_{CB} = \frac{479877.3 \times 78.4}{15581.33} \times [1 + 0.5 \times (399.3761/4.9486 - 1)] \times \left(\frac{4.9486}{399.3761}\right)^{1/3} = 2.3 \times 10^4 > 1.2 \times 10^4$$

$$Nu_c = 0.087 \times (8.0 \times 0.63 / 2.16780 \times 10^{-7})^{0.6} \times (4.9486/399.3761)^{0.2} = 950.57$$

$$Nu = Nu_c = 950.57$$

$$Nu = a_f b / \lambda_1 = 950.57$$

$$a_f = 245 \text{ W/(m}^2 \cdot \text{K)}$$

$$b = \left[0.01 / 9.8 \times (399.3761 - 4.9486)\right]^{0.5} = 0.63$$

$$u_1 = q_m / \rho_1 \left[1 + x(\rho_1 / \rho_g - 1)\right] = 78.4/399.3761 \times [1 + 0.5 \times (399.3761/4.9486 - 1)] = 8.0 \text{(m/s)}$$

通过管壁的导热：

$$q_0 = \frac{2\pi\lambda_{Al}(T_w - T_n)}{\ln(d_2/d_1)} = \frac{2 \times 3.14 \times 214 \times 2}{\ln(0.014/0.01)} = 7988.29 \text{(W/m)}$$

（2）管外空气对流换热

空气侧换热可看作大空间自然对流换热，单个翅片的换热可以看作空气与等截面直肋的换热。

首先由空气的定性温度 T_m 确定其物性参数，T_m 的计算公式为：

$$T_m = \frac{T_0 + T_w}{2} = \frac{31.3 - 134.4356}{2} = -51.57 \text{(℃)}$$

查得空气的物性参数：$\upsilon = 9.25076 \times 10^{-6} \text{ m}^2/\text{s}$，$\lambda = 0.02 \text{ W/(m} \cdot \text{K)}$。

进而求得瑞利数 Ra：

$$Ra = \beta_0 g(T_0 - T_{w1})l^3 / \upsilon^2 Pr = 4.5 \times 10^{-3} \times 9.8 \times (31.3 + 134.4356) \times 6^3 / (9.25076 \times 10^{-6})^2 = 1.84 \times 10^{13}$$

$$Nu = \left\{0.825 + 0.387 \times (1.84 \times 10^{13})^{1/6} \Big/ \left[1 + (0.492/0.7335)^{9/16}\right]^{8/27}\right\}^2 = 2865.866$$

$$\alpha_0 = Nu\lambda' / l = 2865.866 \times 0.02/6 = 9.55 \text{ W/(m} \cdot \text{K)}$$

$$m = \sqrt{\frac{2\alpha_0}{\lambda_{Al}\delta}} = \sqrt{\frac{2 \times 9.55}{214 \times 0.002}} = 6.68$$

$$\eta = \tan h(mh) / (mh) = \tan h6.68 \times 0.08 / (6.68 \times 0.08) = 0.91$$

$$A = \pi d_2 + 12(2h + \delta)\eta = 3.14 \times 0.014 + 12 \times (2 \times 0.08 + 0.002) \times 0.91 = 1.81 \text{(m}^2)$$

$$\frac{1}{K} = R_f + \frac{1}{\alpha_f} + \frac{\delta}{\lambda_{Al}} + \frac{1}{\alpha_0\beta\eta} = 0.002 + \frac{1}{245} + \frac{0.002}{214} + \frac{1}{9.55 \times 55.76 \times 0.91} = 0.008 \text{(m}^2 \cdot \text{K/W)}$$

$$K = 125 \text{ W/(m}^2 \cdot \text{K)}$$

流动沸腾换热长度计算：

$$Q = m(h_{out} - h_{in}) = 2.459 \times (533.4753 - 53.598) = 1180 \text{(W)}$$

$$\Delta T = 177.7356\,℃$$

$$Q = K\Delta T\pi DL = 125\times177.7356\times3.14\times0.01L = 697.6L$$

$$L = 1.692\text{m}$$

单相液区长度计算：

$$Q = m(h_{\text{out}} - h_{\text{in}}) = 2.459\times(53.598+1.5101) = 135.5\,(\text{W})$$

$$Q = K\Delta T\pi DL = 222.2\times15.56\times3.14\times0.01\times L = 108.56L$$

$$L = 1.248\text{m}$$

单相气区长度计算：

$$Q = m(h_{\text{out}} - h_{\text{in}}) = 2.459\times(919.2528-533.4753) = 948.6\,(\text{W})$$

$$\Delta T_{\text{m}} = 91.8/\ln(93.1/1.3) = 5.3\,(℃)$$

$$Q = K\Delta T_{\text{m}}\pi DL = 55.56\times166.4356\times3.14\times0.01L = 290.36L$$

$$L = 3.266\text{m}$$

2.6　考虑结霜情况下气化器的换热计算

2.6.1　霜层热阻的计算

结霜是一个复杂的传热传质过程，可以分为霜晶生长期、霜层生长期和霜层充分生长期 3 个阶段。在结霜初始阶段，霜层厚度很薄，冷表面的霜晶生长增大了换热面积，再加上水蒸气放出的冷凝热和水的固化热，使传热增强但随着霜层厚度的增加，其热阻不断增大，霜层逐渐成为保温层，使空气流过气化器的阻力增大，传热效率明显降低。结霜过程主要受到环境空气温度、湿度和冷表面温度的影响，空气流速的影响十分微弱。霜层生长过程中，霜层表面空气中的水蒸气处于过饱和状态。

宏观角度分析霜层的物理性质，将霜层看作是均匀的多孔介质，认为其物性参数在其厚度方向是均匀分布的，并将其生长过程看作是一维准稳态过程，将水蒸气和干空气看作是理想气体，假定环境空气参数和低温表面温度均恒定不变，忽略水蒸气在低温表面凝结的时间。

2.6.1.1　能量守恒方程

单位时间内通过单位面积霜层表面进入霜层内部的总热量包括显热和潜热两部分，显热是霜层表面与空气的换热，潜热是进入霜层内部水蒸气的汽化潜热，因此，能量守恒方程可以描述为：

$$\lambda_{\text{f}}\frac{T_{\text{sur}} - T_{\text{w}}}{\delta_{\text{f}}} = h_{\text{f}}(T_{\text{a}} - T_{\text{sur}}) + I_{\text{sv}}m_{\text{f}} \tag{2-85}$$

式中　λ_{f} ——霜层的热导率，W/(m·K)；

　　　δ_{f} ——霜层的厚度，m；

　　　T_{sur} ——霜层的表面温度，K；

　　　T_{a} ——环境空气的温度，K；

　　　T_{w} ——冷壁面的温度，K；

h_f ——霜层与空气的表面换热系数，W/($m^2 \cdot$ K)；

I_{sv} ——水蒸气的气固相变焓，kJ/kg；

m_f ——单位面积通过霜层表面水蒸气的质量流量，kg/($m^2 \cdot$ s)。

2.6.1.2 质量守恒方程

根据对流传质规律：

$$m_f = h_m(\rho_{v,a} - \rho_{v,f}) \tag{2-86}$$

$$m_f = \frac{dM_f}{d\tau} \tag{2-87}$$

$$M_f = \delta_f \rho_f \tag{2-88}$$

因此质量方程式可以表述为：

$$d(\delta_f \rho_f) / d\tau = h_m(\rho_{v,f} - \rho_{v,a}) \tag{2-89}$$

式中　ρ_f ——霜层的密度，kg/m^3；

M_f ——单位面积冷表面上结霜的质量，kg/m^2；

τ ——时间，s；

h_m ——表面传质系数，m/s；

$\rho_{v,a}$ ——环境空气温度对应的水蒸气密度，kg/m^3；

$\rho_{v,f}$ ——霜层表面温度对应的水蒸气密度，kg/m^3。

空气在霜层表面的密度可以表示为：

$$\rho_{v,a} = \frac{\varphi p_{sat,a}}{R_v T_a} \tag{2-90}$$

式中　φ ——环境空气相对湿度；

R_v ——水蒸气的气体状态常数，J/(mol $\cdot$ K)；

$p_{sat,a}$ ——环境空气温度对应的水蒸气分压力，kPa。

一定温度（T）下水蒸气饱和分压可以通过下式计算：

$$p_{sat} = (2/15)\exp(18.5916 - 3991.11/T - 39031) \tag{2-91}$$

通过契尔顿-柯尔本类似律来计算对流传质系数（h_m），即

$$h_m = h_c / \rho_a c_p Le^{2/3} = 7.25 \times 10^{-3} \tag{2-92}$$

$$Le = \alpha / D_V = 18.8 \times 10^{-6} / (0.22 \times 10^{-4}) = 0.855 \tag{2-93}$$

式中　h_c ——霜层与环境空气的对流换热系数，W/($m^2 \cdot$ K)；

ρ_a ——环境空气的密度，kg/m^3，$\rho_a = 1.165$ kg/m^3；

c_p ——环境空气的定压比热容，J/(kg $\cdot$ K)，$c_p = 1005$ J/(kg $\cdot$ K)；

Le ——刘易斯准则数；

α ——热扩散系数，m^2/s，$\alpha = 18.8 \times 10^{-6}$ m^2/s；

D_V ——水蒸气在空气中的质量扩散系数，m^2/s，$D_V = 0.22 \times 10^{-4}$ m^2/s。

霜层物性参数的经验公式由能量守恒方程和质量守恒方程组成的方程组并不封闭，需要补充方程才能求解。这里引入霜层热导率和霜层表面温度变化的经验公式。

$$T_{m} = \frac{-160}{2} = -80\,(\text{℃})$$

$$\frac{1}{\lambda_{f}} = \frac{\zeta}{\lambda_{min}} + \frac{1-\zeta}{\lambda_{max}} = 0.409 \tag{2-94}$$

$$\lambda_{max} = (1-\psi)\lambda_{ice} + \psi\lambda_{a} = 2.323 \tag{2-95}$$

$$\frac{1}{\lambda_{min}} = \frac{1-\psi}{\lambda_{ice}} + \frac{\psi}{\lambda_{a}} = 16.695 \tag{2-96}$$

$$\zeta = 0.42(0.1 + 0.995^{\rho_{f}}) = 0.059 \tag{2-97}$$

$$\rho_{f} = (1-\psi)\rho_{ice} + \psi\rho_{a} = 639.34 \tag{2-98}$$

$$\psi = 1 - 0.710\exp\left[0.228(T_{sur} - 273.15)\right] = 0.2 \tag{2-99}$$

$$\lambda_{ice} = \frac{630}{T_{m}} = \frac{630}{-80 + 273} = 3.264 \tag{2-100}$$

$$\lambda_{a} = -3.381 \times 10^{-8} T_{m}^{2} + 9.814 \times 10^{-5} T_{m} - 1.308 \times 10^{-4} = 0.0176 \tag{2-101}$$

式中　ρ_{ice} ——冰的密度，kg/m³；

　　　ψ ——霜层的孔隙率；

　　　λ_{ice} ——冰的热导率，W/(m·K)。

联立上面各式就可以计算出在一定的壁面温度、环境温度及湿度下，霜层厚度和热导率随时间的变化。

2.6.2　翅片管外表面与空气的换热

LNG 空温式气化器的空气侧翅片管表面与空气间存在自然对流换热和辐射换热。

2.6.2.1　自然对流换热

Churchil 和 Chu 在整理大量文献数据的基础上推荐了竖直平壁和圆管的自然对流换热准则关联式，对于立式安装的翅片管自然对流换热，可以使用竖壁自然对流准则关联式。

$$Nu = \left\{0.825 + 0.387 Ra \Big/ \left[1 + (0.492/\text{Pr})^{9/16}\right]^{8/27}\right\}^{2} \tag{2-102}$$

$$h_{c} = Nu\lambda_{a}/H \tag{2-103}$$

$$Ra = \beta g(T_{a} - T_{sur})l^{3}/\nu^{2}\ Pr = 9.8 \times 31.3 \times 1.3^{3}/15.65 \times 15.53 \times 10^{-6} \times$$
$$0.704 = 1.256 \times 10^{11} \tag{2-104}$$

$$Nu = \left\{0.825 + \left[0.387 \times \left(1.256 \times 10^{11}\right)^{1/6}\right] \Big/ \left[\left(1 + 0.492/0.704\right)^{9/16}\right]^{8/27}\right\}^{2} = 564.92$$

$$h_{c} = 564.92 \times 0.0176/1.3 = 7.65$$

式中　Nu ——努塞尔数；

　　　Ra ——瑞利数；

　　　Pr ——普朗特数；

　　　H ——定型尺寸，m，文中指翅片安装高度；

h_c ——空气与翅片表面的对流换热系数，$W/(m^2 \cdot K)$。

2.6.2.2 辐射换热

辐射换热的大小可以用辐射换热表面传热系数来表示，其表达式为：

$$h_r = \frac{\xi_f \sigma_b (T_a^4 - T_{sur}^4)}{T_a - T_{sur}} \qquad (2-105)$$

式中 ξ_f ——发射率，取 $\xi_f = 0.252$；

     σ_b ——斯蒂芬-玻尔兹曼常数，$W/(m^2 \cdot K)$，$\sigma_b = 5.67 \times 10^{-8} \, W/(m^2 \cdot K)$；

     T_a ——环境空气温度，K，$T_a = 304.3 \, K$；

     T_{sur} ——翅片管表面温度，K，$T_w = 273 \, K$。

$$h_r = \frac{\xi_f \sigma_b (T_0^4 - T_{sur}^4)}{T_0 - T_{sur}} = [0.252 \times 5.67 \times 10^{-8} \times (304.3^4 - 273^4)]/(304.3 - 273) = 1.38$$

2.6.2.3 复合换热系数

LNG 空温式翅片管换热器与周围的空气之间既有对流换热，又有辐射换热，两者处于同样的量级，可以用复合传热系数将空气侧的表面换热系数综合为对流换热系数和辐射换热系数之和，即：

$$h_a = h_c + h_r = 7.65 + 1.38 = 9.03 \, [W/(m^2 \cdot K)]$$

2.6.2.4 翅片与空气的换热系数

当翅片表面结霜后翅片与空气的传热包括翅片通过霜层的导热和霜层表面与空气间的表面换热两部分。而霜层表面与空气之间存在着自然对流换热，另外霜层表面温度较低，依然会与周围环境发生辐射换热。此时霜层表面与空气间的复合换热系数依然根据上述公式来计算，计算过程中冷表面温度用霜层表面温度代替即可。对于高度远大于厚度的翅片来说，其热导率远大于霜层热导率，因此可以忽略其在厚度方向上的导热，只考虑其高度方向的导热。结霜后翅片与空气间的换热系数可用下式来表示：

$$h_o = 1/(1/h_a + R_f) \qquad (2-106)$$

$$R_f = \frac{\delta_f}{\lambda_f} \qquad (2-107)$$

式中 h_o ——结霜后翅片表面与空气间的面积换热系数，$W/(m^2 \cdot K)$；

     h_a ——结霜后霜层表面与空气间的面积换热系数，$W/(m^2 \cdot K)$，$h_a = 9.03 \, W/(m^2 \cdot K)$；

     R_f ——霜层的热阻，$m^2 \cdot K/W$；

     δ_f ——霜层的厚度，m。

2.6.2.5 翅片的换热效率

若用 η_f 表示单根翅片的肋片效率，则其有如下表达式：

$$\eta = \frac{\tan h(ml)}{ml} \qquad (2-108)$$

式中 l ——翅片的高度，m，$l = 0.08 \, m$。

2.6.3 翅片管内表面与工质的换热

翅片管 LNG 的气化过程可以依据泡点温度和露点温度分为 3 个阶段。管内流体低于泡点温度时为单相液段；高于露点温度时为单相气段；高于泡点温度而低于露点温度时为两相段。

2.6.3.1 单相液段和单相气段的换热计算

LNG 空温式气化器管内的流体在单相液段和单相气段的换热为对流换热，可以用粗糙圆管内强迫对流换热的准则关联式对其进行计算。粗糙管壁对流换热有如下准则关联式：

$$StPr^{2/3} = f / 8 \qquad (2\text{-}109)$$

其中：

$$St = h_{in} / (uc_p\rho) \qquad (2\text{-}110)$$

$$Pr = \upsilon\rho c_p / \lambda \qquad (2\text{-}111)$$

式中　St ——斯坦顿数；

　　　Pr ——普朗特数；

　　　h_{in} ——翅片管内流体与壁面间的对流换热系数，$W/(m^2 \cdot K)$；

　　　u ——管内介质流速，m/s；

　　　υ ——管内介质黏度，m^2/s；

　　　λ ——管内流体的热导率，$W/(m \cdot K)$；

　　　ρ ——管内流体的密度，kg/m^3；

　　　c_p ——管内流体的定压比热容，$J/(kg \cdot K)$。

2.6.3.2 两相段换热计算关于低温流体沸腾传热的计算

在计算时将天然气看作是一种虚拟的纯物质，并假设液化天然气在翅片管内气化过程中，在两相段开始时先在泡点温度（T_b）全部沸腾蒸发变成气态天然气，气态的天然气吸热过热达到露点温度（T_d），两相段结束，气化完成。

2.6.4 结霜工况下 LNG 空温式气化器整体换热分析

当气化器结霜后，翅片管表面与空气间的传热系数（h_0）包括霜层的导热和霜层表面与空气的面积换热两部分，即：

$$h_0 = \frac{1}{1/h_f + \delta_f / \lambda_f} \qquad (2\text{-}112)$$

依据泡点温度和露点温度将传热过程分为单相液段、两相段和单相气段，分别求解各段的努塞尔数，然后再通过下式计算管内流体与翅片管内壁之间的换热系数（h_{in}），即：

$$h_{in} = Nu\lambda / D \qquad (2\text{-}113)$$

式中，D 为计算管内换热系数的定型尺寸。对于单相液段和单相气体段来说，用内径（d_{in}）作为定型尺寸；对于两相段的换热，则用本文定义的特征长度作为定型尺寸。

翅片管一般为加装了若干翅片的铝合金材质圆管，其换热方式除了管内外表面与流体之间的对流换热，还会有通过管壁的导热，管壁的热阻计算方法如下：

$$R_w = d_1 / \lambda_1 \left[\ln \left(d_2 / d_1 \right) \right] \qquad (2\text{-}114)$$

式中　R_w ——翅片管壁热阻，$m^2 \cdot K/W$；

λ_1 —— 翅片管材料热导率，W/(m·K)；

d_1 —— 翅片管内径，m；

d_2 —— 翅片管外径，m。

于是，气化器总传热系数为：

$$1/K = 1/\alpha_l + d_1/\lambda_w \ln(d_2/d_1) + 1/(\eta\beta_0 h_0) \qquad (2\text{-}115)$$

式中　η —— 总换热效率；

β_0 —— 翅片管外表面积与内表面积的比值。

$$\beta_0 = (\pi d_2 + 2Nl)/(\pi d_1) \qquad (2\text{-}116)$$

式中　N —— 翅片管上安装的翅片数量。

设管内流体温度为 T_{in}，管外空气温度为 T_a，则单位长度气化器总换热量为 Q，则：

$$Q = K(T_a - T_{in})A \qquad (2\text{-}117)$$

式中　T_a —— 管外空气温度，K；

T_{in} —— 管内流体温度，K；

Q —— 单位长度气化器的总换热量，W/m；

A —— 单位长度气化器的内表面积，m^2。

2.6.4.1　结霜 1h

假定结霜 1h 时，最高霜层厚度可以达到 9mm。

$$R_f = \frac{\delta_f}{\lambda_f} = \frac{11 \times 10^{-3}}{2.445} = 4.498 \times 10^{-3} \, (m^2 \cdot K/W)$$

$$h_0 = 1/\left[(1/h_a) + R_f\right] = 1/\left[(1/9.03) + 4.498 \times 10^{-2}\right] = 8.69 \, [W/(m^2 \cdot K)]$$

$$\eta_f = \frac{\tanh(mH)}{mH} = \frac{0.4696}{6.37 \times 0.08} = 0.92$$

$$m = \sqrt{2h_0/(\lambda_w \delta_w)} = \sqrt{2 \times 8.69/(214 \times 0.002)} = 6.37$$

（1）液相区

总传热系数计算如下：

$$1/K = 1/\alpha_1 + d_1/\lambda_w \ln(d_2/d_1) + 1/(\eta\beta_0 h_0)$$
$$= 1/1603.7 + 0.01/214 \ln(0.014/0.01) + 1/(0.92 \times 42.16 \times 8.74)$$
$$= 3.59 \times 10^{-3} \, (m^2 \cdot K/W)$$

$$K = 278.63 \, W/(m^2 \cdot K)$$

单位长度换热量：

$$Q = KA\Delta t_m = 278.63 \times 3.14 \times 0.01 \times 56.55 = 494.75 \, (W/m)$$

（2）气相区

总传热系数计算如下：

$$1/K = 1/\alpha_1 + d_1/\lambda_w \ln(d_2/d_1) + 1/(\eta\beta_0 h_0)$$
$$= 1/860 + 0.01/214 \ln(0.014/0.01) + 1/(0.92 \times 42.16 \times 8.74) = 4.128 \times 10^{-3} \, (m^2 \cdot K/W)$$

$$K = 242.25 \text{ W}/(\text{m}^2 \cdot \text{K})$$

单位长度换热量：

$$Q = KA\Delta t_{\text{m}} = 242.25 \times 3.14 \times 0.01 \times 5.3 = 40.32 (\text{W}/\text{m})$$

（3）两相区

总传热系数计算如下：

$$\begin{aligned}
1/K &= 1/\alpha_1 + d_1/\lambda_{\text{w}} \ln(d_2/d_1) + 1/(\eta\beta_0 h_0) \\
&= 1/133.84 + 0.01/214 \ln(0.014/0.01) + 1/(0.92 \times 42.16 \times 8.74) \\
&= 7.5 \times 10^{-3} (\text{m}^2 \cdot \text{K}/\text{W})
\end{aligned}$$

$$K = 133.33 \text{ W}/(\text{m}^2 \cdot \text{K})$$

单位长度换热量：

$$Q = KA\Delta t_{\text{m}} = 133.33 \times 3.14 \times 0.01 \times 7.389 = 30.935 (\text{W}/\text{m})$$

2.6.4.2　结霜 2h

假定结霜 2h 时，最高霜层厚度可以达到 11 mm，则有：

$$R_{\text{f}} = \frac{\delta_{\text{f}}}{\lambda_{\text{f}}} = \frac{11 \times 10^{-3}}{2.445} = 4.498 \times 10^{-3} (\text{m}^2 \cdot \text{K}/\text{W})$$

$$h_0 = \frac{1}{1/h_{\text{a}} + R_{\text{f}}} = \frac{1}{1/9.03 + 4.498 \times 10^{-3}} = 8.69 [\text{W}/(\text{m}^2 \cdot \text{K})]$$

$$\eta_{\text{f}} = \frac{\tan h(mH)}{mH} = \frac{0.4696}{6.37 \times 0.08} = 0.92$$

$$m = \sqrt{2h_0/(\lambda_{\text{w}}\delta_{\text{w}})} = \sqrt{2 \times 8.69/(214 \times 0.002)} = 6.37$$

（1）液相区

总传热系数计算如下：

$$\begin{aligned}
1/K &= 1/\alpha_1 + d_1/\lambda_{\text{w}} \ln(d_2/d_1) + 1/(\eta\beta_0 h_0) \\
&= 1/1603.7 + 0.01/214 \ln(0.014/0.01) + 1/(0.92 \times 42.16 \times 8.69) \\
&= 3.60 \times 10^{-3} [(\text{m}^2 \cdot \text{K})/\text{W}]
\end{aligned}$$

$$K = 277.3 \text{ W}/(\text{m}^2 \cdot \text{K})$$

单位长度换热量：

$$Q = KA\Delta t_{\text{m}} = 277.3 \times 3.14 \times 0.01 \times 56.55 = 492.393 (\text{W}/\text{m})$$

（2）气相区

总传热系数计算如下：

$$1/K = 1/\alpha_1 + d_1/\lambda_{\text{w}} \ln(d_2/d_1) + 1/(\eta\beta_0 h_0)$$
$$= 1/860 + 0.01/214 \ln(0.014/0.01) + 1/(0.92 \times 42.16 \times 8.69) = 4.15 \times 10^{-3} (\text{m}^2 \cdot \text{K}/\text{W})$$

$$K = 241.0 \text{ W}/(\text{m}^2 \cdot \text{K})$$

单位长度换热量：

$$Q = KA\Delta t_{\text{m}} = 241.0 \times 3.14 \times 0.01 \times 5.3 = 40.11 (\text{W}/\text{m})$$

（3）两相区

总传热系数计算如下：

$$1/K = 1/\alpha_1 + d_1/\lambda_w \ln(d_2/d_1) + 1/(\eta\beta_0 h_0)$$

$$=1/133.84 + 0.01/214\ln(0.014/0.01) + 1/(0.92 \times 42.16 \times 8.69) = 0.01(\text{m}^2 \cdot \text{K}/\text{W})$$

$$K = 100 \text{ W}/(\text{m}^2 \cdot \text{K})$$

单位长度换热量：

$$Q = KA\Delta t_m = 100 \times 3.14 \times 0.01 \times 7.389 = 23.20 \text{ (W/m)}$$

2.6.4.3 结霜 4h

假定结霜 4h 时，最高霜层厚度可以达到 13mm：

$$R_f = \frac{\delta_f}{\lambda_f} = \frac{13 \times 10^{-3}}{2.445} = 5.3 \times 10^{-3}(\text{m}^2 \cdot \text{K/W})$$

$$h_0 = \frac{1}{1/h_a + R_f} = \frac{1}{1/9.03 + 5.3 \times 10^{-3}} = 8.62 \text{ [W}/(\text{m}^2 \cdot \text{K)}]$$

$$\eta_f = \frac{\tanh(mH)}{mH} = \frac{0.4696}{6.37 \times 0.08} = 0.92$$

$$m = \sqrt{2h_0/(\lambda_w \delta_w)} = \sqrt{2 \times 8.62/(214 \times 0.002)} = 6.35$$

（1）液相区

总传热系数计算如下：

$$1/K = 1/\alpha_1 + d_1/\lambda_w \ln(d_2/d_1) + 1/(\eta\beta_0 h_0)$$

$$=1/1603.7 + 0.01/214\ln(0.014/0.01) + 1/(0.92 \times 42.16 \times 8.62)$$

$$= 3.63 \times 10^{-3}(\text{m}^2 \cdot \text{K}/\text{W})$$

$$K = 275.56 \text{ W}/(\text{m}^2 \cdot \text{K})$$

单位长度换热量：

$$Q = KA\Delta t_m = 275.56 \times 3.14 \times 0.01 \times 56.55 = 489.3 \text{ (W/m)}$$

（2）气相区

总传热系数计算如下：

$$1/K = 1/\alpha_1 + d_1/\lambda_w \ln(d_2/d_1) + 1/(\eta\beta_0 h_0)$$

$$=1/860 + 0.01/214\ln(0.014/0.01) + 1/(0.92 \times 42.16 \times 8.62)$$

$$= 4.17 \times 10^{-3}(\text{m}^2 \cdot \text{K}/\text{W})$$

$$K = 239.86 \text{ W}/(\text{m}^2 \cdot \text{K})$$

单位长度换热量：

$$Q = KA\Delta t_m = 239.86 \times 3.14 \times 0.01 \times 5.3 = 39.92 \text{ (W/m)}$$

（3）两相区

总传热系数计算如下：

$$1/K = 1/\alpha_1 + d_1/\lambda_w \ln(d_2/d_1) + 1/(\eta\beta_0 h_0)$$

$$=1/133.84 + 0.01/214\ln(0.014/0.01) + 1/(0.92 \times 42.16 \times 8.62)$$

$$= 0.01(\text{m}^2 \cdot \text{K}/\text{W})$$

$$K = 100 \text{ W/(m}^2 \cdot \text{K)}$$

单位长度换热量：

$$Q = KA\Delta t_\text{m} = 100 \times 3.14 \times 0.01 \times 7.389 = 23.20 \, (\text{W/m})$$

2.6.4.4　结霜 8h

假定结霜 8h 时，最高霜层厚度可以达到 17 mm：

$$R_\text{f} = \frac{\delta_\text{f}}{\lambda_\text{f}} = \frac{17 \times 10^{-3}}{2.445} = 6.95 \times 10^{-3} \, (\text{m}^2 \cdot \text{K/W})$$

$$h_0 = \frac{1}{1/h_\text{a} + R_\text{f}} = \frac{1}{1/9.0 + 6.95 \times 10^{-3}} = 8.5 \, [\text{W/(m}^2 \cdot \text{K})]$$

$$\eta_\text{f} = \frac{\tan h(mH)}{mH} = \frac{0.4696}{6.37 \times 0.08} = 0.92$$

$$m = \sqrt{2h_0/(\lambda_\text{w}\delta_\text{w})} = \sqrt{2 \times 8.5/(214 \times 0.002)} = 6.3$$

（1）液相区

总传热系数计算如下：

$$\begin{aligned}
1/K &= 1/\alpha_1 + d_1/\lambda_\text{w}\ln(d_2/d_1) + 1/(\eta\beta_0 h_0) \\
&= 1/1603.7 + 0.01/214\ln(0.014/0.01) + 1/(0.92 \times 42.16 \times 8.5) \\
&= 3.67 \times 10^{-3} \, (\text{m}^2 \cdot \text{K/W})
\end{aligned}$$

$$K = 272.24 \text{ W/(m}^2 \cdot \text{K)}$$

单位长度换热量：

$$Q = KA\Delta t_\text{m} = 272.24 \times 3.14 \times 0.01 \times 55.65 = 475.71 \, (\text{W/m})$$

（2）气相区

总传热系数计算如下：

$$\begin{aligned}
1/K &= 1/\alpha_1 + d_1/\lambda_\text{w}\ln(d_2/d_1) + 1/(\eta\beta_0 h_0) \\
&= 1/860 + 0.01/214\ln(0.014/0.01) + 1/(0.92 \times 42.16 \times 8.5) \\
&= 4.2 \times 10^{-3} \, (\text{m}^2 \cdot \text{K/W})
\end{aligned}$$

$$K = 238.09 \text{ W/(m}^2 \cdot \text{K)}$$

单位长度换热量：

$$Q = KA\Delta t_\text{m} = 238.09 \times 3.14 \times 0.01 \times 5.3 = 39.62 \, (\text{W/m})$$

（3）两相区

总传热系数计算如下：

$$\begin{aligned}
1/K &= 1/\alpha_1 + d_1/\lambda_\text{w}\ln(d_2/d_1) + 1/(\eta\beta_0 h_0) \\
&= 1/133.84 + 0.01/214\ln(0.014/0.01) + 1/(0.92 \times 42.16 \times 8.5) \\
&= 0.01 \, (\text{m}^2 \cdot \text{K/W})
\end{aligned}$$

$$K = 100 \text{ W/(m}^2 \cdot \text{K)}$$

单位长度换热量：

$$Q = KA\Delta t_\text{m} = 100 \times 3.14 \times 0.01 \times 7.389 = 23.20 \, (\text{W/m})$$

参考文献

[1] 付国忠，陈超. 我国天然气供需现状及煤制天然气工艺技术和经济性分析 [J]. 中外能源，2010，15（6）：28-34.

[2] 陈雪，马国光. 我国 LNG 接收终端的现状及发展新动向 [J]. 燃气与热力，2007，27（8）：63-66.

[3] 吴创明. LNG 气化站工艺设计与运行管理 [J]. 燃气与热力，2006，26（4）：1-7.

[4] 姚杨，姜益强. 翅片管换热器结霜时霜的密度和厚度的变化 [J]. 工程物理学报，2003，24（6）：297-300.

[5] 来进琳. 空温式翅片管气化器在低温工况下的传热研究 [D]. 兰州：兰州理工大学，2009：11-34.

[6] 刘小川. 结霜工况下翅片管换热器传热传质的数值模拟 [D]. 上海：上海交通大学，2007：9-68.

[7] 鲁钟琪. 两相流与沸腾传热 [M]. 北京：清华大学出版社，2002.

[8] 林宗虎，王树众. 气液两相流和沸腾传热 [M]. 西安：西安交通大学出版社，2003.

[9] 严铭卿. 液化天然气露点的直接计算 [J]. 煤气与热力，1998，18（3）：20-23.

[10] 寇虎，严铭卿. 液化天然气泡点的直接计算及其应用 [J]. 煤气与热力，2001，21（5）：443-445.

[11] 邹鑫，公茂琼. 低温工质流动沸腾传热关联式研究综述 [J]. 制冷学报，2008，29（2）：1-5.

[12] 杨聪聪. LNG 空温式气化器研究计算研究 [D]. 黑龙江：哈尔滨工业大学，2011.

第3章
板翅式换热器的设计计算

板翅式换热器因其高效、紧凑、轻巧的显著优点被广泛应用于低温制冷、航空航天、石油化工等众多领域，是天然气液化装置中的主流换热器。在设计中，参考相关液化天然气标准，查阅板翅式换热器设计资料，选定制冷剂乙烯与天然气进行换热，并确定两介质的进出口参数。设计内容主要是对板翅式换热器进行单元尺寸确定以及计算。设计目的是选择一个合适的翅片形式并拟定通道排列，确定传热系数和传热面积，使其与各股流的传热系数和传热面积相适应，最后进行材料强度的计算。图 3-1 为板翅式换热器简图。

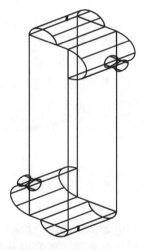

图 3-1　板翅式换热器简图

3.1　板翅式换热器的设计概述

3.1.1　板翅式换热器的发展概况

20 世纪 30 年代，英国的马尔斯顿·艾克歇尔瑟（Marston Excesior）公司首次开发出铜及铜合金制板翅式换热器，并将其用作航空发动机散热器。此后，各种金属材料的板翅式换热器相继出现在工程应用中，唯以铝合金材料为主。我国从 20 世纪 60 年代初期开始试制板翅式换热器，首先用于空分制氧，制成了第一套板翅式空分设备。近几年来，板翅式换热器在产品结构、翅片规格、生产工艺和设计、科研方面都有较大发展，可满足对流、错流、逆流、错逆流和多股流换热，可进行气-液、气-气、液-液间的冷却、冷凝和蒸发等换热过程，广泛用于空分装置、压缩气体冷却、石化产品生产、燃料电池、热回收、污染控制系统等领域。近年来，由于一些新技术和新理念的渗透，使得板翅式换热器在设计理论、制造工艺、开拓应用等方面有了进一步的发展。

3.1.2 板翅式换热器的设计目的及意义

天然气在常压下，当冷却至约-162℃时，则由气态变成液态，称为液化天然气（LNG）。天然气是一种混合物，其组分随气田不同而异，主要成分有甲烷、氮及 $C_2 \sim C_5$ 的饱和烷烃，另外还含有微量的氦、二氧化碳及硫化氢等，通过制冷液化后，LNG 就成为含甲烷（97%以上）、乙烷（2%）和丙烷（1%）及少量 $C_3 \sim C_5$ 烷烃的低温液体。LNG 是由天然气转变的另一种能源形式。天然气的主要成分是甲烷，甲烷的常压沸点是-162℃，临界温度为-84℃，临界压力为 4.1MPa。天然气被公认为是地球上最干净的能源，LNG 无色、无味、无毒且无腐蚀性。在一次能源结构中，天然气在此期间的生产量占总量的比例从 2.8%提高到 3.9%，而天然气的消费量占总量的比例则仅从 2.4%提高到 3.4%，因此天然气应用跟不上生产的速度。天然气在我国国民经济中的应用不仅远远低于国际水平，也低于亚洲平均水平。为此需要大力发展天然气产业的应用方面的产业链，包括铺设天然气管道；建设天然气液化工厂、LNG进口型接收站、发展 LNG 运输船与低温罐车；建设城市燃气输配管网和调峰站、气化站、天然气加气站；低温储存容器设备、低温配管、阀门及其管件以及高端低温材料；研究、开发和提高液化工艺技术和工程设计基础等一系列的工作。

在天然气液化装置、LNG 接收站等处需要用到换热器。随着我国内陆和沿海油气田的开发，我国石油化学工业得到迅速发展，要求换热设备高效、轻巧并小型化。板翅式换热器因具备这些特点而成为天然气液化装置中的主流换热器。在石油化工上，随着生产工艺的不断改进，使板翅式换热器在天然气液化分离装置中的应用开始有新的发展。

3.1.3 板翅式换热器的应用

板翅式换热器由于具有体积小、质量轻、效率高等突出优点已在各工业部门得到越来越广泛的应用。

空气分离器：空气分离装置中的可逆式换热器、冷凝蒸发器、液化器。液氮和液态空气过冷器，采用了铝制板翅式换热器后，节省了大量的铜及其他低温材料，节省了设备投资和安装费用，并降低了单位能耗。

石油化工：在石油化工装置中，使用板翅式换热器的优点是由于温差小，不但可以充分利用冷量，减少因存在温差造成的不可逆损失，而且改变了制冷的级别，从而使制冷所需的功率降低，已被用于乙烯深冷分离、合成氨氮洗、天然气、油田分离与液化等工艺过程。

工程机械：经过 20 多年的研究和实践，世界各国已在汽车、机车散热器、挖掘机油冷器、制冷机散热器、大功率变压器散热器上成批生产和使用板翅式换热器。

原子能和国防工业：原子能工业中采用了板翅式氢液化器和氦液化器，将板翅式换热器应用于超低温条件下；而燃气轮机回热器所采用的板翅式换热器，则是在较高温度下使用板翅式换热器。

超导和宇宙空间技术：低温超导和宇宙空间技术的发展，为板翅式换热器的应用提供了新的途径，板翅式换热器在美国"阿波罗"飞船和中国"神舟"飞船上都有应用。

3.1.4　板翅式换热器的优点

（1）传热效率高

翅片的特殊结构，使流体形成强烈湍流，使传热边界层不断被破坏，从而有效降低热阻，提高传热效率。

（2）结构紧凑

传热面积密度可高达 $17300m^2/m^3$，单位体积的传热面积通常比列管式换热器大五倍以上，最大可达几十倍。

（3）轻巧而牢固

翅片很薄，通常为 0.2～0.3mm，而结构很紧凑、体积小，又可用铝合金制造，因而质量很轻（可比管壳式换热器降低 80%）。同时翅片是主要的传热表面，又是两隔板的支撑，故强度高。

（4）灵活性及适应性大

① 两侧的传热面积密度可以相差一个数量级以上，以适应两侧介质传热的差异，改善传热表面利用率。

② 在同一设备内，可允许有 2～9 种介质同时换热，且可用于气体-气体、气体-液体和液体-液体之间的热交换，也可用于冷凝和蒸发。这种换热器可在逆流、并流、错流和错逆流等情况下使用，可在-273～+500℃的温度范围内使用。

③ 最外侧可布置空流道（绝热流道），从而最大限度地减少整个换热器与周围环境的热交换。

3.1.5　板翅式换热器的缺点

① 流道狭小，容易引起堵塞而增大压降；当换热器结垢以后，清洗比较困难，因此要求介质比较干净。

② 铝板翅式换热器的隔板和翅片都很薄，要求介质对铝不腐蚀，若腐蚀而造成内部串漏，则很难修补。

③ 板翅式换热器的设计公式较为复杂，通道设计十分困难，不利于手工计算。这也是限制板翅式换热器应用的主要原因。

3.2　板翅式换热器的结构与传热机理

板翅式换热器由两块板片和翅片钎焊在一起，两端由封条紧固形成的流道单元组成。冷热流体在流道中流动，流道间隔布置达到换热的目的。板翅式换热器的结构形式很多，但单元基本结构相同，均由翅片、隔板、封条和导流片组成。在相邻两隔板之间放置翅片、导流片和封条，组成一个通道，按照设计要求对各通道进行适当排列，钎焊成整体，就可得到最常用的逆流、错流、错逆流板翅式换热器芯体（又称板束），在两端配置适当的流体出入口封头（或集流箱），就成为一个完整的板翅式换热器。

（1）隔板

主要用于介质的分隔，也是热量传递和承压的主要元件，按使用压力不同，厚度一般为0.8～2mm。

（2）封条

在换热器周边起密封和支撑作用，高度与翅片相匹配，宽度按承受压力不同一般为15～40mm。

（3）翅片

翅片是换热器最基本的传热元件，根据介质和传热工况的不同，翅片高度为2.5～12mm，厚度为0.1～0.5mm，尽管翅片很薄，但因为节距小，所以能承受较高压力。

（4）导流片

常用于流体进出口，其作用是为了引导由进口管经封头流入流道的流体，使之均匀地分布于流道之中，或是汇集从流道流出的流体使之经过封头由出口管排出，导流片还有保护翅片、壁面通道堵塞的作用，厚度一般为0.4～0.6mm。

（5）侧板

也称盖板，是换热器的外侧平板，在承压的同时对换热器起保护作用，也便于换热器支架的焊接，厚度通常为5～6mm。

3.2.1 翅片的作用与形式

翅片是板式换热器最基本的元件，传热过程主要是依靠翅片来完成的，还有一部分直接由隔板来完成。翅片与隔板的连接均为完善的钎焊，因此大部分热量经翅片通过隔板传到了冷流体。由于翅片传热不像隔板是直接传热的，因此翅片又有"二次表面"之称。翅片作为换热器的二次表面扩充了换热表面积，同时扰动流体流动，使边界层不断破裂再生从而达到增强换热的目的。翅片除承担主要的传热任务外，还起着两隔板之间的加强作用，其强度很高，能承受较高的压力。

翅片形式很多，到目前为止已出现以下几种形式：平直翅片、波纹翅片、钉状翅片、百叶窗式翅片、片条翅片等。最常用的有平直翅片、多孔翅片、锯齿翅片和波纹翅片。每种形式的翅片因高度和节距不同，又可分为多种规格。

（1）平直翅片

平直翅片由薄金属片冲压或滚轧而成，其换热和流动特性与管内流动相似，相对于其他结构形式的翅片，其特点是传热系数和流动阻力系数都比较小。这种翅片一般用于流动阻力要求较小而其自身的传热系数又比较大的场合。平直翅片具有较高的承压强度。

（2）锯齿翅片

锯齿翅片可看作是由平直翅片切成许多短小的片段，并且互相错开一定间隔而形成的间断式翅片，这种翅片的特点是流体的流道被冲制成凹凸不平的形状，从而增加流体的湍流程度，强化传热过程。在压力降相同的条件下，给热系数提高30%以上，故被称为"高效能翅片"。

（3）多孔翅片

多孔翅片是在平直翅片上冲出许多孔洞而成的，常放置于进出口分配段和流体有相变的地方。翅片上密布的小孔使热阻边界层不断破裂，从而提高了传热性能。打孔有利于流体分布，但同时也使翅片的传热面积减小，翅片强度降低。打孔型翅片多用于导流片及流体中夹杂着颗粒或相变换热的场合。多孔翅片开孔率一般为5%～10%。孔径与孔距无一定关系。

（4）波纹翅片

波纹翅片是在平直翅片上压成一定的波纹，形成弯曲流道。促进流体在弯曲流道中不断改变流动方向，以促进流体的湍动、分离和破坏传热边界层，其效果相当于翅片的折断，波纹越密，波幅越大，其传热性能越好。

3.2.2　整体结构

（1）流体的流动形式

对板翅式换热器进行不同方式的叠置和排列，钎焊成整体，就可得到常用的顺流、逆流、错流和混合流等换热器板束，如图 3-2 所示。

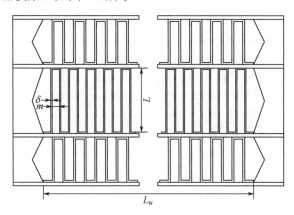

图 3-2　板翅排布图

两流体平行同向流动称为顺流，顺流时冷流体出口温度总是低于热流体出口温度，所以平均温差最小。两流体平行逆向流动称为逆流，逆流时冷流体的出口温度可以高于热流体的进口温度，在冷、热流体的性质、流量、进口温度及换热面积都相同的条件下，逆流布置时冷、热流体间具有最大的平均温差。而且逆流时，流体的速度能较好地与传热效能相结合，使换热器的结构较紧凑合理。两流体垂直时一部分流体呈逆流、一部分流体成错流，采用这种布置形式的最大优点是多种流体能同时进行热交换，合理分配传热面积，使设备布置更加紧凑，因而混合错流布置特别适用于多股流换热中的流体布置。因此，换热器在一般情况下均采用逆流布置，由于结构或其他因素而无法采用逆流时应尽量采用错流或混合流，避免采用单纯的顺流。

（2）通道排列

板翅式换热器的通道排列和通道组合直接影响换热器的传热效果，是换热器设计的关键。当通道排列偏离理想布置时，局部的热负荷将引起很大的热不平衡，产生温度交叉和热量内耗，使换热器的效率降低，以致无法用增加传热面积的富裕量来弥补损失。如一般的多股流换热器，就有上百个通道，由于难以估计换热器的局部热不平衡对换热器效率的影响，因此有必要对每一条通道布置作仔细考虑。

（3）导流片布置

导流片一般布置在换热器流体进出口两端，把流体均匀分配到换热翅片的流道或将流体均匀分配到换热翅片的流道或将流体汇集于封头中。导流片是多孔翅片的一种，通常它节距较大、厚度较薄，还能保护换热器翅片在制造时免受损坏和避免通道被钎剂堵塞。

（4）换热器组合

由于板翅式换热器在制造时其截面和长度都受到工艺装备的限制（如钎焊炉等），因截面积太大或长度太长在钎焊时内部的钎焊质量很难保证，因此在使用时，单个板束的换热器往往不能满足需要，所以在大型设备中换热器往往需要通过多个单元的串联和并联加以组合，组成一个大型的板翅式换热器的组装体。在组装时，多采用并联组装、串联组装和串并联混合组装。

多个单元组合时，很重要的一个问题就是要使流体在各个单元中能够均匀分配，减小和防止偏流。在大容量热交换时，单元体多数是并联排列的，由于流体的分配和汇合的压力损失及摩擦损失，在单元体并列方向产生压力梯度，致使单元体流量不均匀。

3.3　板翅式换热器设计计算

本章设计所选择的是板翅式换热器，共有两股流体（天然气、乙烯）同时参加换热。设计参数如下。

3.3.1　已知参数和其他参数

（1）天然气

进口温度：-55℃（218K）。

出口温度：-118℃（155K）。

设计压力：4.6MPa。

流量：1071.02m³/h。

（2）乙烯

进口温度：-120℃（153K）。

出口温度：-60℃（213K）。

设计压力：1.25MPa。

依据已知参数，查阅物性参数表得：

（1）天然气

密度 ρ：75.95kg/m³。

定压比热容 c_p：6.15kJ/(kg·K)。

动力黏度 μ：1.017×10^{-5} Pa·s。

普朗特数 Pr：1.66。

（2）乙烯

密度 ρ：547.72kg/m³。

定压比热容 c_p：2.44kJ/(kg·K)。

动力黏度 μ：1.476×10^{-4} Pa·s。

普朗特数 Pr：2.09。

3.3.2　热负荷及制冷剂流量计算

（1）天然气流量

在 0.1MPa 时，天然气密度 ρ=0.976 kg/m³，天然气流量 q_{mt} = 2000000 m³/d =83333.33 m³/h= 81333.33 kg/h；在 4.6MPa 时，天然气密度 ρ=75.94 kg/m³，压力改变时，质量流量不变。通

过已知的密度和质量流量求得天然气流量 q_{mt}=1017.02 m³/h = 81333.33 kg/h。

（2）热负荷的计算

$$Q = q_m c_p \Delta t \qquad (3\text{-}1)$$

式中　Q——热负荷，kJ/h；

　　　Δt——进出口温差，℃。

$$Q = q_{mt} c_p \Delta t = 6.15 \times 63 \times 81333.33 = 31512598.71(\text{k J}/\text{h})$$

（3）乙烯流量的计算

$$q_{my} = \frac{Q}{c_p \Delta t} = \frac{3.1512598.71}{2.44 \times 60} = 215249.99(\text{kg}/\text{h})$$

3.3.3　翅片选择与尺寸计算

板翅式换热器可以通过流道的不同组合，布置成并流、逆流、错流、复合流。由于此换热器中 LNG 不存在相变，采用逆流相对较好。因此，此设计采用逆流布置。气侧依据《板翅式换热器》P31 表 1-8 采用型号：

95SR1702：9.5×0.2×1.4

液侧采用的型号：

64SR1703：6.4×0.3×1.7

翅片的基本参数：翅片的几何参数常用以下符号表示，如图 3-3 所示。

L——翅片高度，mm；

δ——翅片厚度，mm；

m——翅片间距，mm；

δ——隔板厚度，mm；

l——翅片有效长度，mm；

n——通道层数；

L_w——翅片有效宽度，mm；

x——翅片内距，mm；

y——翅片内高，mm。

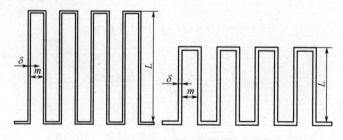

图 3-3　翅片几何参数

根据几何参数，可以得到 95SR1702 翅片特性参数。

翅片内距：

$$x = m - \delta = 1.4 - 0.2 = 1.2(\text{mm}) \tag{3-2}$$

翅片内高：

$$y = L - \delta = 9.5 - 0.2 = 9.3(\text{mm}) \tag{3-3}$$

翅片的当量直径：

$$D_e = \frac{4f}{u} = \frac{2xy}{x+y} = \frac{22.32 \times 10^{-3}}{10.5 \times 10^{-3}} = 2.13 \times 10^{-3}(\text{m}) \tag{3-4}$$

式中　D_e——翅片当量直径，m；

　　　f——浸润面积，m^2；

　　　u——浸润周边长，m。

取翅片有效宽度为：

$$w = 720\text{mm} = 0.72\text{m}$$

每层通道截面积：

$$A_i = \frac{xyw}{m} = \frac{0.72 \times 0.0012 \times 0.0093}{0.0014} = 5.74 \times 10^{-3}(\text{m}^2) \tag{3-5}$$

每层通道一米长传热面积：

$$F_i = \frac{2(x+y)w}{m} = \frac{2(0.0012 + 0.0093)}{0.0014} = 10.8(\text{m}^2) \tag{3-6}$$

一次传热面积：

$$F_1 = \frac{xF_i}{x+y} = \frac{0.0012 \times 10.8}{0.0012 + 0.0093} = 1.234(\text{m}^2) \tag{3-7}$$

二次传热面积：

$$F_2 = \frac{yF_i}{x+y} = \frac{0.0093 \times 10.8}{0.0012 + 0.0093} = 9.566(\text{m}^2) \tag{3-8}$$

二次传热面积与总面积之比：

$$\frac{F_2}{F_i} = \frac{9.566}{10.8} = 0.866 \tag{3-9}$$

同理，根据几何参数，可以得到 64SR1703 翅片特性参数。

翅片内距：

$$x = m - \delta = 1.7 - 0.3 = 1.4(\text{mm})$$

翅片内高：

$$y = L - \delta = 6.4 - 0.3 = 6.1(\text{mm})$$

翅片的当量直径：

$$D_e = \frac{4f}{u} = \frac{2xy}{x+y} = \frac{8.54 \times 10^{-3}}{7.5 \times 10^{-3}} = 2.27 \times 10^{-3}(\text{m})$$

取翅片有效宽度为：

$$w = 720\text{mm} = 0.72\text{m}$$

每层通道截面积：

$$A_i = \frac{xyw}{m} = \frac{0.72 \times 0.0014 \times 0.0061}{0.0017} = 3.62 \times 10^{-3} (\text{m}^2)$$

每层通道一米长传热面积：

$$F_i = \frac{2(x+y)w}{m} = \frac{2 \times (0.0014 + 0.0061) \times 0.72}{0.0017} = 6.35 (\text{m}^2)$$

一次传热面积：

$$F_1 = \frac{xF_i}{x+y} = \frac{0.0014 \times 6.35}{0.0014 + 0.0061} = 1.185 (\text{m}^2)$$

二次传热面积：

$$F_2 = \frac{yF_i}{x+y} = \frac{0.0061 \times 6.35}{0.0014 + 0.0061} = 5.165 (\text{m}^2)$$

二次传热面积与总面积之比为：

$$\frac{F_2}{F_i} = \frac{5.165}{6.35} = 0.813$$

3.3.4　流体通道数的排列与计算

根据经验，选取天然气侧质量流速 v 为 2 m/s，乙烯侧质量流速 v 为 0.6 m/s，则得两流体通道数：

$$n = \frac{L}{3600vA_i} \tag{3-10}$$

式中　L ——天然气体积流量，m³/h；

　　　v ——冷流体侧和热流体侧的质量流速，m/s；

　　　A_i ——通道的自由流通面积，m²。

天然气侧：

$$n = \frac{L}{3600vA_i} = \frac{L}{3600 \times 2 \times 5.74 \times 10^{-3}} = 25$$

乙烯侧：

$$n = \frac{L}{3600vA_i} = \frac{392.99}{3600 \times 0.6 \times 3.62 \times 10^{-3}} = 50$$

所以翅片排列是两个乙烯通道间隔一个天然气通道。

3.3.5　准则数 Re、St 的计算以及 j 和 f 因子的确定

（1）雷诺数的计算

$$Re = \frac{D_e G}{\mu} \tag{3-11}$$

式中　G——单位质量流速，$\mathrm{kg/(m^2 \cdot s)}$。

$$G = \rho \upsilon \qquad (3\text{-}12)$$

天然气：

$$Re = \frac{D_e G}{\mu} = \frac{2.13 \times 10^{-3} \times 2 \times 75.95}{1.017 \times 10^{-5}} = 31813$$

乙烯：

$$Re = \frac{D_e G}{\mu} = \frac{2.27 \times 10^{-3} \times 0.6 \times 547.72}{1.476 \times 10^{-4}} = 5054$$

（2）传热因子和摩擦系数的确定

由计算的雷诺数，查《板翅式换热器》P126 锯齿翅片，可得传热因子 j 及摩擦系数 f 为：

天然气：　$j = 0.005$　　$f = 0.015$

乙　烯：　$j = 0.0092$　$f = 0.052$

（3）斯坦顿数的计算

$$St = \frac{j}{Pr^{2/3}} \qquad (3\text{-}13)$$

式中　j——传热因子，为雷诺准则 Re 的函数。有关 j 与 Re 的关系计算式较多，也可直接采用实验公式。对于板翅式换热器，无相变时的对流换热系数常用传热因子 j 与雷诺数 Re 的关联式来求取。

天然气：

$$St = \frac{j}{Pr^{2/3}} = \frac{0.005}{1.66^{2/3}} = 3.566 \times 10^{-3}$$

乙烯：

$$St = \frac{j}{Pr^{2/3}} = \frac{0.0092}{2.09^{2/3}} = 5.628 \times 10^{-3}$$

3.3.6　给热系数 α 的计算

$$\alpha = 3600 St c_p G \qquad (3\text{-}14)$$

天然气：

$$\alpha = 3600 St c_p G = 3600 \times 3.566 \times 10^{-3} \times 6.15 \times 2 \times 75.95$$
$$= 11992.7[\mathrm{kJ/(m^2 \cdot h \cdot K)}] = 2864.95[\mathrm{kcal/(m^2 \cdot h \cdot K)}]$$

乙烯：

$$\alpha = 3600 St c_p G = 3600 \times 5.628 \times 10^{-3} \times 2.44 \times 0.6 \times 547.72$$
$$= 16246.37[\mathrm{kJ/(m^2 \cdot h \cdot K)}] = 3881.12[\mathrm{kcal/(m^2 \cdot h \cdot K)}]$$

3.3.7　翅片效率和表面效率

（1）翅片效率 η_f

因为翅片很薄，翅片金属板的厚度比翅片高度小很多，并且其热导率很大，所以，可认为在翅片的壁厚方向温度梯度可以忽略。

在距离翅片根部 x 的截面上，通过热传导所传过的热量为：

$$-\lambda_f \delta l' \mathrm{d}t / \mathrm{d}x \tag{3-15}$$

式中　λ_f——翅片金属热导率，$\mathrm{kcal/(m^2 \cdot h \cdot K)}$（1kcal=4186.8J）；

　　　δ——翅片的厚度，m；

　　　l'——沿流体流动方向翅片的长度，m。

在距离翅片根部 $x+\mathrm{d}x$ 的截面上，通过热传导所传过的热流量为：

$$-\lambda_f \delta l'\left(\frac{\mathrm{d}t}{\mathrm{d}x}+\frac{\mathrm{d}t^2}{\mathrm{d}x^2}\mathrm{d}x\right) \tag{3-16}$$

在截面 x 与 $x+\mathrm{d}x$ 之间的翅片中，由于热传导所得到的热量为以上两热值之差：

$$\lambda_f \delta l'\frac{\mathrm{d}t^2}{\mathrm{d}x^2}\mathrm{d}x \tag{3-17}$$

同时，这段翅片散于周围介质或从周围介质得到的热量为：

$$\alpha'F(t-T) \tag{3-18}$$

即

$$2\alpha'l'\mathrm{d}x(t-T) \tag{3-19}$$

式中　F——散热面积，其值等于 $2l'\mathrm{d}x$，$\mathrm{m^2}$；

　　　t——金属翅片的温度，℃；

　　　T——流体的温度，℃；

　　　α'——给热系数。

由于我们讨论的过程是稳定的，因此：

$$\frac{\mathrm{d}t^2}{\mathrm{d}x^2}\mathrm{d}x=2\alpha'l'\mathrm{d}x(t-T) \tag{3-20}$$

得下面的微分方程式：

$$\frac{\mathrm{d}t^2}{\mathrm{d}x^2}=\frac{2\alpha}{\lambda_f\delta}(t-T) \tag{3-21}$$

假设周围介质的温度 T 为常数，且令

$$\theta=t-T \tag{3-22}$$

$$P=\sqrt{\frac{2\alpha}{\lambda_f\delta}} \tag{3-23}$$

则

$$\frac{\mathrm{d}e^2}{\mathrm{d}x^2}-P^2\theta=0 \tag{3-24}$$

常微分方程为：

$$\theta=C_1e^{(px)}+C_2e^{-(px)} \tag{3-25}$$

常数 C_1、C_2 可从边界条件定出，其边界条件为：

在翅片的始端：$x=0$，则 $\theta=\theta'$；

在翅片的末端：$x=L$，则 $\theta=\theta''$。

式中　θ'——翅片始端的"壁-流体"温度差，$\theta'=t'-T$；

θ'' ——翅片末端的"壁-流体"温度差，$\theta''=t''-T$；

t' ——翅片始端壁温，℃；

t'' ——翅片末端壁温，℃；

L ——翅片的高度，m。

代入到式（3-25）边界条件中得：

$$\theta' = C_1 + C_2 \tag{3-26}$$

$$\theta = C_1 e^{(pL)} + C_2 e^{-(pL)} \tag{3-27}$$

从式（3-26）和式（3-27）得：

$$\theta'' = C_1 e^{(px)} + \theta' e^{-(px)} - C_1 e^{-(px)} \tag{3-28}$$

所以：

$$C_1 = \frac{\theta'' - \theta' e^{-(PL)}}{e^{(PL)} - e^{-(pl)}} = \frac{\theta'' - \theta' e^{-(PL)}}{2\sin h(PL)} \tag{3-29}$$

将式（3-29）代入式（3-26）中得：

$$\theta' = \frac{\theta'' - \theta' e^{-(PL)}}{2\sin h(PL)} + C_2 \tag{3-30}$$

$$C_2 = \frac{2\theta' - \sin h(PL) - \theta'' + \theta' e^{-(PL)}}{2\sin h(PL)} = \frac{\theta'\left[e^{(PL)} - e^{-(PL)}\right] - \theta'' + \theta' e^{-(PL)}}{2\sin h(PL)} \tag{3-31}$$

则

$$C_2 = \frac{\theta' e^{(PL)} - \theta''}{2\sin h(PL)} \tag{3-32}$$

将式（3-29）与式（3-32）代入式（3-25）中得：

$$\theta = \frac{\theta' - \theta' e^{-(PL)}}{2\sin h(PL)} e^{(px)} + \frac{\theta' e^{-(PL)} - \theta''}{2\sin h(PL)} e^{-(px)} = \frac{\theta' e^{(px)} - \theta' e^{-(PL)} e^{(px)} + \theta' e^{-(PL)} - \theta'' e^{-(px)}}{2\sin h(PL)}$$

$$= \frac{\theta'' \sin h(px) + \theta' \sin h\left[P(L-x)\right]}{\sin h(PL)} \tag{3-33}$$

从式（3-33）可以看出，操作时沿翅片高度温差是变化的，在翅片整个高度上平均温差可由式（3-33）根据中值定理求出：

$$\theta_{cp} = \frac{1}{L}\int_0^L \theta dx = \frac{1}{L}\int_0^L \theta \frac{\theta'' \sin h(px) + \theta' \sin h\left[P(L-x)\right]}{\sin h(PL)} dx$$

$$= \frac{\theta''}{PL\sin h(PL)}\int_0^L \sin h(Px)d(px) - \frac{\theta'}{PL\sin h(PL)}\int_0^L \sin h\left[P(L-x)\right]d\left[P(L-X)\right]$$

$$= \frac{\theta''}{PL\sin h(PL)}\left[\cos(PL)-1\right] - \frac{\theta'}{PL\sin h(PL)}\left[1-\cos(PL)\right] \tag{3-34}$$

$$= \frac{\theta'' + \theta'}{PL} \times \frac{2\sin h^2\left(\frac{PL}{2}\right)}{2\sin h\left(\frac{PL}{2}\right)\cos h\left(\frac{PL}{2}\right)} = \frac{\theta'' + \theta'}{PL} \times \tan h\left(\frac{PL}{2}\right) = \frac{\theta'' + \theta'}{PL} \times \frac{\tan h\left(\frac{PL}{2}\right)}{\left(\frac{PL}{2}\right)}$$

根据翅片效率 η_f 的定义，即翅片的平均温差与翅片根部的温差的比值，得：

$$\eta_f = \frac{\theta_{cp}}{\theta'' + \theta'/2} = \frac{\tan h(PL/2)}{(PL/2)} \tag{3-35}$$

式（3-35）中 $\tan h(PL/2)$ 为双曲正切函数，可查表。对于两股流的板翅式换热器，当一条热通道与一条冷通道间隔排列时，根部温差对称，则 $\theta' = \theta'' = \theta_0$，并用定性尺寸表示：

$$\eta_f = \frac{\theta_{cp}}{\theta_0} = \frac{\tan h(Pb)}{(Pb)} \tag{3-36}$$

式中　b——翅片的定性尺寸，m。

$$P = \sqrt{\frac{2\alpha'}{\lambda_f \delta}} \tag{3-37}$$

$$\alpha' = \frac{1}{1/\alpha + r} \tag{3-38}$$

式中　α'——流体复合给热系数，$kcal/(m^2 \cdot h)$；

　　　α——流体给热系数，$kcal/(m^2 \cdot h)$；

　　　r——污垢系数，$kcal/(m^2 \cdot h)$。

（2）表面效率

板翅式换热器的传热过程是在一次传热面和二次传热面同时进行的，所以其总的传热量等于一次传热面和二次传热面传热量之和。对于两股流的换热器，当一个热通道与一个冷通道间隔排列时，可用下式表达：

$$Q = Q_1 + Q_2 \tag{3-39}$$

$$Q = \alpha F_1(t_w - T) + \alpha F_2 \eta_f (t_w - T) \tag{3-40}$$

一次传热面和二次传热面的给热系数可视为相等，而在引进二次传热面的翅片效率概念以后，两者的传热温差也就统一起来，所以对于板翅式换热器总的传热方程式，可以设想这样一个传热面 $F_0 = F_1 + F_2$ 和综合的表面效率 η_0，从而可以表达成如下的形式：

$$Q = \alpha F_0 \eta_0 (t_w - T) \tag{3-41}$$

由式（3-40）与式（3-41）可以得到：

$$F_\varepsilon = F_0 \eta_0 = F_1 + F_2 \eta_f \tag{3-42}$$

式中　F_ε——有效传热面积，m^2；

　　　η_0——翅片表面效率。

所以表面效率为：

$$\eta_0 = \frac{F_1 + F_2 \eta_f}{F_0} = \frac{F_1 + F_2 - F_2 + F_2 \eta_f}{F_0} = 1 - \frac{F_2}{F_0}(1 - \eta_F) \tag{3-43}$$

又因

$$F_2 = F_0 - F_1 = F_0 - \frac{x}{x+y} F_0 \tag{3-44}$$

故

$$\frac{F_2}{F_0} = 1 - \frac{x}{x+y} = \frac{y}{x+y} \tag{3-45}$$

所以

$$\eta_0 = 1 - \frac{y}{x+y}(1-\eta_f) \tag{3-46}$$

表面效率的物理意义是把二次传热面和一次传热面等同看待，由于 F_2/F_0 总是小于 1，因此表面效率 η_0 总是大于翅片效率 η_f。

（3）翅片效率和表面效率的具体计算

由于翅片的排列是两个乙烯通道间隔一个天然气通道，因此天然气侧和乙烯侧的翅片定型尺寸分别为：

$$b_t = L/2 = 4.75 \times 10^{-3} \text{ m}$$

$$b_y = L = 6.4 \times 10^{-3} \text{ m}$$

对天然气侧，翅片特征数为：

$$P = \sqrt{\frac{2\alpha}{\lambda_f \delta}} = \sqrt{\frac{2 \times 2864.95}{165 \times 2 \times 10^{-4}}} = 417(\text{m}^{-1}) \tag{3-47}$$

铝制翅片热导率为：

$$\lambda_f = 165[\text{kcal}/(\text{m}^2 \cdot \text{h} \cdot \text{K})]$$

$$P_b = 417 \times 0.00475 = 1.98$$

查双曲函数表，得：

$$\tan h(P_b) = 0.9626$$

翅片效率为：

$$\eta_f = \frac{\tan h(P_b)}{P_b} = \frac{0.9626}{1.98} = 0.46 \tag{3-48}$$

表面效率为：

$$\eta_o = 1 - \frac{y}{x+y}(1-\eta_f) = 1 - \frac{9.3 \times 10^{-3}}{(1.2+9.3) \times 10^{-3}} \times (1-0.486) = 0.545 \tag{3-49}$$

对乙烯侧，翅片特征数为：

$$b_y = L = 6.4 \times 10^{-3} \text{m}$$

$$P = \sqrt{\frac{2\alpha}{\lambda_f \delta}} = \sqrt{\frac{2 \times 3881.12}{165 \times 2 \times 10^{-4}}} = 485 \text{ (m}^{-1})$$

$$P_b = 485 \times 0.0064 = 3.09$$

查双曲函数表得：

$$\tan h(P_b) = 0.9959$$

翅片效率为：

$$\eta_{\mathrm{f}} = \frac{\tan h(P_{\mathrm{b}})}{P_{\mathrm{b}}} = \frac{0.9959}{3.09} = 0.322$$

表面效率为：

$$\eta_{\mathrm{o}} = 1 - \frac{y}{x+y}(1-\eta_{\mathrm{f}}) = 1 - \frac{9.3 \times 10^{-3}}{(1.2+9.3) \times 10^{-3}}(1-0.322) = 0.449$$

3.3.8　对数温差的计算

对数平均温差法的传热方程如下：

$$Q = KF\Delta t_{\mathrm{m}} \tag{3-50}$$

对数平均温差是换热器设计中经常采用的方法，对于并流和逆流换热器均可使用下面的平均温差计算公式：

$$\Delta t_{\mathrm{m}} = \frac{\Delta t_1 - \Delta t_2}{\ln(\Delta t_1 / \Delta t_2)} \tag{3-51}$$

式中　Δt_1——换热器两端温差中数值大的那一端温差；

　　　Δt_2——换热器两端温差中数值小的那一端温差。

$$\Delta t_{\mathrm{m}} = \frac{\Delta t_1 - \Delta t_2}{\ln\left(\Delta t_1 / \Delta t_2\right)} = \frac{[-55-(-60)]-[-118-(-120)]}{\ln\left[\dfrac{-55-(-60)}{-118-(-120)}\right]} = 3.274$$

3.3.9　传热系数的计算

（1）翅片的传热方程式

热流体的传热方程式为：

$$Q_{\mathrm{h}} = \alpha_{\mathrm{h}} F_{\mathrm{oh}} \eta_{\mathrm{oh}}(T_{\mathrm{h}} - t_{\mathrm{w}}) \tag{3-52}$$

式中　Q_{h}——热流体对壁面的放热量，kcal/h；

　　　α_{h}——热流体对壁面的给热系数，kcal/(m^2 · h · ℃)；

　　　F_{oh}——热流体通道总传热面积，m^2；

　　　η_{oh}——热通道的表面效率；

　　　T_{h}——热流体温度，℃；

　　　t_{w}——壁面温度，℃。

冷流体的传热方程式为：

$$Q_{\mathrm{c}} = \alpha_{\mathrm{c}} F_{\mathrm{oc}} \eta_{\mathrm{oc}}(t_{\mathrm{w}} - T_{\mathrm{c}}) \tag{3-53}$$

式中　Q_{c}——壁面冷对流体的放热量，kcal/h；

　　　α_{c}——冷流体对壁面的给热系数，kcal/(m^2 · h · ℃)；

　　　F_{oc}——冷流体通道总传热面积，m^2；

　　　η_{oc}——冷通道的表面效率；

　　　T_{c}——冷流体温度，℃。

由式（3-52）和式（3-53）可得：

$$T_{h} - t_{w} = \frac{Q_{h}}{\alpha_{h}F_{oh}\eta_{oh}} \qquad (3-54)$$

$$t_{w} - T_{c} = \frac{Q_{c}}{\alpha_{c}F_{oc}\eta_{oc}} \qquad (3-55)$$

在稳定传热的情况 $Q_{h} = Q_{c} = Q$，将式（3-54）和式（3-55）相加得到：

$$T_{h} - T_{c} = Q\left(\frac{1}{\alpha_{h}F_{oh}\eta_{oh}} + \frac{1}{\alpha_{c}F_{oc}\eta_{oc}}\right) \qquad (3-56)$$

所以：

$$K_{h} = \frac{1}{\dfrac{1}{\alpha_{h}\eta_{oh}}\dfrac{F_{oc}}{F_{oh}} + \dfrac{1}{\alpha_{c}\eta_{oc}}} = \frac{1}{\left(\dfrac{1}{\alpha_{h}} + \dfrac{F_{oh}}{\alpha_{c}F_{oc}}\right)\dfrac{1}{\eta_{oh}}} \qquad (3-57)$$

同理得：

$$K_{c} = \frac{1}{\dfrac{1}{\alpha_{h}\eta_{oh}}\dfrac{F_{oc}}{F_{oh}} + \dfrac{1}{\alpha_{c}\eta_{oc}}} = \frac{1}{\left(\dfrac{F_{oc}}{\alpha_{h}F_{oh}} + \dfrac{1}{\alpha_{c}}\right)\dfrac{1}{\eta_{oc}}} \qquad (3-58)$$

式中 K_{h} ——对应于热通道的总传热系数，kcal/(m²·h·℃)；
　　　K_{c} ——对应于冷通道的总传热系数，kcal/(m²·h·℃)。

（2）总传热系数

以天然气侧传热面积为基准：

$$K_{ht} = K_{h} = \frac{1}{\dfrac{1}{\alpha_{t}\eta_{ot}} + \dfrac{1}{\alpha_{y}\eta_{oy}}\dfrac{F_{ot}}{F_{oy}}} = \frac{1}{\dfrac{1}{2868.17\times0.545} + \dfrac{1}{3816.81\times0.449}\times\dfrac{10.8}{2\times6.35}}$$

$$= 884.82[kcal/(m^2\cdot h\cdot℃)]$$

以乙烯侧传热面积为基准：

$$K_{cy} = K_{c} = \frac{1}{\dfrac{1}{\alpha_{y}\eta_{oy}} + \dfrac{1}{\alpha_{t}\eta_{ot}}\dfrac{F_{oy}}{F_{ot}}} = \frac{1}{\dfrac{1}{3816.81\times0.449} + \dfrac{1}{2868.17\times0.545}\times\dfrac{2\times6.35}{10.8}}$$

$$= 752.45[kcal/(m^2\cdot h\cdot℃)]$$

3.3.10　传热面积和换热器有效长度的确定

天然气侧：

$$F = \frac{Q}{K\Delta t_{m}} = \frac{7528093.34}{884.82\times3.274} = 2599\,(m^2) \qquad (3-59)$$

$$L = \frac{F}{F_{it}n_{t}} = \frac{2599}{10.8\times25} = 9.6\,(m) \qquad (3-60)$$

乙烯侧：

$$F_y = \frac{Q}{K_y \Delta t_m} = \frac{7528093.34}{752.45 \times 3.274} = 3056(\text{m}^2)$$

$$L_y = \frac{F}{F_{iy} n_y} = \frac{3056}{6.35 \times 50} = 9.6\,(\text{m})$$

由于 $L = L_y$，天然气侧通道和乙烯侧通道的有效长度基本相等，选用三台板翅式换热器，因此取板束的理论长度为 3.2m。

3.4　板翅式换热器的结构与流体流动阻力

3.4.1　结构设计

板翅式换热器所有内部构件均通过钎焊结合在一起，当换热器被同时引入不同温度的几股流体时，会使其构件因热胀冷缩而产生内部热应力。热应力必须处于所有材料允许范围内，否则必须改变流程条件或改变换热器的设计结构，以减小温差应力和热应力，所以在结构设计时应该特别注意。

① 一般在稳定状态下，典型的板翅式换热器不同流体之间的最大许可温差为 50℃ 左右，在两相流、瞬变或循环变化等较为苛刻的工况条件下，温差应小些，一般为 20～30℃。

② 冷热流体各个通道应尽可能相互隔离，使各通道的热负荷在尽可能小的范围内达到平衡，以避免或减少温度交叉和热量内耗。

③ 为增强传热，应使各流体给热系数接近。当两侧给热系数相差较大时，除选择不同翅片外，还可增加给热系数较小一侧的通道数量，即复叠布置。

④ 换热器并联组合时，为使流体均布，应使同一股流体的各个单元阻力基本相同。

⑤ 当有两股流体需要定期切换时候，为避免气流脉动和工况不稳定，两切换流体的通道数应该相等且应相互毗邻。

⑥ 为便于制造和安装，通道排列原则上应对称布置。

⑦ 换热器工作压力较高和单元尺寸较大时，从强度、传热和制造工艺等要求出发，压力较高、温度较低的流体应布置在内侧，并考虑设计工艺层。

⑧ 换热器一般都应配有支架和合适的起吊装置。支架设计除应能承受其自重外，还必须考虑外部载荷，并留有设计余量。

若板翅式换热器是压力容器，其机械设计必须遵循压力容器规范。

3.4.2　流体流动阻力的计算

$$\Delta p = \frac{G^2 \upsilon_1}{2g}\left[(K_c + 1 - \sigma^2) + 2\left(\frac{\upsilon_2}{\upsilon_1} - 1\right) + f\frac{F}{A_s}\frac{\upsilon_m}{\upsilon_1} - (1 - \sigma^2 - K_e)\frac{\upsilon_2}{\upsilon_1}\right] \tag{3-61}$$

式中　υ_1, υ_2——流体在初始状态和终了状态的比容，m^3/kg；

υ_m——流体的平均比容 $(\upsilon_1 + \upsilon_2)/2$，$\text{m}^3/\text{kg}$；

σ——相对自由截面，即有效自由流动面积 A_s 与流体迎面面积 A_ϕ 之比，即

$$\sigma = \frac{A_s}{A_\phi} = \frac{xy}{bh}\frac{n_1}{n} \qquad\qquad (3\text{-}62)$$

n_1 ——流体的通道数；

n ——通道总数；

A_ϕ ——流体切面面积，m^2；

A_s ——总的有效自由流动面积，m^2；

K_c，K_e ——入口处和出口处的压力损失系数，与相对自由截面 σ 与 Re 有关。

天然气侧：

$$G = \rho v = 2 \times 75.95 = 151.9[\mathrm{kg/(m^2 \cdot s)}]$$

$$\upsilon_1 = 1.81 \times 10^{-2}\,\mathrm{m^3/kg}$$

$$\upsilon_2 = 2.81 \times 10^{-3}\,\mathrm{m^3/kg}$$

$$\upsilon_m = \frac{\upsilon_1 + \upsilon_2}{2} = 10.455 \times 10^{-3}\,(\mathrm{m^3/kg})$$

$$\sigma = \frac{A_s}{A_\phi} = \frac{xy}{bh}\frac{n_1}{n} = \frac{1.2 \times 9.3}{9.5 \times 1.4} \times \frac{25}{75} = 0.25$$

$$A_s = \frac{xy}{m}wn = \frac{1.2 \times 9.3}{1.4} \times 10^{-3} \times 0.72 \times 25 = 0.143(\mathrm{m^2})$$

$$F = \frac{2(x+y)}{m}wnL = \frac{2 \times (1.2 + 9.3)}{1.4} \times 10^{-3} \times 0.72 \times 25 \times 3.2 = 864(\mathrm{m^2})$$

查表得：$K_c = 0.5$，$K_e = 0.45$。

$$\Delta p = \frac{G^2 \upsilon_1}{2g}\left[(K_c + 1 - \sigma^2) + 2\left(\frac{\upsilon_2}{\upsilon_1} - 1\right) + f\frac{F}{A_s} \times \frac{\upsilon_m}{\upsilon_1} - (1 - \sigma^2 - K_e)\frac{\upsilon_2}{\upsilon_1}\right]$$

$$= \frac{151.9^2 \times 1.81 \times 10^{-2}}{2 \times 9.8} \times \left[\left(0.5 + 1 - 0.25^2\right) + 2 \times \left(\frac{1.81 \times 10^{-2}}{2.81 \times 10^{-3}} - 1\right) + \right.$$

$$\left. 0.015 \times \frac{864}{0.143} \times \frac{10.455 \times 10^{-3}}{2.81 \times 10^{-3}} - \left(1 - 0.25^2 - 0.45\right) \times \frac{1.81 \times 10^{-2}}{2.81 \times 10^{-3}}\right]$$

$$= 3711.06(\mathrm{Pa})$$

乙烯侧：

$$G = \rho v = 0.6 \times 547.72 = 325.632[\mathrm{kg/(m^2 \cdot s)}]$$

$$\upsilon_1 = 1.69 \times 10^{-3}\,\mathrm{m^3/kg}$$

$$\upsilon_2 = 2.0 \times 10^{-3}\,\mathrm{m^3/kg}$$

$$\upsilon_m = \frac{\upsilon_1 + \upsilon_2}{2} = 1.845 \times 10^{-3}\,(\mathrm{m^3/kg})$$

$$\sigma = \frac{A_s}{A_\phi} = \frac{xy}{bh}\frac{n_1}{n} = \frac{1.4 \times 6.1}{1.7 \times 6.4} \times \frac{50}{75} = 0.523$$

$$A_s = \frac{xy}{m}wn = \frac{1.4 \times 6.4}{1.7} \times 10^{-3} \times 0.72 \times 50 = 0.181(\text{m}^2)$$

$$F = \frac{2(x+y)}{m}wnL = \frac{2 \times (1.4+6.1)}{1.7} \times 10^{-3} \times 0.72 \times 50 \times 3.2 = 1016.47(\text{m}^2)$$

查表得：$K_c = 0.455$，$K_e = 0.17$。

$$\Delta p = \frac{G^2 v_1}{2g}\left[(K_c + 1 - \sigma^2) + 2\left(\frac{v_2}{v_1} - 1\right) + f\frac{F}{A_s} \times \frac{v_m}{v_1} - (1 - \sigma^2 - K_e)\frac{v_2}{v_1}\right]$$

$$= \frac{325.632^2 \times 1.69 \times 10^{-3}}{2 \times 9.8} \times \left[(0.455 + 1 - 0.523^2) + 2 \times \left(\frac{2.0 \times 10^{-3}}{1.69 \times 10^{-3}} - 1\right) + \right.$$

$$\left. 0.052 \times \frac{1016.47}{0.181} \times \frac{1.845 \times 10^{-3}}{1.69 \times 10^{-3}} - (1 - 0.523^2 - 0.17) \times \frac{2.0 \times 10^{-3}}{1.69 \times 10^{-3}}\right]$$

$$= 29687.58(\text{Pa})$$

3.5 板翅式换热器的强度计算

3.5.1 强度计算方法

板翅式换热器的板束是难于进行强度计算的，目前国外资料也未见完整的强度计算方法，只是在设计时考虑机械强度的因素。一般来说，换热器是在稳定的低压（1～7kg/cm²）条件下工作时，板束的设计和封头的布置主要决定于换热器的性能和安装要求，机械强度不是主要的问题。但是，对于在高压和交变压力下操作的换热器，首先需要考虑机械强度问题。两个主要零件是翅片和封头，因为其承受内压及由于安装接管所加上的外部负荷；可逆式换热器由于主通道的频繁切换，引起压力交变，因此在计算板束、封头及辅助元件的强度时就要考虑疲劳应力。马尔斯顿公司和住友精密工业株式会社是采用"美国机械工程师协会（ASME）锅炉和受压容器规范"进行强度计算的。但该规范中只有铝换热器的封头、接管和法兰及其接合部的强度计算公式，而无波形翅片板束的恰当计算公式。因此，根据 ASME 中的"检查和检验"部分的规定，即当无恰当的强度计算式时，可用下述方法中的任何一个进行强度验算。

① 对应试验的部件施以 5 倍设计压力的压力进行强度试验，而结果不破坏者为强度验算合格。

② 当材料的最小屈服强度和最小抗拉强度之比小于 0.626 时，可按下述方法进行强度计算。

强度计算标准：

焊缝系数见表 3-1。

表 3-1 焊缝系数

X 射线检查	100%	25%	不检查
单面焊	0.9	0.8	0.6
双面焊	1.0	0.85	0.7

设计压力×1.1。

耐压试验：

设计压力×1.5（稳定压力的换热器）和设计压力×2（可逆式换热器）。

虽然板翅式换热器内部结构复杂，不能作完整强度计算，但可进行以下近似计算，作为设计的依据和参考。

（1）翅片厚度

$$t = \frac{pm}{[\sigma_b]\varphi} \tag{3-63}$$

式中　t——翅片最小厚度，mm；

$[\sigma_b]$——材料的许用应力，kgf/m^2；

m——翅片间距，mm；

p——设计压力（表压），kgf/m^2。

（2）隔板厚度

$$t = 10m\sqrt{\frac{3p}{4[\sigma_b]}} + C \tag{3-64}$$

式中　C——腐蚀裕量，mm，一般取 $C=0.2\sim0.5mm$。

（3）封条宽度

封条宽度一般不计算，若必须计算时，在封条宽度比厚度小得多的情况下则可近似采用式（3-65）：

$$W_B = 10L\sqrt{\frac{3p}{4[\sigma_b]}} \tag{3-65}$$

式中　W_B——封条最小宽度，mm；

L——翅片高度，mm。

（4）封头壁厚

$$t = \frac{pD_b}{2[\sigma_b]\eta - 1.2p} + C \tag{3-66}$$

式中　D_b——内径，mm；

C——壁厚附加量，一般取 $C=2\,mm$；

η——焊缝系数，双面对接焊，取 $\eta=0.7\sim1.0$；单面对接焊，取 $\eta=0.6\sim0.9$。

（5）接管直径

$$d = \sqrt{\frac{4v}{\pi\rho u}} \tag{3-67}$$

$$v = \frac{G}{g}\rho \tag{3-68}$$

则

$$d = \sqrt{\frac{4G}{\pi gu}} \tag{3-69}$$

3.5.2　具体强度计算

本章设计具体强度计算如下：

气侧依据《板翅式换热器》中表 1-8 采用型号为：

$$95SR1702：9.5 \times 0.2 \times 1.7$$

液侧采用的型号为：

$$64SR1703：6.4 \times 0.3 \times 1.7$$

换热器设计压力取最高工作压力较大者为 4.6 MPa，故得 p=46kgf/cm²。

根据 GB 50316—2000《工业金属管道设计规范》对铝及铝合金，许用应力取 43 MPa。

即

$$[\sigma_b] = 430 \ \text{kgf/cm}^2$$

翅片厚度：

$$t = \frac{pm}{[\sigma_b]\varphi} = \frac{46 \times 1.7}{430} = 0.182 (\text{mm})$$

隔板厚度：

$$t = 10m\sqrt{\frac{3p}{4[\sigma_b]}} + C = 10 \times 1.7\sqrt{\frac{3 \times 46}{4 \times 430}} + 0.4 = 5.215 (\text{mm}) \ （腐蚀裕量取 0.4mm）$$

封条宽度：

$$W_t = 10L\sqrt{\frac{3p}{4[\sigma_b]}} = 10 \times 9.5 \times \sqrt{\frac{3 \times 46}{4 \times 430}} = 26.909 (\text{mm})$$

$$W_y = 10L\sqrt{\frac{3p}{4[\sigma_b]}} = 10 \times 6.4 \times \sqrt{\frac{3 \times 46}{4 \times 430}} = 18.128 (\text{mm})$$

封头壁厚：

$$t = \frac{pD_b}{2[\sigma_b]\eta - 1.2p} + C = \frac{46 \times 2.13}{2 \times 430 \times 0.8 - 1.2 \times 46} + 2 = 2.155 (\text{mm})$$

接管直径：

$$d_t = \sqrt{\frac{4G}{\pi gu}} = \sqrt{\frac{4 \times 23.148}{3.4 \times 9.8 \times 1.5}} = 136 (\text{mm})$$

$$d_y = \sqrt{\frac{4G}{\pi gu}} = \sqrt{\frac{4 \times 0.283}{3.4 \times 9.8 \times 0.3}} = 15 (\text{mm})$$

厚度取 2mm。

封头的选取，查《钢制压力容器用封头》（JB/T 4746—2002）得封头的型号参数如表 3-2 所示。

表 3-2　DN1200mm 标准椭圆形封头参数

DN/mm	总深度 H/mm	内表面积 A/m²	容积 V/m³	封头质量 m/kg
550	163	0.3711	0.0277	8.6
750	213	0.6686	0.0663	10.7

3.5.3 换热器板束尺寸计算

板束厚度：取盖板厚度为 6mm。

板束宽度：$720 + 2 \times 27 = 774\,(\text{mm})$。

板束长度：3200mm。

通过以上设计计算可知道设计一个板翅式换热器的目的就是选择合适的翅片形式与参数，并确定通道排列，最终确定传热系数和传热面积，使其与各股流体的给热系数和传热面积相适应。板翅式换热器的具体设计步骤如下：

① 确定翅片形式和确定翅片几何参数。

② 选定单元有效宽度。根据具体情况，选择逆流、并流或错流等流路，确定流路的形式。

③ 根据工作条件，确定通道的布置形式，计算传热温差。

④ 选定流体的质量流速，计算通道数，进行通道排列布置。同时根据工艺要求或流体的具体情况，决定各流体的段数及配置。

⑤ 进行传热计算，确定板翅式换热器单元有效长度。

⑥ 计算各股流的阻力损失。

参考文献

［1］阎振贵. 板翅式换热器翅片性能的比较和选择［J］. 杭氧科技，2007（6）：18-21.

［2］曹文胜，鲁雪生. 混合制冷剂低温液化流程中 LNG 换热器的性能分析［J］. 低温与超导，2012，40（10）：27-33.

［3］秦燕. 梁维好. 曲涛. LNG 装置用板翅式换热器的设计［J］. 深冷技术，2013（2）：1-5.

［4］郭海燕. 王刚. 板翅式换热器及设计中的选型计算方法［J］，科技创新导报，2013（35）：85.

［5］JB/T 4757.

［6］GB 150—2011.

［7］JB/T 4734—2002.

［8］NB/T 47006—2009.

［9］吴业正. 制冷与低温技术原理［M］. 北京：高等教育出版社，2004.

［10］王松汉. 板翅式换热器［M］. 北京：化学工业出版社，1984.

［11］董其伍. 张垚. 石油化工设备设计选用手册 换热器［M］. 北京：化学工业出版社，2008.

［12］Zhouwei Zhang，Yahong Wang，Yue Li，et al. Research and Development on Series of LNG Plate-fin Heat Exchanger［C］. 3rd International Conference on Mechatronics，Robotics and Automation（ICMRA 2015），2015（4），1299-1304.

［13］张周卫，汪雅红，李跃，等. LNG 混合制冷剂多股流板翅式换热器：2015100510916［P］. 2016-10-05.

［14］张周卫，汪雅红，李跃，等. LNG 低温液化一级制冷五股流板翅式换热器：2015100402447［P］. 2016-10-05.

［15］张周卫，汪雅红，李跃，等. LNG 低温液化二级制冷四股流板翅式换热器：201510042630X［P］. 2016-10-05.

［16］张周卫，汪雅红，李跃，等. LNG 低温液化三级制冷三股流板翅式换热器：2015102319726［P］. 2016-11-16.

第4章
螺旋折流板式换热器的设计计算

　　折流板是提高换热器工效的重要部件。传统换热器中最普遍应用的是弓形折流板，由于存在阻流与压降大、有流动滞死区、易结垢、传热的平均温差小、振动条件下易失效等缺陷，近年来逐渐被螺旋折流板所取代。理想的螺旋折流板应具有连续的螺旋曲面。由于加工困难，目前所采用的折流板，一般由若干个 1/4 的扇形平面板替代曲面相间连接，形成近似的螺旋面。在折流时，流体处于近似螺旋流动状态。相比于弓形折流板，在相同工况下，这样的折流板（被称为非连续型螺旋折流板）可减少压降45%左右，而总传热系数可提高 20%～30%，在相同热负荷下，可大大减小换热器尺寸。

　　换热器是实现化工生产过程中热量交换和传递不可缺少的设备，在石油、化工、轻工、制药、能源等工业生产中有广泛的应用。本换热器用于空气压缩机级间冷却，采用常温冷却水将压缩后的高温空气冷却到一定温度，本次设计采用固定管板式换热器。换热器的设计分为工艺设计和机械设计两个部分。在工艺设计部分，根据给定的设计参数假设传热系数，计算换热器的换热面积以及初步确定换热器型号、换热管、管程和壳程数、折流板间距和数目以及内径等工艺尺寸，然后进行热力核算和压力降核算，确定面积裕度和换热器压力降均在合理范围之内，否则，要重新设定传热系数，重复上述过程，直至通过核算。机械设计部分分为两步，第一步，根据第一部分已设计出的工艺尺寸设计筒体、管箱、接管、折流板以及各部分之间的连接等结构和尺寸；第二步，依据 GB 150、GB 151 的规定进行强度校核，其中主要包括对管板、壳体与换热管进行的强度校核，校核通过后根据所设计结构参数绘制图纸。通过复算与校核，使所设计的换热器能够满足生产工艺的要求。

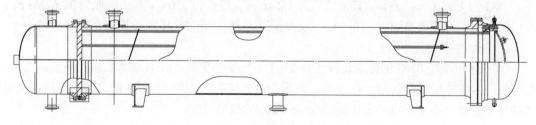

图4-1　螺旋折流板式换热器示意图

4.1　概述

　　该设计为螺旋折流板式换热器（图 4-1）的设计。该换热器也是属于列管式换热器中的一种。我们常见的列管式换热器的折流板是弓形的，而此设计的折流板则是螺旋式的，这就是本次设计的独特之处和难点所在。由于弓形折流板换热器的能耗大，弓形折流板壳程容易结垢，降低换热效率；弓形折流板换热器的运行周期一般为 2 年，致使检修、清洗频繁，装置操作费用增加。螺旋折流板列管换热器有如下特点：传热系数高，壳程介质不易沉积、不易结垢，一般可延长 50%使用周期，减少相应的检修、清洗费用；壳程介质呈连续平稳的螺旋型流动，适合所有介质。此种换热器可以使阻力减小，可以有效地降低压力损失，减少电耗，并可节省大量检修改造费用。总之，螺旋折流板列管换热器在实际生产中的应用是成功的，在炼油化工行业中大多可以采用，有很好的推广价值。

天然气是一种多组分的混合气态化石燃料，主要成分是烷烃，其中甲烷占绝大多数，另有少量的乙烷、丙烷和丁烷。天然气燃烧后无废渣、废水产生，相较煤炭、石油等能源有使用安全、热值高、洁净等优势，因其绿色环保、经济实惠、安全可靠等优点而被公认成一种优质清洁燃料。

我国的天然气资源比较丰富，据不完全统计，总资源量达 38 万亿立方米，陆上天然气主要分布在中部和西部地区。随着技术的发展，近几年我国在勘探、开发和利用方面均有较大的进展。

液化天然气（LNG），是指天然气原料经过预处理，脱除其中的杂质后，再通过低温冷冻工艺在-162℃下形成的低温液体混合物[1]。与 LNG 工厂生产的产品组成不同，这主要取决于生产工艺和气源气的组成。按照欧洲标准 EN1160 的规定，LNG 的甲烷含量应高于 75%，氮含量应低于 5%。

一般商业 LNG 产品的组成如表 4-1 所示。由表 4-1 可见，LNG 的主要成分为甲烷，其中还有少量的乙烷、丙烷、丁烷及氮气等惰性组分。

表 4-1　商业 LNG 的基本组成

组分	含量ϕ/%	组分	含量ϕ/%
甲烷	92~98	丁烷	0~4
乙烷	1~6	其他烃类化合物	0~1
丙烷	1~4	惰性成分	0~3

LNG 的性质随组分的变化而略有不同，一般商业 LNG 的基本性质为：在-162℃、0.1MPa下，LNG 为无色无味的液体，其密度约为 430kg/m^3，燃点为 650℃，热值一般为 37.62MJ/m^3，在-162℃时的汽化潜热约为 510kJ/kg，爆炸极限为 5%~15%，压缩系数为 0.740~0.820。

LNG 的主要优点表现在以下方面：

① 安全可靠。LNG 的燃点比汽油高 230℃，比柴油更高，LNG 爆炸极限比汽油高 2.5~4.7 倍；LNG 的相对密度为 0.47 左右，汽油为 0.7 左右，它比空气轻，即使稍有泄露，也将迅速挥发扩散，不至于自然爆炸或形成遇火爆炸的极限浓度。

② 清洁环保。天然气在液化前必须经过严格的预净化，因而 LNG 中的杂质含量较低。根据取样分析对比，LNG 作为汽车燃料，比汽油、柴油的综合排放量降低 85%左右，其中CO 排放减少 97%、NO_x 减少 30%~40%、CO_2 减少 90%、微粒排放减少 40%、噪声减少 40%，而且无铅、苯等致癌物质，基本不含硫化物，环保性能非常优越。

③ 便于输送和储存。通常的液化天然气多储存在温度为 112K、压力为 0.1MPa 左右的

低温储罐内，其密度为标准状态下甲烷的 600 多倍，体积能量密度为汽油的 72%，十分有利于输送和储存。

④ 可作优质的车用燃料。天然气的辛烷值高，抗爆性好，燃烧完全，污染小。与压缩天然气相比，LNG 储存效率高、自重轻且建站不受供气管网的限制。

⑤ 便于供气负荷的调节。对于定期或不定期的供气不平衡，LNG 储罐能很好地起到削峰填谷的调节作用。

4.2　主要技术参数

给定天然气流量为 2000000m³/d，其他参数如表 4-2 所示。

表 4-2　初始参数表

介　质	天然气	水
压力（绝）/MPa	$p_1 = 4.6$	$p_2 = 0.2$
入口温度/℃	$t_1' = 105$	$t_2' = 30$
出口温度/℃	$t_1'' = 40$	$t_2'' = 60$
质量流量/（kg/h）	46225	
体积流量/（m³/s）	23.15	

4.2.1　选择换热器的类型

两流体温度变化情况：热流体（天然气）进口温度为 105℃，出口温度为 40℃；冷流体（水）的进口温度为 36℃，出口温度为 60℃，选择用结构较简单的固定管板式换热器，不加膨胀节。

4.2.2　流速及物性参数的确定

① 由于循环冷却水较易结垢，而且工作压力较高，为了便于水垢清洗以及使列管的承受压力较强，因此应该使得冷却水走壳程，相应地甲烷走管程，可以选用 $\phi25mm \times 2.5mm$ 的碳钢管，管内流速取 $u_s = 1.5m/s$。

② 确定物性数据如下。

定性温度：可取流体进出口温度的平均值。

壳程水的定性温度为：

$$T = \frac{t_2' + t_2''}{2} \tag{4-1}$$

计算得：

$$T = \frac{30 + 90}{2} = 60(℃)$$

管程天然气的定性温度为：

$$t = \frac{t_1' + t_1''}{2} \tag{4-2}$$

计算得：

$$t = \frac{105 + 40}{2} = 72.5(℃)$$

根据定性温度，通过参考书《化工原理》、《热工基础》等查得壳程和管程流体的有关物性数据：

天然气在 72.5℃下的有关物性数据如下：

密度： $\rho_t = 26.7606$ kg/m³。

定压比热容： $C_t = 2.6196$ kJ/(kg·℃)。

热导率： $\lambda_t = 0.0483$ W/(m·℃)。

黏度： $\mu_t = 1.3743 \times 10^{-5}$ Pa·s。

普朗特数： $Pr = 0.745$。

水在 60℃下的有关物性数据如下：

密度： $\rho_s = 988.9$ kg/m³。

定压比热容： $C_s = 4.174$ kJ/(kg·℃)。

热导率： $\lambda_s = 0.645$ W/(m·℃)。

黏度： $\mu_s = 5.702 \times 10^{-4}$ Pa·s。

普朗特数： $Pr = 3.69$。

4.2.3 计算总传热系数

（1）热流量

$$Q = m_1 C_t (t_1' - t_1'') \tag{4-3}$$

计算得：

$$Q = 46225 \times 2.6196 \times 65 = 7870915(\text{kJ/h}) = 2186.4(\text{kW})$$

逆流时平均温度见表 4-3。

表 4-3　逆流时平均温度　　　　　　　　　　　　　　　　　单位：℃

天然气	105	40
水	36	60

那么平均传热温差为：

$$\Delta t_n = \frac{\Delta t_1 - \Delta t_2}{\ln \dfrac{\Delta t_1}{\Delta t_2}} \tag{4-4}$$

计算得：

$$\Delta t_n = \frac{(40 - 36) - (105 - 60)}{\ln \dfrac{4}{45}} = 16.94(℃)$$

平均传热温差校正系数为：

$$R = \frac{t_1' - t_1''}{t_2'' - t_2'} = \frac{105 - 40}{60 - 36} = 1.87$$

$$P = \frac{t_2'' - t_2'}{t_1' - t_2'} = \frac{60 - 36}{105 - 36} = 0.35$$

按单壳程、单管程结构，查温差校正系数图，可得温差校正系数 $\phi_{\Delta t} = 0.89$。

有效平均传热温差为：

$$\Delta t_m = \phi_{\Delta t} \Delta t_n = 0.89 \times 16.94 = 15.08(℃)$$

（2）冷却水用量

$$G_s = \frac{Q_0}{C_s \Delta t_s} \tag{4-5}$$

计算得：

$$G_s = \frac{7870915 \times 1000}{4.174 \times 24 \times 1000} = 78570(\text{kg/h})$$

依据传热管内径和流速确定传热管数：

$$n = \frac{V_t}{\pi \left(\dfrac{d_0}{2}\right)^2 u_s} \tag{4-6}$$

计算得：

$$n = \frac{0.48}{3.14 \times 10^{-4} \times 1.5} = 1019$$

所以一台螺旋折流板换热器通过的天然气流量为 12.8 kg/s，其传热量为 $Q = 2686.4$ kW，所需要的冷却水流量为 $G_s = 21.83$ kg/s。

4.2.4　传热管排列和壳体内径的确定

传热管采用组合排列法，即每程内列管都是按照正三角形排列，隔板两侧采用正方形，取管心距 $t = 1.25d_0$，则：

$$t = 1.25 \times 25 = 31.25 \approx 32(\text{mm})$$

横过管束中心线的管数为：

$$n_c = 1.19 \times \sqrt{1019} = 38$$

（1）壳体内径 D_s 的确定

$$D_s = S(n_c - 1) + 2b' = 32 \times (38 - 1) + 2 \times 1.5 \times 25 = 1259(\text{mm}) \tag{4-7}$$

式中　S——管心距，m；

　　　n_c——管束中心管排数；

　　　b'——管束中心最外管中心到壳体内壁的距离，一般取 $b' = (1 \sim 1.5)d_0$。

由壳体内径标准，可知壳体内径 $D_s = 1300$mm，最小壁厚为 16mm（查《换热器设计手册》中表 1-6-3）。

（2）布管限定圆的确定

查 GB/T 151—2014，换热器最外换热管表面与壳体内壁的最短距离 $b_3 = 0.25s = 0.25 \times 32 = 8(\text{mm})$，那么换热器的布管限定圆的直径 $D_L = D_i - 2b_3 = 1300 - 2 \times 8 = 1284(\text{mm})$。

4.2.5 传热系数的确定

（1）管程对流传热系数

$$\alpha_t = 0.023 \times \frac{\lambda_t}{d_s} \times Re^{0.8} \times Pr^n \tag{4-8}$$

管程流通截面积为：

$$S_t = \frac{\pi}{4} d_i^2 n_1 = 0.785 \times 0.02^2 \times 1019 = 0.32(\text{m}^2) \tag{4-9}$$

管程流体流速为：

$$u_t = \frac{G_t}{S_t} \tag{4-10}$$

计算得：

$$u_t = \frac{0.48}{0.32} = 1.5(\text{m}^3/\text{s})$$

雷诺数为：

$$Re = \frac{d_0 u_t \rho_t}{\mu_t} \tag{4-11}$$

计算得：

$$Re = \frac{0.02 \times 1.5 \times 26.7606}{1.37425 \times 10^{-5}} = 58419 > 10000$$

所以管程对流传热系数为：

$$\alpha_t = 0.023 \times \frac{0.0483}{0.02} \times 58419^{0.8} \times 0.745^{0.4} = 321.2[\text{W}/(\text{m}^2 \cdot \text{K})]$$

（2）壳程传热系数

当换热管呈正三角形排列时，其当量直径 d_e 为：

$$d_e = \frac{4}{\pi d_0}\left(\frac{\sqrt{3}}{2}t^2 - \frac{\pi}{4}d_0^2\right) \tag{4-12}$$

计算得：

$$d_e = \frac{4}{\pi \times 0.02} \times \left(\frac{\sqrt{3}}{2} \times 0.032^2 - \frac{\pi}{4} \times 0.02^2\right) = 0.036(\text{m})$$

对螺旋式折流板，可以采用克恩公式进行计算：

$$\alpha_s = 0.36\frac{\lambda_0}{d_e}Re_0^{0.55}Pr^{\frac{1}{3}}\left(\frac{\mu_0}{\mu_w}\right)^{0.14} \tag{4-13}$$

壳程流通截面积：

$$S_0 = B \frac{D_s}{2} \left(1 - \frac{d_0}{t} \right) \qquad (4-14)$$

计算得：

$$S_0 = 0.98 \times \frac{1.3}{2} \times \left(1 - \frac{0.025}{0.032} \right) = 0.14 (\text{m}^2)$$

壳程流体流速：

$$u_0 = \frac{G_s}{3600 S_0 \rho} \qquad (4-15)$$

计算得：

$$u_0 = \frac{21.83}{0.14 \times 988.9} = 0.158 (\text{m/s})$$

雷诺数为：

$$Re_s = \frac{d_e u_0 \rho_s}{\mu_s} = \frac{0.036 \times 0.158 \times 988.9}{4.7 \times 10^{-4}} = 11967$$

由于普朗特准则数为：$Pr = 3.69$

壳程对流传热系数公式为：

$$\alpha_s = 0.36 \times \frac{0.645}{0.036} \times 11967^{0.55} \times 3.69^{0.3} = 1669 [\text{W/(m}^2 \cdot \text{K)}] \qquad (4-16)$$

由于污垢热阻 $R_{si} = 0.000344$ $(\text{m}^2 \cdot \text{℃/W})$，$R_{so} = 0.000172$ $(\text{m}^2 \cdot \text{℃/W})$。又知道管壁的热导率 $\lambda = 45$ $\text{W/(m} \cdot \text{℃)}$。

（3）总传热系数

$$K = \frac{1}{\dfrac{1}{\alpha_t} + \dfrac{d_0}{\alpha_s d_t} + R_{s0} + R_{si} \dfrac{d_0}{d_t} + \dfrac{b d_0}{\lambda d_m}} \qquad (4-17)$$

计算得：

$$K = \frac{1}{\dfrac{1}{321.2} + \dfrac{0.025}{1669 \times 0.02} + 0.000172 + 0.000344 \times \dfrac{0.025}{0.02} + \dfrac{0.0025 \times 0.025}{48.3 \times 0.0225}} = 232 [\text{W/(m}^2 \cdot \text{K)}]$$

4.2.6　传热面积的计算

$$S' = \frac{Q_0}{K \Delta t_m} \qquad (4-18)$$

计算得：

$$S' = \frac{2186.4 \times 10^3}{232 \times 15.08} = 625 (\text{m}^2)$$

考虑 15% 的面积裕度：

$$S = 1.15 \times S' = 1.15 \times 625 = 719(\text{m}^2) \qquad (4\text{-}19)$$

按单管程算，所需的换热管长度为：

$$L = \frac{S}{\pi d_0 n} = \frac{719}{\pi \times 0.02 \times 1019} = 11.24(\text{m})$$

所以换热器长度选为 11.24m，管程数选为 1。

4.2.7 螺旋折流板的设计计算

折流板是 1/4 圆弧，计算出扇形折流板的边长 L_θ 以及弧度 θ，边长 $L_\theta = A'M = MC$（图4-2），折流板投影上的半径为 R，$R = AB = BC$。

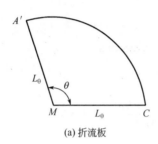 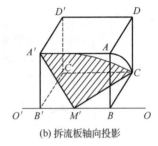

(a) 折流板　　　　　　　(b) 拆流板轴向投影

图 4-2　折流板示意图

在直角 $\triangle MBC$ 中：

$$MC^2 = MB^2 + BC^2 \qquad (4\text{-}20)$$

$$MB = \frac{AA'}{2} = \frac{AC\tan\alpha}{2} = \frac{\sqrt{2}R\tan\alpha}{2}$$

$$MC^2 = \frac{R^2\tan^2\alpha}{2} + R^2 = \left(1 + \frac{\tan^2\alpha}{2}\right)R^2$$

那么折流板边长为：

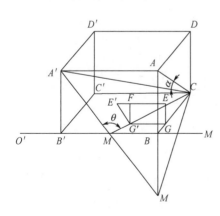

图 4-3　折流板投影图

在直角 $\triangle A'AC$ 中：

$$L_\theta = MC = \sqrt{1 + \frac{\tan^2\alpha}{2}}R$$

图 4-3 为折流板投影图。

这里设定，螺旋折流板的安装高度取 15°，即 $\alpha = 15°$，由于壳体内径为 1300mm，可以取 $R = 645$mm。

那么边长为：

$$L_\theta = MC = \sqrt{1 + \frac{\tan^2\alpha}{2}}R = \sqrt{1 + \frac{\tan^2 15°}{2}} \times 645 = 657(\text{mm})$$

$$(4\text{-}21)$$

计算夹角 θ：

$$A'C = \frac{AC}{\cos\alpha} = \frac{\sqrt{2}R}{\cos\alpha}$$

在 $\triangle A'MC$ 中，由于：

$$A'C = A'M^2 + MC^2 - 2A'MMC\cos\theta = 2L(1-\cos\theta)$$

故有

$$1 - \cos\theta = \frac{A'C^2}{2L^2} = \frac{2}{\cos^2\alpha + 1}$$

则

$$\cos\theta = 1 - \frac{2}{\cos^2\alpha + 1}$$

$$\theta = \arccos\left(1 - \frac{2}{\cos^2\alpha + 1}\right)$$

计算得：

$$\theta = \arccos\left(1 - \frac{2}{\cos^2 15 + 1}\right) = 91.99°$$

安装距离为：

$$l_\theta = MB = \sqrt{MC^2 - BC^2} = \sqrt{L_\theta^2 - R^2} = \sqrt{657^2 - 645^2} = 125(\text{mm}) \tag{4-22}$$

那么折流板的板数为：

$$n_\theta = \frac{L}{l_\theta} = \frac{7850}{125} \approx 63$$

即所需要的折流板的数量为 63 个（图 4-4）。

4.2.8　接管的设计计算

（1）壳程流体进出口接管

取接管内的水流速为 $u_0 = 1.5 \text{ m/s}$，则接管内径为：

$$d_{s1} = \sqrt{\frac{4V}{\pi u_0}} \tag{4-23}$$

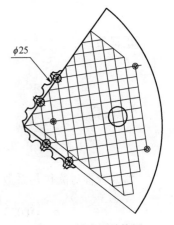

图 4-4　折流板结构图

计算得：

$$d_{s1} = \sqrt{\frac{4 \times 23.15}{3.14 \times 1.5 \times 988.9}} = 0.141(\text{m}) = 141(\text{mm})$$

取标准管径为 150mm。

（2）管程流体进出口接管

取接管内天然气流速 $u_t = 10\text{m/s}$，则接管内径为

$$d_{t1} = \sqrt{\frac{4V_t}{\pi u_t}} \tag{4-24}$$

计算得：

$$d_{t1} = \sqrt{\frac{4 \times 5.7875}{3.14 \times 10}} = 85.8(\text{mm})$$

取标准管径为 90mm。

4.2.9 热量核算

（1）管程对流传热系数

$$\alpha_t = 0.023 \times \frac{\lambda_t}{d_s} \times Re^{0.8} \times Pr^n \qquad （4-25）$$

管程流通截面积为：

$$S_t = \frac{\pi}{4} d_i^2 n_1 \qquad （4-26）$$

$$S_t = 0.785 \times 0.02^2 \times 1019 = 0.32 (\text{m}^2)$$

管程流体流速为：

$$u_t = \frac{G_t}{S_t} \qquad （4-27）$$

计算得：

$$u_t = \frac{0.48}{0.32} = 1.5 (\text{m}^3/\text{s})$$

雷诺数为：

$$Re = \frac{d_0 u_t \rho_t}{\mu_t} \qquad （4-28）$$

计算得：

$$Re = \frac{0.02 \times 1.5 \times 26.7606}{1.37425 \times 10^{-5}} = 58419 > 10000$$

那么管程对流传热系数为：

$$\alpha_t = 0.023 \times \frac{0.0483}{0.02} \times 58419^{0.8} \times 0.745^{0.4} = 321.2 [\text{W}/(\text{m}^2 \cdot \text{K})]$$

（2）壳程传热系数

当换热管呈正三角形排列时，其当量直径 d_e 为：

$$d_e = \frac{4}{\pi d_0} \times \left(\frac{\sqrt{3}}{2} t^2 - \frac{\pi}{4} d_0^2 \right) \qquad （4-29）$$

计算得：

$$d_e = \frac{4}{\pi \times 0.02} \times \left(\frac{\sqrt{3}}{2} \times 0.032^2 - \frac{\pi}{4} \times 0.02^2 \right) = 0.036 (\text{m})$$

对螺旋式折流板，可以采用克恩公式进行计算：

$$\alpha_s = 0.36 \frac{\lambda_0}{d_e} Re_0^{0.55} Pr^{\frac{1}{3}} \left(\frac{\mu_0}{\mu_w} \right)^{0.14} \qquad （4-30）$$

壳程流通截面积为：

$$S_0 = B \frac{D_s}{2}\left(1 - \frac{d_0}{t}\right) \tag{4-31}$$

计算得：

$$S_0 = 0.98 \times \frac{1.3}{2} \times \left(1 - \frac{0.025}{0.032}\right) = 0.14(\text{m}^2)$$

壳程流体流速为：

$$u_0 = \frac{G_s}{3600 S_0 \rho} \tag{4-32}$$

计算得：

$$u_0 = \frac{21.83}{0.14 \times 988.9} = 0.158(\text{m/s})$$

雷诺数为：

$$Re_s = \frac{d_e u_0 \rho_s}{\mu_s} = \frac{0.036 \times 0.158 \times 988.9}{4.7 \times 10^{-4}} = 11967$$

由于普朗特准则数为：$Pr = 3.69$

因此壳程对流传热系数公式为：

$$\alpha_s = 0.36 \times \frac{0.645}{0.036} \times 11967^{0.55} \times 3.69^{0.3} = 1669[\text{W/(m}^2 \cdot \text{K)}]$$

由于污垢热阻 $R_{si} = 0.000344\text{m}^2 \cdot ℃/\text{W}$，$R_{s0} = 0.000172\text{m}^2 \cdot ℃/\text{W}$。又知道管壁的热导率 $\lambda = 45\text{W/(m} \cdot ℃)$。

（3）总传热系数

$$K = \cfrac{1}{\cfrac{1}{\alpha_t} + \cfrac{d_0}{\alpha_s d_t} + R_{s0} + R_{si}\cfrac{d_0}{d_t} + \cfrac{bd_0}{\lambda d_m}} \tag{4-33}$$

计算得：

$$K = \cfrac{1}{\cfrac{1}{321.2} + \cfrac{0.025}{1669 \times 0.02} + 0.000172 + 0.000344 \times \cfrac{0.025}{0.02} + \cfrac{0.0025 \times 0.025}{48.3 \times 0.0225}} = 232[\text{W/(m}^2 \cdot \text{K)}]$$

该换热器的实际传热面积 S_p 为：

$$S_p = \pi d_0 L(N - n_c) \tag{4-34}$$

计算得：

$$S_p = 3.14 \times 0.025 \times 7.85 \times (1019 - 38) = 604.5(\text{m}^3)$$

该换热器的面积裕度为：

$$H = \frac{S_p - S}{S} \times 100\% \tag{4-35}$$

计算得：

$$H = \frac{724 - 604.5}{724} = 16.5\%$$

可得传热面积裕度合适，该换热器能够完成生产任务。

4.2.10 换热器内流体的流动阻力

（1）管程流动阻力

$$\sum \Delta p_i = (\Delta p_1 + \Delta p_2) F_t N_s N_p \tag{4-36}$$

已知 $N_s = 1$，$N_p = 1$，$F_t = 1.4$（管程结构校正系数，对于 $\phi 25mm \times 2.5mm$，$F_t = 1.4$），则：

$$\Delta p_1 = \lambda_i \frac{l}{d} \frac{\rho u^2}{2} \tag{4-37}$$

$$\Delta p_2 = \xi \frac{\rho u^2}{2} \tag{4-38}$$

由于管程雷诺数为 58419，查莫狄图得摩擦系数 $\lambda_i = 0.035$ W/(m·K)，所以：

$$\Delta p_1 = 0.035 \times \frac{8}{0.02} \times \frac{26.5193 \times 1.5^2}{2} = 418(Pa)$$

$$\Delta p_2 = 3 \times \frac{26.5193 \times 1.5^2}{2} = 90.5(Pa)$$

$$\sum \Delta p_i = (418 + 90.5) \times 1.4 = 712(Pa) < 10kPa$$

所以管程流动阻力在允许范围内。

（2）壳程阻力

$$\sum \Delta p_0 = (\Delta p_1' + \Delta p_2') F_t N_s \tag{4-39}$$

已知 $N_s = 1$，$F_t = 1.15$（壳程结构校正系数），流体流经管束的阻力为：

$$\Delta p_1' = F f_0 n_c (N_B + 1) \frac{\rho u_0^2}{2} \tag{4-40}$$

查得：$F = 0.5$，$f_0 = 5.0 \times Re^{-0.228} = 5.0 \times 11967^{-0.228} = 0.588$（壳程流体的摩擦系数）
又知 $n_c = 38$，$N_B = 1019$，$u_0 = 0.158$ m/s，则：

$$\Delta p_1' = 0.5 \times 0.158 \times 38 \times (1019 + 1) \times \frac{988.9 \times 0.025^2}{2} = 946.2(Pa)$$

流体流过折流板缺口的阻力：

$$\Delta p_2' = N_B \left(3.5 - \frac{2B}{D}\right) \frac{\rho u_0^2}{2} \tag{4-41}$$

计算得：

$$\Delta p_2' = 1019 \times \left(3.5 - \frac{2 \times 0.98}{1.3}\right) \times \frac{988.9 \times 0.025^2}{2} = 627.4(Pa)$$

总阻力为：

$$\Delta p = \Delta p_1 + \Delta p_2 = 946.2 + 627.4 = 1573.6(Pa)$$

总阻力小于 10kPa，所以壳程流动阻力较为合适。

换热器主要结构尺寸和计算结果见表 4-4。

表 4-4　换热器主要结构尺寸和计算结果

换热器形式	固定管板式（不带膨胀节）	
换热面积/m²	604.5	
工艺参数		
名称	管程	壳程
物料名称	天然气	水
操作压力/MPa	4.6	0.2
操作温度/℃（进/出）	105/40	36/60
流量/(kg/h)	46225	78570
流体密度/(kg/m³)	26.7616	988.9
流速/(m/s)	1.5	0.158
传热量/(kJ/h)	7871040	
总传热系数/[W/(m²·K)]	232	
对流传热系数/[W/(m²·K)]	321.2	1669
污垢系数/(m²·K/W)	0.000172	0. 000334
阻力降/Pa	712	1573.6
程数	1	1
推荐使用材料	碳钢	碳钢
管子规格 φ25mm×2.5mm；管数：1019；管长：7.85mm		
管间距：32mm；排列方式：正三角形		
折流板形式：螺旋折流板，扇形折流板，间距 B=0.98m		
壳体内径：1300mm		

4.3　螺旋折流板式换热器的结构设计

在换热器的设计中，当完成了换热器的热力计算后，就可以进行换热器的结构设计了。有时在热力设计计算中也已部分确定了结构尺寸，此时结构计算除应进一步确定那些尚未确定的尺寸外，还应对那些已确定的尺寸作某种校核。

管壳式换热器的结构设计，必须考虑许多因素，如材料、压力、温度、壁温、结垢情况、流体的性质以及检修与清理等来选择一些合适的结构形式。

对同一种形式的换热器，由于各种条件不同，往往采用的结构不同。在工程设计中，除尽量选用定型系列产品外，也常按其特定的条件进行设计，以满足工艺上的需要。

4.3.1　筒体的计算

（1）筒体的公称直径

管壳式换热器的壳体一般是用管材或者是板材卷制而成的，如何选定要看选择换热器的直径的大小，通常情况下，公称直径 $DN<400\text{mm}$ 时，一般采用管材作为壳体或管箱壳体；相反当公称直径 $DN>400\text{mm}$ 时，通常使用板材卷制而成。

① 卷制圆筒的公称直径以 400mm 为基数，以 100mm 为进级挡；

② 公称直径 $DN=1300\text{mm}$ 的圆筒，可用板材卷制制作。

结论：初定筒体公称直径 $DN=1300\text{mm}$。

（2）筒体的厚度

筒体的厚度应按 GB 150—2011 中的相关规定计算，但碳素钢和低合金钢圆筒的最小厚度应不小于表 4-5 中的规定，高合金钢圆筒的最小厚度应不小于表 4-5 中规定。

表 4-5　圆筒的最小厚度　　　　　　　　单位：mm

公称直径	400~700	700~1000	700~1000	1000~1500	1500~2000	2000~26000
浮头式	8	10	12	10	14	16
U 形管式	8	10	12	10	14	16
固定管板式	6	8	10	12	12	14

结论：筒体的最小厚度为 10 mm（表中数据包括厚度附加量 $C_2=1\text{mm}$）。最终查《换热器设计手册》得到筒体的厚度为 10 mm。

4.3.2　封头和管箱的计算

（1）封头选型

选择使用椭圆形封头（图 4-5），尺寸和厚度按照 JB/T 4737—2002 选取。通过查表可以知道，其公称直径 $DN=1300\text{mm}$，曲面高度 $h_1=325\text{mm}$，直边高度 $h_2=40\text{mm}$，名义厚度 $\delta_n=10\text{mm}$，内表面积 $A=1.9953\text{m}^2$，容积 $V=0.3407\text{m}^3$，质量 $m=154.53\text{kg}$。

（2）封头厚度计算与校核

封头选标准椭圆形封头、材料选16MnR，查 GB 150 表 4-1 得 $[\sigma]^t=170\text{MPa}$，设计压力 $p=0.46\text{MPa}$。

计算厚度为：

$$\delta=\frac{pD_i}{2[\sigma]^t\phi-P} \tag{4-42}$$

计算得：

$$\delta=\frac{0.46\times1300}{2\times170\times0.85-0.46}=2.07(\text{mm})$$

设计厚度：$\delta_d=\delta+C_2=2.07+2=4.07(\text{mm})$（$C_2$ 为腐蚀裕量），负偏差 C_1 取 0.3mm。

计算得：

$$\delta_n\geqslant\delta_d+C_1=4.07+0.3=4.37(\text{mm})$$

所以名义厚度 δ_n 取 6 mm。

封头有效厚度为：

$$\delta_e=\delta_n-(C_1+C_2)=6-2.3=3.7(\text{mm})$$

容器标准规定：对标准椭圆形封头其有效厚度 $\delta_e>0.15\%D_i=1.95\text{mm}$，其他椭圆封头的

有效厚度不应小于 $0.3\%D_i$。

所以满足标准所规定的要求。又因为当直径为 1300mm 时，封头厚度不能低于 10mm，所以取设计厚度 $\delta_n = 10\text{mm}$，满足校核要求。

（3）管箱厚度计算

查阅《换热器设计手册》表 1-6-3，选择管箱的材料为16MnR，因此取管箱的厚度为 10mm。

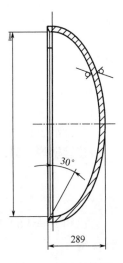

图 4-5　封头结构图

4.3.3　进出口接管的设计

在换热器的壳体和管箱上一般均装有接管或接口以及进出管，在壳体和大多数管箱的底部装有排液管，上部设有排气管，壳侧也常设有安全阀接口以及其他诸如温度计、压力表、液位计和取样管接口。对于立式管壳式换热器，必要时还需设置溢流口。由于在壳体、管箱壳体上面开孔，必然会对壳体局部位置的强度造成削弱，因此，壳体、管箱壳体上的接管设置，除考虑其对传热和压降的影响外，还应考虑壳体的强度以及安装、外观等因素。

4.3.3.1　接管的尺寸以及选型

（1）壳程流体进出口接管

取接管内的水流速为 $u_0 = 1\text{ m/s}$，则接管内径为：

$$d_{s1} = \sqrt{\frac{4V}{\pi u_0}} \tag{4-43}$$

计算得：

$$d_{s1} = \sqrt{\frac{4 \times 21.83}{3.14 \times 1 \times 988.9}} = 167(\text{mm})$$

取标准管径为 170mm。

接管壁厚计算：

$$\delta_s = \frac{p_s d_{s1}}{2[\sigma]^t \phi - p_s} \tag{4-44}$$

已知 $p_s = 0.2\text{MPa}$，$d_{s1} = 167\text{mm}$，$\phi = 0.85$，$[\sigma]^t = 170\text{MPa}$。

计算得：

$$\delta_s = \frac{0.2 \times 167}{2 \times 0.85 \times 170 - 0.2} = 0.21$$

厚度负偏差 $C_1 = 0\text{mm}$，腐蚀裕量 $C_2 = 2\text{mm}$。

所以：

$$\delta_{ns} = \delta + C_1 + C_2 = 0.21 + 2 = 2.51(\text{mm})$$

由于在此外径下最小厚度为 6mm，因此壳程接管选 8mm。

（2）管程流体进出口接管

取接管内天然气流速 $u_t = 5\text{m/s}$，则接管内径为：

$$d_{t1} = \sqrt{\frac{4V_t}{\pi u_t}} \qquad (4\text{-}45)$$

计算得：

$$d_{t1} = \sqrt{\frac{4 \times 0.478}{3.14 \times 5}} = 122(\text{mm})$$

取标准管径为 130mm。

接管壁厚计算：

$$\delta_t = \frac{p_t d_{t1}}{2[\sigma]^t \phi - p_t} \qquad (4\text{-}46)$$

已知 $p_t = 4.6 \text{ MPa}$，$d_{s1} = 122 \text{ mm}$，$\phi = 0.85$，$[\sigma]^t = 170\text{MPa}$。

计算得：

$$\delta_s = \frac{4.6 \times 122}{2 \times 0.85 \times 170 - 4.6} = 1.98$$

所以：

$$\delta_{nt} = \delta + C_1 + C_2 = 1.98 + 2 = 3.98(\text{mm})$$

同理在此外径下最小厚度为 6mm，所以壳程接管选 8mm。

4.3.3.2　接管补强圈设计

由上面计算可以知道，管程需要有补强。下面所述是管程接管补强圈的设计。

管程补强及补强方法判别

（1）补强判别

根据《过程设备设计》表 4-15，允许不另行补强的最大接管外径为 ϕ89mm。本开孔外径等于 273 mm，故需另行考虑其补强。

（2）补强计算方法判别

开孔直径：$d = d_{t1} + 2C = 122 + 4 = 126(\text{mm})$

本凸形封头开孔直径 $d = 126\text{mm} < D_i/2 = 650\text{mm}$，满足等面积法开孔补强计算的适用条件，故可用等面积法进行开孔补强计算。

（3）开孔所需补强面积

① 封头计算厚度：由于在椭圆形封头中心区域开孔，因此封头计算厚度按下式确定：

$$\delta = \frac{K_1 p D_i}{2[\sigma]^t \varphi - 0.5p} \qquad (4\text{-}47)$$

计算得：

$$\delta = \frac{0.9 \times 4.6 \times 1300}{2 \times 170 \times 0.85 - 0.5 \times 4.6} = 18.77(\text{mm})$$

其中 $K_1 = 0.9$，经过查《过程设备设计》表 4-5 得到。

② 开孔所需补强面积：

先计算强度削弱系数 f_r：

$$f_r = \frac{[\sigma]_n^t}{[\sigma]^t} = \frac{115}{183} = 0.6284$$

注：接管使用 10 钢。

开孔所需补强面积按下式计算：

$$A = d\delta + 2\delta\delta_{et}(1 - f_r) = 122 \times 0.21 + 2 \times 0.21 \times 8 \times (1 - 0.6284) = 26.86(\text{mm}^2)$$

有效补强范围如下：

① 有效宽度 B：

$$B = 2d = 2 \times 122 = 244(\text{mm})$$

$$B = d + 2\delta_n + 2\delta_{nt} = 122 + 2 \times 8 + 2 \times 6 = 150(\text{mm})$$

有效宽度 B 为两者中大值，所以 $B = 244\text{mm}$。

② 有效高度：

外侧有效高度 h_1 为：

$$h_1 = \sqrt{d\delta_{nt}} = \sqrt{122 \times 8} = 31.2(\text{mm})$$

$$h_1 = 150\text{mm}$$

有效外侧高度为两者中小值，所以 $h_1 = 31.2\text{mm}$。

内侧有效高度 h_2 为：

$$h_2 = \sqrt{d\delta_{nt}} = \sqrt{122 \times 8} = 31.2(\text{mm})$$

$$h_2 = 0\text{mm}$$

有效外侧高度为两者中小值，所以 $h_2 = 0\text{mm}$。

（4）有效补强面积

① 封头多余金属面积 A_1 为：

$$A_1 = (B - d)(\delta_e - \delta) - 2\delta_{et}(\delta_e - \delta)(1 - f_r) \tag{4-48}$$

计算得：

$$A_1 = (150 - 122) \times (8 - 0.21) - 2 \times 8 \times (8 - 3.98) \times (1 - 0.6284) = 195 \text{ mm}^2$$

② 接管多余金属面积：

接管计算厚度为：

$$\delta_t = \frac{p_c d_i}{2[\sigma]_n^t \phi - p_c} \tag{4-49}$$

计算得：

$$\delta_t = \frac{4.6 \times 122}{2 \times 115 \times 1 - 4.6} = 1.84(\text{mm})$$

接管多余金属面积 A_1 为：

$$A_1 = 2h_1(\delta_{et} - \delta_t)f_r + 2h_2(\delta_{et} - C_2)f_r \tag{4-50}$$

计算得：

$$A_1 = 2 \times 31.2 \times (8 - 1.84) \times 0.6284 + 0 = 241.5(\text{mm}^2)$$

③ 接管区焊缝面积（焊脚取 6.0mm）：

$$A_3 = 2 \times \frac{1}{2} \times 6 \times 6 = 36 (\text{mm}^2)$$

④ 有效补强面积：

$$A_e = A_1 + A_2 + A_3 = 241.5 + 195 + 36 = 472.5 (\text{mm}^2)$$

⑤ 所需另行补强面积：

$$A_4 = A - (A_1 + A_2 + A_3) < 0$$

那么开孔后不需要另行补强。

补强圈结构见图 4-6。

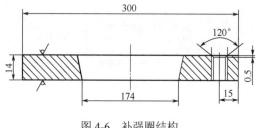

图 4-6　补强圈结构

4.3.4　接管法兰选择

法兰的结构形式和密封面形式，应根据使用介质、设计压力、公称直径等因素来确定。换热器的法兰一般采用标准法兰。

（1）管程接管法兰

根据 GB/T 9115—2010 表 1 选取，取为 $DN150\text{mm-}PN4\text{MPa}$，法兰外径 $D = 300\text{mm}$、螺栓孔中心圆直径 $K = 250\text{mm}$、螺栓孔径 $L = 26\text{mm}$、螺栓数量 $n = 8$、规格为 M24、密封圈 $d = 211\text{mm}$、$X = 203\text{mm}$、$Y = 204\text{mm}$、$f_1 = 4.5\text{mm}$、$f_2 = 3.5\text{mm}$、法兰高度 $H = 75\text{mm}$、厚度 $C = 28\text{mm}$、法兰颈 $N = 190\text{mm}$、$S = 7.1\text{mm}$、$H = 12\text{mm}$、$R = 8\text{mm}$。

（2）壳程接管法兰

根据 GB/T 9115—2010 表 1 选取，取为 $DN150\text{mm-}PN1.6\text{MPa}$，法兰外径 $D = 285\text{mm}$、螺栓孔中心圆直径 $K = 240\text{mm}$、螺栓孔径 $L = 22\text{mm}$、螺栓数量 $n = 8$、规格为 M20、密封圈 $d = 211\text{mm}$、$X = 203\text{mm}$、$Y = 204\text{mm}$、$f_1 = 4.5\text{mm}$、$f_2 = 3.5\text{mm}$、法兰高度 $H = 55\text{mm}$、厚度 $C = 24\text{mm}$、法兰颈 $N = 184\text{mm}$、$S = 4.5\text{mm}$、$H = 12\text{mm}$、$R = 8\text{mm}$。

（3）接管法兰垫片

采用镀锌薄钢板包石棉橡胶板 HG 20607—97，$\delta = 3\text{mm}$。

（4）接管外伸长度

接管外伸长度也叫接管伸出长度，是指接管法兰面到壳体（管箱壳体）外壁的长度。查阅《换热器设计手册》表 1-6-6 和表 1-6-7 可知：天然气进出口接管外伸长度为 250mm；冷却水进出口接管外伸长度为 200mm；排气口，排液口接管外伸长度为 150mm。

4.3.5　接管与筒体、管箱壳体的连接

接管的结构设计应符合 GB 150 第 8 章和附录 7 的有关规定。

（1）圆筒壳体接管

无补强圈接管时壳体接管位置的最小尺寸 L_1：

$$L_1 \geqslant \frac{d_H}{2} + (b-4) + C \qquad (4-51)$$

式中　C——补强圈外边缘（无不强圈时，为管外壁）至管板（或法兰）与壳体连接焊缝之间的距离，mm，取 $C \geqslant 4S$（S 为壳体厚度，mm）且 $C \geqslant 30mm$；

$\quad d_H$——接管直径，mm。

计算得：

$$L_1 \geqslant \frac{d_H}{2} + (b-4) + C = \frac{100}{2} + (40-4) + 64 = 150(mm)$$

所以取 $L_1 = 200mm$。

（2）管箱接管

有补强圈接管时管箱接管位置的最小尺寸 L_2（《换热器设计手册》图 1-6-3）

$$L_2 \geqslant \frac{D_H}{2} + h_f + C \qquad (4-52)$$

计算得：

$$L_2 \geqslant \frac{D_H}{2} + h_f + C \leqslant 200mm$$

可圆整取 200mm。

4.3.6　接管（或接口）的一般要求

① 接管宜与壳体内表面平齐；

② 接管应尽量沿换热器的径向或轴向设置；

③ 设计温度高于或等于 300℃时，应采用对焊法兰；

④ 必要时应设置温度计接口、压力表接口及液面计接口；

⑤ 对于不能利用接口进行放气和排液的换热器，应在管程和壳程的最高点设置放气口和最低点设置排液口，其最小公称直径为 20mm。在这里该换热器取 25mm。

4.3.7　管板的选择

管板延伸兼做法兰（材料选 16MnR，整体式），根据《换热器设计手册》查询。管板尺寸要根据管箱法兰略做调整。

本设计采用管板兼做法兰的形式，考虑到要和管箱法兰尺寸相配合，所以选取管板时所采用尺寸没有完全按照设计压力进行选择，但所选管板的公称压力要大于设计压力。

管板的主要尺寸如下：为使管板与管箱法兰相配合，选用公称压力为 4MPa 下对应的管板法兰。表 4-6 所示为管板主要尺寸。

查得 16MnR 的密度为 $7.85\,kg/dm^3$，其厚度为 40mm，取其直径为 1380mm，故可以估算其重量：

表 4-6　管板的参数

p_a/MPa	p_t/MPa	DN/mm	D/mm	D_1/mm	D_2/mm	D_3/mm	D_4/mm	D_5/mm	d_2/mm	螺柱（栓）		b_i/mm	b/mm
4	0.6	1300	1460	1415	1376	1300	1353	1300	27	36	M24	96	110

$$M = 3.14 \times 690 \times 0.04 \times 7850 = 680.3 \text{(kg)}$$

① 管板与换热管采用胀接连接时，管板的最小厚度 S_{min}（不包括腐蚀裕量）按如下规定：

a. 用于易燃、易爆及有毒介质等严格场合时，管板的最小厚度应不小于换热管的外径 d_0；

b. 用于一般场合时，管板的最小厚度，应符合如下要求：

$$d_0 \leqslant 25\text{mm}, \quad S_{min} \geqslant 0.75d_0$$

$$25\text{mm} < d_0 < 50\text{mm}, \quad S_{min} \geqslant 0.75d_0$$

$$d_0 \leqslant 50\text{mm}, \quad S_{min} \geqslant 0.75d_0$$

② 管板与换热管采用焊接连接时，管板的最小厚度应满足结构设计和制造的要求，且不小于 12mm。

③ 复合管板复层最小厚度及相应要求如下：

a. 管板与换热管焊接连接的复合管板，其复层的厚度应不小于 3mm。对有耐腐蚀要求的复层，还应保证距复层表面深度不小于 2mm 的复层化学成分和金相组织符合复层材料标准的要求；

b. 采用胀接连接的复合管板，其复层最小厚度应不小于 10mm，并应保证距复层表面深度不小于 8mm 的复层化学成分和金相组织符合复层材料标准的要求。

结论：管板厚度为 80mm。

4.3.8　换热管

4.3.8.1　换热管的长度

换热管的长度推荐采用：1.0m，1.5m，2.0m，2.5m，3.0m，4.5m，6.0m，7.5m，9.0m，12.0m。选用换热管长度为 9m。

4.3.8.2　换热管的规格和尺寸偏差

换热管的规格和尺寸偏差见表 4-7。

表 4-7　换热管的规格和尺寸偏差

材料	换热器标准	管子规格/mm	厚度/mm	高精度	较高精度	普通精度	厚度偏差
碳钢	GB/T 8163	14～30	2.0～2.5	±0.20	+12%	±0.40	+15%
低合金钢	GB/T 1591	30～50	2.5～3.0	±0.30	-10%	±0.45	-10%

结论：换热管选 10 钢。

4.3.8.3　管孔

Ⅰ级管束（适用于碳素钢、低合金钢和不锈钢换热管）管板管孔直径及允许偏差应符合表 4-8 的规定；

表 4-8　管板管孔直径及允许偏差　单位：mm

换热器	14	16	19	25	32	38	45	47
管孔直径	14.25	16.25	19.25	25.35	32.35	38.40	45.40	57.55
允许偏差	0.15				0.20			0.25
	0				0			0

结论：管孔直径为 25.35mm。

4.3.9　换热管与管板的连接

换热管与管板的连接方式有胀接、焊接、胀焊并用等形式，但也可采用其他可靠的连接形式。

4.3.9.1　连接的介绍

① 强度胀接系指为保证换热管与管板连接的密封性能及抗拉脱强度的胀接；

② 贴胀系指为消除换热管与管孔之间缝隙的轻度胀接；

③ 强度焊系指保证换热管与管板连接的密封性能及抗拉脱强度的焊接；

④ 密封焊系指保证换热管与管板连接密封性能的焊接。

4.3.9.2　强度胀接

（1）适用范围

① 设计压力小于等于 4MPa；

② 设计温度小于等于 300℃；

③ 操作中无剧烈的振动，无过大的温度变化及无明显的应力腐蚀。

（2）一般要求

① 换热管材料的硬度值一般须低于管板材料的硬度值。

② 有应力腐蚀时，不应采用管端局部退火的方式来降低换热管的硬度。

（3）结构尺寸

① 强度胀接的最小胀接长度应取管板的名义厚度减去 3mm 或 50mm 两者的最小值；

② 当有要求时，管板名义厚度减去 3mm 与 50mm 之间的差值可采用贴胀或管板名义厚度减去 3mm 全长胀接；

③ 结构形式及尺寸按表 4-9 的规定。

表 4-9　换热管的结构尺寸　单位：mm

换热管外径	≤14	16～25	30～38	45～57
伸出长度	3^{+2}		4^{+2}	5^{+2}
槽深	不开槽	0.5	0.6	0.8

复合管板与换热管也可采用强度胀接，当复层厚度大于等于 8mm 时，应在复层管孔上开槽，开槽要求可按表 4-10 确定。

根据不同的胀接方法可适当修改表 4-10 中的尺寸。

表 4-10   换热管与管板连接结构的参数

换热管与管板连接结构形式			[q] /mm
胀接	钢管	管端不卷边	管孔不开槽	2
		管端卷边或管孔开槽		4
	有色金属管	管孔开槽		3
		焊接（钢管、有色金属）		$0.5[\sigma]_t^f$

4.3.9.3 胀焊并用

适用范围：

① 密封性能要求较高的场合；

② 承受振动或疲劳载荷的场合；

③ 有间隙腐蚀的场合；

④ 采用复合管板的场合。

钢制Ⅰ级管束和铝、铜、铁换热管，当换热管与管板采用强度焊或强度焊加贴胀，换热管与管板的焊接接头承受换热管轴向载荷时，管孔直径及偏差和桥宽偏差可参照碳素钢，低合金钢管束的管孔和桥宽尺寸及偏差予以适当放宽，所以选择强度焊加贴胀。

此结构的优点在于既保证了热换管与管板的连接可靠，又减少了缝隙腐蚀，同时可减弱管子因振动而引起的破坏。

4.3.10 螺旋折流板

① 安装折流挡板的目的是为了加大壳程流体的速度，使湍动程度加剧，以提高壳程对流传热系数。

② 折流板的形式：常用的折流板的形式有弓形和圆盘-圆环形两种。弓形折流板有单弓形、双弓形和三弓形三种，根据需要也可采用其他形式的折流板与支持板。

③ 弓形折流板缺口高度：弓形折流板缺口高度应使流体通过缺口时与横过管束时的流速相近。缺口大小用切去的弓形弦高占圆筒内直径的百分比来确定，单弓形折流板缺口弦高值宜取 0.20～0.45 倍的圆筒内直径，弓形折流板的缺口在管排中心线以下，或切于两排管孔的小桥之间。

④ 折流板的最小厚度应符合表 4-11 的规定。

表 4-11   折流板的最小厚度   单位：mm

公称直径 DN	换热管无支撑跨距 l					
	≤300	300～600	600～900	900～1200	1200～1500	1500
	折流板管孔最小厚度					
≤400	3	4	5	8	10	10
400～700	4	5	6	10	10	12
700～900	5	6	8	10	12	16
900～1500	6	8	10	12	16	16
1500～2000	—	10	12	16	20	20
2000～2600	—	12	14	18	20	22

4.3.10.1 折流板管孔

钢换热管 I 级管束（适用于碳素钢、低合金钢和不锈钢换热管）折流板管孔直径及允许偏差应符合表 4-12 的规定。

表 4-12 折流板管孔直径及允许偏差　　　　单位：mm

换热管外径或无支撑跨距 l	$d > 32$ 或 $l \leqslant 900$	$d \leqslant 32$ 或 $l > 900$
管孔直径	$d+0.7$	$d+0.4$
允许偏差	+0.40	
	0	

折流板管孔直径为 25.7mm，折流板外直径及允许偏差应符合《换热器设计手册》表 1-6-33 中的规定。

结论：折流板直径为 2590mm。

4.3.10.2 最大无支撑跨距

换热管在其材料允许使用温度范围内的最大无支撑跨距，应按表 4-13 确定。

表 4-13 换热管在其材料允许使用温度范围内的最大无支撑跨距　　　　单位：mm

换热管外径		10	12	14	16	19	25	32	38	45	57
最大无支撑跨距	钢管	—	—	1100	1300	1500	1850	2200	2500	2750	3200
	有色金属管	750	850	950	1100	1300	1600	1900	2200	2400	2800

注：1. 不同的换热管外直径的最大无支撑跨距值，可用内插法求得。

2. 环向翅片可用翅片根径作为换热管外直径，在表中查取最大无支撑跨距，然后再乘以假定去掉翅片的管子与有翅片的管子单位长度重量比的四次方根（即成正比地缩小）。

3. 本表列出的最大无支撑跨距不考虑流体诱导振动，否则应参照 GB/T 151—2014 的准则。

4.3.11　拉杆

4.3.11.1 拉杆孔

（1）拉杆与管板焊接连接的杆孔结构

拉杆与管板焊接连接的拉杆孔结构，拉杆孔深度 l_3 等于拉杆孔直径 d_1，拉杆孔直径按下式计算：

$$d_1 = d + 1.0 \tag{4-53}$$

式中　d ——拉杆直径，mm；

　　　d_1 ——拉杆孔直径，mm。

（2）拉杆与管板螺纹连接的拉杆螺纹结构

拉杆与管板螺纹连接的拉杆螺纹结构，螺纹深度按下式计算：

$$l_2 = 1.5 d_n \tag{4-54}$$

式中　l_2 ——螺孔深度，mm；

　　　d_n ——拉杆螺孔公称直径，mm。

结论：拉杆直径为 16mm，螺纹深度为 20mm。

4.3.11.2 拉杆的结构形式

常用拉杆的形式有两种：

① 拉杆定距管结构，适用于换热管外径大于或等于 19mm 的管束；

② 拉杆与折流板点焊结构，适用于换热管外径小于或等于 14mm 的管束。

当管板较薄时，也可采用其他的连接结构，拉杆的直径和数量可以按表 4-14 和表 4-15 选用。

表 4-14 换热管的直径 单位：mm

换热管外径 d	$10 \leqslant d \leqslant 14$	$14 < d < 25$	$25 \leqslant d \leqslant 57$
拉杆直径 d_n	10	12	16

结论：拉杆直径为 16mm。

表 4-15 不同拉杆对应的螺纹 单位：mm

拉杆直径 d	拉杆螺纹及公称直径 d_n	l_0	l_b	b
10	10	13	$\geqslant 40$	1.5
12	12	15	$\geqslant 40$	2.0
16	16	20	$\geqslant 60$	3.0

4.3.11.3 拉杆的布置

拉杆应尽量均匀布置在管束的外边缘。对于大直径的换热器，在布管区内或靠近折流板缺口处应布置适当数量的拉杆，任何折流板应不少于 3 个支承点（图 4-7）。

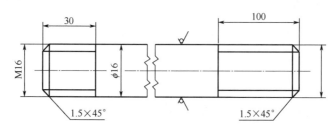

图 4-7 拉杆结构图

4.3.12 支座

生产中的各种容器都是通过支座面固定在某一位置上的。虽然容器的结构和形状不一样，但它们的支座形式主要有三种：立式容器支座、卧式容器支座和球形容器支座。支座形式的选用，要根据设备的重量、结构、承受的载荷及操作等要求来确定。

本设计要求用到的是卧式容器支座，卧式容器支座可分为鞍座式、圈座式和支腿式三种支座。小型卧式容器设备用支腿式支座，圈座式很少使用，鞍座式支座应用较多。

鞍座式支座由垫片（又叫加强板）、腹板（径向直立筋板）、肋板（轴向直立筋板）、底板构成。当器壁较厚，支座的环向应力不大时，可不加垫板。其标准系列的直径范围为 $DN159\sim4000$mm。同一公称直径分轻、重型两种形式；根据底板螺栓孔形状又分成固定鞍座（圆形螺栓孔）和活动鞍座（长圆形螺栓孔）两种形式。每台设备只用两个鞍座，应采用固定与活动鞍座各一个。多于两个鞍座是不恰当的，因为鞍座水平高度的微小差异会造成支座受力不均，从而引起器壁的不利应力。

根据所选的支座所承受的载荷不超过支座的允许载荷，选用鞍座式支座，其 $DN=1300\text{mm}$，根据 JB/T 4712.1—2007，选择鞍式支座，选择 BI 型，其中筋板数为 6。

参数如下：

允许载荷：$Q=1950\text{kN}$。

鞍座高度：$h=250\text{mm}$。

底板：$l_1=1880\text{mm}$；$b_1=300\text{mm}$；$\delta_1=18\text{mm}$。

腹板：$\delta_2=18\text{mm}$；筋板：$l_3=295\text{mm}$；$b_2=268\text{mm}$；$b_3=360\text{mm}$；$\delta_3=14\text{mm}$。

垫板：弧长 $l=3030\text{mm}$，$b_4=620\text{mm}$，$\delta_4=12\text{mm}$，$e=120\text{mm}$。

螺栓配置：间距 $l_2=1640\text{mm}$，螺孔 $d=24\text{mm}$，螺纹 M20，孔长 $l=40\text{mm}$。

鞍座质量：$m=488\text{kg}$。

每增加 100mm 高度增加的质量为 47kg。

4.4　螺旋折流板式换热器的强度计算

4.4.1　设计条件

换热器设计条件如表 4-16 所示。

表 4-16　换热器设计条件

参数		管程	壳程
压力/MPa	操作	0.2	0.2
	设计	4.6	0.2
温度/℃	操作（进/出）	40/80	105/36
	设计	60	72.5
介质		天然气（管程）	水（壳程）
腐蚀裕量/mm		2	2
程数		1	1
焊接接头系数 φ		0.85	0.85

4.4.2　结构尺寸参数

（1）换热管

换热器公称直径：$DN\,1300\text{mm}$，即 $D_i=1300\text{mm}$。

换热管规格 $\phi25\text{mm}\times2.5\text{mm}$：$L=7850\text{mm}$。

换热管排管根数：$n=1019$。

换热管为转角三角形排列：管心距 $S=32\text{mm}$。

换热管与管板的连接形式：胀接。

壳程侧管板结构开槽深度：3mm。

管板分程隔板槽深：4mm。

（2）管箱法兰

管箱法兰采用 JB 4702—2000 法兰 WN1300-MFM。

法兰外直径 $D = 1300$mm；

法兰螺柱孔中心圆直径 $D_1 = 1460$mm；

法兰密封面尺寸 $D_4 = 1333$mm；

管箱法兰厚度 $\delta = 70$mm；

螺栓数量 $n_b = 96$；

螺柱规格 M24。

4.4.3　壳体上开孔补强计算

（1）补强及补强方法判别

① 补强判别：根据《过程设备设计》表 4-15，允许不另行补强的最大接管外径为 $\phi 89$mm。本开孔外径等于 273mm，故需另行考虑其补强。

② 补强计算方法判别：

开孔直径：$d = d_i + 2C = 122 + 4 = 126$(mm)

本凸形封头开孔直径 $d = 126$mm $< D_i / 2 = 650$mm，满足等面积法开孔补强计算的适用条件，故可用等面积法进行开孔补强计算。

（2）开孔所需补强面积

① 封头计算厚度：由于在椭圆形封头中心区域开孔，因此封头计算厚度按下式确定。

$$\delta = \frac{K_1 p D_i}{2[\sigma]^t \varphi - 0.5 p}$$

计算得：

$$\delta = \frac{0.9 \times 4.6 \times 1300}{2 \times 170 \times 0.85 - 0.5 \times 4.6} = 18.77 \text{ (mm)}$$

其中 $K_1 = 0.9$，经过查《过程设备设计》表 4-5 得到。

② 开孔所需补强面积：

先计算强度削弱系数 f_r：

$$f_r = \frac{[\sigma]_n^t}{[\sigma]^r} = \frac{115}{183} = 0.6284$$

注：接管使用 10 钢。

开孔所需补强面积按下式计算：

$$A = d\delta + 2\delta\delta_{et}(1 - f_r) = 122 \times 0.21 + 2 \times 0.21 \times 8 \times (1 - 0.6284) = 26.86 (\text{mm}^2)$$

（3）有效补强范围

① 有效宽度 B：

$$B = 2d = 2 \times 122 = 244 (\text{mm})$$

$$B = d + 2\delta_n + 2\delta_{nt} = 122 + 2 \times 8 + 2 \times 6 = 150 (\text{mm})$$

有效宽度 B 为两者中大值，所以 $B = 244$mm。

② 有效高度：

外侧有效高度 h_1 为：

$$h_1 = \sqrt{d\delta_{\mathrm{nt}}} = \sqrt{122 \times 8} = 31.2 (\mathrm{mm})$$

$$h_1 = 150 \mathrm{mm}$$

有效外侧高度为两者中小值，所以 $h_1 = 31.2 \mathrm{mm}$。

内侧有效高度 h_2 为：

$$h_2 = \sqrt{d\delta_{\mathrm{nt}}} = \sqrt{122 \times 8} = 31.2 (\mathrm{mm})$$

$$h_2 = 0 \mathrm{mm}$$

有效外侧高度为两者中小值，所以 $h_2 = 0 \mathrm{mm}$。

（4）有效补强面积

① 封头多余金属面积 A_1 为：

$$A_1 = (B - d)(\delta_{\mathrm{e}} - \delta) - 2\delta_{\mathrm{et}}(\delta_{\mathrm{e}} - \delta)(1 - f_{\mathrm{r}})$$

计算得：

$$A_1 = (150 - 122) \times (8 - 0.21) - 2 \times 8(8 - 3.98) \times (1 - 0.6284) = 195 (\mathrm{mm}^2)$$

② 接管多余金属面积：

接管计算厚度为：

$$\delta_{\mathrm{t}} = \frac{p_{\mathrm{c}} d_{\mathrm{i}}}{2[\sigma]_{\mathrm{n}}^t \varphi - p_{\mathrm{c}}}$$

计算得：

$$\delta_{\mathrm{t}} = \frac{4.6 \times 122}{2 \times 115 \times 1 - 4.6} = 1.84 (\mathrm{mm})$$

接管多余金属面积 A_2 为：

$$A_1 = 2h_1(\delta_{\mathrm{et}} - \delta_{\mathrm{t}})f_{\mathrm{r}} + 2h_2(\delta_{\mathrm{et}} - C_2)f_{\mathrm{r}}$$

计算得：

$$A_1 = 2 \times 31.2 \times (8 - 1.84) \times 0.6284 + 0 = 241.5 (\mathrm{mm}^2)$$

③ 接管区焊缝面积（焊脚取 6.0mm）：

$$A_3 = 2 \times \frac{1}{2} \times 6 \times 6 = 36 (\mathrm{mm}^2)$$

④ 有效补强面积：

$$A_{\mathrm{e}} = A_1 + A_2 + A_3 = 241.5 + 195 + 36 = 472.5 (\mathrm{mm}^2)$$

⑤ 所需另行补强面积：

$$A_4 = A - (A_1 + A_2 + A_3) < 0$$

那么开孔后不需要另行补强。

4.4.4 受压元件材料及数据

① 圆筒材料：16MnR。查钢板标准 GB 713—2008 表 4-1 得：

200℃设计温度下许用应力$[\alpha]^{200}$=170 MPa；

200℃设计温度下屈服应力$[\alpha]_s^{200}$=275 MPa。

查表 F5 得，200℃金属温度下弹性模量E_s=186000 MPa。

查表 F6 得，200℃金属温度下平均线胀系数α_s=12.25×10^{-6}K^{-1}；100℃金属温度下平均线胀系数α_s=11.53×10^{-6}K^{-1}。

② 换热管材料：10 钢，钢板标准为 GB/T 8163。

查《过程设备设计》得，200℃下许用应力$[\sigma]^{200}$=101MPa；查 GB 150—2011 表 F2，200℃设计温度下屈服应力$[\sigma]_s^{200}$=162 MPa；查表 F5，200℃金属温度下弹性模量E_s=186000MPa；65.97℃金属温度下弹性模量（可用中值法）为：

$$E_t^{65.97}=E^{20}+(72.5-20)\times(E^{100}-E^{20})/(100-20)$$
$$=192+(72.5-20)\times(191-92)/80=257(MPa) \tag{4-55}$$

查表 F6，72.5℃金属温度下平均线胀系数为：

$$\alpha_t=\alpha^{50}+(72.5-50)\times(\alpha^{100}-\alpha^{50})/(100-50) \tag{4-56}$$

计算得：

$$\alpha_t=11.12+22.5\times(11.53-11.12)/50=11.3\times10^{-6}K^{-1}$$

③ 管板、法兰材料：16Mn 锻件 NB/T 47008—2010

200℃设计温度下许用应力$[\alpha]^{200}$=135 MPa；

200℃设计温度下屈服应力$[\alpha]_s^{200}$=215 MPa；

100℃设计温度下许用应力$[\sigma]^{100}$=150 MPa；

100℃设计温度下屈服应力$[\sigma]_s^{100}$=245 MPa；

查表 F5，200℃金属温度下弹性模量$E=E_f=E_h$=186000 MPa。

100℃金属温度下弹性模量$E_f=E_p$=191000 MPa。

④ 螺柱材料：40Cr。由规范 GB 3077 得：

常温下许用应力$[\sigma]_b$=212 MPa；

100℃设计温度下许用应力$[\sigma]^{100}$=176 MPa；

100℃设计温度下屈服应力$[\sigma]_s^{100}$=620 MPa；

200℃设计温度下许用应力$[\sigma]^{200}$=165 MPa；

200℃设计温度下屈服应力$[\sigma]_s^{200}$=580 MPa。

⑤ 垫片材料：镀锌薄钢板包石棉橡胶板，查表得垫片系数 m=3.75，比压力 y=52.4MPa。

4.4.5 封头、筒体校核计算

封头、筒体校核计算见表 4-17。

表 4-17　封头、筒体校核计算表

前端管箱封头计算	
计算条件	
计算压力 p_c/MPa	4.6
设计温度 t/℃	72.5
内径 D_i/mm	1300
曲面高度 h_i/mm	325
材料	16MnR（正火）
设计温度许用应力 $[\sigma]^t$/MPa	170
试验温度许用应力 $[\sigma]$/MPa	170
钢板负偏差 C_1/mm	0.3
腐蚀裕量 C_2/mm	2
焊接接头系数 φ	0.85
厚度及质量计算	
计算厚度/mm	$\delta = \dfrac{pD_i}{2[\sigma]^t\phi - p} = 2.07$
有效厚度/mm	$\delta_e = \delta_n - (C_1 + C_2) = 6 - 2.3 = 3.7$
最小厚度/mm	$\delta = 6$
名义厚度/mm	$\delta_n = 6$
结论	满足最小厚度要求
质量/kg	154.53
压力计算	
最大允许工作压力/MPa	$[p_w] = \dfrac{2[\sigma]^t\phi\delta_e}{KD_i + 0.5\delta_e} = 0.8$
结论	合格

4.4.6　管板计算

壳程圆筒内直径横截面积：

$$A = \frac{\pi D_i^2}{4} \tag{4-57}$$

计算得：

$$A = \frac{3.14 \times 1.3^2}{4} = 1.33 (\mathrm{m}^2)$$

沿隔板槽一侧的排管根数：$n_c = 51$；

隔板槽两侧相邻管中心距：$S_n = 32\mathrm{mm}$。

在布管区范围内，因设置隔板槽和拉杆结构的需要，而未能被换热管支承的面积：

$$A_d = n_c S(S_n - 0.866S) = 51 \times 36 \times (32 - 0.866 \times 36) = 1512.86 (\mathrm{mm}^2) \tag{4-58}$$

管板开孔后的面积：

$$A_1 = A - n\frac{\pi d^2}{4} = 1.33 \times 10^6 - 1019 \times \frac{3.14 \times 25^2}{4} = 830053(\text{mm}^2) \tag{4-59}$$

系数：

$$\lambda = \frac{A_d}{A_1} = \frac{1512.86}{830053} = 0.018$$

圆筒壳壁金属横截面积：

$$A_s = \pi \delta_s (D_i + \delta_s) = 3.14 \times 6 \times (1300 + 6) = 24605(\text{mm}^2) \tag{4-60}$$

管板布管区面积：

$$A_t = 0.866nS^2 + A_d = 0.866 \times 1019 \times 32^2 + 1512.86 = 905145.7(\text{mm}^2)$$

一根换热管管壁金属的横截面积，查 GB 151 得 $a = 176.71\text{mm}^2$。

换热管管壁金属的总横截面积为：

$$na = 1019 \times 176.71 = 180067(\text{mm}^2)$$

系数：

$$\beta = \frac{na}{A_1} = \frac{180067}{830053} = 0.217$$

管板布管区的当量直径：

$$D_t = \sqrt{\frac{4A_t}{\pi}} = \sqrt{\frac{4 \times 905145.7}{3.14}} = 1073(\text{mm}) \tag{4-61}$$

管板布管区的当量直径与壳程圆筒内径之比：

$$\rho_t = \frac{D_t}{D} = \frac{1073}{1300} = 0.826$$

管板延长部分形成的凸缘宽度：

$$b_f = \frac{1}{2}(D_f - D_i) = \frac{1}{2} \times (1460 - 1300) = 80(\text{mm})$$

当 $b_0 > 6.4$ mm 时：

垫片压紧力下作用中心圆直径 D_G：

$$b = 2.53\sqrt{b_0} = 2.53 \times \sqrt{14} = 9.47(\text{mm})$$

$$D_G = D_f - 2b = 1460 - 2 \times 9.47 = 1441.06(\text{mm})$$

螺柱载荷：

① 预紧状态下需要的最小螺柱载荷：

$$W_a = 3.14D_G by = 3.14 \times 1441 \times 9.47 \times 70 = 3 \times 10^6(\text{N}) \tag{4-62}$$

② 操作状态下需要的最小螺柱载荷：

$$W_p = 0.785D_G^2 p + 6.28D_G bmp = 0.785 \times 1441^2 \times 4 + 6.28 \times 1441 \times 5 \times 4 = 6.7 \times 10^6(\text{N}) \tag{4-63}$$

预紧状态下需要的最小螺柱面积：

$$A_a = \frac{W_a}{[\sigma]_b} = \frac{3 \times 10^6}{170} = 17647 (\text{mm}^2) \tag{4-64}$$

操作状态下需要的最小螺栓面积：

$$A_p = \frac{W_p}{[\sigma]_b} = \frac{6.7 \times 10^6}{170} = 39411 (\text{mm}^2) \tag{4-65}$$

需要的螺柱面积：

$$A_m = \max(A_a, A_p) = 17647 (\text{mm}^2)$$

垫片压紧力的力臂：

$$L_G = \frac{D_b - D_G}{2} = \frac{1500 - 1441}{2} = 29.5 (\text{mm})$$

基本法兰力矩：

$$M_m = A_m L_G [\sigma]_b = 17647 \times 7.85 \times 170 = 23549921.5 (\text{N} \cdot \text{mm}) \tag{4-66}$$

螺栓中心至 F_D 作用位置处的径向距离：

$$L_D = \frac{1}{2}(D_b - D_i - \delta_1) = \frac{1500 - 1300 - 6}{2} = 98 (\text{mm}) \tag{4-67}$$

螺栓中心至 F_G 作用位置处的径向距离： $L_G = 29.5 \text{mm}$ 。
螺栓中心至 F_T 作用位置处的径向距离：

$$L_T = \frac{D_b}{2} - \frac{D_i + D_G}{4} = \frac{1500}{2} - \frac{1300 + 1441}{4} = 64.75 (\text{mm}) \tag{4-68}$$

作用于法兰内径截面上的流体静压轴向力：

$$F_D = 0.785 D_i^2 p_t = 0.785 \times 1300^2 \times 0.6 = 795990 (\text{N}) \tag{4-69}$$

法兰垫片压紧力：

$$F_G = 6.28 D_G bmp_t = 6.28 \times 1441 \times 9.47 \times 5 \times 0.6 = 257096 (\text{N}) \tag{4-70}$$

流体静压总轴向力与作用于法兰内径截面上的流体静压轴向力之差：

$$F_T = 0.785(D_G^2 - D_i^2)p_t = 0.785 \times (1441^2 - 1300^2) \times 0.6 = 182033 (\text{N}) \tag{4-71}$$

法兰操作力矩：

$$\begin{aligned} M_p = F_D L_D + F_G L_G + F_T L_T = 795990 \times 98 + 257096 \times \\ 29.5 + 182033 \times 64.75 = 97377989 (\text{N}) \end{aligned} \tag{4-72}$$

4.4.7　管板的校核

只有壳程设计压力 p_t ，而管程设计压力不计入膨胀变形差。
当量压力组合：

$$p_c = p_t - p_s(1 + \beta) = 0.6 (\text{MPa}) \tag{4-73}$$

有效压力组合：

$$p_a = \Sigma s p_t - \Sigma t p_s + \beta\gamma E_t = 6.88 \times 0.39 = 2.6832(\text{MPa}) \tag{4-74}$$

基本法兰力矩系数：

$$\bar{M}_m = \frac{4M_m}{\lambda\pi D_i^3 p_a} = \frac{4 \times 1.81 \times 10^9}{0.0166 \times 3.14 \times 1300^3 \times 2.6} = 2.4 \tag{4-75}$$

管板边缘力矩系数：

$$\bar{M} = \bar{M}_m + \Delta\bar{M}_f M_1 = 2.4 + 0.987 \times 0.00176 = 2.4 \tag{4-76}$$

管板边缘剪切系数：

$$v = \psi\bar{M} = 43.8 \times 2.4 = 105.12 \tag{4-77}$$

管板总弯矩系数：

$$m = \frac{m_1 + vm_2}{1+v} = \frac{0.31 + 129.1 \times 2.58}{1 + 105.12} = 3.14 \tag{4-78}$$

系数：

$$G_{1e} = \frac{3\mu m}{K} = \frac{3 \times 0.4 \times 3.14}{8.33} = 0.45 \tag{4-79}$$

按 K 和 m 查表得，系数 $G_{1i} = 0.9522$ ， $G_{1i} > G_{1e}$ ，所以 $G_1 = \max(G_{1e}, G_{1i}) = 0.9522$ 。

管板布管区周边剪切应力系数：

$$\bar{\tau}_p = \frac{1+v}{4(Q+G_2)} = \frac{1+105.12}{4 \times (5.75+4.8)} = 2.78 \tag{4-80}$$

管板径向应力系数：

$$\bar{\sigma}_r = \frac{(1+v)G_1}{4(Q+G_2)} = \frac{(1+105.12) \times 0.62}{4 \times (5.75+4.8)} = 1.56 \tag{4-81}$$

管板布管区周边处径向应力系数：

$$\bar{\sigma}_r' = \frac{3m(1+v)}{4KQ+G_2} = \frac{3 \times 2.56 \times (1+105.12)}{4 \times 8.33 \times 5.75 + 4.8} = 4.15 \tag{4-82}$$

壳体法兰力矩系数：

$$\bar{M}_{ws} = \zeta\bar{M}_m - \Delta\bar{M}_f M_1 = 0.0033 \times 2.9452 - 0.987 \times 0.00176 = 0.00798 \tag{4-83}$$

管板径向应力：

$$\sigma_r = \bar{\sigma}_r p_a \frac{\lambda}{\mu}\left(\frac{D_i}{\delta_e}\right)^2 = 1.911 \times 2.6832 \times \frac{0.0166}{0.4} \times \left(\frac{1300}{73}\right)^2 = 67.5(\text{MPa}) \tag{4-84}$$

因为 $\sigma_r < 1.5[\sigma]_r^{200} = 1.5 \times 170 = 255(\text{MPa})$ ，所以合格。

换热管轴向应力（位于管束周边处换热管轴向应力）：

$$\sigma_t = \frac{1}{\beta}\left(p_c - \frac{G_2 - \upsilon Q}{Q+G_2}p_a\right) = \frac{1}{0.225} \times \left(0.4 - \frac{4.8 - 105 \times 5.75}{5.75+4.8} \times 2.6832\right) = 45(\text{MPa}) \tag{4-85}$$

因为 $\sigma_t \leqslant 1.0[\sigma]_t^{200} = 1.0 \times 101 = 101(\text{MPa})$ ，所以合格。

换热管与管板的伸出长度按 GB/T 151—2014 中 5.8.3.2 的规定，$l=3\text{mm}$。

换热管与管板连接的拉脱力：

$$q = \frac{\sigma_t a}{\pi d l} = \frac{45 \times 176.71}{3.14 \times 25 \times 3} = 33.76(\text{MPa}) \tag{4-86}$$

故

$$q \leqslant [q] = 0.5[\sigma]_t^{200} = 0.5 \times 101 = 50.5(\text{MPa})$$

所以设计合格。

4.4.8　校核支座

鞍座 B2600 JB/T 4712.1—2007 可承受的载荷为 3540kN：

$$M_{\text{总}} = 62649.0 \times 10 = 626490.0 \text{ N} < 3540000 \text{ N}$$

故所选的支座合适。

4.5　换热器的腐蚀、制造与检验

4.5.1　换热器的腐蚀

换热器腐蚀的主要部位是换热管、管子与管板连接处、管子与折流板交界处、壳体等。腐蚀原因如下所述。

4.5.1.1　换热管腐蚀

由于介质中污垢、水垢以及入口介质的涡流磨损，易使管子产生腐蚀，特别是在管子入口端的 $40 \sim 50 \text{ mm}$ 处的管端腐蚀，这主要是与流体在死角处产生涡流扰动有关。

4.5.1.2　管子与管板、折流板连接处的腐蚀

换热管与管板连接部位及管子与折流板交界处都有应力集中，容易在胀接部位出现裂纹，当管子与管板存在间隙时，易产生氯的聚积及氧的浓差，从而容易在换热管表面形成点坑或间隙腐蚀。管子与折流板交界处的破裂，往往是由于管子长，折流板多，管子稍有弯曲，就容易造成管壁与折流板处产生局部应力集中，加之间隙的存在，故其交界处成为应力腐蚀的薄弱环节。

4.5.1.3　壳体腐蚀

由于壳体及附件的焊缝质量不好也易发生腐蚀，当壳体介质为电解质，壳体材料为碳钢，管束用折流板为铜合金时，易产生电化学腐蚀，把壳体腐蚀穿孔。

4.5.2　换热器的制造与检验

4.5.2.1　总体制造工艺

制造工艺：选取换热设备的制造材料及牌号，进行材料的化学成分检验，力学性能合格后，对钢板进行矫形，方法包括手工矫形、机械矫形及火焰矫形。

具体过程为：备料—划线—切割—边缘加工（探伤）—成形—组对—焊接—焊接质量检验—组装焊接—压力试验。

4.5.2.2 换热器质量检验

化工设备不仅在制造之前对原材料进行检验，而且在制造过程中也要随时进行检查，即质量检验。设备制造过程中的检验，包括原材料的检验、工序间的检验及压力试验，具体内容如下：

① 原材料与设备零件尺寸和几何形状的检验；

② 原材料和焊缝的化学成分分析、力学性能分析试验、金相组织试验，总称为破坏试验；

③ 原材料和焊缝内部缺陷的检验，其检验方法是无损检测，它包括射线检测、超声波检测磁粉检测、渗透检测等；

④ 设备试压，包括水压试验、介质试验、气密性试验等。

4.5.2.3 管箱、壳体、头盖的制造与检验

① 壳体在下料和辊压过程中必须小心谨慎，因为筒体的椭圆度要求较高，这主要是为了保证壳体与折流板之间有合适的间隙；

② 管箱内的分程隔板两侧全长均应焊接，并应具有全焊透的焊缝；

③ 用板材卷制圆筒时，内直径允许偏差可通过外圆周长加以控制，其外圆周允许上偏差为10mm，下偏差为零；

④ 圆筒同一断面上，最大直径与最小直径之差为 $e \leqslant 0.5\% DN$，且由于 $DN \geqslant 1200mm$，则其值 $\leqslant 5mm$；

⑤ 圆筒直线度允许偏差为 $L/1000$（L 为圆筒总长），且由于此时 $L = 1600mm$，则其值 $\leqslant 4.5mm$；

⑥ 壳体内壁凡有碍管束顺利装入或抽出的焊缝均应磨至与母材表面齐平；

⑦ 在壳体上设置接管或其他附件而导致壳体变形较大，影响管束顺利安装时，应采取防止变形的措施；

⑧ 由于焊接后残余应力较大，因此管箱和封头法兰等焊接后，须进行消除应力热处理，最后再进行机械加工。

4.5.2.4 换热管的制造与检验

① 加工步骤：下料—校直—除锈（清除氧化皮、铁锈及污垢等杂质）。

② 换热管为直管，因此应采用整根管子而不允许有接缝。

③ 由于换热管的材料选为 20 钢，因此其管端外表面也应除锈，而且因为采用焊接方法，则管端清理长度应不小于管外径，且不小于25mm。

4.5.2.5 管板与折流板的制造与检验

① 管板在拼接后应进行消除应力热处理，且管板拼接焊缝须经 100%射线或超声波探伤检查。

② 由于换热管与管板是采用焊接连接，因此管孔表面粗糙度 Ra 值不大于25μm。

③ 管板管孔加工步骤：下料—校平—车削平面外圆及压紧面—划线—定位孔加工—钻孔—倒角。

④ 管板钻孔后应抽查不小于 60°管板中心角区域内的管孔，在这一区域内允许有 4%的管孔上偏差比 0.2 大 0.15μm。

⑤ 折流板管孔加工步骤：下料—去毛刺—校平—重叠、压紧—沿周边点焊—钻孔（必须使折流板的管孔与管板的管孔中心在同一直线上）—划线—钻拉杆—加工外圆。

⑥ 折流板外圆表面粗糙度 Ra 值不大于 $25\mu m$，外圆面两侧的尖角应倒钝。

⑦ 应去除管板与折流板上任何的毛刺。

4.5.2.6　换热管与管板的连接

① 连接部位的换热管和管板孔表面应清理干净，不应留有影响胀接或焊接连接质量的毛刺、铁屑、锈斑、油污等。

② 焊接连接时，焊渣及凸出于换热管内壁的焊瘤均应清除。焊缝缺陷的返修，应清除缺陷后焊补。

4.5.2.7　管束的组装

组装过程：将活动管板、固定管板和折流板用拉杆和定距管组合；调整衬垫使管板面与组装平台垂直，并使固定管板、活动管板与折流板的中心线一致，然后一根一根地插入传热管。

组装时应注意：

① 两管板相互平行，允许误差不得大于1mm；两管板之间长度误差为±2mm；管子与管板之间应垂直。

② 拉杆上的螺母应拧紧，以免在装入或抽出管束时，因折流板窜动而损伤换热管。

③ 穿管时不应强行敲打，换热管表面不应出现凹瘪或划伤。

④ 除换热管与管板间以焊接连接外，其他任何零件均不准与换热管相焊。

4.5.2.8　管箱、浮头盖的热处理

碳钢、低合金钢制的焊有分程隔板的管箱和浮头盖以及管箱的侧向开孔超过 1/3 圆筒内径的管箱，在施焊后应作消除应力的热处理，设备法兰密封面应在热处理后加工。

4.5.2.9　换热器水压试验

水压试验的目的是为了检验换热器管束单管有无破损，胀口有无松动，所有法兰接口是否严密，而不同管壳式换热器的水压试验的顺序不一样，因此在此特别说明一下浮头式换热器的水压试验顺序：

① 用试验压环和浮头专用试压工具进行管头试压：管束装入壳体后，在浮头侧装入试压环，在管箱侧装试压法兰或将管箱平盖卸下用管箱代替也可以，然后对壳程试压，检查胀口是否泄漏，如果从管板的某个管口滴水，则该管已经破损，由现场技术人员决定更换新管或堵死。

② 管程试压：将浮头侧试压环卸掉，清理净浮头封面，将浮头上好，管箱侧将管箱或平盖清理换垫安装，然后对管程加压，检查浮头钩圈密封及管箱法兰结合处有无泄漏。

③ 壳程试压：安装壳体封头，对壳体加压，检查封头接口有无泄漏。

参考文献

[1] NB/T 47021—2012.

[2] 郑津洋，董其伍，桑芝富. 过程设备设计 [M]. 北京：化学工业出版社，2009.

[3] 赵军. 化工设备机械基础 [M]. 北京：化学工业出版社，2000.

[4] GB/T 25198—2010.

[5] NB/T 47027—2012.

[6] 董其伍. 换热器 [M]. 北京：化学工业出版社，2008.

[7] HG/T 20592—2009.

[8] 匡国柱. 化工单元过程及设备课程设计 [J]. 北京：化学工业出版社，2002.

[9] 贾绍义，柴诚敬. 化工原理课程设计 [M]. 天津：天津大学出版社，2002.

[10] 钟理，伍钦，马四朋. 化工原理（上）[M]. 北京：化学工业出版社，2008.

[11] 丁祖荣. 流体力学：上册 [M]. 北京：高等教育出版社，2008.

[12] 王选逯. 材料与零部件：上册 [M]. 上海：上海科学技术出版社，1982.

[13] 陈锦昌. 计算机工程制图 [M]. 广州：华南理工大学出版社，2006.

[14] 钱颂文. 换热器设计手册 [M]. 北京：化学工业出版社，2003.

[15] 秦叔经，叶文邦，等. 化工设备设计全书-换热器 [M]. 北京：化学工业出版社，2003.

[16] GB 150—2011.

[17] GB/T 151—2014.

第 5 章
空气冷却器的设计计算

5.1 概述

5.1.1 换热器背景

在工业部门，换热器是化工、石油、电力机械等众多行业常用的设备，它在生产中起重要地位。换热器是一种在不同温度的两种或两种以上流体间实现物料之间热量传递的节能设备，将热量从较高的流体传递给温度较低的流体，使流体流动达到预定的温度指标，以满足工艺过程的需要条件。换热器行业涉及暖通、压力容器、水处理设备等近30 种行业。

由于提高能源效率起着节能技术改造的重要作用，换热器通常用来回收工业废热。因此，换热器的效率与能耗直接影响到最终产品的生产成本，是生产中密切相关的重要设备，科学研究的重要性不言而喻。随着制冷空调行业的发展，人们不得不专注于高效、紧凑式换热器的能源和材料的开发，而翅片管式换热器正是制冷、空调领域中所广泛采用的一种换热器。对于它的研究不仅有利于提高换热器的效率和整体性能，同时也推动了翅片式换热器的设计，对推出更加节能、节材的紧凑式换热器有着重要的指导意义。

5.1.2 翅片管换热器概述

翅片管式换热器可以仅由一根或多根翅片管组成，也可以配套外壳、风机等组装成空冷器形式的热交换器。翅片和基管作为翅片式换热器中的主要换热元件，其形状对换热性能起着决定性的作用。基管通常为圆管，也有扁平管和椭圆管。因为翅片的存在改善了传热的流动条件，有效扩大了流体的传热面积，从而使得换热器变得更加高效和实用。翅片类型多种多样，翅片可以各自加在每根单管上，也可以同时与数根管相连接。

5.1.3 空气冷却器的构造和工作原理

5.1.3.1 空冷器介绍

空冷器（图 5-1）是利用空气作为冷却介质将工艺介质（热流）冷却到所需要的温度（终冷温度）的设备。一般来说工业上低于 120℃的介质的热量回收代价比较昂贵，或因热源的分散性和间歇性而难以综合利用，这部分热量多用水冷器取走，或用空冷器排放到大气中。

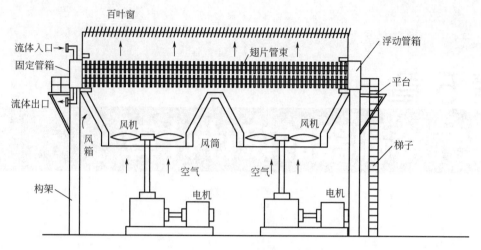

图 5-1　空气冷却器的基本结构

普通空冷式换热器是以环境空气为冷却介质横掠翅片管外，使管内高温流体得到冷却或冷凝的设备。其名称有多种，如翅片风机式换热器、空冷式翅片换热器、翅片管式空冷换热器等，也称"空气冷却器"或"空冷式换热器""空冷式热交换器"，简称"空冷器"。传统的工业冷却系统都是用水作冷却介质，自 20 世纪 20 年代以来，空冷逐渐被人们重视，在一些领域中水冷逐渐被空冷取代。这一转变的主要原因有以下五个方面：

① 随着工业特别是炼油、石油化工、冶金、电力工业的发展，用水量急剧增加，出现了大面积缺水的问题；

② 人们对保护环境，防止和减少工业用水对江、河、湖、海污染的要求越来越高；

③ 能源日益短缺，要求最大限度地节约能源；

④ 装置大型化要求水的用量日益增多；

⑤ 空冷技术的发展可部分或全部代替水冷。

空冷器结构流程如图 5-2 所示。

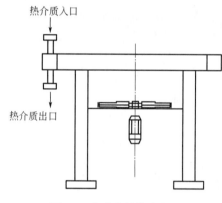

图 5-2　空冷器结构流程图

5.1.3.2　空冷器的结构

（1）管束

它是传热的基本部件，由翅片管、管箱、侧梁和支架构成一个整体，被冷却和被冷凝的介质在翅片管内通过时，它的热量被管外流动的空气所带走，管内的介质得到冷却或冷凝。

（2）风机

用来驱动空气通过管束，带走被冷却介质的热量，从而促使热介质冷却或冷凝。空冷器采用的是轴流风机。

（3）构架

它是由钢结构框架和风筒构成，通过它支承管束和风机，并使空气按一定的方向流动。

（4）百叶窗

主要用来控制空气的流动方向或流量的大小，此外也可以用于对翅片管的防护，如防止雨、雪、冰雹的袭击和烈日的照晒等。它由可以转动的一组或几组叶片、框架和叶片传动机构组成。

（5）梯子平台

它的作用是为空冷器的操作和检修提供方便。

5.1.4　空气冷却器的分类

空气冷却器的分类根据分类方法的不同可以有以下几种类型：

① 按管束的布置方式可分为：立式、水平式、斜顶式、V 形多边形等。

② 按通风方式可分为：鼓风式、引风式和自然通风式。

③ 按冷却方式可分为：干式空冷器、湿式空冷器（包括增湿型、喷雾蒸发型、湿面型）、联合型空冷器等。

④ 按防寒方式可分为：热风内循环式、热风外循环式、蒸汽伴热式。

⑤ 按压力等级可分为：高压空冷器、中压空冷器和低压空冷器。

水平式空冷器的特点是管束为水平放置，但作冷凝器时，为防止冷凝液停留在管子内，管子有 1%～3% 的倾斜。管束长度不受限制，管内热流体和管外空气分布比较均匀。它适于多单元组合，适用于场地宽敞和新建的炼油厂。

斜顶式空冷器的特点是管束斜放呈人字形，夹角一般为 60°，占地面积小，为水平式的 40% 左右，结构紧凑。但其管内介质和管外空气分布不够均匀，易形成热风再循环，建造成本高。它适于作为联合式空冷器、干-湿联合型空冷器，适用于老厂改造和场地较小的情况，特别适于作为电站汽轮机空冷凝汽器。

鼓风式、引风式和斜顶式空冷器如图 5-3 所示。

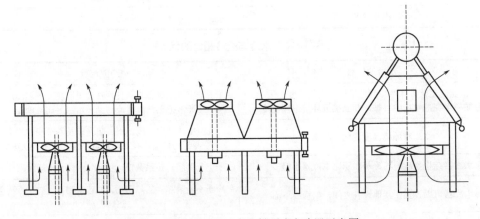

图 5-3　鼓风式、引风式和斜顶式空冷器示意图

5.1.5　空冷与水冷的比较

水冷和空冷是目前工业装置中最重要的两种冷却方式。这两种冷却方式各有优点和不足，选用时要视具体情况。如果冷却水供应困难，又要求严格控制环境的污染，自然选用空冷器；如果厂地面积、空间都受到限制，但水源无问题，也就只好选用结构紧凑的水冷器。但在一般情况下需作全面比较，因为影响因素比较复杂。有关专家已作了许多分析和比较，一般都认为空冷优点多于水冷，所以即使在水源比较充足的地方，也推荐采用空冷。

空冷的最大优点就是节水效果好，对环境污染小，操作费用低，缺点是占地面积（或空间）大，一次性投资多，受到介质温度、环境温度的限制；水冷的最大优点是结构紧凑，安装费用低，但操作费用高，对环境污染严重，具体比较如表5-1和表5-2所示。

在对两种冷却方式的经济性讨论中，国内外学者都发表过许多对比分析资料，德国有人通过实例对比指出，虽然空冷器比套管式水冷器投资高，但总地看还是比较经济的。如把90℃有机液冷却到40℃，空冷器投资在低压范围内高3～4倍，在高压范围内（如32.5MPa）约高25%～30%（因为高压空冷器用的管子直径较小，壁厚不必增加太多，材料费相应增加较少），但水冷器的管理费是空冷器的2倍，水费是空冷的6倍。对于冷凝过程两者的总费用大致相同。

表5-1 空冷与水冷相比的优点

空冷的优点	水冷的缺点
对环境污染小	对环境污染严重
空气可随意取得	冷却水往往受水源限制，需要设置管线和泵站等设施
选厂址不受限制	特别对较大的工厂和装置，选厂址时必须考虑有充足的水源
空气腐蚀性小，设备使用寿命长	水腐蚀性强，需要进行处理，以防结垢和杂质的淤积
空气侧的压降小，操作费用低	循环水压头高（取决于冷却器和冷水塔的相对位置），故水冷能耗高
空冷系统的维护费用一般情况下仅为水冷系统的20%～30%	由于水冷设备多，易于结垢，在温暖气候条件下还易生长微生物，附于冷却器表面，常常需要停工清洗
一旦风机电源被切断，仍有30%～40%的自然冷却能力	电源一断，即要全部停产
无二次水冷却问题	

表5-2 水冷与空冷相比的优点

水冷的优点	空冷的缺点
水冷通常能使工艺流体冷却到低于环境空气温度2～3℃，且循环水在凉水塔中可被冷却到接近环境湿球温度	由于空气比热容小，且冷却效果取决于气温温度，通常把工艺流体冷却到环境温度比较困难
水冷对环境温度变化不敏感	大气温度波动大，风、雨、阳光以及季节变化均会影响空冷器的性能，在冬季还可能引起管内介质冻结
水冷器结构紧凑，其冷却面积比空冷器小得多	由于空气侧膜传热系数低，因此空冷器的冷却面积要大得多
水冷器可以设置在其他设备之间，如管线下面	空冷器不能紧靠大的障碍物，如建筑物、大树，否则会引起热风循环
用一般列管式换热器即可满足要求	要求用于特殊工艺设备制造翅片管
噪声小	噪声大

5.2 设计依据的标准及主要设计参数

5.2.1 设计依据的标准

本空冷器设计依据的标准有 NB/T 47007—2010《空冷式热交换器》，NB/T 47007—2010（JB/T 4758）《空冷式热交换器》，GB 150—2011《压力容器》，GB/T 151—2014《热交换器》，

HG/T 20592～20635—2009《钢制管法兰、垫片、紧固件》，GB/T 28712.6—2012《热交换器型式与基本参数　第 6 部分：空冷式热交换器》，TSG R0004—2009《固定式压力容器技术监察规定》，HG/T 20583—2011《钢制化工容器结构设计》，GB 713—2014《锅炉和压力容器用钢板》，NB/T 47014—2011《承压设备焊接工艺评定》，SH/T 3024—2017《石油化工环境保护设计规范》。

5.2.2　主要设计参数

主要设计参数如表 5-3 所示。

表 5-3　主要设计参数

介质	体积流量	质量流量	进口温度	出口温度	入口压力
天然气	2000000m³/d	46225kg/h	105℃	55℃	4.6MPa
密度	密度（标准状态下）	热导率	定压比热容	动力黏度	普朗特数
26.5193kg/m³	0.5547kg/m³	0.0483W/（m·℃）	2.6196kJ/(kg·K)	1.37425×10⁻⁵Pa·s	0.745

5.2.3　总体设计应考虑的事项

空冷器的总体设计是指空冷器的方案设计，总体设计时要根据用户提供的要求和空冷器的设计惯例考虑以下问题：

① 根据工艺介质的冷却要求及所建装置的水源、电力情况，进行空冷和水冷的技术经济比较，以确定使用空冷器的合理性。

② 根据介质的终冷温度和过程特点（有无相变）、环境条件，确定空冷器的形式，即确定采用干空冷、湿空冷、干湿联合空冷或其他特殊结构的空冷器。

③ 初步估算该工艺条件下所需的传热面积，选择空冷器的初步结构参数，如管束的尺寸、翅片管种类、构架和风机的配套等。

④ 根据工艺介质的操作条件及物化性质，对空冷器参数进行初步估算。估算的内容包括总传热系数及阻力降、有效平均温差，计算所需的传热面积、风机的动力消耗及增湿水耗等。

⑤ 根据装置生产特点及工艺介质对操作的要求，综合考虑空冷的平面竖面布置及调节控制方案。

⑥ 估算噪声是否满足相关标准的要求。

⑦ 如果是在寒冷地区还应考虑防寒防冻的要求。

⑧ 根据上述核算初步确定空冷器的总投资。

5.2.3.1　冷却方式

由于空气的比热容小，在标准状况下仅为水的四分之一，因此若传热量相同，冷却介质的温度相同，则所需的空气量为水量的四倍。再考虑到空气的密度远小于水，则相对于水冷却器来说，空冷器的体积是很大的。另外空冷器空气侧的传热系数很低，导致光管空冷器的总传热系数也很低，约为水冷却器的传热系数的 1/30～1/10。为增强空气侧的传热性能，一般都采用扩张表面的翅片管，其翅化比大致为 10～24。但随着全球水力资源的短缺和水质污染的加剧，空冷器的优越性越来越受到人们的注意。

5.2.3.2 结构形式

根据管束的放置方式，空冷器可分为水平鼓风式、斜顶鼓风式、直立鼓风式、引风式、立式引风式和 V 字引风式。为了恰当地选择空冷器的结构形式，设计人员应首先根据经验估算一个所需的传热面积，然后参照表 5-4 综合比较各种形式的特点和应用场合。经反复核算、综合比较，最终确定空冷器的管束、构架的规格、风机的大小和空冷器的布置形式。本设计的空冷器结构形式选用水平式结构。

表 5-4　空冷器的结构形式比较

型　式	优　点	缺　点	适　用　场　合
水平式	结构简单，管束与风机叶轮水平放置，根据风机在管束的上下不同可分为引风式和鼓风式两种	占地面积大	由于结构简单、安装方便，得到普遍应用。特别是鼓风式的应用最为广泛，用于介质冷凝时，管束因布置有 1°～3° 的倾斜度
	管内热流体和管外空气分布均匀	管内阻力比其他形式较大	
	安装方便		
直联式	直接与设备相连，减少管线和占地面积	检修略微困难	置于塔或容器顶部的小型冷却设备
	投资省		
直立式	管束垂直地面，风机叶轮可垂直或水平布置，占地比水平式省	管内介质与管外空气分布不够均匀	小负荷冷凝系统
	管内阻力比水平式小	易受外界风力影响，安装方向应与季节风向配合	内燃机冷却系统
			电站冷却水系统
			湿式空冷器
斜顶式	结构紧凑，管束斜放成人字形，夹角一般成 60℃，风机置于管束下方，占地面积比水平式小约 40%	管外的空气分布不均匀且易产生热风返回现象	负压真空系统
	常用作冷凝，管内阻力比水平式小	结构较复杂，安装维修稍难一点	干湿联合空冷的干式部分
	传热系数较水平式高		
V 字形	风机叶片置于管束上方，避免了热风的再循环，其余特点与斜顶式相同	管内介质与管外空气分布不够均匀	负压真空系统
	管外气流分布较好	结构设计和管线安装较复杂	干湿联合空冷的湿式部分
			多用于单管程冷凝器
干湿联合	占地面积小	操作要求高	中心处理量或大处理量干空冷的后空冷
	操作费用省	灵活性差	

5.2.3.3 通风方式

通风方式比较见表 5-5。

表 5-5　通风方式比较

通风方式	优　点	缺　点	应　用　场　合
鼓风式	气流先经风机再至管束，风机在大气温度下运行，工作可靠，寿命长	排出的热空气较易产生回流	由于结构简单、效率高，应用普遍

续表

通风方式	优　点	缺　点	应 用 场 合
鼓风式	结构简单，安装检修方便	受日照及气候影响较大	由于结构简单、效率高，应用普遍
	由于紊流作用，管外传热系数略高		
引风式	风机和风筒对管束有保护作用，可减少冰雹、雷雨、烈日对管束的影响	风机叶片安装在出风口，工作温度高，要求叶片的材料应能承受相应的工作温度	对出口终温要求严格控制的场合
	空气对穿过翅片管束气流分布比较均匀，管外传热系数较高而阻力较低	结构较鼓风式复杂，风机检修不方便	对防噪声要求较高的场合
	由于风筒有抽力作用，风机停运时仍能维持 30%的冷却能力	消耗功率比鼓风式约高 10%	气候变化较大的地区
	排出的热空气不易回流，受风力影响较小		
	噪声较鼓风式约低 3dB		
自然通风式	利用温差造成气流流通，不用风机，节省电能	投资大	大处理量的热电工厂
	噪声低，维修量小		

5.2.3.4　调节方式

改变风机的转速或者调节风机叶片的安装角，可改变风机的风量。通常空冷器风机调节风量的方式有：手动调角风机、机械调角风机、自动调角风机、调频风机、调速风机。

对于终冷温度要求不太严格的空冷，最简单的办法是调节风机的运转台数。当空冷器采用两台或更多台风机时，在冬季常常可以停开一台或更多的风机。

5.2.4　空冷器的方案计算

5.2.4.1　热负荷计算

热平衡方程，对管内流体：

$$Q = m_i c_p (T_1 - T_2) \qquad (5-1)$$

式中　Q——热交换量，W；

m_i——管内流体质量流量，kg/h；

c_p——管内流体定压比热容，kJ/(kg·K)；

T_1——管内流体出口温度，℃；

T_2——管内流体进口温度，℃。

管内流体质量流量的计算：

$$m_i = V_i \rho = \frac{2000000 \times 0.5547}{24} = 46225(\text{kg/h})$$

因此传热量为：

$$Q = m_i c_p (T_1 - T_2) = 46225 \times 2.6196 \times (105 - 55) = 6054550.5(\text{kJ/h}) = 1681.8(\text{kW})$$

5.2.4.2　选定设计气温

设计气温是指空冷器设计时所采用的入口空气温度。

设计气温的选取有许多方法。比较保守的方法是按当地最热月的日最高气温的月平均值再加 3~4℃；或采用 7 月、8 月的日最高气温的月平均值，再加上其值的 10%左右；或根据我国气候条件，当空气的相对湿度较高，一天当中气温变化较大时，可采用"保证率每年不超过 5 天的气温"。

则空气入口温度 $t_1 = 29.7 + 3 = 32.7$(℃)。

5.2.4.3 管内流体及温度

热流体的入口温度，一般以 120~130℃左右或以下为好，且不宜低于 60~80℃。热流体出口温度，对于干式空冷来讲，一般应使其与设计气温温差大于 20~25℃，至少要大于 15℃，否则不一定经济。

5.2.4.4 管内传热系数

根据管内流体情况由《空冷器》中表 3.6-1 选取管内传热系数为 $K_0 = 290$ W/(m² · ℃)。

5.2.4.5 估算空气出口温度

由《空冷器设计与应用》中式（4-1）计算空气进出口温差：

$$t_2 - t_1 = 0.00102 \times U_0 \times \left(\frac{T_1 + T_2}{2} - t_1 \right) \tag{5-2}$$

式中　　t_1——空气进口温度，℃；

t_2——空气出口温度，℃。

所以：

$$t_2 - t_1 = 0.00102 \times 290 \times \left(\frac{105 + 80}{2} - 32.7 \right) = 17.7(℃)$$

$$t_2' - t_1 = 0.00102 \times 290 \times \left(\frac{80 + 55}{2} - 32.7 \right) = 10.3(℃)$$

已知空气入口温度 t_1=32.7℃，热流温差 $T_1 - T_2 = 105 - 55 = 50$(℃)，通过《空冷器》中图 4-11 对空气温升（$T_1 - T_2$）进行修正（注意此式只用于估算，在某些情况下有较大偏差），得温升校正系数为 0.96。

所以：

$$t_2 = 32.7 + 17.7 \times 0.96 = 49.7(℃)$$

$$t_2' = 32.7 + 10.3 \times 0.96 = 42.6(℃)$$

5.2.4.6 高低翅片管的选用

翅片面积越大，则以光管外表面积为基准的空气膜传热系数也越大。建议当管内膜传热系数大于 2093 W/(m² · ℃) 时，采用高翅片管；对流换热系数在 1163~2093 W/(m² · ℃) 时，高低翅片管均可；在 116~1163 W/(m² · ℃) 之间时，用低翅片管；低于 116 W/(m² · ℃) 时，用光管比翅片管经济，或采用在管子内表面装有翅片的管，综上所述本设计选用低翅片管。

5.2.4.7 对数温差的计算

由《空冷器设计与应用》中式（3-45）对数平均温差公式计算：

$$\Delta t_m = \frac{(T_1 - t_2) - (T_2 - t_1)}{\ln \dfrac{T_1 - t_2}{T_2 - t_1}} \tag{5-3}$$

$$\Delta t_{m1} = \frac{(105 - 49.7) - (80 - 32.7)}{\ln \frac{105 - 49.7}{80 - 32.7}} = 51.2(\text{℃})$$

$$\Delta t_{m2} = \frac{(80 - 42.6) - (55 - 32.7)}{\ln \frac{80 - 42.6}{55 - 32.7}} = 29.2(\text{℃})$$

温差修正系数由温度效率 P 和温度相关因素 R 决定。

$$P = \frac{t_2 - t_1}{T_1 - t_1} \tag{5-4}$$

$$R = \frac{T_1 - T_2}{t_2 - t_1} \tag{5-5}$$

温度校正：

$$P_1 = \frac{49.7 - 32.7}{105 - 32.7} = 0.232$$

$$R_1 = \frac{105 - 80}{49.7 - 32.7} = 1.471$$

$$P_2 = \frac{42.6 - 32.7}{80 - 32.7} = 0.21$$

$$R_2 = \frac{80 - 55}{42.6 - 32.7} = 2.53$$

由《空冷器设计与应用》中图 3-23，得温差修正系数为 1。
所以传热平均温差为：

$$\Delta t_1 = \Delta t_{m1} \times 1 = 49.7(\text{℃})$$

$$\Delta t_2 = \Delta t_{m2} \times 1 = 42.6(\text{℃})$$

5.2.4.8　传热面积（以光管外表面积为基准）的估算

由《空气冷却器》中式（3.9-1）计算传热面积：

$$A_0 = \frac{Q}{K_0 \Delta t} = \frac{1681.8 \times 10^3}{290 \times 35.492} = 163.4(\text{m}^2)$$

5.2.4.9　总风量估算

空冷器总风量按《空气冷却器》中式（6.2-1）计算：

$$V = \frac{Q}{\rho_a C_{pa}(t_2 - t_1)} \tag{5-6}$$

所以：

$$V_1 = \frac{1681.8 \times 10^3 \times 3600}{2 \times 1.205 \times 1005 \times (49.7 - 32.7)} = 1.47 \times 10^5 (\text{m}^3/\text{h})$$

$$V_2 = \frac{1681.8 \times 10^3 \times 3600}{2 \times 1.205 \times 1005 \times (42.6 - 32.7)} = 2.53 \times 10^5 (\text{m}^3/\text{h})$$

5.2.5　空冷器的选型设计

5.2.5.1　选管排数

管排数对投资与成本影响很大。在一般情况下，可适当安排管排数使空气温升在 15～20℃。当然，管排数的选择还要考虑空冷器传热面积、管内流体流速及空冷器系列等因素。管排数少，传热效果好，但单位传热面积造价高，占地面积大，并且由于空气温升较小，需要大的风量。如果管排数很多，空气压力降增大。因此，在设计中应合理选择。

选择管排数时，可按《空气冷却器》中最佳管排数算图（图 4-9）查取，目前，通用的管排数主要为 4 排、6 排，亦有 2 排、8 排的。

由于：

$$T_1 - t_1 = 105 - 32.7 = 72.3(℃)$$

$$\frac{T_1 - t_1}{U_0} = \frac{72.3}{290} = 0.249$$

查得最佳管排数为 7，根据管束规格，考虑天然气的膜传热效率不高，选用低翅片 6 排管。

5.2.5.2　迎面风速

当空气为标准状况（20℃，1 个大气压）时，迎面风速为标准迎面风速 v_{NF}，迎面风速太低，会影响传热效果，从而增加功率消耗及使噪声提高，一般为 3.4m/s～1.4m/s。排数少取其上限，排数多取其下限。当采用鼓风式空冷器时，可按《空气冷却器》中迎面风速推荐值（表 5-6）选用。

标准迎面风速为：

$$v_{NF} = 2.5m/s$$

面积比：

$$A_0' / A_F = 8.74$$

5.2.5.3　管束选择

试算空冷器出口空气温度。取一个可能的出口空气温度或温升，根据热平衡式求得 A_F、A_0'，再根据传热计算求得 A_0，对 A_0' 和 A_0 进行比较，至两者接近时为止。列表计算如表 5-6 所示。

已知：$\rho = 1.205kg / m^3$，$c = 1005$。

表 5-6　传热面积试算表

空气出口温升假定值（$t_2 - t_1$）	/℃	16	18	20	21	22
A_F	/m²	34.86	30.99	27.89	26.56	25.36
A_0'	/m²	304.7	270.85	243.76	232.16	221.6
Δt_m	/℃	36.71	35.96	35.19	34.81	34.42
A_0	/m²	157.96	161.28	164.78	166.6	168.47
空气出口温升假定值（$t_2 - t_1$）	/℃	24	25	26	27	28
A_F	/m²	23.24	22.31	21.45	20.66	19.92
A_0'	/m²	203.14	195.01	187.51	180.57	174.12
Δt_m	/℃	33.64	33.25	32.85	32.45	32.05
A_0	/m²	172.38	174.43	176.53	178.7	180.94

$$A_F = \frac{Q}{v_{NF}\rho c(t_2 - t_1)}, \quad A_0 = \frac{Q}{K_0 \Delta T}$$

取空冷器出口风温为 59.7℃。

其中基管有效面积按《空冷式换热器型式与基本参数》式（1）计算：

$$A = \pi d_0 (L - 2\delta - 0.006)n \tag{5-7}$$

式中　A——基管外表面积，m^2；

d_0——基管外径，m；

L——翅片管长度，m；

δ——管板厚度，m；

n——管束排管根数。

所以

$$A = \pi \times 0.025 \times (6 - 2 \times 0.024 - 0.006) \times 318 = 148.5 (m^2)$$

选用 GP6×3-6-148.5-4.6K_1-12.65L-Iα 管束 1 片。基管有效面积为 148.5 m^2。

5.2.5.4　管程确定

冷却气体或液体时，在满足允许压力降的条件下应提高流速。液体流速一般在 0.5～1.5m/s 之间，气体流速在 5～10kg/($m^2\cdot$s) 左右。管内流速处于湍流对传热有利，为此管内流体采用两管程以上较为有利。

对于冷凝过程，如果对数平均温差的修正系数大于 0.8，可采用单管程，否则（如含有不可凝气时）应考虑采用两管程或多管程以提高管内流速。已知质量流量为 46225kg/h、管排数为 6，由《空冷器设计与应用》中式（4-4）计算天然气在管内流速在 2m/s 左右时，对低翅片 6 排管，管子总根数为 318 根时管程数 N_P 为：

$$N_P = 3600 \frac{\pi}{4} D_i^2 n v_L \rho_L \frac{1}{W} \tag{5-8}$$

计算得：

$$N_P = 3600 \times \frac{\pi}{4} \times 0.02^2 \times 318 \times 4 \times 26.5193 \times \frac{1}{46225} = 1$$

所以取管程数为 1，每管程 318 根管。

5.2.5.5　风机选型

风量前面已求出：

$$V_1 = 1.47 \times 10^5 \, m^3/h$$

$$V_2 = 2.53 \times 10^5 \, m^3/h$$

由《空冷器设计与应用》中式（4-6）计算风机全风压：

$$\Delta p = \Delta p_1 + \Delta p_2 \tag{5-9}$$

由《空气冷却器》中式（3-26b）计算风压：

管束气流流动阻力：

$$\Delta p_1 = 5.1 v_{NF}^{1.504} N \Phi_F = 5.1 \times 2.5^{1.504} \times 6 \times 1.15 = 139.61 (N/m^2) \tag{5-10}$$

风机动压头：

$$\Delta p_2 = 30 \, N/m^2$$

$$\Delta p = \Delta p_1 + \Delta p_2 = 139.61 + 30 = 169.61 \, N/m^2$$

式中　Δp_1——管束气流流动阻力，N/m^2；

　　　Δp_2——风机动压头，取 20～40 N/m^2；

　　　N——最佳管排数；

　　　Φ_f——翅高影响系数，对高翅片 $\Phi_f=1$，低翅片 $\Phi_f=1.15$。

根据《空气冷却器》中风机的总风量、风压和风机特性曲线，选用 $GJP3.0\times3.0_B^K-24/1_P^FZ$ 和 $GJP3.0\times3.0_B^K-27/1_P^FZ$ 风机 2 台。

5.2.5.6　风面比

① 在空冷器的工艺设计中，对设计人员比较方便的是先确定一个合理的迎面风速，进一步求管束翅片的传热系数及所需风量。由于一般空冷器传热管都是正三角形排列，则翅片管迎风面积与最窄截面积 G_{max} 的比值（简称"风面比"）可根据《空气冷却器管外膜传热系数的计算》中式（8）计算：

$$\xi_f=\frac{S_1}{S_1-d_r-2N_f\delta H_f} \tag{5-11}$$

式中　ξ_f——风面比；

　　　H_f——翅片高，m；

　　　S_1——管心距，m；

　　　d_r——翅片根径，m；

　　　δ——翅片厚度，m；

　　　N_f——每管长翅片数。

所以：

$$\xi_f=\frac{0.054}{0.054-0.0258-2\times315\times0.4\times10^{-3}\times0.0125}=2.156$$

② 翅片几何参数相关的综合系数：

由《空气冷却器管外膜传热系数的计算》中式（10）计算：

$$K_f=\xi_f^{0.718}d_r^{-0.282}\left(\frac{S_f}{H_f}\right)^{0.296} \tag{5-12}$$

计算得：

$$K_f=2.156^{0.718}\times0.0258^{-0.282}\times\left(\frac{3.6}{12.5}\right)^{0.296}=3.25$$

5.2.5.7　翅片管束的选择

根据以上计算选型，现对管束规格和翅片参数选择，如表 5-7 所示。

表 5-7　管束、构架和风机的初步选择

编号	参数	代号	规格	注
一	管束和构架规格			
1	名义长度/m	A	6	
2	名义宽度/m	B	3	
3	实际宽度/m	B_S	2.98	

编号	参数	代号	规格	注
4	有效迎风面积/m²	A_F	16.217	《空气冷却器》中附录 A4-1
5	管排数	N_P	6	
6	管束数量		1	
7	管心距/mm	S_1	54	《空气冷却器》中附录 A4-1
8	基管总根数	N_T	321×1	《空气冷却器》中附录 A4-1
9	有效管根数	N_e	318×1	《空气冷却器》中附录 A4-1
10	基管外径/mm	d_0	25	
11	基管内径/mm	d_i	20	
12	有效基管传热面积/m²	A_E	142.112	《空气冷却器》中附录 A4-1
13	管内流通总面积/m²	a_Σ	0.1	$\pi d_i^2 N_t/4$
14	管程数	N_{tp}	1	
15	每程流通面积	a_s	0.1	a_s/N_{tp}
16	构件规格/m		6×3	
17	构件数量		1	
二	翅片参数			
18	翅片外径/mm	d_f	50	
19	翅片平均厚度/mm	δ	0.4	
20	翅片直径/mm	d_r	25.8	
21	翅片数	N_f	315	《空气冷却器》中附录 A4-2
三	翅片参数计算			
22	风面比	ζ_f	2.156	《空气冷却器》中附录 A4-2
23	传热计算几何综合参数	K_f	3.25	《空气冷却器》中附录 A4-2
24	阻力计算几何综合系数	K_L	5.8958	《空气冷却器》中附录 A4-2
四	风机			
25	规格		3×3	2 台

5.2.6 空冷器的详细工艺计算

5.2.6.1 内胆筒体的常规设计

承受内压的圆筒设计厚度按下式计算:

$$\delta_1 = \frac{p_c D_i}{2[\sigma]^t \varphi - p_c} + C \tag{5-13}$$

式中 $[\sigma]^t$ ——内圆筒材料的许用应力,MPa,取$[\sigma]^t=137$MPa;

C —— 材料的腐蚀裕量，mm，取 $C=0\text{mm}$；

φ —— 焊接接头系数，取 1.0。

$$\delta_1 = \frac{0.8 \times 2400}{2 \times 137 \times 1.0 - 0.8} + 0 = 7.03(\text{mm})$$

钢板厚度负偏差取 0.52mm；所以圆整取内筒体的名义厚度为 $\delta_1 = 8\text{mm}$，所以内筒柱体常规设计的名义厚度为 $\delta_n = 8\text{mm}$，有效厚度为 $\delta_e = 7.03\text{mm}$。

5.2.6.2 风量和空气出口温度计算

（1）风量计算

由于管心距为 54mm，取标准迎面风速 $v_{NF} = 2.5\text{m/s}$。

由《空气冷却器》中式（4.2-5）计算管束的实际迎风面积：

$$A_F = (B - 2E_w) \times (L_g - N_s \times W_s - 2 \times 0.08) \tag{5-14}$$

式中 A_F —— 实际迎风面积，m^2；

E_w —— 侧梁翼板宽，mm，一般为 60～70mm，取 65mm；

L_g —— 管束名义长度，m；

N_s —— 定位板列数，无因次；

W_s —— 定位板宽度，m。

所以

$$A_F = (3 - 2 \times 0.065) \times (6 - 3 \times 0.005 - 2 \times 0.08) = 16.83(\text{m}^2)$$

则总风量为

$$V_N = v_{NF} A_F = 2.5 \times 16.83 \times 3600 = 1.51 \times 10^5 (\text{m}^3/\text{h})$$

（2）出口风温

$$t_1 = 32.7℃$$

由《空气冷却器》中式（6.3-3）计算出口风温：

$$t_2 = t_1 + \frac{Q}{V_N \rho_N c_p} = 32.7 + \frac{1681.8 \times 3600 \times 10^3}{2 \times 1.47 \times 10^5 \times 1.205 \times 1005} = 50(℃)$$

$$t_2' = t_1 + \frac{Q}{V_N \rho_N c_p} = 32.7 + \frac{1681.8 \times 3600 \times 10^3}{2 \times 2.53 \times 10^5 \times 1.205 \times 1005} = 43(℃)$$

5.2.7 翅片膜传热系数的计算

（1）空气的定性温度

$$t_D = \frac{32.7 + 66.7}{2} = 49.7(℃)$$

由软件 AP1700 查得此时空气的物性参数，如表 5-8 所示。

表 5-8　49.7℃时空气的物性参数

密度	定压比热容	热导率	动力黏度
1.0789 kg/m³	1.0076kJ/(kg·K)	0.0276W/(m·℃)	96661×10⁻⁵Pa·s

（2）定性温度下空气物理性质参数相关的综合系数

由《空气冷却器管外膜传热系数的计算》中式（11）计算：

$$K_a = \lambda_a \mu_a^{-0.718} P_r^{\frac{1}{3}} \qquad (5\text{-}15)$$

计算得：

$$K_a = 0.0276 \times (1.96661 \times 10^{-5})^{-0.718} \times (0.7169)^{\frac{1}{3}} = 59.1$$

由《空气冷却器管外膜传热系数的计算》中式（12）计算以翅片总表面积为基准的传热系数

$$h_f = 0.1575 K_f K_a v_{NF}^{0.718} \qquad (5\text{-}16)$$

计算得：

$$h_f = 0.1575 \times 3.25 \times 59.1 \times 2.5^{0.718} = 58.38[\text{W/(m}^2 \cdot \text{K)}]$$

h_f 是以翅片外总表面积为基准的膜传热系数，需要换算为以基管为基准的传热系数 h_0。

（3）翅片效率

$$\frac{r_f}{r_r} = \frac{50}{25.8} = 1.94$$

铝的热导率取238W/(m·K)，由《空气冷却器》中查图 3.4-4 计算：

$$(r_f - r_r)\sqrt{\frac{2h_f}{\lambda_L \delta}} \qquad (5\text{-}17)$$

计算得：

$$(r_f - r_r)\sqrt{\frac{2h_f}{\lambda_L \delta}} = \frac{50 - 25.8}{2 \times 1000} \times \sqrt{\frac{2 \times 58.38}{238 \times 0.0004}} = 0.424$$

查等厚度圆形翅片效率曲线，得翅片效率 $E_f = 0.9$。

由《空气冷却器》中式（3.4-6）计算翅片的有效面积 A_g：

$$A_g = A_f E_f + A_r \qquad (5\text{-}18)$$

计算得：

$$A_g = \left[\frac{\pi}{2} \times (50^2 - 25.8^2) + \pi \times 50 \times 0.4\right] \times \frac{315}{10^6} \times 0.9 + \pi \times 0.0258 \times \left(1 - 0.4 \times \frac{315}{10^3}\right) = 0.905(\text{m}^2)$$

$$A_0 = 0.025\pi = 0.07854(\text{m}^2)$$

以基管外表面积为基准的翅片膜传热系数为：

$$h_0 = \frac{h_f A_e}{A_0} = \frac{58.38 \times 0.905}{0.07854} = 672.7[\text{W/(m}^2 \cdot \text{K)}]$$

图 5-4 为翅片管结构图。

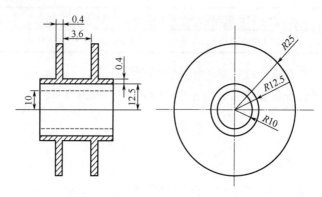

图 5-4　翅片管结构图

5.2.8　管壁温度的计算和管内膜传热系数的校正

由《空气冷却器》中式（3.3-9）查得管壁温度计算公式：

$$t_w = \frac{h_i}{h_i + h_0 \dfrac{d_0}{d_i}}(T_D - t_D) + t_D \tag{5-19}$$

计算得：

$$t_w = \frac{1135.97}{1135.97 + 672.7 \times \dfrac{25}{20}} \times (75 - 49.7) + 49.7 = 64.2(℃)$$

由 AP1700 物性参数软件查得此时的黏度 $\mu = 1.34236 \times 10^{-2}\,\mathrm{MPa \cdot s}$。

壁温校正系数：

$$\varphi = \left(\frac{\mu}{\mu_w}\right)^{0.14} = \left(\frac{1.34236 \times 10^{-2}}{1.37423 \times 10^{-2}}\right)^{0.14} = 0.996$$

校正以后的管内表面积为基准的管内膜传热系数为：

$$h_i = 1135.97 \times 0.996 = 1131.43[\mathrm{W/(m^2 \cdot K)}]$$

5.2.9　各项热阻的计算和选取及总传热系数计算

（1）管内污垢热阻（以基管表面为基准）

由《空冷器设计与应用》表 3-7 查得 $r_i = 0.00017\,\mathrm{m^2 \cdot K/W}$。

（2）翅片污垢热阻

一般空冷的设计中，翅片污垢热阻是可以忽略不计的，除非环境条件过于恶劣。本设计给出了以基管表面为基准的翅片污垢热阻为 $r_0 = 5.21 \times 10^{-6}\,\mathrm{m^2 \cdot K/W}$。

（3）间隙热阻

由《空冷器设计与应用》查得翅片间隙热阻 $r_j = 0.0000688\,\mathrm{m^2 \cdot K/W}$。

（4）管壁热阻

因 $d_0/d_i < 2$，钢管的 λ 取 39.2 W/(m·K)，查《空气冷却器》式（3.5-4）计算得：

$$d_{\mathrm{m}} = \frac{d_0 + d_i}{2} = 22.5 (\mathrm{mm})$$

$$r_{\mathrm{w}} = \frac{0.025 - 0.02}{2 \times 39.2} \times \frac{25}{22.5} = 0.000071 (\mathrm{m}^2 \cdot \mathrm{K/W})$$

（5）总传热系数的计算

由《空气冷却器》中式（3.6-4）查得总传热系数计算公式为：

$$K = \cfrac{1}{\left(\dfrac{1}{h_0} + r_0\right) + \left(\dfrac{1}{h_i} + r_i\right)\dfrac{d_0}{d_i} + r_{\mathrm{w}} + r_{\mathrm{j}}} \tag{5-20}$$

计算得：

$$K = \cfrac{1}{\left(\dfrac{1}{672.7} + 5.21 \times 10^{-6}\right) + \left(\dfrac{1}{1131.43} + 0.00017\right) \times \dfrac{25}{20} + 0.000071 + 0.0000688}$$
$$= 338.8 [\mathrm{W}/(\mathrm{m}^2 \cdot \mathrm{K})]$$

5.2.10　传热温差和传热面积计算

（1）传热温差计算

$T_1 = 105\,℃$，$T_2 = 55\,℃$，$t_1 = 32.7\,℃$，$t_2 = 57.2\,℃$。

由公式：

$$\Delta t_{\mathrm{m}} = \frac{(T_1 - t_2) - (T_2 - t_1)}{\ln\left(\dfrac{T_1 - t_2}{T_2 - t_1}\right)} \tag{5-21}$$

计算得：

$$\Delta t_{\mathrm{m}} = \frac{(T_1 - t_2) - (T_2 - t_1)}{\ln\left(\dfrac{T_1 - t_2}{T_2 - t_1}\right)} = 29.6 (℃)$$

查得公式 $P = \dfrac{t_2 - t_1}{T_1 - t_1}$，$R = \dfrac{T_1 - T_2}{t_2 - t_1}$。

所以

$$P = \frac{66.7 - 32.7}{105 - 32.7} = 0.47 ; \quad R = \frac{105 - 55}{66.7 - 32.7} = 1.47$$

查《空冷器设计与应用》图 3-23 得温差校正系数为 1，所以 $\Delta T = \Delta T_{\mathrm{m}} = 29.6 (℃)$。

（2）传热面积计算

$$A_{\mathrm{c}} = \frac{1681.8 \times 10^3}{29.6 \times 338.8} = 167.7 (\mathrm{m}^2)$$

有效传热面积：

$$A_E = 148.5(\text{m}^2)$$

面积富裕量：

$$C_R = \frac{167.7 - 148.5}{167.7} = 11.4 \text{ \%}$$

由于在管内、外传热计算中已考虑了关联式最大误差的影响，因此该富裕量能满足设计要求。

5.3 空冷器工艺计算

5.3.1 管内阻力计算和管外空气阻力计算

5.3.1.1 管内阻力计算

无相变气体或液体冷却过程的压力降计算，包括了沿管长的摩擦损失、管箱处的回转损失和进、出口的压力损失之和，查得：

$$\Delta p_i = \xi(\Delta p_t + \Delta p_r) + \Delta p_N \tag{5-22}$$

（1）沿程流体压力降

前面已求出流体在定性温度下的 $\rho = 26.5193 \text{ kg}/\text{m}^3$、$Re = 1.9 \times 10^5$ 以及壁温校正系数 $\varphi = 0.971$，由《空气冷却器》中式（3.10-7），摩擦系数为：

$$f_i = 0.2864(Re)^{-0.2258} \quad (10^5 < Re < 10^6)$$

$$f_i = 0.2864 \times (1.9 \times 10^5)^{-0.2258} = 0.0184$$

由《空气冷却器》中式（3.10-1）：

$$\Delta p_t = \frac{G_i^2}{2\rho_i} \times \frac{LN_{tp}}{d_i} \times \frac{f_i}{\varphi_i} \tag{5-23}$$

计算得：

$$\Delta p_t = \left(\frac{128.4^2}{2 \times 26.5193}\right) \times \left(\frac{6}{0.02}\right) \times \left(\frac{0.0184}{0.996}\right) = 1722.73(\text{Pa})$$

（2）管箱回弯压力降

由《空气冷却器》中式（3.10-2）计算：

$$\Delta p_r = \frac{G_i^2}{2\rho_i}(4 \times N_{tp}) \tag{5-24}$$

计算得：

$$\Delta p_r = \frac{128.4^2}{2 \times 26.5193} \times 4 \times 1 = 1243.4(\text{Pa})$$

（3）进出口压降

进出口各 1 个（每片管束 2 个），直径都为 100mm，质量流速为：

$$G_{Ni} = \frac{W_i}{\frac{\pi}{4}d_{Ni}^2} \qquad (5-25)$$

计算得：

$$G_{Ni} = \frac{46225 \times 4}{3600 \times 2 \times \pi \times 0.1^2} = 817.4[kg/(m^2 \cdot s)]$$

由《空气冷却器》中式（3.10-3）计算：

$$\Delta p_N = \frac{0.75 \times 817.4^2}{26.5193} = 1.9 \times 10^4 (Pa)$$

（4）结垢补偿系数

$$r_i = 0.00015$$

查《空气冷却器》中表（3.10-1）得：

$$\xi = 0.6 + 0.4\ln(10300r_i + 2.7) = 1.178$$

综上所述，管程总压力降：

$$\Delta p_i = 1.178 \times (1722.73 + 1243.4) + 1.9 \times 10^4 = 22494(Pa)$$

管程压力降在许可范围之内。

5.3.1.2 管外空气阻力计算

（1）空气穿过翅片管束的静压

采用《空气冷却器》中式（3.11-2）、式（3.11-3）计算，空气定性温度（$t_D = 49.7℃$）下的各物理参数为：

$$\rho_a = 1.0789kg/m^3$$

$$\mu_a = 1.96661 \times 10^{-5} Pa \cdot s$$

$$\lambda = 0.0276W/(m \cdot K)$$

$$G_{max} = \xi_f v_{NF} \rho_N = 2.156 \times 2.5 \times 1.205 = 6.5[kg/(m^2 \cdot s)]$$

由于海拔低可以忽略海拔高度对空气密度的影响。

① 摩擦系数 由《空气冷却器》式（3.11-4）计算：

$$f_a = 37.86 \times \left(\frac{d_r G_{max}}{\mu_a}\right)^{-0.316} \left(\frac{S_1}{d_r}\right)^{-0.927} \qquad (5-26)$$

计算得：

$$f_a = 37.86 \times \left(\frac{0.0258 \times 6.5}{1.96661 \times 10^{-5}}\right)^{-0.316} \times \left(\frac{0.054}{0.0258}\right)^{-0.927} = 1.093$$

② 管束的静压 由《空气冷却器》式（3.11-5）计算：

$$\Delta p_{st} = 1.093 \times \frac{6.5^2}{2 \times 0.789} = 21.4(Pa)$$

考虑到气流的涡流影响，将计算结果乘以 1.16 安全系数是必要的。因此取空气穿过翅片管束的静压

$$\Delta p_{st} = 1.16 \times 21.4 = 24.824 (Pa)$$

（2）风机通过风筒的动压头

按《空气冷却器》中式（5.4-3）计算，空气总流量为：

$$V_{N1} = 1.47 \times 10^5 \ m^3/h$$

$$V_{N2} = 2.53 \times 10^5 \ m^3/h$$

在设计温度下每台风机的空气流量为：

$$V_1 = 1.47 \times 10^5 \times \frac{273+32.7}{293} = 15.3 \times 10^4 (m^3/h)$$

$$V_2 = 2.53 \times 10^5 \times \frac{273+32.7}{293} = 26.4 \times 10^4 (m^3/h)$$

$t_0 = 32.7 \ ℃$下的空气密度为：

$$\rho_a = 1.205 \times 293 / (32.7+273) = 1.155 (kg/m^3)$$

风机直径：2.4m 和 2.7m。

动压头：

$$\Delta p_D = \frac{\left(\frac{4V}{3600\pi D^2}\right)^2}{2} \rho_a \qquad （5-27）$$

$$\Delta p_{D1} = \frac{\left(\frac{4 \times 15.3 \times 10^4}{3600\pi \times 2.4^2}\right)^2}{2} \times 1.155 = 51.02 (Pa)$$

$$\Delta p_{D2} = \frac{\left(\frac{4 \times 26.4 \times 10^4}{3600\pi \times 2.7^2}\right)^2}{2} \times 1.155 = 94.7 (Pa)$$

（3）全风压

$$H_1 = 51.02 + 24.824 = 75.8 (Pa)$$

$$H_2 = 94.7 + 24.824 = 119.5 (Pa)$$

5.3.2 风机功率的计算

选用 B 型叶片停机手调角式 G-24 考虑噪声的控制，风机转速 n=424r/min，叶尖速度为：

$$\mu = 424 \times \pi \times 3.6 / 60 \approx 89.9 (m/s)$$

风机的输出功率：

$$N_{01} = HV = 75.8 \times 15.3 \times 10^4 / 3600 = 3221.5 (W)$$

$$N_{02} = HV = 119.5 \times 26.4 \times 10^4 / 3600 = 8862.9 (W)$$

风量系数由《空气冷却器》中式（5.5-1）计算：

$$\overline{V}_1 = \frac{4V}{\pi D^2 \mu} = \frac{4 \times 15.3 \times 10^4}{3600 \times \pi \times 2.4^2 \times 89.9} = 0.1$$

$$\overline{V}_2 = \frac{4V}{\pi D^2 \mu} = \frac{4 \times 26.4 \times 10^4}{3600 \times \pi \times 2.7^2 \times 89.9} = 0.142$$

压头系数由《空气冷却器》中式（5.5-2）计算：

$$\overline{H}_1 = \frac{H}{\rho u^2} = \frac{75.8}{1.155 \times 89.9^2} = 0.08$$

$$\overline{H}_2 = \frac{H}{\rho u^2} = \frac{119.5}{1.155 \times 89.9^2} = 0.01$$

查《空气冷却器》中图（5.3-10），叶片的安装角 $\alpha_1 = 12°$，翅片效率 $\eta_1 = 83\%$，功率系数为 0.002；叶片的安装角 $\alpha_2 = 14°$，翅片效率 $\eta_2 = 90\%$，功率系数为 0.002。

由《空气冷却器》式（5.5-3）计算轴功率：

$$\overline{N} = \frac{4N}{\pi D^2 \rho u^3} \tag{5-28}$$

得：

$$N = \frac{\overline{N} \pi D^2 \rho u^3}{4}$$

计算得：

$$N_1 = 0.002 \times \pi \times 2.4^2 \times 1.155 \times 89.9^3 / 4 = 7592.8(\text{W})$$

$$N_2 = 0.002 \times \pi \times 2.7^2 \times 1.155 \times 89.9^3 / 4 = 9609.7(\text{W})$$

风机的轴功率，也可由风机输出功率直接算出：

$$N_1 = N_o / \eta = 7592.8 / 0.83 = 9.15 \times 10^3 (\text{W})$$

$$N_2 = N_o / \eta = 9609.7 / 0.9 = 10.7 \times 10^3 (\text{W})$$

上述轴功率是设计风温和风量下的理论计算值，风机的轴功率计算时必须至少考虑 5% 的漏量。

电机效率 $\eta_1 = 0.9$，皮带传送效率 $\eta_2 = 0.92$，电机实耗功率为：

$$N_{d1} = \frac{9.15 \times 10^3 \times 1.05}{0.9 \times 0.92} = 11603.3(\text{W})$$

$$N_{d2} = \frac{10.7 \times 10^3 \times 1.05}{0.9 \times 0.92} = 13568.8(\text{W})$$

5.3.3 风机的过冬计算和风机的噪声估算

（1）风机的过冬计算

本设计选用停机手动调角式，需考虑冬季如不能及时调节风机叶片角度，或采用一停一开的节能方式时，要对冬季电机负荷进行核算。叶片的安装角度和转速不变，风机的（体积）

风量不会改变，因此风机的叶片效率、风量系数、压头系数及功率系数都不会改变。根据这一原理，可计算出冬季风机所耗的功率。冬季温度 $t_0 = -8.8℃$，空气的密度为：

$$\rho_o = 1.205 \times \frac{293}{273 - 8.8} = 1.336(kg/m^3)$$

冬季风机的耗功率为：

$$N_1 = 1.336 / 1.205 \times 9.15 \times 10^3 = 10.1 \times 10^3(W)$$

$$N_2 = 1.336 / 1.205 \times 10.7 \times 10^3 = 11.9 \times 10^3(W)$$

冬季电机的耗功率为：

$$N_{d1} = 1.336 / 1.205 \times 11603.3 = 12.9 \times 10^3(W)$$

$$N_{d2} = 1.336 / 1.205 \times 13568.8 = 15 \times 10^3(W)$$

根据以上计算，可选用 18kW 电机。选配的电机功率一般应大于上面计算值的 15%，最低富裕量也不低于 10%。

（2）风机的噪声估算

单台风机的噪声按式《空气冷却器》式（5.7-8）计算，叶尖附件的声压级为：

$$L_p = A_W + 30\lg u + 10\lg\left(\frac{N}{1000}\right) - 20\lg D \tag{5-29}$$

计算得：

$$L_{p1} = 35.8 + 30\lg89.9 + 10\lg\left(\frac{10.1 \times 10^3}{1000}\right) - 20\lg 2.4 = 76.8(dB)$$

$$L_{p1} = 35.8 + 30\lg89.9 + 10\lg\left(\frac{11.9 \times 10^3}{1000}\right) - 20\lg 2.4 = 97(dB)$$

满足 SH 3024—2007《石油化工环境保护设计规范》中，空冷器总噪声应低于 100dB 的要求。

5.4 空冷器主要部件设计及强度计算

本空冷器设备的设计、制造、检验、验收符合 NB/T 47007—2010《空冷式热交换器》国家标准。空冷器的管箱设计符合 GB 150—2011《压力容器》，根据设计条件本空冷器的管箱选择半圆形法兰管箱。

5.4.1 管箱设计条件

设计压力：当给出最高操作压力时，设计压力按进口压力再加 10%或加上 0.18MPa，选其大者。故本设计压力为：

$$4.7 + 0.18 = 4.88(MPa)$$

设计温度：当给出最高操作温度时，设计温度不低于给定温度加上 30℃。故本设计温度选取为 135℃。

半圆形管箱材质：

$$Q345R，[\sigma]_b = 189MPa，[\sigma]^{150} = 189MPa$$

法兰和管板材质：

$$16MnR\ 钢板，[\sigma]_b = 189MPa，[\sigma]^{150} = 170MPa$$

螺栓材质：

$$40MnB，[\sigma]_b = 176MPa，[\sigma]^{150} = 171MPa$$

垫片材料：

$$L_2，垫片系数 m = 4，比压力 y = 60.7MPa，垫片宽度 N = 10mm$$

半圆形管箱的结构尺寸如图 5-5 所示。

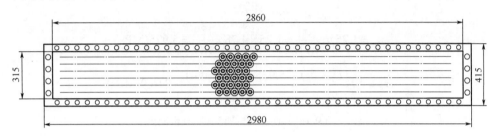

图 5-5　半圆形管箱尺寸图

结构参数：

管箱法兰的短边长度：$A_0 = 415mm$。

管箱法兰的长边长度：$B_0 = 2980mm$。

管箱法兰短边垫片中心线长度：$A_c = 335mm$。

管箱法兰长边垫片中心线长度：$B_c = 2880mm$。

管箱法兰短边螺栓中心线长度：$A_b = 381mm$。

管箱法兰长边螺栓中心线长度：$B_b = 2956mm$。

矩形管箱短边内孔长度：$A_i = 315mm$。

矩形管箱长边内孔长度：$B_i = 2860mm$。

腐蚀裕量：$C_2 = 3mm$。

半圆形法兰管箱的计算内容包括半圆筒体壁厚、管板、与半圆形筒体相连的矩形法兰等三个部分。因为 $B_c / A_c > 2$，所以矩形法兰、管板的受力，按照《空气冷却器》中第四章十二小节第一种数学模型进行计算。

5.4.2　管箱筒体厚度的计算

半圆形法兰管箱如图 5-6 所示。

（1）筒体厚度

由《空气冷却器》式（4.2-3）计算筒体设计厚度：

$$\delta_d = \frac{pD_i}{2[\sigma]^{200}\varphi - p} + C_2 \tag{5-30}$$

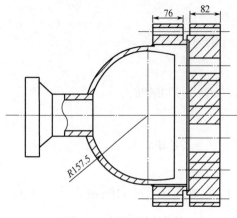

图 5-6 半圆形法兰管箱

计算得：

$$\delta_d = \frac{4.78 \times 315}{2 \times 189 \times 1 - 4.78} + 3 = 7(mm)$$

对于 Q345R 钢板负偏差 $C_1 = 0.6$ mm，由钢

材标准规格筒体名义厚度：

$$\delta_n = \delta_d + C_1 = 7 + 0.6 = 7.6(mm)$$

经圆整，取筒体名义厚度为 8mm。

（2）水压试验应力校核

水压试验压力由《空气冷却器》式（4.1-16）

计算：

$$p_T = 1.25 p_C \frac{[\sigma]}{[\sigma]^t} = 1.25 \times 4.78 \times \frac{189}{189} = 5.975(MPa)$$

$$\sigma_T = \frac{p_T(D_i + \delta_e)}{2\delta_e} = \frac{5.975 \times (315 + 4.4)}{2 \times 4.4} = 216.9(MPa)$$

$$\sigma_T < 0.9\varphi\sigma_s = 0.9 \times 1 \times 345 = 310.5(MPa)$$

故水压实验满足强度要求。

5.4.3 螺栓的选用

① 根据管箱的长度，初定螺栓间距 $t_1 = 70$mm、$t_2 = 80$mm，周边共布置螺栓 90 个。

垫片选用铝材平垫，宽度取 $N = 10$mm，根据 GB 150，计算垫片基本密封宽度 b_0 和有效密封宽度 b：

$$b_0 = \frac{N}{2} = \frac{10}{2} = 5(mm)$$

当 $b_0 < 6.4$mm 时，垫片有效宽度 $b = b_0 = 5$ mm，垫片系数 $m = 4$，比压力 $y = 60.7$MPa。

② 单个螺栓的载荷如下：

a. 预紧状态下由《空气冷却器》式（4.12-11）计算：

$$W_a = tby = 90 \times 5 \times 60.7 = 27315(N)$$

b. 操作状态下由《空气冷却器》式（4.12-12）计算：

$$W_p = 0.6tA_c p + 2tbmp = 0.6 \times 90 \times 375 \times 4.78 + 2 \times 90 \times 5 \times 4 \times 4.78 = 114003(N)$$

③ 螺栓面积计算和螺栓直径选取：

a. 预紧状态下由《空气冷却器》式（4.12-13）计算：

$$A_a = \frac{W_a}{[\sigma]_b} = \frac{27315}{17} = 155.2(mm^2)$$

b. 操作状态下由《空气冷却器》式（4.12-142）计算：

$$A_p = \frac{W_p}{[\sigma]^t} = \frac{114003}{171} = 666.7(mm^2)$$

取 A_a 和 A_p 中的最大值：

$$A_m = 666.7 \text{mm}^2$$

选取螺栓直径 $d_B = 30 \text{mm}$ ，螺纹根径为 27.8mm ，有效面积 $A_B = 606.9 \text{mm}^2$ 。螺孔间距 $t = 70 \text{mm}$ ，符合标准。

④ 单个螺栓的设计载荷：

a. 预紧状态下由《空气冷却器》式（4.12-15）计算：

$$W = W_b = \frac{A_m + A_B}{[\sigma]_b} = \frac{606.9 + 666.7}{2} \times 176 = 112084 (\text{mm}^2)$$

b. 操作状态下由《空气冷却器》式（4.12-16）计算：

$$W = W_p = 0.6 t A_c P + 2 t b m P = 114003 (\text{N})$$

5.4.4　管板厚度计算和法兰厚度的选取

（1）半圆形法兰管箱管板厚度计算

由《空气冷却器》式（4.12-5）计算管板厚度：

$$\delta_g = A_c \sqrt{\frac{Kp}{[\sigma]_g^t \eta}} + C \tag{5-31}$$

其中孔桥减弱系数：

$$\eta = \frac{70 - 25}{70} = 0.643$$

矩形平板形状系数：

$$Z = 3.4 - 2.4 \times \frac{A_c}{B_c} = 3.4 - 2.4 \times \frac{375}{2920} = 3.09 > 2.5$$

则 Z 取 2.5， $\delta_g = 335 \times \sqrt{\frac{0.45 \times 4.78}{189 \times 0.643}} + 4 = 48 (\text{mm})$ 。

垫片中心线的总长：

$$L_c = 2 B_c = 2 \times 2880 = 5760 (\text{mm})$$

螺栓作用点力臂：

$$h_g = 23 \text{mm}$$

结构特征系数由《空气冷却器》式（4.12-4）和式（4.12-5）计算：

① 预紧时

$$K = \frac{6 \times 112084 \times 23 \times 90}{4.78 \times 5760 \times 335^2} = 0.43$$

② 操作时

$$K = 0.3 \times 2.5 + 0.45 = 1.2$$

半圆形法兰管箱矩形管板厚度由《空气冷却器》式（4.12-3）计算：

① 预紧时：

$$[\sigma]_g^t = 189\text{MPa}$$

$$\delta_g = 335 \times \sqrt{\frac{0.45 \times 4.78}{189 \times 0.643}} + 4 = 48(\text{mm})$$

② 操作时：

$$\delta_g = 335 \times \sqrt{\frac{1.2 \times 4.78}{160.8 \times 0.643}} + 4 = 82(\text{mm})$$

δ_g 取 82mm，有效厚度为 78mm。

（2）矩形法兰厚度的选取

前面已计算出管箱名义厚度为 8mm，有效厚度为 6mm。则根据实际情况和经验总结选取法兰厚度 74mm，有效厚度为 76mm。

矩形法兰材料：

$$16\text{MnR}，[\sigma]_f = 163\text{MPa}，[\sigma]_f^t = 160.8\text{MPa}$$

取

$$[\tau]_f = 0.5 \times [\sigma]_f = 81.5(\text{MPa})，[\tau]_f^t = 0.5 \times [\sigma]_f^t = 80.4(\text{MPa})$$

焊缝的许用应力根据选用的焊条类型，查有关焊条资料来确定。一般来说，压力容器焊条强度都应高于母材，上面求得的焊缝的剪应力都很小，因此下面略去了焊缝应力的校对。

预紧状态下：σ_x、$\sigma_y < [\sigma]_f$、$\tau_{max} < [\tau]_f$。

操作状态下：σ_x、$\sigma_y < [\sigma]_f^t$、$\tau_{max} < [\tau]_f^t$。

取法兰厚度为 80mm、有效厚度为 76mm。

（3）讨论

本设计中法兰厚度选 76mm（有效厚度）是合适的安全值。法兰过薄，应力过大，会造成刚度不够、法兰易变形，引起法兰密封失效。法兰过厚则会造成成本增加。效益降低，不利于企业的发展。

材料力学方法是将法兰盘、接管和焊缝焊肉一起作为整体法兰计算，因此法兰接管（半圆形箱体）的壁厚不能太薄。建议管箱的最小有效厚度不宜小于 6mm。此外还必须保证，法兰与管箱的焊缝有足够的焊缝高度。

5.4.5 翅片管与管板的连接

翅片管与管板的连接方法选用强度胀接，强度胀接的尺寸见表 5-9。

表 5-9　强度胀接尺寸表　　　　　　　　　　　单位：mm

基管外径	25
伸出长度	3^{-2}
槽深	0.5
基管外径允差	±0.2
管孔直径允差	$25.25^{+0.15}$

5.5　参数选型

5.5.1　翅片管的选取

翅片管是空冷器的传热元件，翅片管的参数对空冷器的传热效率、功率消耗和噪声等有直接的影响。因此，选择合适的翅片管参数对空冷器设计是非常重要的。

尽管空冷器采用的冷却介质是取之不尽的空气，但要达到高效地利用空气亦不是一件易事。因此空冷器的优化设计就成了众所关心的课题，为了达到空冷器的优化设计的目的，需要将翅片管几何参数与整个空冷器费用进行关联，找出它们之间的关系，为合理选用翅片参数提供依据。空冷器的费用包括：一是设备费、运输费和安装费，即一次投资；二是操作费，在一定热负荷条件下，空冷器的费用与管外侧传热系数、积垢热阻、空气量及阻力降有关。翅片管的参数主要是指它的几何参数，如图 5-7 所示。

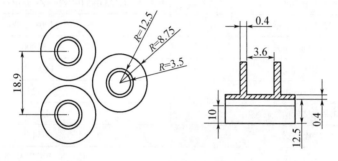

图 5-7　翅片管的几何参数

图中几何参数的数值如下：

光管外径：25mm。

翅片外径：50mm。

翅片高度：12.5mm。

翅片间距：3.6mm。

垂直于气流方向的管排之管心距：54mm。

一般来说，翅片管的光管直径、翅片厚度基本上是固定的，所以在评价翅片管的性能时选择的参数主要是翅片高度、翅片间距和管心距。这些参数对翅片管的翅化比起主导作用，同时对传热和阻力降也产生很大影响。翅片管参数的优化主要是指空冷器设计中如何合理地选择片高、片距和管心距这三个参数，使所设计的空冷器得到适宜的传热效率和阻力降，从而使空冷器设计处于较优的状态。

5.5.2　配管

配管时必须严格按照国家标准的要求配管。连接的管路重量、扭矩和其他外力需要用另外的构件支撑，不要传递到空冷器法兰上，否则会引发灾难性的事故。在需要充分考虑管道应力（热胀冷缩，焊接，重力）的情况下，需要与设计院或公司技术提前商议接管管路图，不合理的配管将导致设备运行过程中接管法兰及接管焊接部位受力过大，造成损坏。

（1）焊进液管

本空冷器开有一个进液口，进液口的方向为液体从上部进入。进液管的截止阀安装位置应靠近空冷器，便于工人操作。

（2）焊出液管

本空冷器开有一个出液口，将出液管焊在出液口的法兰上即可。出液管的截止阀应尽量安装在垂直方向，且水平方向要有一定的倾斜度。

5.5.3　其他附件

（1）风机

风机的基本部件包括风机叶轮、传动系统、电机、自动调节机构、风筒、防护罩和支架等。风机的结构设计主要根据工艺过程及要求的风量来确定。风机参数如表 5-10 所示。

表 5-10　风机参数表

风机类型	长轴引风风机
风机的型号	GJP3.0×3.0-Vs24/1Z；GJP3.0×3.0-Vs27/1Z
旋转直径/mm	2400；2700
额定风量/(m³/h)	30000
额定风压/(N/m²)	140～210
转速/(r/min)	424
叶片安装角/(°)	12；14
叶片数（支）	4
传动形式	传动形式采用 V 带传动

风机结构如图 5-8 所示。

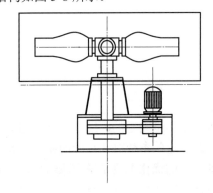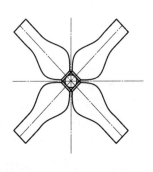

图 5-8　风机结构图

（2）配套电机

配套电机型号：YBPT225M-6/YB225M7-6。

（3）风箱

风箱形式：棱锥式风箱。

（4）分程隔板

根据计算经验以及查标准分程隔板的厚度选取为 10mm，符合 GB/T 151 国家标准。

（5）构架

构架型号：GP6×3-6-148.5-4.6K$_1$-12.65/L-I。

5.5.4　设计结果汇总

综上所述，空冷器的设计结果汇总如表 5-11 所示。

表 5-11　结果汇总表

编号	参数	代号	规格	注
一	管束和构架规格			
1	名义长度/m	A	6	
2	名义宽度/m	B	3	
3	实际宽度/m	B_S	2.98	
5	管排数	N_P	6	
6	管束数量		1	
7	管心距/mm	S_1	54	
9	有效管根数	n_e	318×1	
10	基管外径/mm	d_0	25	
11	基管内径/mm	d_i	20	
16	构件规格/m		6×3	
17	构件数量		1	
二	翅片参数			
18	翅片外径/mm	d_f	50	
19	翅片平均厚度/mm	6	0.4	
20	翅片直径/mm	d_r	25.8	
21	翅片数	N_f	315	
22	翅化比		12.65	
三	风机			
23	规格		3×3	2 台
24	电机功率/kW		18	
四				
25	总传热系数/[W/(m² · K)]	K	338.8	
26	总传热面积/m²	A	167.7	
27	面积富裕量	C_R	11%	

参考文献

[1] NB/T 47007—2010（JB/T 4758）.

[2] GB 150—2011.

[3] GB/T 151—2014.

[4] 赖周平，张荣克. 空气冷却器 [M]. 北京：中国石化出版社，2010.

[5] 马义伟，刘纪福，钱辉广. 空气冷却器 [M]. 北京：中国石化出版社，1982.

[6] 马义伟. 空冷器设计与应用 [M]. 哈尔滨：哈尔滨工业大学出版社，1998.

[7] 郑津洋，董其伍，桑芝富. 过程设备设计 [M]. 北京：化学工业出版社，2011.

[8] HG/T 20592～20635—2009.

[9] NB/T 47008—2010.

[10] GB/T 28712.6—2012.

[11] GB 713—2008.

[12] TSG R0004—2009.

[13] NB/T 47014—2011.

[14] NB/T 47015—2011.

[15] HG/T 20583—2011.

[16] SH 3024—2017.

[17] 张荣克. 空气冷却器管外膜传热系数的计算 [J]. 炼油技术与工程，2006，36（10）：27-32.

第6章
板式换热器的设计计算

板式换热器（图 6-1）是一种高效、节能、紧凑的换热设备。迄今为止，板式换热器的板型基本上都是为液-液换热目的而设计的。然而，由于客观上的需要以及性能的优势，在供热、化工、食品和空调制冷等领域里，已经有大量板式换热冷凝器和板式蒸发器投入使用。在初期，常常是把液-液换热板型直接用于相变换热，板型、结构均未作任何改动。即使如此，与管壳式甚至螺旋板式换热器相比，板式相变换热器的传热性能仍然具有明显的优势。

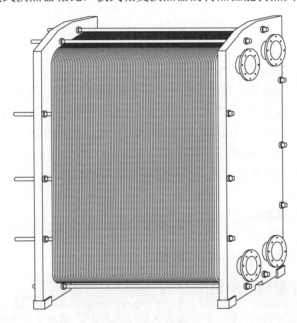

图 6-1　板式换热器

板式相变换热器的传热与压降机理远比单相时复杂，影响因素也更多，其设计计算方法和单相换热相比有很大差别，计算公式也不统一。目前，板式冷凝器的生产厂家和一些设计单位是根据热负荷或热流密度的经验估计值推算出所需的换热面积的。这种方法准确性低，且无法预计工况变化时运行参数会出现什么情况，对冷凝压降则完全没有预计，采用这样粗糙的设计将难以发挥板式冷凝器的性能优势。针对这个典型的问题，出现了相对比较正规的设计计算方法，其中一种是专用供热的设计思路，将换热性能大大地提高，对带相变的板式换热具有深远的意义。

6.1　概述

6.1.1　板式换热器发展简史

换热器是实现将热能从一种流体传至另一种流体的设备，在化工、石油、动力、制冷、食品等行业中广泛使用，并占有十分重要的地位，它的发展已有一百多年的历史。

德国在 1878 年发明了板式换热器，并获得专利，到 1886 年，由法国 M.Malvazin 首次设计出沟道板板式换热器，并在葡萄酒生产中用于灭菌。APV 公司的 R.Seligman 在 1923 年成功地设计了可以成批生产的板式换热器，开始时是运用很多铸造青铜板片组合在一起，很像板框式压滤机。1930 年以后，才有不锈钢或铜薄板压制的波纹板片板式换热器，板片四周用垫片密封，从此板式换热器的板片由沟道板的形式跨入了现代用薄板压制的波纹板形式，为板式换热器的发展奠定了基础。

与此同时，流体力学与传热学的发展对板式换热器的发展做出了重要的贡献，也是板式换热器设计开发最重要的技术理论依据。如 19 世纪末到 20 世纪初，雷诺（Reynolds）用实验证实了层流和紊流的客观存在，提出了雷诺数，为流动阻力和损失奠定了基础。此外，在流体、传热方面有杰出贡献的学者还有瑞利（Reyleigh）、普朗特（Prandtl）、库塔（Kutta）、儒可夫斯基、钱学森、周培源、吴仲华等。

近几十年来，板式换热器的技术发展可以归纳为以下几个方面：

① 研究高效的波纹板片。初期的板片是铣制的沟道板，到 20 世纪 30、40 年代，才用薄金属板压制成波纹板，相继出现水平平直波纹、阶梯形波纹、人字形波纹等形式繁多的波纹片。同一种形式的波纹，又对其波纹的断面尺寸——波纹的高度、节距、圆角等进行大量的研究，同时也发展了一些特殊用途的板片。

② 研究适用于腐蚀介质的板片、垫片材料及涂（镀）层。

③ 研究提高使用压力和使用温度。

④ 发展大型板式换热器。

⑤ 研究板式换热器的传热和流体阻力。

⑥ 研究板式换热器提高换热综合效率的可能途径。

6.1.2　我国设计制造应用情况

我国板式换热器的研究、设计和制造，开始于 20 世纪 60 年代。1965 年，兰州石油化工机器厂（兰石集团的前身）根据一些资料设计、制造了单板换热器面积为 $0.52m^2$ 的水平平直波纹板片的板式换热器，这是我国首家生产的板式换热器，供纸厂、维尼纶厂等使用。80 年代初期，该厂又引进了 W.Schmidt 公司的板式换热器制造技术，增加了板式换热器的品种。

1967 年，兰州石油机械研究所对板片的六种波纹形式作了对比试验，肯定了人字形波纹的优点，并于 1971 年制造了我国第一台人字形波纹板片（单板换热面积为 $0.3m^2$）的板式换热器，这对于我国板式换热器采用波纹形式的决策起了重要的作用。1983 年，兰州石油机械研究所组织了板式换热器技术交流会，对板片的制造材料、板片波纹形式、单片换热面积、板式换热器的应用等方面进行了讨论，促进了我国板式换热器的发展。国家石油钻采炼化设备质量监测中心还对板式换热器的性能进行了大量的测定。

清华大学于 20 世纪 80 年代初期，对板式换热器的换热、流体阻力和优化等方面进行了理论研究，认为板式换热器的换热以板间横向绕流作为换热物理模型，该校还对板式换热器的热工性能评价指标及板式换热器的计算机辅助设计进行了研究。近几十年来，他们还作了大量的国产板片的性能测定。

河北工学院就板式换热器的流体阻力问题进行了研究，认为只有当板片两侧的压差相等或压差很小时，板片以自身的刚性使板间距保持在设计值上，否则板片会发生变形，致使板间距发生变化，出现受压通道和扩张通道。其次，他们把板式换热器的流体阻力分解为板间流道阻力和角孔道阻力（包括进、出口管）进行整理，得到一种新的流体阻力计算公式。

天津大学对板式换热器的两相流换热及其流体主力计算进行了大量的研究，得出考虑因素比较全面的换热计算公式。近年来，该校研制了非对称型的板式换热器，进行了国产板式换热器的性能测定及优化设计等工作。

华南理工大学、大连理工大学等高等院校和科研单位，也对板式换热器的换热、流体阻力理论或工程应用方面作了很多有益的工作。

进入 21 世纪以来，我国的板式换热器研究取得了长足的进步，在借鉴国外先进经验的同时，也逐渐形成了自己的一套设计开发模式，与世界领先技术的差距进一步缩小。我国板式换热器的制造厂家已超过 100 家、年产各种板式换热器数千台，但是我国的板式换热器的应用远不及国外，这与人们对板式换热器的了解程度、使用习惯以及国内产品的水平有关。

6.1.3　国外著名厂家及其产品

现在，世界上各工业发达国家都有制造板式换热器，其产品销往世界各地。最著名的厂家有英国 APV 公司、瑞典 ALFA-LAVAL 公司、德国 GEA 公司、美国 OMEXEL 公司、日本日阪制作所、中国兰州兰石（LS）换热公司等。

① APV 公司的 Richard Seligman 博士于 1923 年就成功设计了第一台工业性的板式换热器。其在国外有 20 个联合公司，遍及美、德、法、日、意、加等国。Seligman 设计的板式换热器板片为塞里格曼沟道板，20 世纪 30 年代后期，英国人 Goodman 提出了阶梯形断面的平直波纹，但性能并不十分优越。目前 APV 公司能生产多种波纹形式的板式换热器，如 Paraflow 系列、Zephyr 系列、Sirius^{TM} 系列，其波纹多属人字形波纹，最大单板换热面积为 2.2m^2，单台换热器最大流量为 4500m^3/h。换热器最高使用温度为 260℃、最大使用压力为 2.5MPa、最大的单台换热面积为 3500m^2。APV 公司换热器产品情况如表 6-1 所示。

表 6-1　APV 公司的主要板式换热器产品

板式换热器型号	最高工作压力/MPa	单板换热面积/m²	半片外形尺寸长×宽/mm	单台最多板片数	长管尺寸/mm
SR1	1.03	0.0258	570×210	150	38
HMB	0.69	0.34	1114×318	187	51
SR35	1.55	0.34	1152×392	414	75
R40	1.37	0.38	1150×445	409	102，127，152
R55	2.06	0.52	1156×416	362	102
R56	0.93	0.52	1156×416	350	102
R106	0.69	1.078	1984×712	427	300
R235	0.83	2.2	2739×1107	729	400

② ALFA-LAVAL 公司是全球最大的板式换热器研制生产企业，其引领全球板式换热器行业的发展，销售遍布全球，从该公司于 1930 年生产的第一台板式巴氏灭菌器开始，已有 60 多年的历史。公司在 1960 年就采用了人字形波纹板片，1970 年发展了钉焊板式换热器，1980 年对叶片的边缘做了改造，以增强抗压能力。该公司的标准产品性能最高工作压力为 2.5MPa，最高工作温度为 250℃，最大单板换热面积 3.59m²，最大接管直径 DN500，最大单台流量为 4000m³/h，总传热系数为 3500～7500 W/(m²·K)，单台最大换热面积为 3000m²。

③ 中国兰州兰石（LS）换热公司。兰州兰石换热设备有限责任公司是兰石集团下属专业生产板式换热器的企业，是中国最大的板式换热器研制生产骨干企业之一，1965 年，兰石成功研制了中国第一台 BP05 型板式换热器，单板换热器面积为 0.52m²，水平平直波纹板片。经过 50 多年的发展，兰石已形成 H 系列、X 系列、F 系列、M 系列等系列（见表 6-2）、100 多个型号的板式换热器系列产品，波纹均为人字形波纹，单板换热面积为 0.032～3.65m²，接管直径 DN32～DN500，波纹深度为 2.0～7.0mm，单台换热器最大流量为 4200m³/h。换热器最高使用温度为 180℃、最大使用压力为 2.5MPa、最大的单台换热面积为 3000m²。兰石还能够研制生产板式蒸发器、板式冷凝器、海水淡化用板式蒸发器和冷凝器。是国内集研发、设计、制造、服务于一体的换热装备研制企业，技术引领中国板式换热器行业的发展。产品已广泛应用于核电、军工、船舶、石化城市集中供热、低温制冷空调等行业。

兰石换热公司能够生产各种材质的板片和橡胶密封垫片，根据不同用途和工况设计各种结构的板式换热器。公司所生产的产品符合压力容器规范和质量保证体系，能够按照美国 ASME、法国 RCC-M 标准、中国 NB/T 47004—2009 标准设计制造板式换热器产品。

表 6-2 中国兰州兰石换热公司主要板式换热器技术特性

系列	型号	板片			最高工作压力/MPa	最高工作温度/℃	最大流量/(m³/h)
		波纹型式	接管直径	单台最大组装面积/m²			
X 系列	X100	人字形波纹	DN100	150	2.0	200	170
	X150	人字形波纹	DN150	400	2.0	200	370
	X200	人字形波纹	DN200	600	2.0	200	625
	X250	人字形波纹	DN250	1200	2.5	200	900
	X350	人字形波纹	DN300	1500	2.5	200	1800
	X500	人字形波纹	DN500	3000	2.0	200	4200
M 系列	M32	人字形波纹	DN32	3	2.0	200	15
	M100	人字形波纹	DN100	80	2.5	200	170
	M125	人字形波纹	DN125	200	2.5	200	330
	M200	人字形波纹	DN200	500	2.5	200	660
	M300	人字形波纹	DN300	800	2.5	200	1300
H 系列	H40	人字形波纹	DN40	16	2.5	200	25
	H50	人字形波纹	DN50	18	2.5	200	60
	H65	人字形波纹	DN65	32	2.5	200	80
	H100	人字形波纹	DN100	150	2.5	200	170
	H150	人字形波纹	DN150	300	2.5	200	370

| 系列 | 型号 | 板片 | | 最高工作压力/MPa | 最高工作温度/℃ | 最大流量/(m³/h) |
		波纹型式	接管直径	单台最大组装面积/m²			
H 系列	H200	人字形波纹	DN200	500	2.5	200	660
	H250	人字形波纹	DN250	800	2.5	200	1000
	H350	人字形波纹	DN350	1600	2.5	200	1300
	HS350	人字形波纹	DN350	1600	2.5	200	1800
	H450	人字形波纹	DN400/DN450	2000	2.0	200	3000
	H500	人字形波纹	DN500	3000	2.5	200	4200
Free-flow 系列	F250	人字形波纹	DN250	300	1.0	200	1000
	F150	人字形波纹	DN100/DN150	200	1.0	200	350

④ GEA-AHLBORN 公司现有 NT、Free-Flow 和 Varitherm 等系列产品。 Free-Flow 为弧形波纹板片，其结构特殊，板片的断面是弧状，而且分割成几个独立的流道，相邻两板波纹之间无支点，靠分割流道的垫片作支撑，所以抗压力差。显而易见，这种板片的承压能力较低。Varitherm 和 NT 系列为人字形波纹板片，一般情况下，同一外形尺寸和垫片中心线位置的板片，有纵向人字形和横向人字形两种形式。GEA-AHLBORN 公司主要板式换热器技术特性见表 6-3。

表 6-3　GEA -AHLBORN 公司主要板式换热器技术特性

| 型号 | | 板片 | | | 最高工作压力/MPa | 最高工作温度/℃ | 最大流量/(m³/h) |
		波纹型式	外形尺寸长×宽/mm	单板换热面积/m²			
Free-Flow	157	一列弧形	670×250	0.0915	0.6	250	5
	159	二列弧形	1065×330	0.292	0.6	250	15
	161	三列弧形	—	0.54	0.6	250	30
Varitherm	4P	纵人字形	510×128	0.00112	2.5	260	15
	10	纵人字形	781×213	0.115	1.6	250	35
	20	纵/横人字形	992×336	0.26	1.6	250	100
	40	纵/横人字形	1392×424	0.46	1.6	250	220
	402	纵/横人字形	654×424	0.148	1.6	250	220
	405	纵/横人字形	1091×424	0.80	1.6	250	220
	80	纵/横人字形	1754×610	0.81	1.6	250	500
	805	纵/横人字形	1194×610	0.40	1.6	250	500
	130	纵/横人字形	2195×810	1.28	1.6	250	1500
	1306	纵/横人字形	1635×810	0.81	1.6	250	1500
	1309	纵/横人字形	2008×810	1.41	1.6	250	1500

续表

型号		板片			最高工作压力/MPa	最高工作温度/℃	最大流量/(m³/h)
		波纹型式	外形尺寸长×宽/mm	单板换热面积/m²			
NT 系列	50X	人字形波纹	1236×246	0.25	2.5	250	55
	100X	人字形波纹	1711×444	0.65	2.5	250	200
	150S	人字形波纹	1323×545	0.52	2.5	250	400
	250L	人字形波纹	2330×745	1.45	2.5	250	1000
	350M	人字形波纹	2470×995	1.88	2.5	250	1800

注：纵/横人字形，指有纵向人字形和横向人字形两种波纹板片。

⑤ W.Schmidt 公司早期生产截球形波纹片(sigma-20)，因性能欠佳已不再生产。该公司的 Sigma 板片，除小面积的为水平平直波纹外，都为人字形波纹，而且同一单板面积和同一外形尺寸、垫片槽尺寸的板片有两种人字角的人字形波纹，增加了组合形式，以适应各种工况的需要。W.Schmidt 公司的板式换热器，一般工作压力为 1.6MPa，最小的单板换热面积为 0.035m²、最大的单板换热面积为 2.35m²，W.Schmidt 公司主要板式换热器技术特性见表 6-4。

表 6-4 W.Schmidt 公司主要板式换热器技术特性

型号	板片			最高工作压力/MPa	最高工作温度/℃	最大流量/(m³/h)
	波纹型式	外形尺寸长×宽/mm	单板换热面积/m²			
SigmaX13	人字形波纹	710×250	0.12	2.0	200	80
Sigma 66	人字形波纹	1678×498	0.67	2.0	200	330
Sigma 96	人字形波纹	2082×600	1.005	2.0	200	780
Sigma 106	人字形波纹	1972×722	1.1	2.0	200	880
Sigma 156	人字形波纹	2250×975	1.65	2.0	200	1800

⑥ 在 1954 年，HISAKA（日阪制作所）公司研究成功 EX-2 型板片。现在，该公司有水平平直波纹板和人字形波纹板两种。其板式换热器技术特性见表 6-5。

表 6-5 HISAKA 公司板式换热器技术特性

型号		单位换热面积/m²	处理量/(m³/h)	最高工作压力/MPa	最高工作温度/℃	最大单台换热面积/m²	备注
水平平直波纹板片	EX-1	0.157	23	0.4	200	15	
	EX-15	0.314	140	1.2	200	60	
	EX-16	0.55	240	1.2	200	150	
	EX-11	0.71	460	1.2	200	150	
	EX-12	0.8	883	1.0	200	260	
人字形波纹板片	UX-01	0.087	36	1.5~2.0	200	5	
	UX-20	0.375	140	1.5~2.0	200	100	H.L
	UX-40	0.76	540	1.5~1.8	200	250	H.L
	UX-60	1.16	900	1~1.3	200	500	H.L
	UX-80	1.70	1520	1~1.3	200	800	H.L

注：H.L 为有两种不同人字角的板片。

⑦ OMEXELL（欧梅塞尔）公司提供的板式换热器包含拼装式、钎焊式、"宽间隙"自由流、双壁式、半焊式、多段式等系列，作为一家成功的板式换热器公司，所提供的交换热方案也是综合性的。

OMEXELL 公司产品提供的材料、材质特性分别见表 6-6～表 6-9。

表 6-6　板片材质

不锈钢 AISI304/316/316L	净水、河川水、食用油、矿物质
SM0254	稀硫酸、无机水溶液
钛及钛钯	海水、盐水、盐化
镍	高温、高浓度苛性钠
哈氏合金	浓硫酸、盐酸、磷酸
钼	稀硫酸、无机水溶液
石墨	盐酸、中浓度硫酸、磷酸、氟酸

表 6-7　垫片材质

丁腈橡胶	水、海水、矿物质、盐水	110～140℃
三元乙丙胶	热水、蒸汽、酸、碱	150～170℃
氟橡胶	高温水、酸、碱、有机溶剂	180℃
氯丁橡胶	酸、碱、矿物质、润滑油	130℃
硅橡胶	食品、油、脂肪、酒精	180～220℃
石棉		260℃

表 6-8　框架材质

标准	碳钢
特殊	包不锈钢/全不锈钢

表 6-9　接口材质

标准	SS 不锈钢村套
特殊	丁腈橡胶、三元乙丙胶、哈氏合金、钛及其他合金

由各国公司的发展情况不难发现，板式换热器的整个发展，其最终目的都是围绕着如何提高热交换效率。早期的发展由于技术限制，主要发展的就是结构、板型，通过优化、热力计算及分析，这些优化的方法都是可行的。进入现代以后，板式换热器的发展着重于材料的选择以及结构上的细节优化。

6.2　板式换热器的基本构造

6.2.1　板式换热器的工作原理

板式换热器是用薄金属板压制成具有一定波纹形状的换热板片，然后叠装，用夹板、螺栓紧固而成的一种换热器。各种板片之间形成薄矩形通道，通过板片进行热量交换。工作流体在两块板片间形成的窄小而曲折的通道中流过。冷热流体依次通过流道，中间有一隔层板片将流体分开，并通过此板片进行换热。板式换热器的结构及换热原理决定了其具有结构紧凑、占地面积小、传热效率高、操作灵活性大、应用范围广、热损失小、安装和清洗方便等特点。

板式换热器是由一系列具有一定波纹形状的金属片叠装而成的一种新型高效换热器。各种板片之间形成薄矩形通道，通过板片进行热量交换。板式换热器是液-液、液-气进行热交换的理想设备。它具有换热效率高、热损失小、结构紧凑轻巧、占地面积小、安装清洗方便、应用广泛、使用寿命长等特点。在相同压力损失的情况下，其传热系数比管式换热器高 3～5 倍，占地面积为管式换热器的三分之一，热回收率可高达 90%以上。

6.2.2 板式换热器的类型

一般情况下，我们主要根据结构来区分板式换热器，也就是根据外形来区分，可分为五大类：可拆卸板式换热器（又叫带密封垫片的板式换热器）、焊接板式换热器、螺旋板式换热器、板翅式换热器和板壳式换热器。

（1）可拆卸板式换热器

可拆式板式换热器是一种新型的节能热交换装置，具有传热效果高、结构紧凑、占地面积小、操作简便，清洗、拆卸、维护方便，容易改变换热面积或流程组合等优点。

（2）焊接板式换热器

① 半焊式板式换热器　半焊式板式换热器的结构是每两张波纹板通过激光焊接在一起形成板对，然后将板对组合在一起，板对之间用垫片进行密封。焊接在一起的板间通道走压力较高或腐蚀性较强的危险流体，用垫片密封的板间通道走压力较低的流体，所以这种板式换热器提高了其中一侧的工作压力和产品使用的安全性。

半焊式板式换热器的制造已很成熟，目前国内外企业均能生产，国外公司如 alfa laval 、GEA、W.Schmidt、APV 等都有半焊式板式换热器的系列产品；国内的兰州兰石换热公司也有半焊式板式换热器的系列产品，其产品的接管直径有 DN65、DN100、DN150、DN200、DN250，最大处理量可达 1000m³/h，单台组装面积可达 500m²。

② 全焊接式板式换热器　为了解决常规可拆式板式换热器和半焊式板式换热器设计压力不高、使用温度受限制的问题，近年来各生产厂家陆续研制了全焊接式板式换热器。全焊接式板式换热器适用于高温、高压下工作，其原理是将板片互相焊接在一起，取消了板式换热器使用的橡胶密封垫片。

目前，国内外企业均能生产，国外公司如 alfa laval 、GEA、APV 等都有相应结构、不同用途的全焊接式板式换热器产品；国内的兰州兰石换热公司也有全焊接式板式换热器的系列产品，如 LS-hybrid 个性化产品、LS-BLOC 系列产品、板框式焊接板式换热器系列产品、圆壳式板式换热器、宽通道焊接式板式换热器等，单台最大换热面积超过 6000m²。

（3）螺旋板式换热器

螺旋板式换热器是一种新型换热器，传热效率高，运行稳定性高，可多台共同工作。螺旋板式换热器在工业生产中是调节工艺介质温度以满足工艺需求以及回收余热从而实现节能降耗的关键设备，其换热性能和动力消耗关系到生产效率和节能降耗水平，其重量和造价决定了整个生产系统的投资。螺旋板式换热器不易检修，尤其是内部板出现问题时极难修理，有些厂把设备两端焊缝全部车掉，重新将板展平补焊后再卷制，这样做消耗的工时太多，且选用螺旋板式换热器防腐是十分重要的。

（4）板翅式换热器

这种换热器的基本结构是在两块平行金属板（隔板）之间放置一种波纹状的金属导热翅片。翅片称"二次表面"，在其两侧边缘以封条密封而组成单元体，对各单元体进行不同的组合和适当的排列，并用钎焊焊牢组成板束。把若干板束按需要组装在一起，便构成逆流、错流、错逆流板翅式换热器，冷、热流体分别流过间隔排列的冷流层和换热层而实现热量交换。

（5）板壳式换热器

板壳式换热器主要由板束和壳体两部分组成，是介于管壳式和板式换热器之间的一种换热器。板束相当于管壳式换热器的管束，每一板束元件相当于一根管子，由板束元件构成的流道称为板壳式换热器的板程，相当于管壳式换热器的管程，板束与壳体之间的流通空间则构成板壳式换热器的壳程。板束元件的形状可以是多种多样的。

目前能够生产大型板壳式换热器的企业有国外的 alfa laval，国内的蓝科石化和兰州兰石换热公司，板型根据不同用途均不一样，这几家都能生产单台换热面积超过 $10000m^2$ 的大型板壳式换热器。

6.2.3　板式换热器的结构

板式换热器的结构相对于板翅式换热器、壳管式换热器和列管式换热器比较简单，它是由板片、密封垫片、固定压紧板、活动压紧板、压紧螺柱和螺母、上下导杆、前支柱等零部件所组成的，如图 6-2 所示。

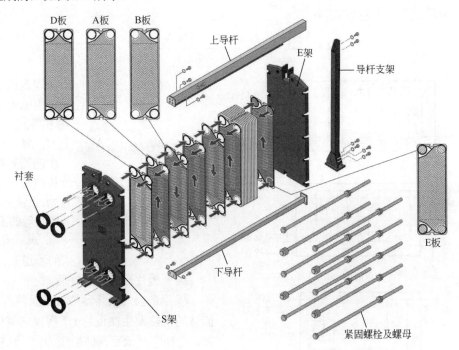

图 6-2　板式换热器结构图

板片为传热元件，垫片为密封元件，垫片粘贴在板片的垫片槽内。粘贴好垫片的板片，按一定的顺序（如图 6-2 所示，冷暖板片交叉放置）置于固定压紧板和活动压紧板之间，用压紧螺柱将固定压紧板、板片、活动压紧板夹紧。压紧板、导杆、压紧装置、前支柱统称为板式换热器的框架。按一定规律排列的所有板片，称为板束。在压紧后，相邻板片的触点互相接触，使板片间保持一定的间隙，形成流体的通道。换热介质从固定压紧板、活动压紧板上的接管中出入，并相间地进入板片之间的流体通道，进行热交换。

图 6-2 所示板式换热器为可拆式板式换热器，其原理就是在上导杆处安装了活动滑轮、顶压装置，在增减板片的时候，可以通过该滑轮调节换热器内可安装板片数量，顶压装置加固整体结构牢固性；而对于一些小型的板式换热器，则没有该装置，而是直接地将固定压紧板和活动压紧板通过导杆固定连接起来，这种结构没有清洗空间，清洗、检查时，板片不能挂在导杆上，虽然这样的结构轻便简易，但对大型的、需经常清洗的板式换热器不太适用。

对于要进行两种以上介质换热的板式换热器，则需要设置中间隔板。在乳品加工的巴氏灭菌器中，为了增加在灭菌温度下乳品的停留时间，通常需要在灭菌器的特定位置上安装延迟板。为了节约占地面积，APV 公司和 ALFA-LAVAL 公司开发应用了一种双框架结构，该结构有两种形式，第一种是共用一个检修空间，左、右各设一个固定压紧板，中间设两个活动压紧板；第二种是共用中间的固定压紧板，左、右各设一个活动压紧板。双框架的结构，可视为两台板式换热器装在一起。

6.2.4　板式换热器的流程及附件

（1）流程组合方式

为了使流体在板束之间按一定的要求流动，所有板片的四角均按要求冲孔，垫片按要求粘贴，然后有规律地排列起来，形成流体的通道，称为流程组合（图 6-3 所示是典型的排列方式）。流程组合的表示方式为：

$$\frac{M_1 N_1 + M_2 N_2 + \cdots + M_i N_i}{m_1 n_1 + m_2 n_2 + \cdots + m_i n_i}$$

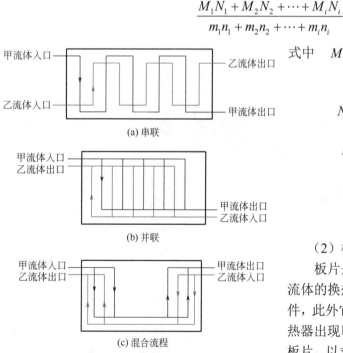

(a) 串联

(b) 并联

(c) 混合流程

图 6-3　典型的流程组合

式中　$M_1, M_2, \cdots, M_i$ ——从固定压紧板开始，甲流体侧流道数相等的流程数；

$N_1, N_2, \cdots, N_i$ —— $M_1, M_2, \cdots, M_i$ 中的流道数；

$m_1, m_2, \cdots, m_i$ ——从固定压紧板开始，乙流体侧流道数相等的流程数；

$n_1, n_2, \cdots, n_i$ —— $m_1, m_2, \cdots, m_3$ 中的流道数。

（2）板片形式及其性能

板片是板式换热器的核心元件，冷、热流体的换热发生在板片上，所以它是传热元件，此外它又承受两侧的压力差。从板式换热器出现以来，人们构思出各种形式的波纹板片，以求得换热效率高、流体阻力低、承压能力大的波纹板片。

①　常用形式　板片按波纹的几何形状区分，有水平平直波纹、人字形波纹、斜波纹等

波纹板片；按流体在板间的流动形式区分，有管状流动、带状流动、网状流动的波纹板片。

② 特种形式　为了适应各种工程的需要，在传统板式换热器的基础上相继发展了一些特殊的板片及特殊的板式换热器。

　　a. 便于装卸垫片的板片；

　　b. 用于冷凝器的板片；

　　c. 用于蒸发器的板片；

　　d. 板管式板片；

　　e. 双层板片；

　　f. 石墨材料板片；

　　g. 宽窄通道的板片。

（3）密封垫片

板式换热器的密封垫片是一个关键的零件。板式换热器的工作温度实质上就是垫片能承受的温度，板式换热器的工作压力也相当程度上受垫片制约。从板式换热器结构分析，密封周边的长度将是换热面积的 6～8 倍，超过了任何其他类型的换热器。

（4）再生式冷却系统

再生式冷却系统，就板式换热器本身而言，和普通的板式换热器没有差别，只是在管线上增加了换向阀，并进行自动控制，变换两流体的流向，使之反洗，以清除积存在板片上的杂质。

6.3　板式换热器热力计算方法及程序

6.3.1　计算类型、方法及工程设计一般原则

设计计算是板式换热器工程设计的核心，其中热力计算是其中非常重要的一部分，同时还有压降计算等相关分析计算。

在进行板式换热器热力计算的时候，不仅要满足设计所需的要求，而且不同于传统的管壳式换热器，它不需要作任何元件或结构方面的设计，所需的只是恰当地组合板片并进行传热计算和压降计算，得出所需的总换热面积与板片数。由于板片的传热与压降性能紧密相关，因此，在接下来的热力计算过程中，将会涉及一部分压降计算相互交替进行。

6.3.2　计算的类型及方法

（1）计算的类型

与其他换热器一样，板式换热器的热力计算主要为设计计算。设计计算时通常两侧流体的流量及四个进、出口温度中的任意三个已给定，要求计算出在满足一定压力限制条件下的有效传热面积与流程、通道排列组合方式。

（2）计算条件

① 选用范围以内的各种板片的主要几何参数，如单板有效换热面积、当量直径或板间距、通道横截面及通道长度等；

② 适用介质种类与适用温度、压力范围；

③ 传热及压降关联式或以图线形式提供的板片性能资料；

④ 所用流体在平均工作温度下的有关物性数据，主要包括密度、比热容、热导率及黏度。

（3）计算的基本关联式

① 热力计算　热力计算所依据的基本关联式主要有传热方程式：

$$Q = \alpha(t_w - t_f)A \tag{6-1}$$

或

$$q = a(t_w - t_f) \tag{6-2}$$

式中　　Q——热负荷，W；

α——传热面传热系数，$W/(m^2 \cdot ℃)$；

A——传热面积，m^2；

t_w——热流体一侧温度，℃；

t_f——冷流体一侧温度，℃。

热平衡方程式：

$$Q = KA\Delta t_m \tag{6-3}$$

式中　　K——整个传热面上的平均传热系数，$W/(m^2 \cdot ℃)$；

Δt_m——传热面处两侧流体的温差，℃。

总传热系数：

$$K = \frac{Q}{A\Delta t_m} \tag{6-4}$$

或

$$K = \left(\frac{1}{\alpha_1} + R_{s1} + \frac{\delta}{\lambda} + R_{s2} + \frac{1}{\alpha_2} \right)^{-1} \tag{6-5}$$

式中　　δ——传热面厚度，m；

λ——传热面热导率，$W/(m \cdot ℃)$；

α_1——热流体侧对流换热系数，$W/(m^2 \cdot ℃)$；

α_2——冷流体侧对流换热系数，$W/(m^2 \cdot ℃)$。

含涂层时，总传热系数为：

$$K = \left(\frac{1}{\alpha_1} + R_{s1} + R_{co_1} + \frac{\delta}{\lambda} + R_{s2} + R_{co_2} + \frac{1}{\alpha_2} \right)^{-1} \tag{6-6}$$

对数平均温差：

$$\Delta t_{1m} = \frac{\Delta t_{max} - \Delta t_{min}}{\ln \dfrac{\Delta t_{max}}{\Delta t_{min}}} \tag{6-7}$$

或

$$\Delta t_m = \frac{1}{2}(\Delta t_{max} - \Delta t_{min}) \tag{6-8}$$

② 压降计算　常用于计算压降的关联式有欧拉公式：

$$Eu = bRe^d m \tag{6-9}$$

摩擦系数关系式：

$$\Delta P = \Delta P' + \Delta P'' \tag{6-10}$$

$$\Delta P' = 2f \frac{L}{d_e} \rho \omega^2 m \left(\frac{\mu}{\mu_e} \right)^{-0.17} \tag{6-11}$$

$$\Delta P'' = mf \left(\frac{\rho \omega^2}{2} \right) \left(1 + \frac{n}{100} \right) \tag{6-12}$$

③ 相变情况下　当有相变发生时，热平衡式需要稍作变动，应采用公式：

$$Q = q_m x r \tag{6-13}$$

或

$$Q = q_m x (i'' - i') \tag{6-14}$$

（4）计算的基本方法

板式换热器的热力计算，无论设计型或是校核型，均可采用下述两种方法中的任意一种。即平均温差法（简称 LMTD 方法）和温度效率-传热单元数法（ε-NTU 法）。

这里对两种类型的计算法做一个简单的对比见表 6-10、表 6-11。

表 6-10　设计型计算的步骤

平均温差法	NTU 法（ε-NTU）
求温度及总换热量	同左
造型及布置通道，求出对数平均温差	造型及布置通道并求出温度效率 ε
求两侧对流传热系数及总传热系数	同左
得出换热面积	由 ε-NTU 关系式或图线得出 NTU 值，从而求出所需的换热面积
检验与原设计面积是否一致（如不一致，重新布置并重复上述步骤，直到一致为止）	同左

表 6-11　校核型计算的步骤

平均温差法	NTU 法（ε-NTU）
假设一个出口温度并得出换热量 Q'	同左
由给定通道布置求出对流传热系数与总传热系数	同左
求平均传热温差	求 NTU 值
得换热量 Q	求得 ε 与换热量 Q'
比较 Q' 与 Q，如不一致，重复上述步骤直至一致	同左

板式换热器的计算有以下特点：

① 无论是哪种类型，也无论采用哪种计算方法，均需迭代计算，但不同方法所需迭代次数不一样。

② 在作设计计算时，平均温差法与 ε-NTU 方法繁简程度类似。前者须求出温差修正系数 ψ，后者须求出与通道组合相应的 ε-NTU 关系式或利用线图。

③ 作校核计算时，一般 ε-NTU 方法迭代次数少，因此，在实用中我们经常使用平均温差法作设计，而用 ε-NTU 方法来校验。

以上所述的特点均是在正规工程设计中所体现出来的。有时在实际计算中，也可采用简便的经验参数估计方法与线图解法。由于计算机的应用日益普及，给板式换热器的工程设计计算带来了极大的便利与效益，在后面涉及的计算中将会详细介绍。

6.3.3 工程设计、计算的一般原则

在设计、计算一台换热器的时候，应分析其设计压力、涉及温度、介质特性、经济性等因素，并和其他换热器设备进行一定程度上的比较（如板式换热器与管壳式换热器的一般比较）。确定采用板式换热器后，具体的设计计算的原则为以下几个方面：

（1）选择板片的波纹形式

板片的波纹形式只要有人字形波纹和水平平直波纹两种。人字形波纹板的承压能力可高于 1.0MPa，水平平直波纹板片的承压能力一般都在 1.0MPa 左右；人字形波纹板片的传热系数和流体阻力都高于水平平直波纹板片。选择板片的波纹形式，主要考虑板式换热器的工作压力、流体的压力降和传热系数。如果工作压力在 1.6MPa 以上，则别无选择地要采用人字形波纹板片；如果工作压力不高，又特别要求阻力降低，则选用水平平直波纹板片较好一些；如果由于安装位置所限，需要较高的换热效率以减少换热器占地面积，而阻力降可以不受限制，则应选用人字形波纹板片。

（2）单板面积的选择

单板面积过小，则板式换热器的板片数多，也使得占地面积增大，程数增多，导致阻力降增大；反之，虽然占地面积和阻力降减小了，却难以保证板间通道必要的流速。单板面积可按流体流过角孔的速度为 6m/s 左右考虑。按角孔中速度为 6m/s 时，则各种单板面积组成的板式换热器处理量见表 6-12。

表 6-12 单台最大处理量参考值

单板面积/m²	0.1	0.2	0.3	0.5	0.8	1.0	2.0
角孔直径/mm	40~50	65~80	80~100	125~150	175~200	200~250	250~400
单台最大流通能力/(m³/h)	27~42	71.4~137	103~170	264~381	520~678	678~1060	1060~2500

（3）流速的选取

流体在板间的流速，影响换热性能和流体的压力降，流速高虽然换热系数高，但是流体的阻力降也增大；反之情况则相反。一般板间平均流速为 0.2~0.8m/s（主流线上的流速要比平均值高 4~5 倍）。流速低于 0.2m/s 时流体就达不到湍流状态且会形成较大的死角区，流速过高则会导致阻力降剧增。具体设计时，可以先确定一个流速，计算其阻力降是否在给定的范围内；也可按给定的压力降求出流速的初选值。

（4）流程的选取

对于一般对称型流道的板式换热器，两流体的体积流量大致相当时，应尽可能按等程布置；如果两侧流量相差悬殊时，则流量小的一侧可采取多流程布置。相变板式换热器的相变

一侧一般均为单程。多程换热器，除非特殊的需要，一般对同一流体在各程中应采取相同的流道数。

在给定的总允许压降下，多程布置使每一程对应的允许压降变小，迫使流速降低，对换热不利。此外，不等程的多程布置是平均传热温差减小的重要原因之一，应尽可能避免。

近年来国产的板式换热器出现了非对称通道的板式换热器，国外则采取"热混合"的板片组合方式，即允许热量-流量-压降三者之间的不匹配的问题，同时节省换热面积。

（5）流体的选取

单相换热时，逆流具有最大的平均传热温差。在一般换热器的工程设计中都尽量把流体布置为逆流。对板式换热器来说，要做到这一点，两侧必须为等程。若安排为不等程，则顺逆流需交替出现，此时的平均传热温差将明显小于纯逆流时。

在相变换热时顺流布置与逆流布置平均温差的区别比单相换热时小，但由于这时牙尖大小与流向有密切关系，所以相对流向的选择将主要考虑压降因素，其次才是平均温差。其中要特别注意的是，有相变的流体除不宜采用多程外，还要求要从板片的上部进、下部出，以便排除冷凝液体。

（6）并联流道数的选取

一程中并联流道数的数目视给定流量及选取的流速而定，流速的高低受制于允许压降，在可能的最大流速以内，并联流道数目取决于流量的大小。

（7）选择板片材料

根据介质的腐蚀性能来选择板片的材料。国外制造板片的材料品种繁多，有较大的选择余地。我国制造板片的材料主要有不锈钢和钛等，在选择的耐腐蚀材料基础上，再辅以增加板片厚度或防腐处理来延长板片的使用寿命。

根据标准 NB/T 47004—2009《板式热交换器》，本设计选择板片材料为 0Cr18Ni9。

（8）垫片材料的选择

所选择垫片的材料主要考虑耐温和耐腐蚀两个因素。

（9）其他

① 板式换热器一般不适用于气体的热交换；

② 进行易爆、易燃介质换热的板式换热器的设计压力，至少要比介质的工作压力高出一个公称级别以上，而垫片的耐温、耐腐蚀性能必须可靠；

③ 进行强腐蚀介质（如硫酸）换热的板式换热器，其板束周围宜设置一个防护罩；

④ 对杂质较多的介质进行换热时，介质的进口管道上最好设置过滤器，单程排列。此外还应尽可能选用通道间隙较大的板片；

⑤ 对工作压力和工作温度都较高的工况，可拆式板式换热器无法适应时，应采用焊接式板式换热器。

6.4　板式换热器的设计计算

6.4.1　设计条件

（1）处理能力

天然气流量 $G_1 = 5017.5\text{kg/h}$ 。

（2）设备型式

板式换热器。

（3）操作条件

① 天然气：入口温度105℃，出口温度36℃；

② 天然气：设计压力0.5MPa；

③ 冷却介质：水，入口温度30℃，出口温度98℃；

④ 水：设计压力0.3MPa；

⑤ 允许压强降：不大于10^5Pa。

（4）运行时间

按每天24h连续运行。

6.4.2 确定物性数据

定性温度：壳程取流体进口的平均值。

壳程天然气的定性温度为：

$$T = \frac{105 + 36}{2} = 70.5(℃)$$

管程自来水的的定性温度为：

$$t = \frac{30 + 98}{2} = 64(℃)$$

根据定性温度，分别查取壳程和管程流体的有关物性数据，天然气在70.5℃下的有关物性数据如下：

密度：

$$\rho_1 = 3.40 \text{kg/m}^3$$

定压比热容：

$$c_{p1} = 2.37 \text{kJ/(kg} \cdot \text{K)}$$

热导率：

$$\lambda_1 = 0.041 \text{W/(m} \cdot \text{K)}$$

运动黏度：

$$\nu_1 = 3.7 \times 10^{-6} \text{m}^2/\text{s}$$

黏度：

$$\mu_1 = 1.26 \times 10^{-5} \text{Pa} \cdot \text{s}$$

普朗特数：

$$Pr_1 = 0.73$$

水在64℃下的物性数据：

密度：

$$\rho_2 = 981.30 \text{kg/m}^3$$

定压比热容：

$$c_{p2} = 4.19 \text{kJ/(kg} \cdot \text{K)}$$

热导率：

$$\lambda_2 = 0.66 \mathrm{W/(m \cdot K)}$$

运动黏度：

$$\nu_2 = 0.45 \times 10^{-6} \mathrm{m^2/s}$$

黏度：

$$\mu_2 = 4.41 \times 10^{-4} \mathrm{Pa \cdot s}$$

普朗特数：

$$Pr_2 = 2.80$$

6.4.3 板式换热器的设计计算过程

（1）计算热负荷

$$Q = G_1 c_{p1} \Delta t_1 = \frac{5017.5}{3600} \times 2.37 \times (105 - 36) = 228 (\mathrm{kW})$$

（2）计算对数平均温差及冷却水用量

取温差修正系数 $\psi = 0.93$，则：

$$\Delta T_\mathrm{m} = \psi \frac{\Delta t_1 - \Delta t_2}{\ln(\Delta t_1 / \Delta t_2)} = 0.93 \times \frac{(105 - 98) - (36 - 30)}{\ln[(105 - 98) / (36 - 30)]} = 6.03(℃)$$

根据热负荷计算冷却水流量：

$$G_2 = \frac{Q}{c_{p2} \Delta t_2} = \frac{228 \times 3600}{4.19 \times (98 - 30)} = 2880.8 (\mathrm{kg/h})$$

（3）初选产品型号及板型

根据流量，取天然气管间流速 $v = 13.5 \mathrm{m/s}$，计算换热器角孔通径：

$$d = \sqrt{\frac{4G_1}{3600 \rho_1 \pi v}} = \sqrt{\frac{4 \times 5017.5}{3600 \times 3.40 \times 3.14 \times 13.5}} = 0.197 (\mathrm{m})$$

选用人字形波纹板片，初步选定板式换热器单板换热面积为 $A_\mathrm{s} = 1.2 \mathrm{m^2}$，通径为 $d = 200 \mathrm{mm}$，板的有效宽度为 $L = 0.8 \mathrm{m}$，板间距为 $b = 6 \mathrm{mm}$，当量直径为 $d_\mathrm{e} = 0.012 \mathrm{m}$，其单通道横截面积为 $f = 0.0048 \mathrm{m^2}$，板片厚度取 $\delta = 0.8 \mathrm{mm}$。

重新计算管间流速：

$$v_1 = \frac{4G_1}{3600 \rho_1 \pi d^2} = \frac{4 \times 5017.5}{3600 \times 3.40 \times 3.14 \times 0.2^2} = 13.1 (\mathrm{m/s})$$

$$v_2 = \frac{4G_2}{3600 \rho_2 \pi d^2} = \frac{4 \times 2880.8}{3600 \times 981.30 \times 3.14 \times 0.2^2} = 0.026 (\mathrm{m/s})$$

都在可接受范围内。

（4）计算板间流速

根据经验，预估换热系数 $K_0 = 180 \mathrm{W/(m^2 \cdot K)}$。

换热面积估算为：

$$A_0 = \frac{Q}{K_0 \Delta t_{\mathrm{m}}} = \frac{228 \times 10^3}{180 \times 6.03} = 210.1(\mathrm{m}^2)$$

换热板片数量为：

$$\frac{A_0}{A_{\mathrm{s}}} = \frac{210.1}{1.2} \approx 175$$

预选流程组合为 $\frac{2 \times 44}{2 \times 44} = 176$ 片，校核板间流速：

$$w_1 = \frac{G_1}{3600\rho_1 fn} = \frac{5017.5}{3600 \times 3.4 \times 0.0048 \times 44} = 1.94(\mathrm{m/s})$$

$$w_2 = \frac{G_2}{3600\rho_2 fn} = \frac{2880.8}{3600 \times 981.30 \times 0.0048 \times 44} = 0.004(\mathrm{m/s})$$

（5）计算雷诺数

$$Re_1 = \frac{w_1 d_{\mathrm{e}}}{v_1} = \frac{1.9 \times 0.012}{3.7 \times 10^{-6}} = 6162$$

$$Re_2 = \frac{w_2 d_{\mathrm{e}}}{v_2} = \frac{0.004 \times 0.012}{0.45 \times 10^{-6}} = 107$$

均在准则方程适用范围内。

（6）计算普朗特数

$$Pr_1 = \frac{c_{\mathrm{p1}}\mu_1}{\lambda_1} = \frac{2.37 \times 10^3 \times 1.26 \times 10^{-5}}{0.041} = 0.73$$

$$Pr_2 = \frac{c_{\mathrm{p2}}\mu_2}{\lambda_2} = \frac{4.19 \times 10^3 \times 4.41 \times 10^{-4}}{0.66} = 2.80$$

（7）计算努塞尔数

$$Nu_1 = 0.2628 Re_1^{0.6658} Pr_1^{0.3} = 0.2628 \times 6162^{0.6658} \times 0.73^{0.3} = 79.8$$

$$Nu_2 = 0.303 Re_2^{0.6781} Pr_2^{0.4} = 0.303 \times 107^{0.6781} \times 2.80^{0.4} = 10.9$$

（8）计算传热系数

$$\alpha_1 = \frac{Nu_1 \lambda_1}{d_{\mathrm{e}}} = \frac{79.8 \times 0.041}{0.012} = 272.7[\mathrm{W/(m^2 \cdot K)}]$$

$$\alpha_2 = \frac{Nu_2 \lambda_2}{d_{\mathrm{e}}} = \frac{10.9 \times 0.66}{0.012} = 599.5[\mathrm{W/(m^2 \cdot K)}]$$

（9）计算总换热系数

取天然气侧污垢热阻为 $r_1 = 1.5 \times 10^{-5}(\mathrm{m}^2 \cdot \mathrm{K})/\mathrm{W}$，水侧污垢热阻为 $r_2 = 5.5 \times 10^{-5}(\mathrm{m}^2 \cdot \mathrm{K})/\mathrm{W}$，则：

$$K = \frac{1}{\dfrac{1}{\alpha_1} + \dfrac{\delta}{\lambda_{\mathrm{w}}} + r_1 + r_2 + \dfrac{1}{\alpha_2}} = \frac{1}{\dfrac{1}{272.7} + \dfrac{0.0008}{14.9} + 1.5 \times 10^{-5} + 5.5 \times 10^{-5} + \dfrac{1}{599.5}} = 183.2[\mathrm{W/(m^2 \cdot \text{℃})}]$$

（10）计算所需换热面积

$$A_1 = \frac{Q}{K\Delta t_m} = \frac{228 \times 10^3}{183.2 \times 6.03} = 206.4(\text{m}^2)$$

所需换热面积 A_1 比预估换热面积 A_0 略小，误差为 1.8%，可以达到预期换热效果。

总片数为：

$$\frac{206.4}{1.2} = 172(\text{片})$$

取流程为 $\frac{2 \times 43}{2 \times 43}$（$m_1 = 2$，$n_1 = 43$），实际换热面积为：

$$A = (2m_1n_1 - 1)A_s = (2 \times 2 \times 43 - 1) \times 1.2 = 205.2(\text{m}^2)$$

（11）计算欧拉数

$$Eu_1 = 4924.41Re_1^{-0.3458} = 4924.41 \times 6162^{-0.3458} = 241.8$$

$$Eu_2 = 6825.04Re_2^{-0.4754} = 6825.04 \times 107^{-0.4754} = 740.2$$

（12）计算压降

$$\Delta p_1 = Eu_1\rho_1 w_1^2 m = 241.8 \times 3.4 \times 1.94^2 \times 2 = 6188.3(\text{Pa})$$

$$\Delta p_2 = Eu_2\rho_2 w_2^2 m = 740.2 \times 981.30 \times 0.004^2 \times 2 = 23.2(\text{Pa})$$

均小于允许压降 10^5Pa。

6.5　板式换热器的优缺点及其应用

6.5.1　板式换热器的优点

（1）传热系数高

由于不同的波纹板相互倒置，构成复杂的流道，使流体在波纹板间流道内呈旋转三维流动，能在较低的雷诺数（一般 Re=50～200）下产生紊流，所以传热系数高，一般认为是管壳式的 3～5 倍。

（2）对数平均温差大，末端温差小

在管壳式换热器中，两种流体分别在管程和壳程内流动，总体上是错流流动，对数平均温差修正系数小，而板式换热器多是并流或逆流流动方式，其修正系数也通常在 0.95 左右，此外，冷、热流体在板式换热器内的流动平行于换热面、无旁流，因此使得板式换热器的末端温差小，对水换热可低于 1℃，而管壳式换热器一般为 5℃。

（3）占地面积小

板式换热器结构紧凑，单位体积内的换热面积为管壳式的 2～5 倍，也不像管壳式那样要预留抽出管束的检修场所，因此实现同样的换热量，板式换热器占地面积约为管壳式换热器的 1/8～1/5。

（4）容易改变换热面积或流程组合

只要增加或减少几张板，即可达到增加或减少换热面积的目的；改变板片排列或更换几张板片，即可达到所要求的流程组合，适应新的换热工况，而管壳式换热器的传热面积几乎不可能增加。

（5）质量轻

板式换热器的板片厚度仅为 0.4～0.8mm，而管壳式换热器的换热管的厚度为 2.0～2.5mm，管壳式的壳体比板式换热器的框架重得多，板式换热器一般只有管壳式质量的 1/5 左右。

（6）价格低

采用相同材料，在相同换热面积下，板式换热器价格比管壳式约低 40%～60%。

（7）制作方便

板式换热器的传热板是采用冲压加工，标准化程度高，并可大批生产，管壳式换热器一般采用手工制作。

（8）容易清洗

框架式板式换热器只要松动压紧螺栓，即可松开板束，卸下板片进行机械清洗，这对需要经常清洗设备的换热过程十分方便。

（9）热损失小

板式换热器只有传热板的外壳板暴露在大气中，因此散热损失可以忽略不计，也不需要保温措施。而管壳式换热器热损失大，需要隔热层。

6.5.2　板式换热器的缺点

（1）容量较小

板式换热器的容量是管壳式换热器的 10%～20%。

（2）单位长度的压力损失大

由于传热面之间的间隙较小，传热面上有凹凸，因此比传统的光滑管的压力损失大。

（3）不易结垢

由于内部充分湍动，因此不易结垢，其结垢系数仅为管壳式换热器的 1/10～1/3。

（4）工作压力不宜过大，介质温度不宜过高，有可能泄漏

板式换热器采用密封垫密封，工作压力一般不宜超过 2.5MPa，介质温度应在 250℃以下，否则有可能泄漏。

（5）易堵塞

由于板片间通道很窄，一般只有 2～5mm，当换热介质含有较大颗粒或纤维物质时，容易堵塞板间通道。

6.5.3　板式换热器的结构技术特点

板式换热器是由传热板片、密封垫片、压紧板、上下导杆、支柱、夹紧螺栓等主要零件组成的。传热板片四个角开有角孔并镶贴密封垫片，设备夹紧时，密封垫片按流程组合形式将各传热板片密封连接，角孔处互相连通，形成迷宫式的介质通道，使换热介质在相邻的通道内逆向流动，经强化热辐射、热对流、热传导进行充分的热交换。

由于传热片特殊的结构，装配后在较低的流速下（$Re=200$）就能激起强烈的湍流，因而加快了流体边界层的破坏，强化了传热过程。

板式换热器工作压力一般为 0.3～1.6MPa，工作温度一般低于 160℃。用于水蒸气加热或冷凝时，一般在板式换热器上附加减温管式换热器，来降温保护板式换热器的垫片，并增加蒸汽处理量。传热板片和密封垫片的材质根据用户的不同需要选择。

6.5.4　板式换热器的应用

板式换热器早期只应用于牛奶高温灭菌、果汁加工、啤酒酿造等轻工业部门。随着制造技术的提高，出现了耐腐蚀的板片材料和耐温、耐腐蚀的垫片材料，板片也逐渐大型化。现代的板式换热器广泛地应用于各种工业中，进行液-液、气-液、汽-液换热和蒸发、冷凝等工艺过程。现今，板式换热器主要应用于以下场合：

① 制冷：用作冷凝器和蒸发器。

② 暖通空调：配合锅炉使用的中间换热器、高层建筑中间换热器等。

③ 化学工业：纯碱工业、合成氨、酒精发酵、树脂合成冷却等。

④ 冶金工业：铝酸盐母液加热或冷却、炼钢工艺冷却等。

⑤ 机械工业：各种淬火液冷却、减速器润滑油冷却等。

⑥ 电力工业：高压变压器油冷却、发电机轴承油冷却等。

⑦ 造纸工业：漂白工艺热回收、加热洗浆液等。

⑧ 纺织工业：粘胶丝碱水溶液冷却、沸腾硝化纤维冷却等。

6.6　板式换热器的设计注意问题及优化方向

6.6.1　板式换热器选型时应注意的问题

（1）产品质量及产生的问题

板式换热器的零部件品种少，标准化、通用化程度高，所以制造工艺很容易实现规范化。

国外大型的板式换热器制造厂都有自己的质量标准，但均不公开对外，目前尚无板式换热器制造的国际标准或通用的先进标准，这就给产品的质量控制带来了问题。我国根据自己的生产、使用实践，并分析了国外产品的质量，制定了专业标准，即 NB/T 47004—2009《板式热交换器》。适用于轻工、医药、食品、石油、化工、机械、冶金、矿山、电力及船舶等领域。

综上所述，对板式换热器的主要制造技术要求如下：

① 制造材料　我国板式换热器主要零部件的制造材料参见表 6-6、表 6-7。

② 板片质量

a. 表面不允许超过厚度公差的凹坑、划伤、压痕等缺陷，冲切毛刺必须清除干净；

b. 食品工业用的板片，冲压后其工作表面的粗糙度应不低于原板材；

c. 波纹深度偏差应不大于 0.20mm，垫片槽深度偏差也不应大于 0.20mm；

d. 成型减薄量应不大于原实际板厚的 30%；

e. 任意方向的基面平行度不大于 3/1000mm。

③ 垫片质量

a. 表面不允许有面积大于 3mm、深度大于 1.5mm 的气泡、凹坑及其他影响密封性能的缺陷；

b. 物理性能和使用温度应符合表 6-13 的规定。

表 6-13　垫片性能要求和使用温度

项　目		氯丁橡胶	丁腈橡胶	三元乙丙橡胶	硅橡胶	氟橡胶	石棉纤维板
性能	扯断强度/MPa	≥8.00	≥9.00	≥9.00	≥7.00	≥10.00	7.0～10.0
	扯断伸长率/%	≥300	≥250	≥250	≥200	≥200	—
	硬度（邵氏 A）	75±2	75±2	80±5	60±2	80±5	—
	永久压缩变形/%	≤20	≤20	≤25	≤25	≤25	—
使用温度/℃		−40～100	−20～120	−50～150	−65～230	−20～200	20～350

（2）板式换热器的板型与流程流道的选择

① 板型选择　板片型式或波纹式应根据换热场合的实际需要而定。对流量大允许压降小的情况，应选用阻力小的板型，反之选用阻力大的板型。根据流体压力和温度的情况，确定选择可拆卸式还是钎焊式。确定板型时不宜选择单板面积太大的板片，以免板片数量过多、板间流速偏小、传热系数过低，对较大的换热器更应注意这个问题。

② 流程和流道的选择　流程指板式换热器内一种介质同一流动方向的一组并联流道，而流道指板式换热器内相邻两板片组成的介质流动通道。一般情况下，将若干个流道按并联或串联的方式连接起来，以形成冷、热介质通道的不同组合。

流程组合形式应根据换热和流体阻力计算，在满足工艺条件要求下确定。尽量使冷、热水流道内的对流换热系数相等或接近，从而得到最佳的传热效果。因为在传热表面两侧对流换热系数相等或接近时传热系数能获得较大值。虽然板式换热器各板间流速不等，但在换热和流体阻力计算时，仍以平均流速进行计算。由于 U 形单流程的接管都固定在压紧板上，因此拆装方便。

6.6.2　板式换热器的优化设计方向

近年来，板式换热器技术日益成熟，其传热效率高、体积小、重量轻、污垢系数低、拆卸方便、板片品种多、适用范围广、在供热行业得到了广泛应用。板式换热器按组装方式分为可拆式、焊接式、钎焊式、板壳式等。由于可拆式板式换热器便于拆卸清洗，增减换热器面积灵活，因此在供热工程中使用较多。

提高板式换热器的效能是一个综合经济效益问题，应通过技术经济比较后确定。提高换热器的传热效率和降低换热器的阻力应同时考虑，而且应合理选用板片材质和橡胶密封垫材质及安装方法，保证设备安全运行，延长设备使用寿命。

（1）板式换热器的优化方法

① 提高传热效率　板式换热器是间壁传热式换热器，冷热流体通过换热器板片传热，流体与板片直接接触，传热方式为热传导和对流传热。提高板式换热器传热效率的关键是提高传热系数和对数平均温差。

只有同时提高板片冷热两侧的表面传热系数，减小污垢层热阻，选用热导率高的板片，减小板片的厚度，才能有效提高换热器的传热系数。

a. 提高板片的表面传热系数。由于板式换热器的波纹能使流体在较小的流速下产生湍流（雷诺数=150 时），因此能获得较高的表面传热系数，表面传热系数与板片波纹的几何结构以及介质的流动状态有关。板片的波形包括人字形、平直形、球形等。经过多年的研究和实验发现，波纹断面形状为三角形（正弦形表面传热系数最大，压力降较小，受压时应力分布均匀，但加工困难）的人字形板片具有较高的表面传热系数，且波纹的夹角越大，板间流道内介质流速越高，表面传热系数越大。

b. 减小污垢层热阻。减小换热器的污垢层热阻的关键是防止板片结垢。板片结垢厚度为 1mm 时，传热系数降低约 10%。因此，必须注意监测换热器冷热两侧的水质，防止板片结垢，并防止水中杂物附着在板片上。有些供热单位为防止盗水及钢件腐蚀，在供热介质中添加药剂，因此必须注意水质和黏性药剂引起杂物沾污换热器板片。如果水中有黏性杂物，应采用专用过滤器进行处理。选用药剂时，宜选择无黏性的药剂。

c. 选用热导率高的板片。板片材质可选择奥氏体不锈钢、钛合金、铜合金等。不锈钢的导热性能好，热导率约为 14.4W/(m·K)，强度高，冲压性能好，不易被氧化，价格比钛合金和铜合金低，供热工程中使用最多，但其耐氯离子腐蚀的能力差。

d. 减小板片厚度。板片的设计厚度与其耐腐蚀性能无关，与换热器的承压能力有关。板片加厚，能提高换热器的承压能力。采用人字形板片组合时，相邻板片互相倒置，波纹相互接触，形成了密度大、分布均匀的支点，板片角孔及边缘密封结构已逐步完善，使换热器具有很好的承压能力。国产可拆式板式换热器最大承压能力已达到了 2.5MPa。板片厚度对传热系数影响很大，厚度减小 0.1mm，对称型板式换热器的总传热系数约增加 600W/(m·K)，非对称型约增加 500W/(m·K)。在满足换热器承压能力的前提下，应尽量选用较小的板片厚度。

② 提高对数平均温差　板式换热器流型有逆流、顺流和混合流型（既有逆流又有顺流）。在相同工况下，逆流时对数平均温差最大，顺流时最小，混合流型介于两者之间。提高换热器对数平均温差的方法为尽可能采用逆流或接近逆流的混合流型，尽可能提高热侧流体的温度，降低冷侧流体的温度。

③ 进、出口管位置的确定　对于单流程布置的板式换热器，为检修方便，流体进、出口管应尽可能布置在换热器固定端板一侧。介质的温差越大，流体的自然对流越强，形成的滞留带的影响越明显，因此介质进、出口位置应按热流体上进下出、冷流体下进上出布置，以减小滞留带的影响，提高传热效率。

（2）降低换热器阻力的方法

提高板间流道内介质的平均流速，可提高传热系数，减小换热器面积。但提高流速，将加大换热器的阻力，提高循环泵的耗电量和设备造价。循环泵的功耗与介质流速的 3 次方成正比，通过提高流速获得稍高的传热系数不经济。当冷热介质流量比较大时，可采用以下方法降低换热器的阻力，并保证有较高的传热系数。

① 采用热混合板　热混合板的板片两面波纹几何结构相同，板片按人字形波纹的夹角分为硬板（H）和软板（L），夹角（一般为120°左右大于90°）为硬板，夹角（一般为70°左右小于90°）为软板。热混合板硬板的表面传热系数高，流体阻力大，软板则相反。硬板和软板进行组合，可组成高（HH）、中（HL）、低（LL）3 种特性的流道，满足不同工况的需求。

冷热介质流量比较大时，采用热混合板比采用对称型单流程的换热器可减少板片面积。热混合板冷热两侧的角孔直径通常相等，冷热介质流量比过大时，冷介质一侧的角孔压力损失很大。另外，热混合板设计技术难以实现精确匹配，往往导致节省板片面积有限。因此，冷热介质流量比过大时不宜采用热混合板。

② 采用非对称型板式换热器　对称型板式换热器由板片两面波纹几何结构相同的板片组成，形成冷热流道流通截面积相等的板式换热器。非对称型（不等截面积型）板式换热器根据冷热流体的传热特性和压力降要求，改变板片两面波形几何结构，形成冷热流道流通截

面积不等的板式换热器，宽流道一侧的角孔直径较大。非对称型板式换热器的传热系数下降微小，且压力降大幅减小。冷热介质流量比较大时，采用非对称型单流程比采用对称型单流程的换热器可减少板片面积15%~30%。

③ 采用多流程组合　当冷热介质流量较大时，可以采用多流程组合布置，小流量一侧采用较多的流程，以提高流速，获得较高的传热系数。大流量一侧采用较少的流程，以降低换热器阻力。多流程组合出现混合流型，平均传热温差稍低。采用多流程组合的板式换热器的固定端板和活动端板均有接管，检修时工作量大。

④ 设换热器旁通管　当冷热介质流量比较大时，可在大流量一侧换热器进、出口之间设旁通管，减少进入换热器流量，降低阻力。为便于调节，在旁通管上应安装调节阀。该方式应采用逆流布置，使冷介质出换热器的温度较高，保证换热器出口合流后的冷介质温度能达到设计要求。设换热器旁通管可保证换热器有较高的传热系数，降低换热器阻力，但调节略繁。

⑤ 板式换热器形式的选择　换热器板间流道内介质平均流速以0.3~0.6m/s为宜，阻力以不大于100kPa为宜。根据不同冷热介质流量比，可选用不同形式的板式换热器。采用对称型或非对称型、单流程或多流程板式换热器，均可设置换热器旁通管，但应经详细的热力计算。

6.6.3　板式换热器安装要点

① 换热器不应有变形，紧固件不应有松动或其他机械损伤；
② 设备吊装时，吊绳不得挂在接管、定位横梁或板片上；
③ 换热器周围预留足够空间，以便于检修；
④ 冷、热介质进、出口接管安装，应按照出厂铭牌所规定方向连接；
⑤ 连接换热器的管道应进行清洗，防止砂石焊渣等杂物进入换热器，造成堵塞；
⑥ 换热器应以最大工作压力的1.5倍做水压试验，蒸汽部分应不低于蒸汽供汽压力加0.3MPa，热水部分应不低于0.4 MPa。

参考文献

[1] 钱滨江，伍贻文，常家芳，等. 简明传热手册 [M]. 北京：高等教育出版社，1983.

[2] 程宝华，李先瑞，等. 板式换热器及换热装置技术应用手册 [M]. 北京：中国建筑工业出版社，2005.

[3] 杨崇麟. 板式换热器工程设计手册 [M]. 北京：机械工业出版社，1998.

[4] NB/T 47004—2009.

[5] JB 8701—1998.

[6] 连之伟. 热质交换原理与设备（第三版）[M]. 北京：中国建筑工业出版社，2011.

[7] 栾辉宝，陶文铨，等. 全焊接板式换热器发展综述 [J]. 中国科学：技术科学，2013，43（09）：1020-1033.

[8] 赵晓文，苏俊林. 板式换热器的研究现状及进展 [J]. 冶金能源，2011，30（01）：52-55.

[9] 李彦洲. 板式换热器板片换热和流动特性的研究 [D]. 长春：长春工业大学，2014.

[10] 徐志明，郭进生，等. 板式换热器传热和阻力特性的实验研究 [J]. 热科学与技术，2010，9（01）：11-16.

[11] 倪晓华，等. 板式换热器的换热与压降计算 [J]. 流体机械，2002（03）：22-25.

[12] 杨艳，王英龙. 板式换热器设计选型的一种计算方法 [J]. 石油炼制与化工，2004（05）：54-56.

[13] 王雨，赵臣. 板式换热器的板片结构、组合形式及密封结构 [J]. 现代制造工程，2007（01）：115-117.

[14] 姜立清. 板式换热器结垢的原因分析、清洗及保护方法 [J]. 黑龙江科技信息，2008（10）：15.

第7章
浮头式换热器的设计计算

7.1 概述

7.1.1 浮头式换热器简介

　　浮头式换热器（图 7-1）的结构是管子一端固定在一块固定管板上，管板夹持在壳体法兰与管箱法兰之间，用螺栓连接；管子另一端固定在浮头管板上，浮头管板夹持在用螺柱连接的浮头盖与钩圈之间，形成可在壳体内自由移动的浮头，故当管束与壳体受热伸长时，两者互不牵制，因而不会产生温差应力。浮头部分是由浮头管板、钩圈与浮头端盖组成的可拆连接，因此可以容易抽出管束，故管内管外都能进行清洗，也便于检修。由上述特点可知，浮头式换热器多用于温度波动和温差大的场合,尽管与固定管板式换热器相比其结构更复杂、造价更高。

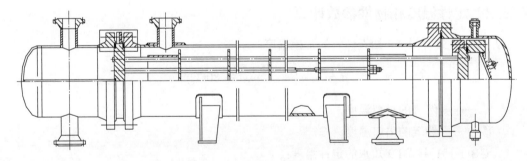

图 7-1　浮头式换热器结构图

　　针对固定管板式与 U 形管式的缺陷，浮头式作了结构上的改进，两端管板只有一端与外壳固定死，另一端可相对壳体滑移，称为浮头。浮头式换热器由于管束的膨胀不受壳体的约束，因此不会因管束之间的差胀而产生温差热应力。浮头式换热器的优点还在于方便拆卸、清洗方便，对于管子和壳体间温差大、壳程介质腐蚀性强、易结垢的情况很能适应。其缺点在于结构复杂、填塞式滑动面处在高压时易泄漏，这使其应用受到限制，适用压力为：1.0～6.4MPa。

7.1.2 浮头式换热器优缺点

　　浮头式换热器的优点：

① 管束可以抽出，以方便清洗管、壳程；

② 介质间温差不受限制；

③ 可在高温、高压下工作，一般温度小于等于 450 度，压力小于等于 6.4MPa；

④ 可用于结垢比较严重的场合；

⑤ 可用于管程易腐蚀场合。

浮头式换热器的缺点：

① 小浮头易发生内漏；

② 金属材料耗量大，成本高 20 %；

③ 结构复杂。

7.2 浮头式换热器工艺计算

7.2.1 原始数据

设计依据：天然气在一个大气压下的流量为 2000000 m^3/d，选择三台浮头式换热器并联运行，则每台换热器的天然气流量为 4.6 kg/s 。

水进口温度： $t_2' = 40℃$ 。

水出口温度： $t_2'' = 50℃$ 。

天然气进口温度： $t_1' = 105℃$ 。

天然气出口温度： $t_1'' = 45℃$ 。

天然气工作压力： $p_1 = 4.6MPa$ 。

水工作压力： $p_2 = 0.2MPa$ 。

7.2.2 定性温度和物性参数计算

从 GB/T 151 中式 F8 知天然气的定性温度：

$$t_1 = \frac{t_1' + t_1''}{2} = \frac{105 + 55}{2} = 80(℃)$$

式中 t_1' ——天然气的进口温度，℃；

t_1'' ——天然气的出口温度，℃。

从 GB/T 151 中式 F9 知水的定性温度：

$$t_2 = \frac{t_2' + t_2''}{2} = \frac{40 + 50}{2} = 45(℃)$$

式中 t_2' ——水的进口温度，℃；

t_2'' ——水的出口温度，℃。

天然气和水的物性参数如下：

① 80℃下天然气的物性参数经查表得：

密度： $\rho = 28.07kg/m^3$ 。

动力黏度： $\mu = 1.347 \times 10^{-5} Pa \cdot s$ 。

普朗特数： $Pr = 0.7685$ 。

② 45℃下水的物性参数经查表得：

密度：$\rho = 990.2\text{kg/m}^3$。

比焓：188.6kJ/kg。

定压比热容：$c_\text{p} = 4.18\text{kJ/(kg·K)}$。

热导率：$k = 0.635\text{W/(m·K)}$。

动力黏度：$\mu = 5.9058 \times 10^{-4}\text{Pa·s}$。

普朗特数：$Pr = 1.923$。

7.2.3　温差计算

7.2.3.1　有效平均温差的计算

选取逆向流向，这是因为逆流比顺流的传热效率高，其中 Δt_1 为较小的温度差，Δt_2 为较大的温度差。

$$\Delta t_1 = 55 - 40 = 15(℃)$$

$$\Delta t_2 = 105 - 50 = 55(℃)$$

因为 $\dfrac{\Delta t_1}{\Delta t_2} \geqslant 2$，所以采用对数平均温差：

$$\Delta t'_\text{m} = \frac{\Delta t_2 - \Delta t_1}{\ln(\Delta t_2 / \Delta t_1)} = \frac{55 - 15}{\ln 55/15} = 30.7(℃)$$

取 $\Delta t'_m = 31℃$。

7.2.3.2　校核平均温差

$$R = \frac{t'_2 - t''_2}{t''_1 - t'_1} \tag{7-1}$$

$$P = \frac{t''_1 - t'_1}{t'_2 - t'_1} \tag{7-2}$$

计算得：

$$R = \frac{105 - 55}{50 - 40} = 5$$

$$P = \frac{50 - 40}{105 - 40} = 0.15$$

根据 R、P 值，查温度校正系数图（GB/T 151 中 P132）可得温度校正系数为 0.88。

故

$$\Delta t_\text{m} = 0.88 \times 31 = 27(℃)$$

所以选择热管规格为 $\phi 25\text{mm} \times 2.5\text{mm}$，假定管内流速 $\mu = 6\text{m/s}$。

7.2.4　传热量计算

总的传热量为：

$$Q = m_2 \times c_{\text{p}2} \times (t''_2 - t'_2) \tag{7-3}$$

计算得：

$$Q = 24654 / 3600 \times 2.45 \times (105 - 55) = 839 \times 10^3 (\text{W})$$

式中　　Q——热交换量，W；

　　　　m_2——天然气的质量流量，kg/s；

　　　　c_{p2}——天然气的定压比热容，kJ/(kg·K)。

由总的传热量可算出水的流量：

$$m_1 = \frac{Q}{c_{p2}(t_2'' - t_2')} = \frac{839}{4.18 \times (50 - 40)} = 20.07(\text{kg/s})$$

7.2.5　总传热系数的计算

由 GB/T 151 可知，总传热系数 K 的计算公式如下：

$$K = \cfrac{1}{\cfrac{1}{\alpha_1} + R_1 + \cfrac{b d_0}{\lambda_w d_m} + R_2 \cfrac{d_0}{d_i} + \cfrac{d_0}{\alpha_2 d_i}} \tag{7-4}$$

式中　　K——总传热系数，W/(m²·K)；

　　　　α_1——管程流体的传热膜系数，W/(m²·K)；

　　　　α_2——壳程流体的传热膜系数，W/(m²·K)；

　　　　d_i——传热管内径，m；

　　　　d_0——传热管外径，m；

　　　　d_m——传热管平均直径，m；

　　　　λ_w——传热管壁材料热导率，W/(m·K)；

　　　　R_1——柴油污垢热阻，W/(m²·K)；

　　　　R_2——水污垢热阻，W/(m²·K)；

　　　　b——传热管壁厚，m。

7.2.5.1　管程流体传热膜系数

管程流通截面传热膜系数：

$$a_2 = \frac{N_t}{4} \times \frac{\pi}{4} d_i^2 \tag{7-5}$$

式中　　N_t——总管子数；

　　　　d_i——换热管内径，mm。

计算得：

$$a_2 = \frac{516}{4} \times \frac{\pi}{4} \times 0.02^2 = 0.04(\text{m}^2)$$

雷诺数：

$$Re_2 = \frac{d_i u_2 \rho_2}{\mu_2} \tag{7-6}$$

式中　　d_i——换热管内径，mm；

μ_2 ——天然气的黏度，Pa·s；

u_2 ——天然气的流速，m/s。

计算得：

$$Re_2 = \frac{0.02 \times 6 \times 28.07}{1.374 \times 10^{-5}} = 245152 > 1000$$

管程传热膜系数计算如下：

$$a_2 = 0.023 \times \frac{\lambda_2}{d_i} \times Re_2^{0.8} \times Pr_2^{0.4} \tag{7-7}$$

计算得：

$$a_2 = 0.023 \times \frac{0.0437}{0.02} \times 245152^{0.8} \times 0.7685^{0.4} = 927 \text{ W/(m·K)}$$

式中　Re_2 ——雷诺数；

$\quad\quad Pr_2$ ——水的普朗特数；

$\quad\quad \lambda_2$ ——水的传热系数，W/(m²·K)；

$\quad\quad d_i$ ——换热管内径，mm。

应用范围：$Re > 1000$，$0.7 < Pr < 120$，$\dfrac{L}{d_i} > 60$。

7.2.5.2　壳程流体传热膜系数

换热器内需装弓形折流板，根据 GB/T 151 可知，折流板最小的间距一般不小于圆筒内直径的 1/5，且不小于 50mm，故根据浮头式换热器折流板间距的系列标准，可取折流板间距为：

$$I_b = \frac{D_s}{3} = 850 / 3 = 283(\text{mm})$$

① 当换热管呈正方形排列时，其当量直径 d_e 为：

$$d_e = \frac{1.27 S^2}{d_0} - d_0 \tag{7-8}$$

式中　S ——换热管中心距，mm；

$\quad\quad d_0$ ——传热管外径，mm。

计算得：

$$d_e = \frac{1.27 \times 0.032^2}{0.025} - 0.025 = 0.027(\text{m})$$

此时选择换热管在管数上的排列方式为转角正方形排列，因为这样便于机械清洗，查 GB/T 151 可知：$S = 32\text{mm}$。

② 流过壳间最大截面积的 A_s 计算：

$$A_s = I_b D_s \left(1 - \frac{d_0}{S}\right) \tag{7-9}$$

式中　I_b ——折流板间距，m；

$\quad\quad D_s$ ——壳体内径，m；

d_0 ——管子外径，m；

S ——换热管中心距，m。

计算得：

$$A_s = 0.283 \times 0.85 \times \left(1 - \frac{0.025}{0.032}\right) = 0.053(\text{m}^2)$$

③ 壳程流速 u_1：

$$u_1 = \frac{m_1}{\rho_1 A_s} \tag{7-10}$$

式中 m_1 ——水的质量流量，m/s；

ρ_1 ——水的密度，kg/m^3；

A_s ——管间最大截面积，m^2。

计算得：

$$u_1 = \frac{20.07}{990.2 \times 0.053} = 0.4(\text{m / s})$$

④ 雷诺数：

$$Re_1 = \frac{d_{e_1} u_1 \rho_1}{\mu_1} = \frac{0.027 \times 0.4 \times 990.2}{5.958 \times 10^{-4}} = 17949$$

式中 d_{e_1} ——当量直径，m；

u_1 ——壳程流速，m/s；

μ_1 ——水的黏度，Pa·s；

ρ_1 ——水的密度，kg/m^3。

普朗特数：$Pr_1 = 1.923$。

由于 $Re \geqslant 10^5$ 故可用 Kern 法求传热膜系数：

$$\alpha_1 = 0.36 \frac{\lambda}{d_e} Re^{0.55} \times Pr^{0.33} \times 0.95 \tag{7-11}$$

计算得：

$$\alpha_1 = 0.36 \times \frac{0.635}{0.027} \times 17949^{0.55} \times 1.923^{0.33} \times 0.95 = 2182[\text{W/(m·K)}]$$

由于 a_1、a_2 都已经算出，而 $d_m = \frac{d_0 + d_i}{2} = 0.0225(\text{m})$，$b = 2.5\text{mm}$，天然气侧污垢热阻 $R_1 = 12 \times 10^{-5}$，水侧污垢热阻 $R_2 = 17.2 \times 10^{-5}$，同时，查得钢管管壁热导率 $\lambda_w = 46.9 \text{ W / (m·K)}$。

由以上条件可以算出：

$$K = \cfrac{1}{\cfrac{1}{a_1} + R_1 + \cfrac{b d_0}{\lambda_w d_m} + R_2 \cfrac{d_0}{d_i} + \cfrac{d_0}{a_2 d_i}} \tag{7-12}$$

计算得：

$$K = \cfrac{1}{\cfrac{1}{2182} + 17.2 \times 10^{-5} + \cfrac{0.0025 \times 0.025}{32.4 \times 0.0225} + 12 \times 10^{-5} \times \cfrac{0.025}{0.02} + \cfrac{0.025}{927 \times 0.02}} = 240[\text{W} / (\text{m}^2 \cdot \text{K})]$$

7.2.6　计算总传热面积

换热器的计算传热面积：

$$A_{\text{s}} = \frac{Q}{K \Delta t_{\text{m}}} = \frac{839 \times 10^3}{240 \times 27} = 129(\text{m}^2)$$

式中　Q ——总的传热量，J；

$\qquad K$ ——总传热系数，$[\text{W}/(\text{m}^2 \cdot \text{K})]$；

$\qquad \Delta t_{\text{m}}$ ——有效平均温差，℃。

考虑到实际生产的可调性，保证换热器的可靠性，一般应使换热器的面积裕度大于或等于 15%~25%，取富裕度为 15%，则实际传热面积为：

$$A_0 = 1.15 \times A_{\text{s}} = 1.15 \times 129 = 148(\text{m}^2)$$

7.2.7　换热管数及管长的确定

7.2.7.1　按单程时所需的换热管数

$$N_{\text{t}}' = \frac{m_2}{d_{\text{i}}^2 u_2 \rho_2 \dfrac{\pi}{4}} \tag{7-13}$$

计算得：

$$N_{\text{t}}' = \frac{6.85}{0.02^2 \times 6 \times 28.07 \times \dfrac{\pi}{4}} = 129$$

式中　m_2 ——天然气的质量流量，kg/s；

$\qquad d_{\text{i}}$ ——换热管内径，m；

$\qquad u_2$ ——天然气在换热管中的流速，m/s；

$\qquad \rho_2$ ——天然气的密度，kg/m³。

7.2.7.2　按单程计算所需的换热管长度

$$L = \frac{A_0}{\pi d_0 N_{\text{t}}'} \tag{7-14}$$

计算得：

$$L = \frac{148}{\pi \times 0.02 \times 129} = 18.3(\text{m})$$

式中　d_0 ——换热管内径，m；

$\qquad N_{\text{t}}'$ ——单程换热管束；

$\qquad A_0$ ——传热面积，m²。

7.2.7.3 每根换热管的长度

由于本设计已确定为四管程，又由于换热管 L 已求出，所以每根换热管长度为：

$$l = \frac{L}{N_P} = \frac{18.3}{4} = 4.6(\text{m})$$

式中　L ——计算所需换热管长度，m；

　　　N_P ——管程数。

取每根换热管长度 $l = 5\text{m}$。

7.2.7.4 换热管总根数

$$N_t = 4 \times N_t' = 4 \times 129 = 516 \, (\text{根})$$

7.2.8 换热管排列方式

7.2.8.1 采用转角正方形排列

查 GB/T 151 知，当换热管规格为 $\phi 25\text{mm} \times 2.5\text{mm}$ 时，管心距 S 为：

$$S = 1.25d_0 = 1.25 \times 25 = 32(\text{mm})$$

管束中心排管数为：

$$N_c = 1.19 \times \sqrt{N_t} \qquad\qquad （7\text{-}15）$$

计算得：

$$N_c = 1.19 \times \sqrt{516} = 25$$

7.2.8.2 壳体内径的确定

壳体内径 D_s 为：

$$D_s = S \times (N_c - 1) + 2b' \qquad\qquad （7\text{-}16）$$

计算得：

$$D_s = 32 \times (25 - 1) + 2 \times 1.5 \times 25 = 843(\text{mm})$$

式中　S ——管心距，m；

　　　N_c ——管束中心管排数；

　　　b' ——管束中心最外管中心到壳体内壁的距离，一般取 $b' = (1 - 1.5)d_0$，mm。

由壳体内径标准，可知壳体内径 $D_s = 850\text{mm}$，最小壁厚为 20mm（《换热器设计手册》表 1-6-3）。

7.2.8.3 折流板的计算

安装折流板的目的是强迫壳程流体横过管束以增加壳程流体的湍动速度和流动速度，从而增加传热系数，同时，折流板对管束还起着支撑作用，使水平放置的管束不致弯曲变形或因流体的冲击而震动。

本浮头式换热器设计采用方形折流板，由《换热器设计手册》查得，弓形折流板圆缺高度为壳体内径（折流板直径）的 10%～25%左右。

所以切去的圆缺高度：

$$h = 20\% \times D_{\text{s}} = 0.2 \times 850 = 170(\text{mm})$$

由 GB/T 151 知，折流板最小间距不小于圆筒内径的 1/5，且不小于 50mm。根据浮头式换热器折流板间距的系列标准可取折流板间距：

$$J_{\text{b}} = D_{\text{s}} / 4 = 850 / 4 = 213(\text{mm})$$

所以折流板数：

$$N_{\text{B}} = \frac{\text{传热管长}}{\text{折流板间距}} - 1 = \frac{5}{0.213} - 1 = 22(\text{块})$$

并且采用折流板圆缺面水平装配。

7.2.9　压力降的计算

流体流经换热器因流动引起的压力降，可按管程压降和壳程压降分别计算。

7.2.9.1　管程压力降

管程压力降由三部分组成，根据换热器设计手册可按下式进行计算：

$$\Delta p_2 = (\Delta p_1 + \Delta p_{\text{r}})F_{\text{t}}N_{\text{p}}N_{\text{s}} + \Delta p_{\text{n}}N_{\text{s}} \tag{7-17}$$

式中　Δp_1——流体流过直管因摩擦阻力引起的压力降，Pa；

$\quad\quad \Delta p_{\text{r}}$——流体流经回弯管中因摩擦阻力引起的压力降，Pa；

$\quad\quad \Delta p_{\text{n}}$——流体流经管箱进出口的压力降，Pa；

$\quad\quad F_{\text{t}}$——结构校正因数，对 $\phi25\text{mm} \times 2.5\text{mm}$ 的管子取为 $F_{\text{t}}=1.4$，对 $\phi19\text{mm} \times 2\text{mm}$ 的管子取为 $F_{\text{t}}=1.5$；

$\quad\quad N_{\text{p}}$——管程数；

$\quad\quad N_{\text{s}}$——串联的壳程数。

求解摩擦系数 λ_{12} 无量纲，由于 $Re_2 = 245152 \in (3 \times 10^3 \sim 3 \times 10^6)$，因此可用下面公式计算。

由《换热器设计手册》得：

$$\lambda_{12} = 0.01227 + \frac{0.7543}{Re_2^{0.38}} = 0.01227 + \frac{0.7543}{245152^{0.38}} = 0.019$$

流体流过直管因摩擦阻力引起的压力降：

$$\Delta p_1 = \lambda_{12} \frac{l}{d_{\text{i}}} \left(\frac{\rho_2 u_2^2}{2} \right) \tag{7-18}$$

计算得：

$$\Delta p_1 = 0.018 \times \frac{5}{0.02} \times \frac{28.07 \times 6^2}{2} = 2274(\text{Pa})$$

流体流经回弯管中因摩擦阻力引起的压力降：

$$\Delta p_{\text{r}} = 3 \times \left(\frac{\rho_2 u_2^2}{2} \right) \tag{7-19}$$

计算得：

$$\Delta p_r = 3 \times \frac{28.07 \times 6^2}{2} = 1516(\text{Pa})$$

流体流经管箱进出口的压力降：

$$\Delta p_n = 1.5 \times \left(\frac{\rho_2 u_2^2}{2} \right) \qquad (7\text{-}20)$$

计算得：

$$\Delta p_n = 1.5 \times \frac{28.07 \times 6^2}{2} = 758(\text{Pa})$$

综上所述：

$$\Delta p_2 = (\Delta p_L + \Delta p_r) F_t N_p N_s + \Delta p_n N_s = (2274 + 1516) \times 1.4 \times 4 \times 1 + 758 \times 1 = 21982(\text{Pa})$$

7.2.9.2　壳程的压力降

查 GB/T 151 可知，通过埃索法来计算：

$$\Delta p_0 = (\Delta p_1' + \Delta p_2') F_s N_s \qquad (7\text{-}21)$$

式中　$\Delta p_1'$ ——流体横过管束的压力降，Pa；

$\quad\quad$ $\Delta p_2'$ ——流体通过折流板缺口的压力降，Pa；

$\quad\quad$ F_s ——壳程压力降的结垢修正系数，无量纲；

$\quad\quad$ N_s ——串联的壳程数，取 N_s=1.15，对气体可取 N_s=1.0。

$$\Delta p_1' = F f_0 n_c (N_b + 1) \frac{\rho u_1^2}{2} \qquad (7\text{-}22)$$

式中　F ——管子排列方法对压力降的修正系数，对三角形排列 $F = 0.5$，对正方形排 $F = 0.3$，对转置正方形排列 $F = 0.4$；

$\quad\quad$ f_0 ——壳程流体摩擦系数，当 $Re > 500$ 时，$f_0 = 5.0 Re^{-0.228}$；

$\quad\quad$ n_c ——横过管束中心线的管子数；

$\quad\quad$ u_1 ——按壳程流通截面计算的流速，m/s；

$\quad\quad$ N_b ——折流板的数量。

本次设计管束按照正方形排列：

$$A_0 = I_b (D_s - N_c d_0)$$

式中　D_s ——壳体内径；mm；

$\quad\quad$ d_0 ——换热管内径；mm。

计算得：

$$A_0 = 0.213 \times (0.85 - 25 \times 0.025) = 0.048(\text{m}^2)$$

横过管束中心线的管子数：

$$n_c = 1.19 \sqrt{N_t} = 25$$

壳程流通截面计算的流速：

$$u_1 = \frac{m_1}{\rho_1 A_0} = \frac{20.07}{990.2 \times 0.048} = 0.42(\text{m/s})$$

壳程流体摩擦系数：

$$f_0 = 5.0 \times Re_1^{-0.228} = 5.0 \times 17949^{-0.228} \tag{7-23}$$

式中　Re_1——天然气的雷诺数。

流体横过管束压力降：

$$\Delta p_1' = F f_0 n_c (N_b + 1) \frac{\rho u_1^2}{2} \tag{7-24}$$

计算得：

$$\Delta p_1' = 0.4 \times 0.11 \times 25 \times (22 + 1) \times \frac{990.2 \times 0.42^2}{2} = 2210 \text{(Pa)}$$

流体通过折流板缺口的压力降：

$$\Delta p_2' = N_b \times \left(3.5 - \frac{2 I_b}{D_s} \right) \times \frac{\rho_1 u_1^2}{2} \tag{7-25}$$

计算得：

$$\Delta p_2' = 22 \times \left(3.5 - \frac{2 \times 0.213}{0.85} \right) \times \frac{990.2 \times 0.42^2}{2} = 5762 \text{(Pa)}$$

壳程压力降：

$$\Delta p_0 = (\Delta p_1' + \Delta p_2') F_s N_s \tag{7-26}$$

式中　D_s——壳体内径，mm；

　　　N_s——串联的壳程数；

　　　F_s——壳程压力降的结垢修正系数，无因次，对液体可用，取 $F_s = 1.15$。

计算得：

$$\Delta p_0 = (2210 + 5762) \times 1.0 \times 1 = 7972 \text{(Pa)}$$

7.2.10　换热器壁温计算

参考 GB/T 151-1。

7.2.10.1　换热管壁温计算

（1）热流体侧的壁温（天然气）

$$t_{r1} = t_1 - k \left(\frac{1}{a_1} + R_1 \right) \Delta t_m \tag{7-27}$$

计算得：

$$t_{r1} = t_1 - k \left(\frac{1}{a_1} + R_1 \right) \Delta t_m = 79.9 (\text{℃})$$

式中　t_1——天然气的平均温度，℃；

　　　k——总传热系数，$W/(m^2 \cdot K)$；

　　　R_1——天然气侧污垢热阻，$m^2 \cdot \text{℃}/W$；

　　　Δt_m——校核后的有效平均温差，℃；

　　　a_1——壳程的总传热膜系数，$W/(m^2 \cdot K)$。

（2）冷流体的壁温（水）

$$t_{r2} = t_2 - k\left(\frac{1}{a_2} + R_2\right)\Delta t_m \qquad (7\text{-}28)$$

计算得：

$$t_{r2} = \frac{40+50}{2} - 352 \times \left(\frac{1}{3472.4} + 17.2 \times 10^{-5}\right) \times 27 = 44.9(℃)$$

所以：

$$t_t = \frac{t_{r1} + t_{r2}}{2} = \frac{79.9 + 44.9}{2} = 64.9(℃)$$

7.2.10.2　圆筒壁温的计算

参考 GB/T 151。

由于圆筒外部有良好的保温层，故壳体壁温去壳程流体的平均温度为：

$$t = \frac{t_1' + t_1''}{2} = \frac{40+50}{2} = 45(℃)$$

7.3　换热器结构设计与强度计算

在确定换热器的换热面积后，应进行换热器主体结构以及零部件的设计和强度计算，主要包括壳体和封头的厚度计算、材料的选择、管板厚度的计算、浮头盖和浮头法兰厚度的计算、开孔补强计算还有主要构件的设计（如管箱、壳体、折流板、拉杆等）和主要连接（包括管板与管箱的连接、管子与管板的连接、壳体与管板的连接等），具体计算如下。

7.3.1　壳体与管箱厚度的确定

根据给定的流体的进、出口温度，选择设计温度为 220℃；设计压力为 4.6MPa。

7.3.1.1　壳体和管箱材料的选择

由于所设计的换热器属于常规容器，并且在工厂中多采用低碳低合金钢制造，因此考虑综合成本、使用条件等，选择 16MnDR 为壳体与管箱的材料。

16MnDR 是低碳低合金钢，具有优良的综合力学性能和制造工艺性能，其强度、韧性、耐腐蚀性、低温和高温性能均优于相同含碳量的碳素钢，同时采用低合金钢可以减小容器的厚度，减轻重量，节约钢材。

7.3.1.2　圆筒壳体厚度的计算

焊接方式：选为双面焊对接接头 100 ％无损探伤，故焊接系数 $\varphi = 1$。

根据 GB 6654《压力容器用钢板》和 GB 3531《低温压力容器用钢板》规定可知 16MnDR 钢板：$C_1 = 0$，$C_2 = 2\text{mm}$，材料的许用应力为 167MPa。

壳体计算厚度按下式计算为：

$$\delta = \frac{p_c D_s}{2[\sigma]\varphi - p_c} = \frac{4.6 \times 850}{2 \times 167 \times 1 - 4.6} = 11.9(\text{mm}) \qquad (7\text{-}29)$$

设计厚度：

$$\delta_{\mathrm{d}} = \delta + C_2 = 11.9 + 2 = 13.9(\mathrm{mm})$$

名义厚度（其中 Δ 为向上圆整量）：

$$\delta_{\mathrm{n}} = \delta_{\mathrm{d}} + C_1 + \Delta = 13.9 + 0 + \Delta = 16(\mathrm{mm})$$

查其最小厚度为10mm，则此时厚度满足要求，故合适。

7.3.1.3　管箱厚度计算

管箱为球冠形管箱，这是因为球冠形封头的应力分布比较均匀，且其深度较半球形封头小得多，易于冲压成形。

选用标准球冠形封头：k=1、$C_1 = 0\mathrm{mm}$、$C_2 = 2\mathrm{mm}$。

封头计算厚度：

$$\delta = \frac{pD_{\mathrm{s}}}{2[\sigma] - 0.5p} \qquad (7\text{-}30)$$

计算得：

$$\delta = \frac{4.6 \times 850}{2 \times 167 \times 1 - 0.5 \times 4.6} = 11.7(\mathrm{mm})$$

设计厚度：

$$\delta_{\mathrm{d}} = \delta + C_2 = 11.7 + 2 = 13.7(\mathrm{mm})$$

名义厚度：

$$\delta_{\mathrm{m}} = \delta_{\mathrm{d}} + C_1 + \Delta = 16(\mathrm{mm}) \quad （\Delta 为向上圆整量）$$

7.3.2　换热管的设计计算

换热管的规格为 $\phi25\mathrm{mm} \times 2.5\mathrm{mm}$，材料选为 20 钢，管长取 5m。

7.3.2.1　换热管的排列方式

换热管在管板上的排列有正三角形排列、正方形排列和转角正方形排列三种排列方式。各种排列方式都有其各自的特点。

① 正三角形排列：排列紧凑，管外流体湍流程度高。

② 正方形排列：易清洗，但给热效果较差。

③ 转角正方形排列：可以提高给热系数。

本浮头式换热器换热管选择转角正方形排列，主要是考虑这种排列便于进行机械清洗。

查 GB/T 151 可知，换热管的中心距 $S = 32\mathrm{mm}$，分程隔板槽两侧相邻管的中心距为 44mm，同时，由于换热管管间需要进行机械清洗，因此相邻两管间的净空距离 $S - d$ 不宜小于 6mm。

7.3.2.2　布管限定圆

布管限定圆 D_{L} 为管束最外层换热管中心圆直径，其由下式确定：

$$D_{\mathrm{L}} = D_{\mathrm{S}} - 2(b_1 + b_2 + b) \qquad (7\text{-}31)$$

查 GB/T 151 可知，$D_{\mathrm{i}} < 1000$，$b > 3$。取 $b = 4$，$b_1 = 3$，$b_{\mathrm{n}} = 10$。
故

$$b_2 = b_{\mathrm{n}} + 1.5 = 11.5(\mathrm{mm})$$

布管限定圆 D_L :

$$D_L = 850 - 2 \times (3 + 11.5 + 4) = 813(\text{mm})$$

7.3.2.3 排管

排管时须注意，拉杆应尽量均匀布置在管束的外边缘，在靠近折流板缺边位置处布置拉杆，其间距小于或等于 700mm。拉杆中心至折流板缺边的距离应尽量控制在换热管中心距的 $(0.5\sim1.5) \times \sqrt{3}$ 倍范围内。

多管程换热器其各程管数应尽量相等，其相对误差应控制在 10% 以内，最大不能超过 20%，相对误差计算：

$$\Delta N = \frac{N_{cp} - N_{\min(\max)}}{N_{cp}} \times 100\% \qquad (7\text{-}32)$$

式中 N_{cp} ——各程的平均管数；

$N_{\min(\max)}$ ——各程中最小或最大的管数。

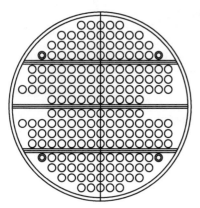

图 7-2 管束的布置

由图 7-2 可知，经过实际排管后发现，每个管程的布管数目分别是 108、108，而各管程的平均管数为 108。

7.3.2.4 换热管与管板的连接

换热管与管板的连接方式有强度焊、强度胀以及胀焊并用。

强度胀接主要适用于设计压力小于 4.0MPa，设计温度小于 300℃，操作中无剧烈振动、无过大的温度波动及无明显应力腐蚀等场合。除了有较大振动及有缝隙腐蚀的场合外，强度焊接只要材料可焊性好，它可用于其他任何场合。胀焊并用主要用于密封性能要求较高、承受振动和疲劳载荷和有缝隙腐蚀还有需采用复合管板等的场合。

在此，根据设计压力、设计温度及操作状况选择换热管与管板的连接方式为强度焊。这是因为强度焊加工简单，焊接结构强度高，抗拉脱力强，在高温高压下也能保证连接处的密封性能和抗拉脱能力。

7.3.3 管板设计计算

管板是管壳式换热器最重要的零部件之一，用来排布换热管，将管程和壳程的流体分隔开来，避免冷、热流体混合，并同时受管程、壳程压力和温度的作用。由于流体只具有轻微的腐蚀性，因此采用工程上常用的 16MnDR 整体管板。

7.3.3.1 管板与壳体的连接

由于浮头式换热器要求管束能够方便地从壳体中抽出进行清洗和维修，因而换热器固定端的管板采用可拆式连接方式，即把管板利用垫片夹持在壳体法兰与管箱法兰之间。

7.3.3.2 管板的设计计算

设计条件及参数：

换热管材料：20 钢。弹性模量： $E_t = 190800 \text{ MPa}$ 。

管板材料：16Mn 锻件。弹性模量： $E_P = 202700 \text{MPa}$ 。

壳程腐蚀裕量：$C_s = 2\text{mm}$。管程腐蚀裕量：$C_r = 2\text{mm}$。

壳程侧管板结构槽深：$h_1 = 0\text{mm}$。管程侧管板结构槽深：$h_2 = 4\text{mm}$。

管板刚度削弱系数：$\eta = 0.4$。强度削弱系数：$\mu = 0.4$。

材料在设计温度下的许用压力 $[\sigma] = 149.7\text{MPa}$，隔板槽两侧换热管之间管排中心距 $S_n = 44\text{mm}$，热管中心矩 $S = 32\text{mm}$。

隔板槽一侧排管根数：

$$n' = 34 \times 2 = 68$$

布管区未被换热管支撑的面积：

$$A_d = n'S(S_n - S) = 68 \times 32(44 - 32) = 26112(\text{mm})$$

布管区总面积：

$$A_t = nS^2 + A_d = 432 \times 32^2 + 26112 = 468480(\text{mm}^2)$$

式中　n——热管总数。

管板布管区当量直径 D_t：

$$D_t = \sqrt{\frac{4A_t}{\pi}} = \sqrt{\frac{4 \times 468480}{\pi}} = 772.3(\text{mm})$$

一根热管的金属截面积：

$$a = 176.72\text{mm}^2$$

金属截面积：

$$n \times a = 432 \times 176.72 = 76343.1(\text{mm}^2)$$

开孔后面积：

$$A_l = A_t - n\frac{\pi d^2}{4} \tag{7-33}$$

计算得：

$$A_l = 468480 - 432 \times \frac{\pi \times 25^2}{4} = 256422(\text{mm}^2)$$

系数计算：

$$\beta = \frac{na}{A_l} = \frac{76343.1}{256422} = 0.298$$

$$K_t = \frac{E_t na}{L D_t} = \frac{190800 \times 76343.1}{5000 \times 772.3} = 3772$$

式中　L——应为热管的有效长度，但由于管板厚度还未计算出，因此暂时用管子实际长度代替计算，待管板厚度计算出后再校核计算，mm。

$$\tilde{K}_t = \frac{K_t}{\eta E_p} = \frac{3772}{0.4 \times 202700} = 0.047$$

由于不能保证管程压力和壳程压力同时使用，因此管板设计压力取最大值，即 $p_d = 4.6\text{MPa}$。

$$\tilde{p}_a = \frac{p_d}{1.5\mu \times [\sigma]} = \frac{4.6}{1.5 \times 0.4 \times 149.7} = 0.0512$$

$$\frac{\tilde{K}_t^{1/3}}{\tilde{p}_a^{1/2}} = \frac{0.047^{1/3}}{0.0512^{1/2}} = 1.595$$

查图得 $C = 0.423$ 。

管板计算厚度：

$$\delta = CD_t\sqrt{\tilde{p}_a} = 0.423 \times 772.3 \times \sqrt{0.0512} = 74(mm)$$

管板名义厚度：

$$\delta_n = \delta + \max(C_s, h_1) + \max(C_r, h_2) = 74 + 2 + 4 = 80(mm)$$

换热管有效长度 L_0 ：

$$L_0 = L - 2\delta_n - 2l = 5000 - 2 \times 80 - 2 \times 1.5 = 4837(mm)$$

式中　　 l ——管段伸出长度，l=1.5mm 。

所以管板名义厚度为 80mm，换热管有效长度为 4837mm。

7.3.4　折流板的设计计算

设置折流板的目的是为了提高壳程流体的流速，增加湍动程度，并使管程流体垂直冲刷管束，以改善传热，增大壳程流体的传热系数，同时减少结构，而且在卧式换热器中还起支撑管束的作用。常见的折流板形式为弓形和圆盘-圆环形两种，其中弓形折流板有单弓形、双弓形和三弓形三种，但是工程上使用较多的是单弓形折流板。在浮头式换热器中，其浮头端宜设置加厚环板的支持板。

7.3.4.1　折流板的形式和尺寸

此时选用两端选用环形折流板，中间选用单弓形折流板，上下方向排列，这样可造成液体的剧烈扰动，增大传热膜系数。

为方便选材，可选折流板的材料选为 16MnDR，由前可知，弓形缺口高度为 170mm，折流板间距为 213mm，数量为 22 块，查 GB/T 151 可知折流板的最小厚度为 4mm，故此时其厚度为 6mm。同时查 GB/T 151 可知折流板名义外直径为：

$$D = D_s - 4.5 = 850 - 4.5 = 845.5(mm)$$

7.3.4.2　折流板排列

该台换热器折流板排列示意图见图 7-3。

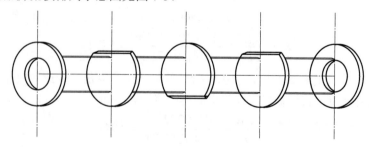

图 7-3　折流板示意图

7.3.4.3　折流板的布置

一般在管束两端的折流板要尽可能地靠近壳程进、出口管，其余的折流板按等距离的原则布置。靠近管板的折流板与管板之间的距离 S 由下式计算：

$$S = \left(L + \frac{B}{2}\right) - (b - 4) \tag{7-34}$$

式中　L——壳程接管位置的最小尺寸，mm；

$\quad\quad b$——管板的名义厚度，mm；

$\quad\quad B$——防冲板长度，无防冲板时 B 为接管的内径，mm。

计算得：

$$S = 283 + \frac{159 - 2 \times 8}{2} - (80 - 4) = 278.5 (\text{mm})$$

7.3.5　拉杆与定距管的设计计算

7.3.5.1　拉杆的结构形式

常用拉杆的形式有两种：

① 拉杆定距管结构，适用于换热管外径大于或等于 19mm 的管束，$L_2 > L_a$（L_a 按 GB/T 151 表 45 规定）；

② 拉杆与折流板点焊结构，适用于换热管外径小于或等于 14mm 的管束，$L_1 \geqslant d$；当管板比较薄时，也可采用其他的连接结构。

由于此时换热管的外径为 25mm，因此选用拉杆定距管结构。

7.3.5.2　拉杆的直径、数量及布置

其具体尺寸如图 7-4 所示。

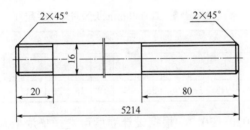

图 7-4　拉杆结构图

其中拉杆的长度 L 按需要确定。拉杆应尽量均匀布置在管束的外边缘。对于大直径的换热器，在布管区内或靠近折流板缺口处应布置适当数量的拉杆，任何折流板应不少于 3 个支承点。

对于本台换热器拉杆的布置可参照零件图。

拉杆结构参数如表 7-1 所示。

表 7-1　拉杆的参数　　　　　　　　　　　　单位：mm

拉杆的直径 d	拉杆螺纹公称直径 d_n	L_a	L_b	b	拉杆的数量
16	16	20	60	2	4

7.3.5.3　定距管

定距管的规格同换热管，其长度由实际需要确定。本台换热器定距管的布置可以参照部

件图。

7.3.6 防冲板的选取

由于壳程流体的 $\rho v^2 = 28.07 \times 4.6 = 129.1 < 740 \text{kg/(m} \cdot \text{s}^2)$ ，管程换热管流体的流速 $0.6\text{m/s} < 3\text{m/s}$ ，因此在本台换热器的壳程与管程都不需要设置防冲板。

7.3.7 保温层的设计计算

根据设计温度选保温层材料为脲甲醛泡沫塑料，其物性参数如表 7-2 所示。

表 7-2　保温层物性参数

密度/(kg/m³)	热导率/[W/(m·K)]	吸水率	抗压强度/(kg/m³)	适用温度/℃
13～20	0.0119～0.026	12%	0.25～0.5	−190～+500

7.3.8 法兰与垫片的设计计算

换热器中的法兰包括管箱法兰、壳体法兰、外头盖法兰、外头盖侧法兰、浮头盖法兰以及接管法兰，另浮头盖法兰将在下节进行计算，在此不作讨论。垫片则包括了管箱垫片和外头盖垫片。

7.3.8.1　固定端的壳体法兰、管箱法兰与管箱垫片

① 查 NB/T 47020—2012 压力容器法兰可选固定端的壳体法兰和管箱法兰为长颈对焊法兰，凹凸密封面，材料为锻件 20MnMoⅡ，其具体尺寸如表 7-3 所示。

表 7-3　DN600mm 长颈对焊法兰尺寸　　　　　　　单位：mm

DN	法兰														螺柱		对接筒体最小厚度
	D	D_1	D_2	D_3	D_4	δ	H	h	a	a_1	δ_1	δ_2	R	d	规格	数量	
850	1020	1000	926	916	913	52	96	35	21	18	16	26	12	27	M24	24	10

② 此时查 NB/T 47020—2012，根据设计温度可选择垫片型式为金属包垫片，材料为 0Cr18Ni9，其尺寸如图 7-5 和表 7-4 所示。

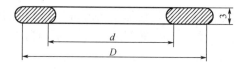

图 7-5　垫片示意图

表 7-4　管箱垫片尺寸

PN/MPa	DN/mm	外径 D/mm	内径 d/mm	垫片厚度/mm	反包厚度 L/mm
4.6	850	915	875	3	4

7.3.8.2　外头盖侧法兰、外头盖法兰与外头盖垫片、浮头垫片

外头盖法兰的形式与尺寸、材料均同上壳体法兰，凹密封面，查 NB/T 47020—2012 可知其具体尺寸如表 7-5 所示。

表 7-5　外头盖法兰尺寸　　　　　　　　　　　单位：mm

DN	法兰													螺柱		对接筒体最小厚度
	D	D_1	D_2	D_3	D_4	δ	H	h	a	a_1	δ_1	δ_2	R	d	规格	数量	
950	1110	1065	1026	1016	1013	60	96	35	21	18	16	26	12	27	M24	28	10

7.3.8.3　接管法兰形式与尺寸

根据接管的公称直径，公称压力可查 HG/T 20592～20635—2009《钢制管法兰、垫片、紧固件》，选择带颈对焊钢制管法兰，选用凹凸密封面，其具体尺寸如图 7-6 所示。

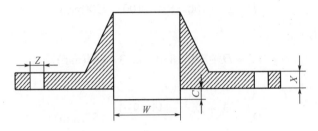

图 7-6　接管法兰尺寸图

带颈对焊钢制法兰尺寸如表 7-6 所示。

表 7-6　带颈对焊钢制管法兰　　　　　　　　　　单位：mm

公称通径 DN	钢管外径（法兰焊端外径）A		连接尺寸				螺纹 Th	法兰厚度 C	法兰颈					法兰高度 H	法兰理论质量/kg
			法兰外径 D	螺栓孔中心圆直径 K	螺栓孔直径 L	螺栓孔数量 n			N		S	R			
	A	B							A	B					
200	219.1	219	360	310	26	12	M24	30	244	244	6.3	16	8	80	17.4

7.3.9　钩圈式浮头的设计计算

本台浮头式换热器浮头端采用 B 型钩圈式浮头，其详细结构如图 7-7 所示，而浮头盖采用了球冠形封头。

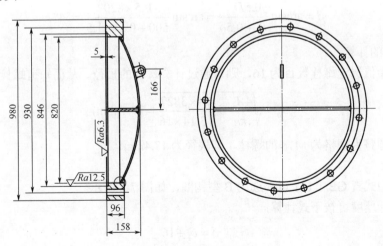

图 7-7　浮头盖尺寸图

7.3.9.1 浮头盖的设计计算

浮头盖的设计计算，取其大者为计算厚度。

浮头法兰与钩圈的外直径：

$$D_{f1} = D_s + 80 = 850 + 80 = 930 \text{(mm)}$$

浮头法兰与钩圈的内直径：

$$D_{f2} = D_s - 2(b_1 + b_n) = 850 - 2 \times (3 + 12) = 820 \text{(mm)}$$

外头盖内直径：

$$D = D_s + 100 = 850 + 100 = 950 \text{(mm)}$$

浮头管板外直径：

$$D_0 = D_s - 2b_1 = 850 - 2 \times 3 = 844 \text{(mm)}$$

螺栓中心圆直径：

$$D_b = \frac{D_0 + D_{f1}}{2} = \frac{844 + 930}{2} = 887 \text{(mm)}$$

壳程压力下浮头盖的计算：

① 球冠形封头计算厚度按下式计算：

$$\delta = \frac{5 p_t R_i}{6 [\sigma]^t \varphi} \tag{7-35}$$

为方便选材，可将浮头盖的材料选择为 16MnR，故 $[\sigma]^t = 167\text{MPa}$。选择双面焊对接接头，100%无损探伤，故 $\varphi = 1$。

$$\delta = \frac{5 \times 4.6 \times 500}{6 \times 167 \times 1} = 11.5 \text{(mm)}$$

式中　R_i——封头球面内半径，mm，按 GB/T 151 表 46 选取 $R_i = 500\text{mm}$；

　　　δ——球冠形封头的计算厚度，mm。

封头边缘处球壳中面切线与法兰环的夹角 β：

$$\beta = \arcsin \frac{0.5 D_{f2}}{R_i + 0.5\delta} = \arcsin \frac{0.5 \times 820}{500 + 0.5 \times 11.5} = 54°$$

② 螺栓的计算：

根据经验值选定螺栓数目为 16，则可通过计算螺栓的根径，从而知道螺栓的规格。

$$d_0 = \sqrt{\frac{4 A_m}{\pi n}} = \sqrt{\frac{4 \times 3827}{3.14 \times 16}} = 17.4 \text{(mm)}$$

故将其圆整为规格为 M18 的螺柱，其根径为 17.4mm。

7.3.9.2 钩圈

钩圈的型式查 GB/T 151 可知选为 B 型钩圈，如图 7-8 所示。

而其设计厚度可按下式计算：

$$\delta = \delta_1 + 16 \tag{7-36}$$

式中　δ——钩圈设计厚度，mm；

δ_1 —— 浮动管板厚度，mm。

计算得：

$$\delta = 80 + 16 = 96 \text{(mm)}$$

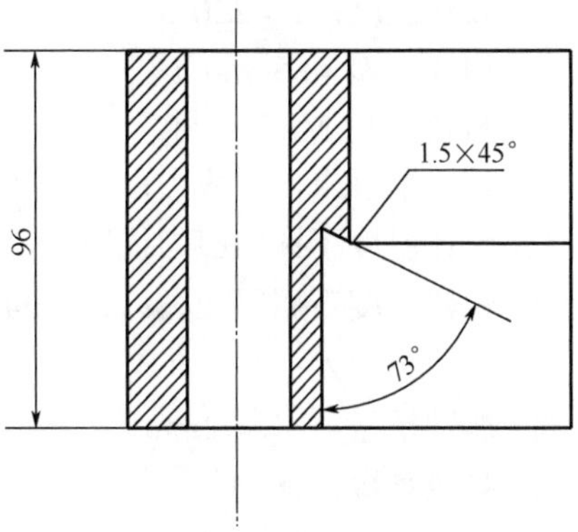

7.3.10　分程隔板的设计计算

由于是多管程换热器，因此此处需要用到分程隔板。

查 GB/T 151 可知，分程隔板槽槽深大于 4mm，槽宽为 12mm，且分程隔板的最小厚度为 8 mm。

7.3.11　接管的最小位置

图 7-8　钩圈

在换热器设计中，为了使传热面积得以充分利用，壳程流体进、出口接管应尽量接近两端管板，而管箱进、出口接管尽量靠近管箱法兰，可缩短管箱、壳体长度，减轻设备重量。然而，为了保证设备的制造安装，管口距地的距离也不能靠得太近，它受到最小位置的限制。

7.3.11.1　壳程接管位置的最小尺寸

$$L \geqslant \frac{D}{2} + b - 4 + C \tag{7-37}$$

式中　C —— 补强圈外边缘至管板与壳体连接焊缝之间的距离，C 大于 $4S$（S 为壳体厚度，mm）；

　　　D —— 补强圈外圆直径，mm；

　　　b —— 管板厚度，mm。

$$L \geqslant \frac{500}{2} + 80 - 4 + 64 = 390 \text{(mm)}$$

7.3.11.2　管箱接管位置的最小尺寸

$$L \geqslant \frac{D}{2} + h + C \tag{7-38}$$

式中　C —— 补强圈外边缘至管板与壳体连接焊缝之间的距离，mm；

　　　D —— 补强圈外圆直径，mm；

　　　h —— 法兰高度，h=75mm。

计算得：

$$L \geqslant \frac{500}{2} + 75 + 64 = 389 \text{(mm)}$$

7.4　强度设计

7.4.1　筒体计算

7.4.1.1　计算条件

计算压力：$p_c = 4.6 \text{MPa}$。

设计温度：$t = 220℃$。

内径：$D = 850\text{mm}$。

材料：16 MnR 板材。

试验温度下许用应力：$[\sigma] = 170\text{MPa}$。

设计温度下许用应力：$[\sigma]_t = 167\text{MPa}$。

试验温度下屈服应力：$\delta_s = 345\text{MPa}$。

钢板负偏差：$C_1 = 0$。

腐蚀裕量：$C_2 = 2\text{mm}$。

焊接系数：$\varphi = 1$。

筒体名义厚度：$\delta_n = 16\text{mm}$。

管箱筒体的有效厚度：$\delta_e = 16\text{mm}$。

7.4.1.2　应力校核

设计厚度下管箱筒体的计算应力：$\delta_t = 147\text{MPa}$。

$$\delta_t = 147 < [\sigma]_t = 167\text{MPa}$$

所以校核合格。

7.4.2　前端管箱筒体计算

7.4.2.1　计算条件

计算压力：$p_c = 2.5\text{MPa}$。

设计温度：$t = 300℃$。

内径：$D = 850\text{mm}$。

材料：16 MnR 板材。

试验温度下许用应力：$[\sigma] = 170\text{MPa}$。

设计温度下许用应力：$[\sigma]_t = 167\text{MPa}$。

试验温度下屈服点：$\delta_s = 345\text{MPa}$。

钢板负偏差：$C_1 = 0$。

腐蚀裕量：$C_2 = 2\text{mm}$。

计算厚度：$\delta = 11.9\text{mm}$。

有效厚度：$\delta_n = 13.9\text{mm}$。

名义厚度：$\delta_m = \delta_n + \varDelta = 16\text{mm}$。

7.4.2.2　应力校核

最大允许工作压力$[p_w] = 5.4\text{MPa}$。

设计温度下计算应力$\delta = 140\text{MPa}$。

校核$\delta \leqslant [\delta]_t$，所以设计合格。

7.4.3　前端管箱封头计算

7.4.3.1　计算条件

计算压力：$p_c = 4.6\text{MPa}$。

设计温度：$t = 220℃$。

内径：$D = 850\text{mm}$。

材料：16MnR 板材。

试验温度下许用应力：$[\sigma] = 170\text{MPa}$。

设计温度下许用应力：$[\sigma]_t = 167\text{MPa}$。

试验温度下屈服点：$\delta_s = 345\text{MPa}$。

钢板负偏差：$C_1 = 0$。

腐蚀裕量：$C_2 = 2\text{mm}$。

焊接系数：$\varphi = 1$。

曲面高度：$h_i = 170\text{mm}$。

7.4.3.2　压力校核

最大允许工作压力：$[p_w] = 5.4\text{MPa}$。

校核：$[p_w] > p_c$，所以设计合格。

7.4.4　后端管箱侧封头计算

7.4.4.1　计算条件

计算压力：$p = 4.6\text{MPa}$。

设计温度：$t = 220\text{℃}$。

内径：$D = 950\text{mm}$。

材料：16 MnR 板材。

试验温度下许用应力：$[\sigma] = 170\text{MPa}$。

设计温度下许用应力：$[\sigma]_t = 167\text{MPa}$。

试验温度下屈服点：$\delta_s = 345\text{MPa}$。

钢板负偏差：$C_1 = 0$。

腐蚀裕量：$C_2 = 2\text{mm}$。

焊接系数：$\varphi = 1$。

曲面高度：170mm。

7.4.4.2　压力计算

最大允许工作压力：$[p_w] = 5.2\text{MPa}$。

校核：$[p_w] \geqslant p$，所以设计合格。

7.5　换热器的腐蚀、制造与检验

7.5.1　换热器的腐蚀

换热器腐蚀的主要部位是换热管、管子与管板连接处、管子与折流板交界处、壳体等。腐蚀原因如下所述。

7.5.1.1　换热管腐蚀

由于介质中污垢、水垢以及入口介质的涡流磨损，易使管子产生腐蚀，特别是在管子入口端的 40～50mm 处的管端腐蚀，这主要是与流体在死角处产生涡流扰动有关。

7.5.1.2 管子与管板、折流板连接处的腐蚀

换热管与管板连接部位及管子与折流板交界处都有应力集中，容易在胀管部位出现裂纹。管子与折流板交界处的破裂，往往是由于管子长，折流板多，管子稍有弯曲，容易造成管壁与折流板处产生局部应力集中，加之间隙的存在，故其交界处成为应力腐蚀的薄弱环节。

7.5.1.3 壳体腐蚀

由于壳体及附件的焊缝质量不好也易发生腐蚀，当壳体介质为电解质，壳体材料为碳钢，管束用折流板为铜合金时，易产生电化学腐蚀，把壳体腐蚀穿孔。

7.5.2 换热器的制造与检验

7.5.2.1 总体制造工艺

制造工艺：选取换热设备的制造材料及牌号，进行材料的化学成分检验，力学性能合格后，对钢板进行矫形，方法包括手工矫形、机械矫形及火焰矫形。

具体过程为：备料—划线—切割—边缘加工（探伤）—成形—组对—焊接—焊接质量检验—组装焊接—压力试验。

7.5.2.2 换热器质量检验

化工设备不仅在制造之前对原材料进行检验，而且在制造过程中也要随时进行检查，即质量检验。设备制造过程中的检验，包括原材料的检验、工序间的检验及压力试验，具体内容如下：

① 原材料和设备零件尺寸和几何形状的检验；

② 原材料和焊缝的化学成分分析、力学性能分析试验、金相组织试验，总称为破坏试验；

③ 原材料和焊缝内部缺陷的检验，其检验方法是无损检测，它包括射线检测、超声波检测磁粉检测、渗透检测等；

④ 设备试压，包括水压试验、介质试验、气密性试验等。

7.5.2.3 管箱、壳体、头盖的制造与检验

① 壳体在下料和辊压过程中必须小心谨慎，因为筒体的椭圆度要求较高，这主要是为了保证壳体与折流板之间有合适的间隙；

② 管箱内的分程隔板两侧全长均应焊接，并应具有全焊透的焊缝；

③ 用板材卷制圆筒时，内直径允许偏差可通过外圆周长加以控制，其外圆周允许上偏差为10mm，下偏差为零；

④ 圆筒同一断面上，最大直径与最小直径之差为 $e \leqslant 0.5\%\,DN$ ，且由于 $DN \geqslant 1200\text{mm}$ ，则其值 $\leqslant 5\text{mm}$ ；

⑤ 圆筒直线度允许偏差为 $L/1000$ （ L 为圆筒总长），且由于此时 $L = 1600\text{mm}$ ，则其值 $\leqslant 4.5\text{mm}$ ；

⑥ 壳体内壁凡有碍管束顺利装入或抽出的焊缝均应磨至与母材表面齐平；

⑦ 在壳体上设置接管或其他附件而导致壳体变形较大，影响管束顺利安装时，应采取防止变形措施；

⑧ 由于焊接后残余应力较大，因此管箱和封头法兰等焊接后，须进行消除应力热处理，最后再进行机械加工。

7.5.2.4　换热管的制造与检验

① 加工步骤：下料—校直—除锈（清除氧化皮、铁锈及污垢等杂质）。

② 换热管为直管，因此应采用整根管子而不允许有接缝。

③ 由于换热管的材料选为 20 钢，因此其管端外表面也应除锈，而且因为采用焊接方法，所以管端清理长度应不小于管外径，且不小于 25mm 。

7.5.2.5　管板与折流板的制造与检验

① 管板在拼接后应进行消除应力热处理，且管板拼接焊缝须经 100% 射线或超声波探伤检查。

② 由于换热管与管板采用焊接连接，因此管孔表面粗糙度 Ra 值不大于 25μm 。

③ 管板管孔加工步骤：下料—校平—车削平面外圆及压紧面—划线—定位孔加工—钻孔—倒角。

④ 管板钻孔后应抽查不小于 60° 管板中心角区域内的管孔，在这一区域内允许有 4% 的管孔上偏差比规定数值大 0.15mm 。

⑤ 折流板管孔加工步骤：下料—去毛刺—校平—重叠、压紧—沿周边点焊—钻孔（必须使折流板的管孔与管板的管孔中心在同一直线上）—划线—钻拉杆—加工外圆。

⑥ 折流板外圆表面粗糙度 Ra 值不大于 25μm ，外圆面两侧的尖角应倒钝。

⑦ 应去除管板与折流板上任何的毛刺。

7.5.2.6　换热管与管板的连接

① 连接部位的换热管和管板孔表面应清理干净，不应留有影响胀接或焊接连接质量的毛刺、铁屑、锈斑、油污等。

② 焊接连接时，焊渣及凸出于换热管内壁的焊瘤均应清除。焊缝缺陷的返修，应清除缺陷后焊补。

7.5.2.7　管束的组装

组装过程：将活动管板、固定管板和折流板用拉杆和定距管组合；调整衬垫使管板面与组装平台垂直，并使固定管板、活动管板与折流板的中心线一致，然后一根一根地插入传热管。

组装时应注意：

① 两管板相互平行，允许误差不得大于 1mm ；两管板之间长度误差为 ±2mm ；管子与管板之间应垂直。

② 拉杆上的螺母应拧紧，以免在装入或抽出管束时，因折流板窜动而损伤换热管。

③ 穿管时不应强行敲打，换热管表面不应出现凹瘪或划伤。

④ 除换热管与管板间以焊接连接外，其他任何零件均不准与换热管相焊。

7.5.2.8　管箱、浮头盖的热处理

碳钢、低合金钢制的焊有分程隔板的管箱和浮头盖以及管箱的侧向开孔超过 1/3 圆筒内径的管箱，在施焊后应作消除应力的热处理，设备法兰密封面应在热处理后加工。

7.5.2.9　换热器水压试验

水压试验的目的是为了检验换热器管束单管有否破损，胀口有否松动，所有法兰接口是否严密。而不同管壳式换热器的水压试验的顺序不一样，因此在此特别说明一下浮头式换热器的水压试验顺序：

① 用试验压环和浮头专用试压工具进行管头试压：管束装入壳体后，在浮头侧装入试

压环，在管箱侧装试压法兰或将管箱平盖卸下用管箱代替也可以，然后对壳程试压，检查胀口是否泄漏，如果从管板的某个管口滴水，则该管已经破损，由现场技术人员决定更换新管或堵死。

②　管程试压：将浮头侧试压环卸掉，清理净浮头封面，将浮头上好，管箱侧将管箱或平盖清理换垫安装，然后对管程加压，检查浮头钩圈密封及管箱法兰结合处有无泄漏。

③　壳程试压：安装壳体封头，对壳体加压，检查封头接口有无泄漏。

参考文献

［1］朱聘冠. 换热器原理及计算 ［M］. 北京：清华大学出版社，1987.

［2］史美中，王中铮. 热交换器原理与设计 ［M］. 北京：东南大学出版社，1996.

［3］钱颂文. 换热器设计手册 ［M］. 北京：化学工业出版社，2003.

［4］章熙民，梅飞鸣. 传热学 ［M］. 北京：中国建筑工业出版社，2007.

［5］董大勤. 化工设备机械基础 ［M］. 北京：化学工业出版社，1990.

［6］尾花英朗. 热交换器设计手册 ［M］. 徐中权，译. 北京：石油工业出版社，1982.

［7］GB 150.

［8］GB/T 151.

［9］顾芳珍，陈国桓. 化工设备设计基础 ［M］. 天津：天津大学出版社，1997.

［10］黄振仁，魏新利. 过程装备成套技术 ［M］. 北京：化学工业出版社，2001.

第8章
螺旋板式换热器的设计计算

　　螺旋板式换热器（图 8-1）是以螺旋体为换热元件的高效换热设备，在化工、石油、轻工等许多工业部门有着广泛应用。它分为可拆和不可拆两种结构形式，螺旋体用两张平行的钢板卷制而成，具有使介质通过的螺旋通道。

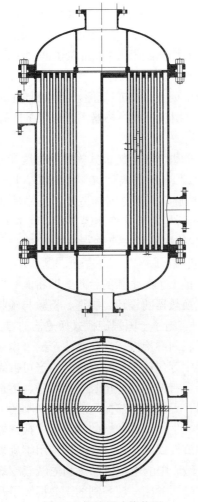

图 8-1　螺旋板式换热器

LNG 螺旋板式换热器的设计参照《不可拆螺旋板式换热器型式与基本参数》和 GB150《压力容器》进行螺旋体的几何设计和强度计算以及螺旋板换热器的结构设计。采用的常规设计法设计的不可拆螺旋板式换热器，实现了气-液流体在两螺旋通道内的全逆流低温差换热，并在强度计算时采用增加定距柱数目的方法提高了螺旋体的强度和高度，从而提高了整个设备的承压能力。

8.1 概述

8.1.1 螺旋板换热器的发展概况

1930 年瑞典"Rosenblad"公司首先提出了螺旋板式换热器的结构，并很快投入了批量生产，取得了专利权。此后英国的 APV 公司、美国的 AHRCO 公司和 Union Carbide 公司、德国的 ROCA 公司、日本的"大江""川化"公司以及荷兰、捷克、苏联等也相继设计制造出同类产品。日本的螺旋板式换热器制造是在第二次世界大战后兴起的，各公司都制定了自己的系列标准。苏联在 1966 年颁布了螺旋板式换热器的国家标准ГОСТ 2067—66。

我国从 20 世纪 50 年代开始在化工领域使用螺旋板式换热器，到 20 世纪 60 年代中期，由于采用了卷床卷制，因此提高了产品质量并能批量生产。1970 年原一机部通用机械研究所、苏州化工机械厂开始进行标准化、系列化工作，随后与原大连工学院协作对螺旋板式换热器的传热和流体阻力进行了系统的研究。1973 年原一机部制定标准 JB 1287—73，并由原一机部通用机械研究所负责编制了《螺旋板式换热器图纸选用手册》，对螺旋板式换热器的应用和推广起了很大的推动作用。

随着原南京化工学院和广西大学在螺旋板式换热器强度和刚度研究的进展，螺旋板式换热器的设计更加系统化。20 世纪 80 年代末至 90 年代中期，机械工业部合肥通用机械研究所先后制定了 JB/TQ 724—89《螺旋板式换热器制造技术条件》、JB 53012《螺旋板式换热器制造质量分等》、JB/T 4723《不可拆螺旋板式换热器型式与基本参数》、JB/T 6919《螺旋板式换热器性能试验方法》，形成了我国螺旋板式换热器的整个体系框架。1991～1997 年机械部合肥通用机械研究所、苏州化工机械厂联合完成了基金课题"大型可拆螺旋板式换热器的研制"，将我国螺旋板式换热器的水平推上了一个新的台阶。即将颁布的综合性行业标准《螺旋板式换热器》标志着我国螺旋板式换热器的设计、制造、检验与验收更加规范化。

1997 年由机械工业部组织实施了全国螺旋板式换热器的首次质量监督检查，这次螺旋板式换热器产品质量统检反映了我国螺旋板式换热器生产的节本格局。江苏省是我国螺旋板式换热器生产最密集的地区，其中苏州化工机械厂擅长生产可拆螺旋板式换热器，是我国加工螺旋板设备最完善的企业；无锡雪浪铆焊厂擅长生产酒精、溶剂、变压器油冷却、重油加热系统的螺旋板式换热器换热器；无锡市换热器厂擅长生产制药、双氧水领域的螺旋板式换热器。而广东佛山化工机械厂擅长生产烧碱领域的螺旋板式换热器；北京四季青换热器厂擅长生产采暖供热、油田领域的螺旋板式换热器。在我国使用螺旋板式换热器是从 20 世纪 50 年代中期开始，当时主要用于烧碱厂中的电解液加热和浓碱液冷却。60 年代，我国机械制造部门设计、制造了卷制螺旋板的专用卷床，使卷制的工效提高了几十倍，为推广应用螺旋板式换热器创造了良好的条件。自 1968 年第一机械工业部在苏州召开的螺旋板式和固定管板式换热器系列审交会议后，国内已有多家制造厂生产了这种换热器，其在我国得到了迅速推广应用。

8.1.2　螺旋板换热器的优缺点

（1）传热效率高

由于螺旋板换热器具有螺旋通道，流体在通道内流动，在螺旋板上焊有保持螺旋通道宽度的定距柱或冲压出的定距泡，在螺旋流动的离心力作用下，能使流体在较低的雷诺数时发生湍流。考虑到压力降不致过大，所以合理地选择通道宽度和流体流速是较重要的，设计时一般可选择较高的流速，这样可使流体分散度高，接触好，有利于提高螺旋板换热器的换热效率。

（2）能有效地利用流体的压头损失

螺旋板式换热器中的流体，虽然没有流动方向的剧烈变化和脉冲现象，但因螺旋通道较长，螺旋板上又焊有定距柱，在一般情况下，这种换热器的流体阻力比管壳式换热器更大一些，但他与其他类型的换热器相比，由于流体在通道内是作均匀的螺旋流动，其流体阻力主要发生在流体与螺旋板的摩擦上，而这部分阻力可以造成流体湍流，因此相应地增加了给热系数，这就说明了螺旋板换热器能更有效地利用流体的压头损失。

（3）不易堵塞

在螺旋板换热器中，由于介质走的是单一通道，而它的允许速度可以比其他类型的换热器高，污垢不易沉积，如果通道内某处沉积了污垢，则此处的通道截面积就会减小，在一定的流量下，如截面积减小，局部的流速就相应地提高，对污垢区域起冲刷的作用，而在管壳式换热器中，如果一根管子有污垢沉积，此管的局部阻力增大，则流量受到限制，流速降低，介质就向其他换热管分配，使换热器内每根管子的阻力重新平衡，使得沉积了的污垢的管子的流速越来越低，越易沉积，最后完全堵死。

（4）能利用低温热源，并能精确控制出口温度

为了提高螺旋板换热器的传热效率，就要求提高传热推动力。当两流体在螺旋通道内采用全逆流操作时，两流体的对数平均温度差就较大，有利于传热。从换热器设计中采用的经验数据进行分析，螺旋板换热器允许的最小温差为最低。在两流体温差为 3℃的情况下仍可以进行热交换。螺旋板换热器具有两个较长的均匀螺旋通道，介质在通道中可以进行均匀的加热和冷却，所以能够精确地控制其他出口温度。

（5）结构紧凑

一台直径为 1.5m、宽为 1.8m 的螺旋板换热器，其传热面积可以达到 200m^2，而单位面积的传热面积约为管壳式换热器的 3 倍。

（6）密封结构可靠

目前使用的螺旋板换热器两通道一般采用焊接密封。所以只要保证焊接质量，就能保证两介质之间不会产生泄漏。在螺旋板换热器内的的介质与大气的密封采用法兰连接密封结构。这种密封方法是很可靠的。

（7）温差应力小

螺旋板换热器允许膨胀，由于它有两个较长的螺旋形通道，当螺旋体受热或冷却后，可像钟表内发条一样伸长或收缩。而螺旋体各圈之间都是一侧为热流体，另一侧为冷流体，最外圈与大气接触。在螺旋体之间的温差没有管壳式换热器中的管子与壳体之温差那样明显，因此不会产生大的温差应力。在国内外使用的螺旋板换热器实例中使用在两介质温差很大的场合，还未发现有较大的温差应力存在。

（8）热损失少

由于结构紧凑，即使换热器的传热面积很大，它的外表面积还是较小的，且接近常温的流体是从最外边边缘处的通道流出，因此一般不需要保温。

（9）制造简单

螺旋板换热器与其他类型的换热器相比，制造工时为最少，机械加工量小，材料主要是板材，容易卷制，制造成本低。

（10）承受能力受限制

螺旋板换热器一般都按每一通道的额定压力设计。由于螺旋板的直径较大、厚度较小、刚度差，每一圈均承受压力，当两通道间的压力差达到一定程度，亦即达到或接近临界压力时，螺旋板就会被压坏而丧失稳定性。

（11）修理困难

螺旋板换热器虽不易泄漏，但由于结构上的限制，一旦产生泄露是不易修理的，往往只能整台报废，因此对于具有腐蚀性的介质，应选用耐腐蚀性好的材料。

（12）通道的清洗

由于螺旋通道一般较窄，螺旋板上焊有维持通道宽度的定距柱，使机械清洗困难。主要的清洗方法有热水冲洗、酸洗和蒸汽吹洗三种，国内多采用蒸汽吹洗。

8.2 传热工艺计算

8.2.1 设计参数及任务

本章的任务是设计 LNG 螺旋板换热器，其两通道的流体为天然气和冷却水（工业循环用水），实现的热交换是气-液热交换且两通道的设计压力为 0.1MPa。根据前述螺旋板式换热器的三种形式的特点知道，Ⅰ型螺旋板式换热器主要是用于液-液的传热，使用的公称压力在 2.5MPa 以下；Ⅱ型螺旋板式换热器主要用于气-液的热交换，使用压力为 1.6MPa；Ⅲ型螺旋板式换热器主要用于蒸汽冷凝，使用的公称压力为 1.6MPa。由于三种形式的螺旋板式换热器的使用公称压力差别不大，而主要表现在对物料的选择上，因此为了更好地完成流体之间的传热工艺设计，本次设计的螺旋板式换热器为Ⅱ型结构。相关设计参数见表 8-1。

表 8-1 螺旋板式换热器设计参数表

参 数	通道 1	通道 2
流体名称	天然气	冷却水
总流量/(kg/h)	4656.67（1164.2 每台）	
工作温度（进/出）/℃	105/40	36/90
操作压力/MPa	0.1	0.1

8.2.2 确定设计方案

（1）螺旋板换热器的分类

根据通道布置的不同和使用的条件，螺旋板换热器可以分成三种形式：

Ⅰ型：它的主要特点是螺旋通道的两端全部垫入密封条后焊接密封，两流体都是呈螺旋流动，冷流体从外周沉向中心排出，热流体由中心沿螺旋流向外周排出，这种形式的换热器称为Ⅰ型。Ⅰ型螺旋板换热器适用于对流传热，主要用于液-液流体的传热。在液-液热交换中，还可以用来加热和冷却高黏度的液体。这是由于单流道的特点流动分布情况较好。它还用来满足精确控制温度的要求。除上述情况外，它还可用来冷却气体或冷凝蒸汽但受到通道断顶的限制，所以只能用在流量不大的场合，目前使用的公称压力在 $25 \times 10^5 \mathrm{Pa}$ 以下。

Ⅱ型：这种换热器的主要特点是螺旋通道两端面交错焊死。两端面的密封采用顶盖加垫片的密封结构，螺旋体由两端分别进行机械清洗，Ⅱ型螺旋板换热器为可拆式，主要用于气-液的热交换，使用压力为 $16 \times 10^5 \mathrm{Pa}$。

Ⅲ型：该换热器的特点是一个通道的两端全焊死，另一通道的两端全敞开。一种流体在全焊死的通道内由周边转到中心，然后再转到另一周边流出。另一种流体只作轴向流动。这种结构主要用于蒸汽冷凝。蒸汽由顶部端盖进入，经由敞开通道向下作轴向流动而被冷凝，冷凝液由底部排出。这种换热器适用于两流体流量较大的情况使用的公称压力为 $16 \times 10^5 \mathrm{Pa}$。

（2）设计计算中应考虑的问题

① 流体流动路程的选择 为了提高螺旋板式换热器的传热效率，在确定流向的时候，我们应该考虑以下的因素：

a. 使两流体呈全逆流状态，提高两流体的对数平均温差，以增大传热的推动力，使传热效果更好；

b. 使直径较大的外圈螺旋板承受较小的压力，直径较小的内圈螺旋板承受较大的压力，以改善两螺旋板的受力状态；

c. 使螺旋通道不易堵塞，并且便于清洗，这涉及定距柱（或定距泡）的布置问题。目前定距柱多采用等边三角形排列的方式，因为这种排列比按正方形排列能有效地干扰流体的流动，使其易产生湍流，从而提高传热效率。

② 流体流速的选择 增大流速能提高雷诺数，亦即提高给热系数 α 值，从而提高了换热器的总传热系数 K 值，使所需要的换热面积 F 减少，还可以减少污垢沉积在螺旋通道中的可能性。由流体力学可知，流体压力降与流速的二次方成正比。因此，增大流速，流体压力降随之增加，所以选择流速时应综合考虑，选择最经济的流速，这往往需要用几种方案进行计算比较方能确定。

提高流速后，如果增大的给热系数对总传热系数 K 值起着决定性的影响，这时提高流速就有实际意义了。由于螺旋通道一般较长，因此通道越长，沿程阻力也越大，故选择流速时，只要能使流体在通道内形成湍流，这样就既能提高流体对流传热效率，也可降低阻力损失，减少动力消耗。

（3）确定设计方案和流体的流动形式

通过对以上螺旋板换热器的几种类型的特点的比较以及对设计中应考虑的问题结合本设计的流体流动形式和操作压力分析后，本设计选择Ⅱ型螺旋板换热器来满足工艺上的要求，并使流体呈对流状态。

8.2.3 传热量的计算

流体受到单独加热或冷却而不发生相态变化时，流体所放出或吸入的热量由公式（8-1）计算：

$$Q_1 = W_1 c_{p1}(T_1 - T_2) \tag{8-1}$$

式中 Q_1 ——热流体天然气放出的热量，W；

W_1 ——热流体天然气的质量流量，kg/s；

c_{p1} ——热流体的定压比热容，J/(kg·℃)；

T_1 ——热流体的进口温度，℃；

T_2 ——热流体的出口温度，℃。

已知：热流体的质量流量 $W_1 = 1164.2\,kg/h = 0.323\,kg/s$ ；热流体入口温度 $T_1 = 105℃$ ；热流体出口温度 $T_2 = 40℃$ 。确定热流体的物性数据如下：

热流体的定性温度：本设计针对低黏度的气体，所以定性温度可取流体进出口温度的平均值。

$$T_A = (T_1 + T_2) / 2 = (105 + 40) / 2 = 72.5(℃)$$

由已知条件可知72.5℃时天然气的物理参数分别为：

密度： $\rho_1 = 0.5588\,kg/m^3$ 。

定压比热容： $c_{p1} = 2415\,J/(kg·℃)$ 。

热导率： $\lambda_1 = 0.0427\,W/(m·℃)$ 。

黏度： $\mu_1 = 3.5 \times 10^{-5}\,Pa·s$ 。

将已知数据代入公式（8-1）得：

$$Q_1 = W_1 c_{p1}(T_1 - T_2) = 0.323 \times 2415 \times (105 - 40) = 50762(W)$$

因为在这里传热过程中热流体放出的热量等于冷流体吸收的热量，所以：

$$Q_{放} = Q_{吸} = Q_1 = 50762\,W$$

8.2.4   螺旋通道与当量直径的计算

由查相关参数表知：常压气体速度推荐值为5～30m/s。

设在本设计中天然气的流速 $u_1 = 20m/s$ ，则天然气的体积流量为：

$$V_1 = W_1 / \rho_1 = 0.323 / 0.5588 = 0.578(m^3/s)$$

所以天然气通道的截面积为：

$$F_1 = V_1 / u_1 = 0.578 / 20 = 0.0289(m^2)$$

根据工艺条件一般通道宽度取5～20mm，所以本设计取 $b_1 = 20mm$ 。

因为

$$b_1 = F_1 / H \tag{8-2}$$

式中： H ——螺旋板宽度，m。

所以由公式（8-2）可得：

$$H = F_1 / b_1 = 0.0289 / 0.02 = 1.445(m)$$

所以热程通道的当量直径 d_{e1} 为：

$$d_{e1} = 2Hb_1 / (H + b_1) \tag{8-3}$$

将已知数据代入（8-3）得：

$$d_{e1} = 2 \times 1.445 \times 0.02 / (1.445 + 0.02) = 0.0394(m)$$

由于 $Q_{放} = Q_{吸} = Q_1 = 50762W$ ：

$$Q_{吸} = W_2 c_{p2}(t_2 - t_1) \tag{8-4}$$

式中　$Q_{吸}$ ——冷流体的吸热量，W；

W_2 ——冷流体的质量流量，kg/s；

c_{p2} ——冷流体的定压比热容，J/(kg·℃)；

t_2 ——冷流体的出口温度，℃；

t_1 ——冷流体的进口温度，℃。

由已知条件知：

$$c_{p2} = 4178 \text{ J/(kg·℃)}$$

$$t_2 = 90℃$$

$$t_1 = 36℃$$

将已知数据代入公式（8-1）得：

$$Q_{吸} = W_2 c_{p2}(t_2 - t_1) = W_2 \times 4178 \times (90 - 36) = 50762(W)$$

同理，冷流体的质量流量 W_2 为：

$$W_2 = \rho_2 V_2 = 0.224 \text{kg/s} \tag{8-5}$$

式中　ρ_2 ——冷流体的密度，ρ_2=998kg/m³ ；

V_2 ——冷流体的体积流量，m³/s。

将已知数据代入公式（8-5）得：

$$V_2 = 0.00023 \text{m}^3/\text{s}$$

设水的流速为：

$$u_2 = 2\text{m/s}$$

通道的截面积 F_2 为：

$$F_2 = V_2 / u_2 = 0.00023 / 2 = 0.00014(\text{m}^2)$$

通道宽度：

$$b_2 = F_2 / H = 0.00014 / 1.445 = 0.0009(\text{m})$$

所以冷程通道的当量直径为：

$$d_{e2} = 2Hb_2 / (H + b_2) \tag{8-6}$$

将已知数据代入公式（8-6）得：

$$d_{e2} = 2 \times 1.445 \times 0.0009 / (1.445 + 0.0009) = 0.002(\text{m})$$

8.2.5　雷诺数 *Re* 和普朗特数 *Pr*

天然气（热程）通道雷诺数：

$$Re_1 = d_{e1}u_1\rho_1 / \mu_1 \tag{8-7}$$

将已知数据代入公式（8-7）得：

$$Re_1 = 0.0394 \times 20 \times 0.5588 / 3.5 \times 10^{-5} = 12580$$

天然气的普朗特准数：

$$Pr_1 = c_{p1}\mu_1 / \lambda_1 \tag{8-8}$$

将已知数据代入公式（8-8）得：

$$Pr_1 = 2415 \times 3.5 \times 10^{-5} / 0.0427 = 1.98$$

式中　d_e——通道的当量直径，m；

　　　μ——流体的黏度，Pa·s；

　　　u——流体的速度，m/s；

　　　ρ——流体的密度，kg/m³；

　　　λ——流体的热导率，W/(m·℃)。

冷程通道的雷诺数 Re_2 由式（8-7）得：

$$Re_2 = d_{e2}u_2\rho_2 / \mu_2 \tag{8-9}$$

将已知数据代入式（8-9）可得：

$$Re_2 = 0.002 \times 2 \times 988.1 / 0.555 \times 10^{-3} = 7121.4$$

冷流体的普兰特准数 Pr_2 由式（8-8）得：

$$Pr_2 = c_{p2}\mu_2 / \lambda_2 \tag{8-10}$$

将已知数据代入式（8-10）可得：

$$Pr_2 = 4178 \times 0.555 \times 10^{-3} / 0.647 = 3.584$$

8.2.6　给热系数 α 的计算

因为构成传热面的螺旋形通道，考虑到螺旋板式换热器的强度和刚度，并使其传热效果较好，通常在螺旋板上安装了一定数目的定距接管。由于通道不是直线状而是螺旋形，因此，通道传热系数的计算就要考虑到上述的情况。由于流体在换热器中是对流传热，而对流传热的关键是通道中流体的流动状态，流体的扰动越激烈，传热就越好。流体在通道中扰动的激烈程度与流体的流速、物理性能及通道的几何形状有关，这些关系用一个相似准数雷诺数来表示。在圆形截面的直管中，当雷诺数 $Re \geqslant 10000$ 时，流体为湍流状态，这个数称为临界雷诺数。但对螺旋板式换热器，它的通道为矩形截面，在这种情况下的临界雷诺数是多少呢？从已发表的文献资料来看，对达到湍流时的临界雷诺数的大小有不同的看法。目前来说，很难准确地定出一个达到湍流时的雷诺数，近年来，我国一些研究单位用 DIHn-B09ltor 公式计算湍流状态下的传热系数，临界雷诺数按 $Re=6000$，其计算结果与试验结果相近似，因此，推荐湍流状态下的临界雷诺数按 $Re=6000$ 计算。

计算螺旋板换热器的传热系数的推荐公式是在圆形直管计算公式的基础上，考虑到螺旋矩形通道的影响，用一个含有当量直径 d_e 的参数进行修正而得出计算螺旋板式换热器的传热器的传热系数的公式。

由前面计算出来所得的雷诺数 Re 可以看出 Re_1 和 Re_2 均大于 6000，属于湍流状态，下面就按湍流状态下流体无相变的计算公式计算冷却介质和被冷却介质热传热系数 α：

$$\alpha = 0.023 \times \left(1 + 3.54\frac{d_e}{D_m}\right)\frac{\lambda}{d_e}Re^{0.8}pr^m \tag{8-11}$$

式中　D_m——螺旋通道的平均直径，m，计算见式（8-12）；

　　　d_e——通道当量直径，m；

　　　m——指数，对被加热的液体而言 $m=0.4$，对介质为气体时，无论被加热或冷却
　　　　　$m=0.4$，对被冷却的液体而言 $m=0.3$；

　　　λ——流体的热导率，W/(m·℃)。

$$D_m = \frac{d + D_0}{2} \tag{8-12}$$

设中心管直径 $d=300\text{mm}$，螺旋体外径 $D_0=1000\text{mm}$。

将数据代入式（8-12）可得平均直径：

$$D_m = \frac{300 + 1000}{2} = 650(\text{mm})$$

（1）对被冷却介质（热程通道）

因为对冷却介质 $m=0.4$，已知：

$$\lambda_1 = 0.0427\,\text{W/(m·℃)}$$

$$d_{e1} = 0.0394\text{m}$$

$$Re_1 = 12580.9$$

$$Pr_1 = 1.98$$

根据式（8-11）可得热程通道的传热系数 α_1 为：

$$\alpha_1 = 0.023 \times \left(1 + 3.54\frac{d_{e1}}{D_m}\right)\frac{\lambda}{d_e}Re^{0.8}pr^m \tag{8-13}$$

将已知数据代入式（8-13）可得热程通道的传热系数 α_1 为：

$$\alpha_1 = 236.36\ \text{W/(m·℃)}$$

（2）对被加热介质（冷程通道）

因为对冷却介质 $m=0.4$，已知：

$$\lambda_2 = 0.647\ \text{W/(m·℃)}$$

$$d_{e2} = 0.002\text{m}$$

$$Re_2 = 7121.4$$

$$Pr_1 = 3.584$$

根据式（8-11）可得热程通道的传热系数 α_2 为：

$$\alpha_2 = 0.023 \times \left(1 + 3.54\frac{d_{e2}}{D_m}\right)\frac{\lambda}{d_e}Re^{0.8}pr^m \tag{8-14}$$

将已知数据代入式（8-14）可得：

$$\alpha_2 = 15136.65 \text{ W/(m·℃)}$$

8.2.7 总传热系数 K

总传热系数 K 是评价换热器性能的一个重要参数，也是换热器的传热计算所需的基本数据。K 的数值与流体的物性、传热过程的操作条件和换热器的类型等很多因素有关，因此 K 值的变动范围较大。在螺旋板换热器中它对换热面积的大小起着很大的作用，在设计中可以从三种途径得到总传热系数。

① K 值的计算；

② 实验查定；

③ 经验数据。

本章设计用串联热阻的概念计算总传热系数 K 值。总热阻的计算公式为：

$$R = \frac{1}{K} = \frac{F_\mathrm{m}}{\alpha_1 F_1} + \sum \frac{\delta_\mathrm{s} F_\mathrm{m}}{\lambda_\mathrm{s} F_\mathrm{s}} + \frac{\delta_\mathrm{w} F_\mathrm{m}}{\lambda_\mathrm{w} F_\mathrm{w}} + \frac{F_\mathrm{m}}{\alpha_2 F_2} \tag{8-15}$$

对螺旋板换热器：

$$F_1 = F_\mathrm{s} = F_\mathrm{w} = F_2 \tag{8-16}$$

将式（8-16）代入式（8-15）变形可得：

$$R = \frac{1}{K} = \frac{1}{\alpha_1} + \sum \frac{\delta_\mathrm{s}}{\lambda_\mathrm{s}} + \frac{\delta_\mathrm{w}}{\lambda_\mathrm{w}} + \frac{1}{\lambda_2} \tag{8-17}$$

$$K = \frac{1}{\dfrac{1}{\alpha_1} + \sum \dfrac{\delta_\mathrm{s}}{\lambda_\mathrm{s}} + \dfrac{\delta_\mathrm{w}}{\lambda_\mathrm{w}} + \dfrac{1}{\lambda_2}} \tag{8-18}$$

式中 $\sum \dfrac{\delta_\mathrm{s}}{\lambda_\mathrm{s}}$ ——垢层总热阻，$\mathrm{m}^2 \cdot \text{℃/W}$；

$\dfrac{\delta_\mathrm{w}}{\lambda_\mathrm{w}}$ ——伴材热阻，$\mathrm{m}^2 \cdot \text{℃/W}$。

由公式（8-18）可得总传热系数 K 为：

$$K = \frac{1}{\dfrac{1}{\alpha_\mathrm{h}} + \dfrac{\delta}{\lambda} + \dfrac{1}{\alpha_\mathrm{c}} + r_1 + r_2} \tag{8-19}$$

查《换热器设计手册》可得：

$$K = 300 \text{ W/(m}^2 \cdot \text{℃)}$$

8.2.8 对数平均温差 Δt_m

本设计中的流体的流动方向采用的是全逆流操作，如图 8-2 所示。

由于全逆流操作过程，因此：

$$\Delta t_1 = T_1 - t_2 = 105 - 90 = 15(℃)$$

$$\Delta t_2 = T_2 - t_1 = 40 - 36 = 4(℃)$$

对数平均温差：

$$t_{\mathrm{m}} = \frac{(T_1 - t_2) - (T_2 - t_1)}{\ln \dfrac{T_1 - t_2}{T_2 - t_1}} \qquad （8\text{-}20）$$

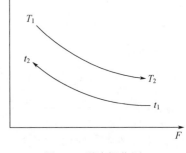

图 8-2　逆流操作图

由式（8-20）可得：

$$t_{\mathrm{m}} = \frac{\Delta t_1 - \Delta t_2}{\ln \dfrac{\Delta t_1}{\Delta t_2}} \qquad （8\text{-}21）$$

将已知数据代入式（8-21）可得：

$$t_{\mathrm{m}} = \frac{\Delta t_1 - \Delta t_2}{\ln \dfrac{\Delta t_1}{\Delta t_2}} = \frac{15 - 4}{\ln \dfrac{15}{4}} = 8.32(℃)$$

8.2.9　螺旋板换热器传热面积 F

已知传热量 $Q = 50762.5\mathrm{W}$，由传热方程式：

$$Q = KF\Delta t_{\mathrm{m}} \qquad （8\text{-}22）$$

由式（8-22）变形可得：

$$F = \frac{Q}{K\Delta t_{\mathrm{m}}} \qquad （8\text{-}23）$$

将已知数据 Q、K、Δt_{m} 代入式（8-23）可得：

$$F = \frac{Q}{K\Delta t_{\mathrm{m}}} = \frac{50762.5}{300 \times 8.32} = 20.4(\mathrm{m}^2)$$

查相关标准可以知 $F_{\text{实}} = (1.1 \sim 1.2) F = 22.44 \sim 24.48(\mathrm{m}^2)$。选择 $F_{\text{实}} = 24\mathrm{m}^2$。

8.2.10　螺旋板的有效换热长度 L_Y

$$L_{\mathrm{Y}} = \frac{F}{2H} \qquad （8\text{-}24）$$

式中　L_{Y}——螺旋板有效换热长度，m。

将已知数据代入式（8-24）可得：

$$L_{\mathrm{Y}} = \frac{F}{2H} = \frac{24}{2 \times 1.445} = 8.5(\mathrm{m})$$

8.3　几何设计

8.3.1　螺旋板有效圈数 N_Y

由前面的设计可知螺旋中心直径 $d = 300\mathrm{mm}$，板厚 $\delta = 2\mathrm{mm}$，螺旋板的有效换热长度

$L_Y = 8.5\text{m}$，螺旋通道宽度 $b_1 = 20\text{mm}$，$b_2 = 20\text{mm}$。

不等通道宽度的螺旋板换热器，其有效换热圈数 N_Y 为：

$$N_Y = \frac{-\left(d + \dfrac{b_1 - b_2}{2}\right) + \sqrt{\left(d + \dfrac{b_1 - b_2}{2}\right)^2 + \dfrac{4L}{\pi}(b_1 + b_2 + 2\delta)}}{b_1 + b_2 + 2\delta} \tag{8-25}$$

代入数据得：

$$N_Y = \frac{-\left(0.3 + \dfrac{0.02 - 0.02}{2}\right) + \sqrt{\left(0.3 + \dfrac{0.02 - 0.02}{2}\right)^2 + \dfrac{4 \times 8.5}{3.14} \times (0.02 + 0.02 + 2 \times 0.002)}}{0.02 + 0.02 + 2 \times 0.002} = 10.77$$

即有效换热圈数为 10.77 圈。

8.3.2 螺旋板圈数 N_B

本设计中螺旋板是有外圈板的，故：

$$N_B = N_Y = 10.77\text{圈}$$

8.3.3 螺旋体长轴外径 D_0

本设计中螺旋板终端的截面法线与中心隔板垂直，即长轴在中心隔板所构成的平面内如图 8-3 所示。

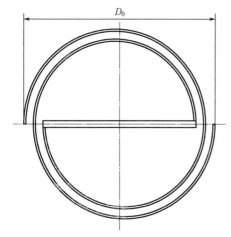

图 8-3 中心隔板与螺旋体连接图

螺旋体的外径按下式计算：

$$D_0 = (d - b_1 + \delta) + N_B(b_1 + b_2 + 2\delta) \tag{8-26}$$

将数据代入式（8-26）可得：

$$D_0 = (d - b_1 + \delta) + N_B(b_1 + b_2 + 2\delta) =$$
$$(0.3 - 0.02 + 0.002) + 10.77 \times (0.02 +$$
$$0.02 + 2 \times 0.002) = 0.9238(\text{m})$$

前面设计时假设了螺旋体的外径为 1.0m，所以计算值与假设值之间的相对误差为：

$$\frac{1.0 - 0.9238}{1.0} \times 100\% = 7.6\%$$

所以前面的假设是可行的。

8.4 流体压力降

由于螺旋板换热器流体压力降的计算没有一个较准确的公式供选用，因此选择几种计算螺旋板压力降的公式后分别计算出螺旋板冷、热通道的压力降后，比较它们的结果从中选择一种最优的计算螺旋板换热器的压力公式，确定得出最准确的压力降。流体流动的压力降的计算，在螺旋板换热器中，流体流动的压力损失受多方面因素的影响。

8.4.1 第一种计算压力降的方法

因为螺旋通道为矩形通道，一般将其作为以通道当量直径为直径的圆管，按范宁公式计算所得的值乘以系数 η 计算其压力降，见式（8-27）。

$$\Delta p = \frac{2fLu^2\rho}{d_e}\eta \qquad (8\text{-}27)$$

式中 f ——摩擦系数，对于钢管，$f = 0.055Re^{-0.2}$ 或由 f 与 Re 的关系图查得；

η ——系数，与流速、定距柱直径和间距有关，其值 $\eta = 2\sim3$，其中取 $\eta = 2.5$。

在前面的计算中得到热程通道的各参数分别为：$d_{e1} = 0.0394\text{m}$，$L = 8.5\text{m}$，$u_1 = 20\text{m/s}$，$\rho_1 = 0.5588\text{kg/m}^3$，$Re_1 = 12580$。

将已知数据代入式（8-27）可得，热程通道的压力降为：

$$\Delta p_h = \frac{2fLu_1^2\rho_1}{d_{e1}}\eta = \frac{2\times0.055\times12580^{-0.2}\times8.5\times20^2\times0.5588}{0.0394}\times2.5 = 2007.4(\text{Pa})$$

同理可以知道冷程通道的各参数分别为：$d_{e2} = 0.002\text{m}$，$L = 8.5\text{m}$，$u_2 = 2\text{m/s}$，$\rho_2 = 988.1\text{kg/m}^3$，$Re_2 = 7121.4$。

将冷程通道的数据代入式（8-27）可得：

$$\Delta p_c = \frac{2fLu_2^2\rho_2}{d_{e2}}\eta = \frac{2\times0.055\times7121.4^{-0.2}\times8.5\times2^2\times988.1}{0.002}\times2.5 = 783554.9(\text{Pa})$$

8.4.2 第二种计算压力降的方法

还是将螺旋通道的矩形通道作为以通道当量直径为直径的圆管，按范宁公式计算，并考虑其壁温黏度 μ_w 的影响。

$$\Delta p = \frac{2fLu^2\rho}{d_e}\left(\frac{\mu_w}{\mu}\right)^{0.14} \qquad (8\text{-}28)$$

式中 f ——摩擦系数，近似采用流体流经直径为当量直径的圆管时的摩擦系数，其值可由 f 与 Re 图查得，即热程通道摩擦系数 $f_1 = 0.0054$。

为求壁温下的黏度 μ_w，需求出壁温的大小 t_w。其求壁温的大小 t_w 的计算公式为：

$$t_w = t_a + \frac{\alpha_h}{\alpha_h + \alpha_c}(T_a - t_a) \qquad (8\text{-}29)$$

式中 T_a ——热流体的定性温度，℃；

t_a ——冷流体的定性温度，℃。

已知：热流体的定性温度 $T_a = 72.5$℃；

冷流体的定性温度 $t_a = 63$℃；

冷流体的传热系数 $\alpha_c = 8773.51\ \text{W/(m}^2\cdot\text{℃)}$；

热流体的传热系数 $\alpha_h = 6535.87\ \text{W/(m}^2\cdot\text{℃)}$。

将冷、热流体的定性温度和传热系数代入式（8-29）可得：

$$t_{\mathrm{w}} = t_{\mathrm{a}} + \frac{\alpha_{\mathrm{h}}}{\alpha_{\mathrm{h}} + \alpha_{\mathrm{c}}}(T_{\mathrm{a}} - t_{\mathrm{a}}) = 63 + \frac{6535.87}{6535.87 + 8773.51} \times (72.5 - 63) = 55.773(℃)$$

当螺旋板壁 $t_{\mathrm{w}} = 55.773℃$ 时，查得 $\mu_{\mathrm{w}} = 44.53 \times 10^{-5}\,\mathrm{Pa \cdot s}$。

已知热程通道的各参数为：$d_{\mathrm{e1}} = 0.0394\mathrm{m}$，$L = 8.5\mathrm{m}$，$u_1 = 20\mathrm{m/s}$，$\rho_1 = 0.5588\mathrm{kg/m^3}$，$Re_1 = 12580$，$\mu_1 = 3.5 \times 10^{-5}\,\mathrm{Pa \cdot s}$。

将以上的已知数据代入式（8-28）可得：

$$\Delta p_{\mathrm{h}} = \frac{2f_1 L u_1^2 \rho_1}{d_{\mathrm{e1}}}\left(\frac{\mu_{\mathrm{w}}}{\mu_1}\right)^{0.14} = \frac{2 \times 0.0054 \times 8.5 \times 20^2 \times 0.5588}{0.0394} \times \left(\frac{44.53 \times 10^{-5}}{3.5 \times 10^{-5}}\right)^{0.14} = 1005.2(\mathrm{Pa})$$

已知冷程通道的各个参数为：$d_{\mathrm{e2}} = 0.002\mathrm{m}$，$L = 8.5\mathrm{m}$，$u_2 = 2\mathrm{m/s}$，$\rho_2 = 988.1\mathrm{kg/m^3}$，$Re_2 = 7121.4$，$f_2 = 0.0051$，$\mu_2 = 0.742 \times 10^{-3}\,\mathrm{Pa \cdot s}$。

将冷程通道的各个已知参数代入式（8-28）可得：

$$\Delta p_{\mathrm{c}} = \frac{2f_2 L u_2^2 \rho_2}{d_{\mathrm{e2}}}\left(\frac{\mu_{\mathrm{w}}}{\mu_2}\right)^{0.14} = \frac{2 \times 0.0051 \times 8.5 \times 2^2 \times 988.1}{0.002} \times \left(\frac{44.53 \times 10^{-5}}{0.742 \times 10^{-3}}\right)^{0.14} = 391802.9(\mathrm{Pa})$$

8.4.3 第三种计算压力降的方法

第三种方法是基于直管压力降的计算公式中以当量直径 d_{e} 代替公式中的圆管直径 d，再针对螺旋板换热器的具体情况确定阻力系数 ξ 值，其计算公式为：

$$\Delta p = \xi \frac{L}{d_{\mathrm{e}}}\frac{u^2 \rho}{2} \tag{8-30}$$

此设计中，$10000 \leqslant Re \leqslant 100000$，计算流体阻力系数的公式可以通过近似定距柱来定。选择具有圆柱状定距柱的通道：

$$\xi = \frac{0.856}{Re^{0.25}} \tag{8-31}$$

将 $Re_1 = 12580$ 代入式（8-31）可得：

$$\xi_1 = \frac{0.856}{Re_1^{0.25}} = 0.0808$$

（1）热程通道的压力降

已知热程通道的各个参数为：$d_{\mathrm{e1}} = 0.0394\mathrm{m}$，$L = 8.5\mathrm{m}$，$u_1 = 20\,\mathrm{m/s}$，$\rho_1 = 0.5588\mathrm{kg/m^3}$。

将上面热程通道的各个已知数据代入式（8-30）可得：

$$\Delta p_{\mathrm{h}} = \xi_1 \frac{L}{d_{\mathrm{e1}}}\frac{u_1^2 \rho_1}{2} = 0.0808 \times \frac{8.5}{0.0394} \times \frac{20^2 \times 0.5588}{2} = 1948.1$$

（2）冷程通道的压力降

将 $Re_2 = 7121.4$ 代入式（8-31）可得：

$$\xi_2 = \frac{0.856}{Re_2^{0.25}} = \frac{0.856}{7121.4^{0.25}} = 0.093$$

已知冷程通道的各个参数为：$d_{\mathrm{e2}} = 0.002\mathrm{m}$，$L = 8.5\mathrm{m}$，$u_2 = 2\mathrm{m/s}$，$\rho_2 = 988.1\mathrm{kg/m^3}$。

将上面冷程通道的各个已知数据代入式（8-30）可得：

$$\Delta p_{\text{c}} = \xi_2 \frac{L}{d_{\text{e2}}} \frac{u_2^2 \rho_2}{2} = 0.093 \times \frac{8.5}{0.002} \times \frac{2^2 \times 988.1}{2} = 781093.1(\text{Pa})$$

8.4.4　确定压力降

通过以上三种计算压力降的方法中的结果比较中可以看出，第二种方法计算出来的压力降相比其他几种方法计算出来的压力将要小 2～3 倍。因为在第二种的计算方法中它只考虑了流体黏度的影响，在螺旋板换热器中流体的黏度对其压力降的影响不是很大。因为在其螺旋流的通道中其流速比较稳定，流动方向为连续性的变化，避免了死区和回流。从圆心到壳体半径方向上存在着较大的速度梯度，使螺旋板边界层呈螺旋流动，使边界层减薄及分离。这样就会使得其黏度对螺旋板压力降的影响较小。所以在计算螺旋板压力降的时候一般不采取第二种计算方法。

第三种计算螺旋板换热器压力降的方法是按照计算直管压力降的方法来确定一个阻力系数，而且它还要视定距柱的形状、通道的间距来确定其选择具体的阻力系数，还具有局限性，因为要使 $10000 \leqslant Re \leqslant 100000$ 时，其公式才使用，不具有普遍性。

第一种计算螺旋板换热器压力降的大小的方法，考虑到流体流动的压力损失受定距柱间距、定距柱的数目、通道长度、螺旋圈数、流体速度等影响。第一种方法是为了简化按公式乘以一个系数 η，其选择 η 的不同就有不同的压力降。所以在选择计算螺旋板压力降的时候应选择第一种方法。所以在本设计中冷热通道的压力降为：

$$\Delta p_{\text{h}} = 2007.4 \text{Pa}$$

$$\Delta p_{\text{c}} = 783554.9 \text{Pa}$$

8.5　螺旋板的强度与刚度

由螺旋板的横截面可知，每一块螺旋板是由若干个光滑衔接的半圆弧组成的，其圆弧半径依次为 r_1、r_2、$\cdots$、r_n，而在相互衔接处的曲率半径有突然变化，若将其拆成若干个彼此相衔接的柱形薄板，螺旋板就成了具有许多支撑点并受均布压力 P 作用的柱形薄板。这种受力状态的柱形薄板，其应力与位移的计算是相当复杂的。因为在两块螺旋板构成的通道内，当介质具有一定压力时，对每一块螺旋板来说既承受内压又承受外压的作用，在这种受力状态下，其破坏形式有两种，一种是强度破坏，另一种是螺旋板丧失了稳定性使设备不能进行正常的操作。

假设定距柱按等边三角形（或正方形）排列，并由于螺旋板的长度与宽度远比定距柱的间距大，作用在螺旋板上的载荷是均匀分布的。因此，可以假设所有远离边界的每一小块等边三角形板均有相同的受力状态，故只须讨论其中的一个等边三角形即可。当螺旋板的曲率半径远大于定距柱的距离时，该三角形板还可简化为平板，于是计算螺旋板的应力与位移的问题就简化为一个有一系列点支承的板的弯曲问题。但对这种多支承板的应力与位移的计算过程是很繁杂的，为了导出计算公式，可以按平板理论公式再根据螺旋板的特点加以修正后得出的公式来计算螺旋板的强度与刚度。

8.5.1 螺旋板的强度

由平板理论可知，板的承压能力与板厚 δ 的平方成正比，而与定距柱距离的平方成反比，并与材料的强度成正比。这些关系可写成如下的形式：

$$p = c\frac{\delta^2}{t'^2}\sigma_s \tag{8-32}$$

式中　p ——螺旋板所承受的压力，Pa；

　　　δ ——板厚，m；

　　　t' ——定距拄的距离，m；

　　　σ_s ——螺旋板材料的屈服极限，Pa；

　　　c ——比例常数，由实验确定。

其中由实验数据作出的图中求出：对于定距柱，$c = 4.7$；对于定距泡，$c = 5.36$。

本设计中采用的是定距柱，所以 $c = 4.7$。

实验证明，曲板的承压能力比同样规格的平板承压能力大，两者之比值以 r_0 表示，即令：

$$r_0 = \frac{曲板承压能力}{平板承压能力}$$

r_0 值随螺旋板曲率半径的减小而增大，并与曲率半径成线性关系，当板的曲率半径大于 600mm 时，此值 r_0 接近于 1（见图 8-4）。

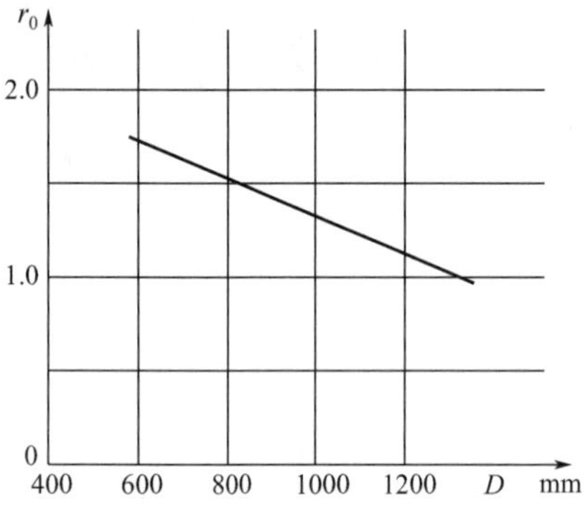

图 8-4　r_0 与 D 的关系图

图 8-4 中所示的直线用公式可表示为：

$$r_0 = 1 + 0.96(1.28 - 2R) \tag{8-33}$$

式中　R ——螺旋板的曲率半径，m。

将系数 r_0 代入式（8-32）可得：

$$p_D = r_0 c\frac{\delta^2}{t'^2}[\sigma_s] \tag{8-34}$$

式中　p_D ——许用操作压力，Pa；

　　　$[\sigma_s]$ ——材料屈服极限作为强度准则的许用应力，Pa。

$$[\sigma_s] = \frac{\sigma_s}{n_s} \tag{8-35}$$

式中　n_s ——安全系数，取 $n_s = 1.6$。

许用操作压力：

$$p_D = 1.1p \tag{8-36}$$

式中　p ——最大工作压力，Pa。

本设计中 $p = 1.6\text{MPa}$，代入式（8-36）得：

$$p_D = 1.1p = 1.1 \times 1.6 = 1.76(\text{MPa})$$

本设计中螺旋板的材料为 1Cr18Ni9，此材料的弹性模量 $E = 2 \times 10^6 \text{MPa}$，$\sigma_s = 450\text{MPa}$，则：

$$[\sigma_\mathrm{s}] = \frac{\sigma_\mathrm{s}}{n_\mathrm{s}} = \frac{450}{1.6} = 281.25$$

因为 $D_0 = 1000$ mm，则 $R = 600$mm $= 0.6$m，所以将其代入式（8-33）可得曲率影响系数：

$$r_0 = 1 + 0.96 \times (1.28 - 2R) = 1 + 0.96 \times (1.28 - 2 \times 0.6) = 1.27$$

将式（8-34）变形得：

$$t' = \sqrt{r_0 c \frac{\delta^2}{P_\mathrm{D}} [\sigma_\mathrm{s}]} \qquad (8\text{-}37)$$

将已知数据代入式（8-37）得：

$$t' = \sqrt{r_0 c \frac{\delta^2}{P_\mathrm{D}} [\sigma_\mathrm{s}]} = \sqrt{1 \times 4.7 \times \frac{0.002^2}{1.76} \times 281.25 \times 1000} = 55(\mathrm{mm})$$

由计算可知，$t \leqslant t'$，在计算压力降的时候所设定定距柱间距为 50mm，小于计算值，所以设定的定距柱间距是合理的，故定距柱间距 $t = 50$mm。

8.5.2　螺旋板的挠度

螺旋板的挠度计算，也是基于平板理论。按照平板理论，板的最大挠度与定距柱间距的四次方成正比，而与板厚的三次方成反比，这个关系用公式表示为：

$$y = \beta_0 \frac{pt^4}{A_0} \qquad (8\text{-}38)$$

式中　A_0——板的柱状刚度，nm，按式（8-39）计算；

　　　y——板的挠度，m；

　　　t——定距柱的间距，m；

　　　p——操作压力，Pa；

　　　β_0——系数，由实验确定。

$$A_0 = \frac{E\delta^3}{12(1 - \nu^2)} \qquad (8\text{-}39)$$

式中　E——材料弹性模量，Pa；

　　　ν——材料的泊松比，对钢扳 $\nu = 0.3$。

由式（8-38）可得：

$$\beta_0 = \frac{yA_0}{pt^4} \qquad (8\text{-}40)$$

在一定板厚和定距柱间距条件下，不同的压力就产生不同的挠度，将压力作为纵坐标，挠度作为横坐标，即可作出 $p\text{-}y$（压力-挠度）曲线图（图 8-5）。将图中直线段上各点的 $p\text{-}y$ 值代入（8-40），计算出各实验曲线的 $p\text{-}y$ 情况下的 β_0 值，然后取其平均值：

对于定距柱：$\beta_0 = 0.00638$；

对于定距泡：$\beta_0 = 0.00681$。

本设计中采用的是定距柱，所以取 $\beta_0 = 0.00638$。

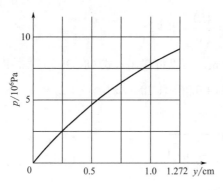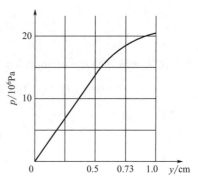

图 8-5　p-y（压力-挠度）曲线图

将式（8-39）代入式（8-38）可得板的挠度为：

$$y = \beta_0 \frac{pt^4}{\dfrac{E\delta^3}{12(1-v^2)}} \tag{8-41}$$

将已知数据代入式（8-41）可得板的挠度 y 为：

$$y = \beta_0 \frac{pt^4}{\dfrac{E\delta^3}{12(1-v^2)}} = 0.00638 \times \frac{1.6 \times 10^6 \times 0.05^4}{\dfrac{2 \times 10^6 \times 10^6 \times 0.002^2}{12 \times (1-0.3^2)}} = 7.257 \times 10^{-8} (\text{m})$$

8.6　螺旋板换热器的结构设计

8.6.1　密封结构

密封结构的好坏，直接影响到螺旋板换热器能否正常运转，因为微小的泄漏使两流体相混，而使传热不能正常进行，所以密封结构的设计是一个很重要的问题。本设计中选择焊接密封结构，螺旋板换热器有三种类型，每种类型的密封情况不同。在本设计中选择的是 Ⅰ 型螺旋板式换热器，所以其两端是全封闭的。从焊接密封来讲，常用的有三种焊接密封结构形式。

第一种焊接密封结构，是将需要密封的通道用方钢条垫进钢板电卷制后进行焊接；第二种结构是用与通道宽度相同的圆钢条垫进钢板卷然后再进行焊接；第三种结构是将通道一边的钢板压成一斜边后与另一通道的钢板焊接。由于圆钢条的摩擦力比方钢小，因此采用圆钢作密封条后，卷床消耗的功率比用方钢作密封条消耗的功率小，而且圆钢条与通道两钢板是线接触，故圆钢条与螺旋板容易焊接密封。所以在本实际的螺旋板式换热器的焊接密封结构中，采用圆钢条垫进通道两端焊接的结构。

8.6.2　定距柱尺寸

螺旋体是一个弹性体，对这样的弹性构件，当其受压时往往不是被压破而是被压瘪，故螺旋板的刚度是一个重要问题。在实际生产中，当换热器两通道的压力差达到一定数值时，螺旋板可能被压瘪而产生失稳现象，使设备不能正常操作。如用增加板厚的方法提高螺旋板的刚度，并不是解决问题的唯一途径，板厚增加，卷制螺旋体时所需要的动力增大，这是不经济的。所以目前采用在两通道内安置定距柱的办法来提高螺旋板的刚度和承压能力。

定距柱用来维持通道宽度，增加螺旋板的刚度。定距柱使用短圆钢条，其直径大小视螺旋通道宽度而定。可选直径为 10mm、长 12mm 的圆钢条作定距柱，因此定距柱的长度为12mm，圆钢条的材料选不锈钢 1Cr18Ni9Ti，并且在卷制螺旋体以前就被焊接在钢板上。

8.6.3　换热器外壳

换热器外壳采用两个半圆对接结构，外壳主要受内压作用，其厚度按承受内压的圆筒计算。换热器的材料同样为 1Cr18Ni9Ti。查得此材料的参数如下：

屈服极限 $\sigma_s = 450\text{MPa}$，安全系数 $n_s = 1.6$；

强度极限 $\sigma_b = 520\text{MPa}$，安全系数 $n_b = 2.7$；

许用屈服极限 $[\sigma_s] = \dfrac{\sigma_s}{n_s} = \dfrac{450}{1.6} = 281.25(\text{MPa})$；

许用强度极限 $[\sigma_b] = \dfrac{\sigma_b}{n_b} = \dfrac{520}{2.7} = 192.6(\text{MPa})$。

其计算厚度 δ_w 按式（8-42）计算：

$$\delta_w = \frac{2p_D R_i}{2[\sigma]^t \varphi - p_D} \tag{8-42}$$

式中　φ——焊缝系数，本设计中焊接采用单面焊对接接头，进行无损 100%检测时，查得焊缝系数为 $\varphi = 0.90$。

因为：

$$[\sigma]^t = \min([\sigma_s],[\sigma_b]) = \min(281.25,192.6) = 192.6\ \text{MPa}；$$

圆筒半径 $R_i = 600\text{mm}$；

设计压力 $p_D = 1.76\text{MPa}$。

将上面的已知数据代入式（8-42）可得计算厚度为：

$$\delta_w = \frac{2p_D R_i}{2[\sigma]^t \varphi - p_D} = \frac{2 \times 1.76 \times 600}{2 \times 192.6 \times 0.9 - 1.76} = 6.1(\text{mm})$$

本设计中采用的钢板为不锈钢，所以腐蚀裕量为 $C_1 = 0\text{mm}$，查得厚度负偏差 $C_2 = 0\text{mm}$，厚度附加量 $C = C_1 + C_2 = 0\text{mm}$，所以有效厚度 $\delta_e = \delta_w + C_1 + C_2 = 6.1 + 0 + 0 = 6.1(\text{mm})$，按板材的标准厚度选取半圆筒体的厚度为 7mm。

8.6.4　压力试验

试验液体一般采用洁净的水，也可采用不会导致发生危险的其他液体，试验时液体的温度应低于其闪点或沸点。

由于螺旋板材料为奥氏体不锈钢，因此在进行水压实验时，应严格控制水中氯离子含量不超过 25 mg/L，并在试验后立即将水渍清除干净。如果氯离子过量，材料易发生"氯脆"现象，即发生应力腐蚀破坏。

按 GB 150—2011《压力容器》，液压实验中其实验压力为：

$$p_{\mathrm{T}} = \frac{[\sigma]}{[\sigma]^t} 1.25 p_{设} \tag{8-43}$$

$$[\sigma] = [\sigma]^t = 192.6\mathrm{MPa}$$

$$p_{\mathrm{T}} = 1.25 \times 1.6 \times \frac{192.6}{192.6} = 2(\mathrm{MPa})$$

在此试验压力下，壳体所产生的应力按下式校核：

$$\sigma_{\mathrm{T}} = \frac{p_{\mathrm{T}}[D_i + (\delta - C)]}{2(\delta - C)\varphi} \leqslant 0.9\sigma_s \tag{8-44}$$

已知：

$$D_i = 1\mathrm{m}$$

$$\delta = 6\mathrm{mm}$$

$$C = 0$$

$$\sigma_{\mathrm{T}} = \frac{2 \times (1000 + 6)}{2 \times (6 - 0) \times 0.85} = 197.25(\mathrm{MPa})$$

$$0.9\sigma_s = 0.9 \times 450 = 405(\mathrm{MPa})$$

所以 $\sigma_{\mathrm{T}} < 0.9\sigma_s$，故满足强度要求。

8.6.5 中心隔板尺寸

（1）中心隔板宽度

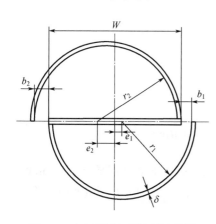

图 8-6　中心隔板与螺旋板连接图

螺旋板板厚为 2mm，宽度为 $H = 1445\mathrm{mm}$。中心隔板的宽度如图 8-6 所示。

中心隔板的宽度为：

$$W = d - \left(\delta + \frac{b_1 + b_2}{2}\right) \tag{8-45}$$

将已知数据代入式（8-45）可得：

$$W = d - \left(\delta + \frac{b_1 + b_2}{2}\right) = 300 - \left(2 + \frac{20 + 20}{2}\right) = 278(\mathrm{mm})$$

中心隔板的高度等于螺旋板的宽度，为 1445mm。

（2）中心隔板厚度 δ_{z}

中心隔板的材料选择不锈钢 1Cr18Ni9，中心隔板厚度 δ_{z} 按公式（8-46）计算：

$$\delta_{\mathrm{z}} = W\left(\frac{Jp_{\mathrm{D}}}{1.5[\sigma]^t}\right)^{\frac{1}{2}} \tag{8-46}$$

式中　W ——螺旋板换热器中心隔板的宽度，mm；

p_{D} ——设计压力，MPa；

J ——系数，据设计手册得，$J = 0.34$；

$[\sigma]^t$ ——设计温度下材料的许用应力，MPa。

将已知数据代入式（8-46）得中心隔板的厚度为：

$$\delta_z = W\left(\frac{Jp_D}{1.5[\sigma]^t}\right)^{\frac{1}{2}} = 278 \times \left(\frac{0.34 \times 1.76}{1.5 \times 197.25}\right)^{\frac{1}{2}} = 12.5(mm)$$

将其圆整取 $\delta_z = 12mm$。

（3）偏心距 e

偏心距 e 位置如图 8-6 所示，其大小按下式计算：

$$e_1 = \frac{b_1 + \delta}{2} \tag{8-47}$$

$$e_2 = \frac{b_2 + \delta}{2} \tag{8-48}$$

将已知数据代入式（8-47）、式（8-48）得：

$$e_1 = \frac{20 + 2}{2} = 11(mm)$$

$$e_2 = \frac{20 + 2}{2} = 11(mm)$$

（4）进出口接管直径 d

中心管采用垂直螺旋板式横断面的结构，为了减少加工量，螺旋通道的接管也采用垂直接管。由传热工艺计算可知，热程（天然气）通道截面积：

$$F_1 = 0.01128m^2$$

冷程（冷却水）通道截面积：

$$F_2 = 0.0314m^2$$

设管内流量与通道内流量相等，亦即它们的截面积相等。则热程（混合气体）通道的接管直径为：

$$d_1 = \sqrt{\frac{4F_1}{\pi}} = \sqrt{\frac{4 \times 0.01128}{\pi}} = 0.12(m) = 120(mm)$$

选 $\phi200mm \times 4mm$ 的不锈钢管，配管法兰为平焊法兰，$PN = 1.6MPa$，$DN = 200mm$。

冷程（冷却水）通道的接管直径为：

$$d_2 = \sqrt{\frac{4F_2}{\pi}} = \sqrt{\frac{4 \times 0.0314}{\pi}} = 0.2(m) = 200(mm)$$

选 $\phi200mm \times 4mm$ 的不锈钢管，配管法兰为平焊法兰 $PN = 1.6MPa$，$DN = 200mm$。

8.6.6　接管

对于 II 型螺旋板式换热器，中心管一般安置成垂直于筒体的横截面，而螺旋通道的接管有两种布置形式，一种是接管垂直于筒体轴线方向，如图 8-7（a）所示的垂直接管。对于这种接管，流体进入螺旋通道时突然转 90°，由流体力学可知，当流体流动方向有突变时，阻力较大。另一种接管布置成切向，如图 8-7（b）所示。这种布置，当流体由接管进入通道时是逐渐流入的，没有流动方向的突变，故阻力较小，而且还便于从设备中排出杂质。综上所述，将螺旋通道的接管布置为如图 8-7（a）所示的垂直接管。

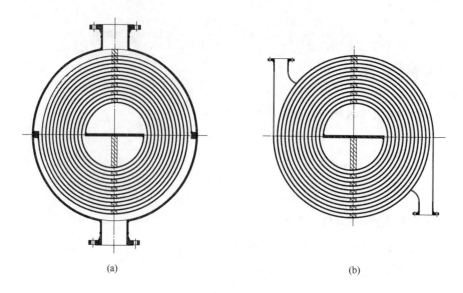

(a)   (b)

图 8-7　接管形式图

选取接管为 $\phi 200mm \times 4mm$ 和 $\phi 150mm \times 4mm$ 的不锈钢管，在接管上配法兰为管法兰中的板式平焊钢制法兰。

8.6.7　法兰

前述选择配管法兰为板式平焊法兰，根据密封面形式，板式平焊法兰又有突面和全平面两种。本设计中选择了板式平焊钢制法兰，其板式平焊钢制法兰的具体形式见图 8-8。

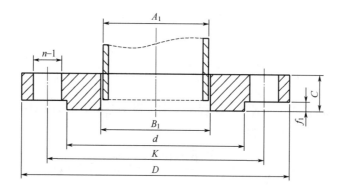

图 8-8　平焊法兰

其平焊法兰具体尺寸见表 8-2。

表 8-2　平焊法兰尺寸表

公称直径 DN /mm	管子直径 A_1 /mm	法兰外径 D /mm	螺栓孔中心直径 K /mm	螺栓孔直径 L /mm	螺栓孔数量 N /个	法兰厚度 C /mm	B_1 /mm	螺纹 T_h	PN /MPa
200	200	210	170	10	4	18	110	M16	1.6

8.6.8　鞍座支座选取及安装位置

根据螺旋板 $DN = 1000\text{mm}$ ，鞍座按 JB/T 4712—2007 选用，材料选用 Q235-B，选用鞍座 BI 600-F/S，如图 8-9 所示。所选鞍座参数如下：

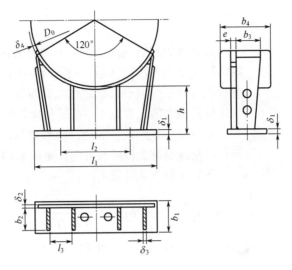

图 8-9　鞍座结构图

公称直径 $DN = 1000\text{mm}$ ；

允许载荷 $Q = 562\text{kN}$ ；

鞍座高度 $h = 200\text{mm}$ ；

底板 $l_1 = 800\text{mm}$ ， $b_1 = 170\text{mm}$ ， $\delta_1 = 12\text{mm}$ ；

腹板 $\delta_2 = 10\text{mm}$ ；

筋板 $l_3 = 200\text{mm}$ ， $b_3 = 180\text{mm}$ ， $\delta_3 = 10\text{mm}$ ， $b_2 = 140\text{mm}$ ；

垫板弧长 $= 1410\text{mm}$ ， $b_4 = 270\text{mm}$ ， $\delta_4 = 8\text{mm}$ ， $e = 40\text{mm}$ ；

螺栓间距 $l_2 = 720\text{mm}$ ；

鞍座质量 $G = 70\text{kg}$ ；

安装尺寸 $L = 1000 + 2 \times 50 = 1100\text{(mm)}$ ， $L_B = 0.7L = (0.6 \sim 0.7) \times 1100 = 660 \sim 770\text{(mm)}$ ，取 $L_B = 700\text{mm}$ ， $A = 200\text{mm} < 0.2L = 220\text{mm}$ 。

8.6.9　半圆端板

可得半圆端板的厚度计算公式为：

$$\delta_B = h\left(\frac{0.65p}{[\sigma]^t}\right)^{\frac{1}{2}} \tag{8-49}$$

式中　h ——半圆端板的高度，mm， $h = 300\text{mm}$ 。

将已知数据代入式（8-49）得：

$$\delta_B = h\left(\frac{0.65p}{[\sigma]^t}\right)^{\frac{1}{2}} = 300 \times \left(\frac{0.65 \times 1.6}{192.6}\right)^{\frac{1}{2}} = 22\text{(mm)}$$

将其圆整取半圆端板厚度为22mm。

8.7 螺旋板换热器的稳定性及强度校核

8.7.1 设备校核

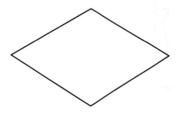

图8-10 定距柱排列形式图

对这种螺旋板换热器的每一通道来说，螺旋板既受到内压的作用又受到外压的作用。当其所受外压力达到一定值时，螺放板就会被压瘪而丧失稳定性，此时的压力称为临界压力。为了维持换热器的正常操作，必须使操作压力小于临界压力。

本设计中定距柱按等边三角形排列，四个定距柱组成的菱形长对角线沿螺旋板板长方向，见图8-10。

系数 A 按下式计算：

$$A = 2.14 \times \left(\frac{\delta}{t}\right)^2 + 0.761 \times 10^{-2} \left(\frac{t^6}{R^2 H^4}\right) \tag{8-50}$$

已知：$\delta = 0.002\mathrm{m}$，$t = 0.05\mathrm{m}$，$R = 0.6\mathrm{m}$，$H = 1.445\mathrm{m}$。

代入式（8-50）得：

$$A = 2.14 \times \left(\frac{0.002}{0.05}\right)^2 + 0.761 \times 10^{-2} \times \left(\frac{0.05^6}{0.6^2 \times 1.445^4}\right) = 0.0034$$

根据弹性模量 E 和设计温度，用内查法查图可得系数 B 为：

$$B = 600\mathrm{MPa}$$

根据：

$$B' = \frac{B\sigma_s'}{\sigma_s} \tag{8-51}$$

式中 σ_s'——螺旋板材料实际屈服限，MPa。

本设计中没有实际屈服限，取 $\sigma_s' = \sigma_s$。

代入式（8-51）得：

$$B' = B = 600(\mathrm{MPa})$$

$$[p] = \frac{B'\delta}{R} \tag{8-52}$$

将已知数据代入式（8-52）可得：

$$[p] = \frac{B'\delta}{R} = \frac{600 \times 10^6 \times 0.002}{0.6} = 2(\mathrm{MPa})$$

因为 $p = 1.6\mathrm{MPa}$，$[p] \geqslant p$，所以设备稳定，操作安全。

8.7.2 筒体校核

当已知圆筒尺寸 D_i、δ_e 对圆筒进行强度校核时，其应力强度判别按式（8-53）进行：

$$\sigma_{t} = \frac{p_{c}\left(D_{i}+\delta_{e}\right)}{2\delta_{e}} \leqslant [\sigma]^{t}\varphi \tag{8-53}$$

式中　σ_{t} ——设计温度下圆筒的计算应力，MPa。

将已知数据 $p_{c} = 0.4\text{MPa}$，$D_{i} = 1000\text{mm}$，$\delta_{e} = 3\text{mm}$ 代入公式（8-53）得：

$$\sigma_{t} = \frac{P_{c}\left(D_{i}+3\right)}{2\times 3} = \frac{0.4\times(1000+3)}{2\times 3} = 66.87(\text{MPa})$$

已知 $\sigma_{t} = 197.25\text{MPa}$，又因为其焊接接头系数 $\varphi = 0.9$，则有：

$$[\sigma]^{t}\varphi = 197.25\times 0.9 = 177.53(\text{MPa})$$

由上述计算可知 $\sigma^{t} < [\sigma]^{t}\varphi$，故筒体所取厚度满足强度要求，设备操作安全。

8.7.3　壳体接管开孔补强的校核

开孔补强采用等面积法，由工艺设计给定的接管尺寸为 $\phi 200\text{mm}\times 4\text{mm}$，根据实际需要选取壳体接管材料为 1Cr18Ni9 不锈钢（选用标准为 GB/T 8163）。已知 $[\sigma]^{t} = 192.6\text{MPa}$，$\sigma_{b} = 520\text{MPa}$，$\sigma_{s} = 450\text{MPa}$，取焊缝系数 $\varphi = 0.85$，则接管计算厚度：

$$\delta = \frac{PD_{o}}{2[\sigma]^{t}\varphi + P} = 0.22(\text{mm})$$

接管有效厚度：

$$\delta_{et} = \delta_{\gamma t} - C_{2} - C_{1} = 4 - 0 - 0 = 4(\text{mm})$$

开孔直径：

$$d = d_{0} + 2C = 108 - 2\times 4 + 2\times(1+4\times 0.15) = 96.8(\text{mm})$$

接管有效补强宽度：

$$B = 2d = 2\times 96.8 = 193.6(\text{mm})$$

接管外侧有效补强高度：

$$h_{1} = \sqrt{d\delta_{\gamma t}} = \sqrt{103.2\times 4} = 20.32(\text{mm})$$

需要补强的面积：

$$A = d\delta = 103.2\times 2.3 = 237.36(\text{mm}^{2})$$

可以作为补强的面积：

$$A_{1} = (B-d)(\delta_{e}-\delta) = (193.6-96.8)\times(4-2.3) = 164.56(\text{mm}^{2})$$

接管材料在设计温度下的许用应力大于筒体材料在设计温度下的许用应力，所以 $f_{r} = 1$，则：

$$A_{2} = 2h_{1}(\delta_{et}-\delta_{t})f_{r} = 2\times 20.32\times(4-0.22)\times 1 = 153.62(\text{mm}^{2})$$

$$A_{1} + A_{2} = 164.56 + 153.62 = 318.18(\text{mm}^{2}) > A$$

壳体接管自身补强的强度足够，不需要另设补强结构。

8.8 螺旋板式换热器的制造简介

8.8.1 螺旋板式换热器制造质量的控制

目前我国对螺旋板式换热器制造质量的监控标准是《螺旋板式换热器制造技术条件》，该标准从材料、制造、装配、焊接、特殊处理及检验、检漏和水压试验等方面制定了比较详细、操作性强的条款，对我国螺旋板式换热器的生产现状起了规范和促进的作用。

8.8.2 制造工艺程序

螺旋板式换热器的制造工艺程序大致如下：

放样、下料→拼接→探伤→焊定距柱→卷制螺旋体→焊接螺旋通道→装配→金加工→总装→实压→检验→成品油漆出厂。

（1）螺旋板板材的下料

放样划线以后，用气割下料，两侧要直，不可弯曲或凹凸，断口要与两侧垂直。下料的关键是控制好下料余量，下料余量按公式（8-54）计算：

$$\Delta L_B \leqslant \frac{C}{2}\pi N_B(N_B-1) \tag{8-54}$$

式中　N_B——螺旋板的圈数；

　　　C——螺旋通道间距的偏差系数，对于不锈钢，当通道间距小于等于 4mm，取 $C=0.4mm$。

由前面工艺计算求得螺旋板圈数为 10.77 圈，将数据代入公式（8-54）可得：

$$\Delta L_B \leqslant \frac{0.4}{2}\times 3.14\times 10.77\times(10.77-1)=66.08(mm)$$

对于下料余量的规定主要是为了控制好螺旋板式换热器卷制的松紧程度，此松紧程度直接影响到螺旋板整体的强度和刚度。

（2）板材的拼接

用来卷制螺旋板的钢板长度一般都较长，这需要进行拼接（卷筒钢板除外），拼接时要求钢板平直，并磨平焊缝，否则在卷制过程中会出现偏移，使用过程中易发生应力腐蚀，厚 2～3mm 的不锈钢板拼接时，不开坡口，两板间距为 1mm。拼接焊缝要求 100%无损探伤，且必须采用全熔透的结构。

（3）焊定距柱

螺旋板的定距柱有三方面的作用：控制螺旋通道的间距；增加螺旋体的强度和刚度；使流动介质容易产生湍流，强化传热。定距柱要有 $(1\times 45°)\sim(2\times 45°)$ 的倒角，高度偏差为 $0\sim 3mm$。如果定距柱的加工有负偏差存在，螺旋体卷制成形时，定距柱与螺旋体板不能切实地贴合，削弱了定距柱增强螺旋体强度与刚度的作用。

不同的压力等级其定距柱的间距大小不一，根据间距划线后焊定距柱。车好后的定距柱与螺旋板的连接采用沿长度（或板宽）方向两点对称点板固定。点焊后打掉焊渣并检查定距柱的质量，要求焊牢，点焊定距柱时要避免烧穿钢板。对于不锈钢的螺旋板，定距柱焊完后应检查无定距柱侧螺旋板的表面是否有过烧点，对烧点必须进行煤油渗漏试验，不锈钢螺旋板式换热器制造完毕后，需进行整体表面酸洗钝化处理。

（4）卷制螺旋体

① 根据图纸要求调整好胎模偏心，把中心隔板装夹在胎模上。

② 把两块螺旋板分别焊在中心隔板两端，把分别连接在中心隔板上的螺旋板一端开成30°坡口，随后和卷床上的中心隔板的两边在相反方向焊接，焊接时不准焊在胎膜上，否则不易脱模。焊好后，将胎膜转过180°，把第二块板材同眼焊接在胎膜上，并转到第一块板的一边，两块板材叠在一起，要求整齐。

③ 根据不同通道填上所要求的圆钢条作为螺旋通道的密封条，在两块之间的两头填上两根，第二块板上两头填两根。对界圆钢要求直，在焊头处预先进行退火处理。

④ 卷制螺旋体时，要求进料整齐，卷制时要适当控制圆钢，使它卷制在两板端口。卷成螺旋体后，将螺旋体和胎膜一起从卷床上卸下、脱模，卷制工序完成。

（5）焊接螺旋通道

先要整理通道内填入圆钢的高低距离，使圆钢稍低于钢板端面。对于Ⅱ型可拆螺旋板式换热器可适当保持一段距离即可。焊接螺旋通道时，不得烧穿、咬边或产生气孔。为减小焊接变形量，一端面的螺旋通道的一侧先焊好，将螺旋体翻身焊另一侧，焊好后才返回焊刚才未焊好的一侧。

（6）螺旋板式换热器的装配和试压

螺旋板式换热器根据使用的公称压力不同，其装配的过程也不同。总装好后，必须进行试压。其目的一是检漏，二是校核设备强度。

一般情况下均采用水压试验，对于 1.6MPa 级以下的换热器可单通道试压，其实验压力为设计压力的 1.25 倍，即 $p_\mathrm{T}=1.25p$。水压试验时，设备的平均一次应力计算值不得超过所用材料在试验温度下的90%的屈服极限。

参考文献

[1] 毛希澜. 换热器设计 [M]. 上海：上海科学技术出版社，1988.

[2] 钱颂文. 热器设计手册 [M]. 北京：化学工业出版社，2002.

[3]（日）尾花英郎. 徐中权，译. 热交换设计手册 [M]. 北京：石油工业出版社，1982.

[4] 李克永. 化工机械手册 [M]. 天津：天津大学出版社，1991.

[5]（日）幡野佐一，等. 换热器 [M]. 北京：化学工业出版社，1987.

[6] 夏清，陈常贵. 化工原理：上册 [M]. 天津：天津大学出版社，2005.

[7] NB/T 47048—2015.

[8] JB/T 4723—92.

[9] 罗斯丁. 螺旋板式换热器传热和流体阻力的试验研究 [J]. 化工与通用机械，1975（05）：43-44.

[10] 董大勤，袁凤隐. 压力容器设计手册 [M]. 北京：化学工业出版社，2006.

[11] 郑津洋，董其伍，桑芝富. 过程设备设计 [M]. 北京：化学工业出版社，2005.

[12] GB 150—2011.

[13] 匡国柱，史启才. 化工单元过程及设备课程设计 [M]. 北京：化学工业出版社，2002.

[14] 黄振仁，魏新利. 过程装备成套技术设计指南 [M]. 北京：化学工业出版社，2004.

[15] 杨智强，葛晶儒，张丹阳. 螺旋板式换热器的油垢的化学清洗 [J]. 清洗世界，2006，22（8）：42-43.

[16] 张杰，李晓东. 螺旋板换热器的应用与节能 [J]. 企业与能源，2001，19（06）：35-36.

第9章
U 形管式换热器的设计计算

U 形管换热器仅有一个管板，管子两端均固定于同一管板上，管子可以自由伸缩，无热应力，热补偿性能好；管程采用双管程，流程较长，流速较高，传热性能较好，承压能力强，管束可从壳体内抽出，便于检修和清洗，且结构简单，造价便宜。U 形管式换热器的主要结构包括管箱、筒体、封头、换热管、接管、折流板、防冲板和导流筒、防短路结构、支座及管壳程的其他附件等（图 9-1）。

本设计为Ⅱ类压力容器，设计温度和设计压力都较高，因而设计要求高。换热器采用双管程、不锈钢换热管制造。设计中主要进行了换热器的结构设计、强度设计以及零部件的选型和工艺设计。

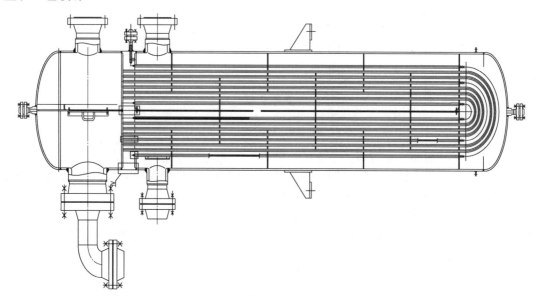

图 9-1　U 形管式换热器

9.1　列管式换热器概述

列管式换热器适用于化工、石油、医药、食品、轻工、冶金、焦化等行业的液和液、气和气、气和液的对流传热，蒸汽冷凝和液体蒸发传热等换热冷凝流程。列管式换热器是由一个圆筒形壳体及其内部的管束组成的。管子两端固定在管板上，并将壳程和管程的流体分开。

壳体内设有折流板，以引导流体的流动并支承管子。用拉杆和定距管将折流板与管子组装在一起。列管式换热器共有三种结构形式：固定管板式、浮头式和 U 形管式。固定管板式换热器结构简单、紧凑、造价低，每根换热管可以单独清洗和更换，在结构尺寸相同的条件下，与浮头式和 U 形管式换热器相比，换热面积最大。固定管板式换热器的壳程清洗困难，适应热膨胀能力差，决定了固定管板式换热器适用于换热介质清洁、壳程压力不高、换热介质温差不大的场合。浮头式换热器由于管束的热膨胀不受壳体的约束，而且可拆卸抽出管束，检修更换换热管、清理管束和壳程污垢方便，因此，浮头式换热器应用最广泛，在油田储运集输系统中，60%~70%的换热器为浮头式换热器。U 形管式换热器是管壳式换热器的一种，它由管板、壳体、管束等零部件组成。在同样直径的情况下，U 形管换热器的换热面积最大；它结构简单、紧凑、密封性能高、检修、清洗方便，在高温、高压下金属耗量最小、造价最低；U 形管换热器只有一块管板，热补偿性能好、承压能力较强，适用于高温、高压工况下操作。

9.2　传热工艺计算

9.2.1　原始数据

管程天然气进口温度：$t_2' = 105\ ℃$。

管程天然气出口温度：$t_2'' = 36\ ℃$。

壳程循环水进口温度：$t_1' = 40\ ℃$。

壳程循环水出口温度：$t_1'' = 60\ ℃$。

管程天然气进、出口设计压力：$p_c = 4.6\text{MPa}$。

壳程循环水进、出口设计压力：$p_t = 0.2\text{MPa}$。

管程天然气体积流量：$V_s = 2000000\text{m}^3/\text{d}$（标准状态下）。

天然气的成分：97%甲烷，2%乙烷，1%丙烷。

9.2.2　定性温度及物性参数

管程天然气定性温度：$\dfrac{t_2' + t_2''}{2} = \dfrac{105 + 36}{2} = 70.5(℃)$。

管程天然气密度：$\rho_2 = 0.52\text{kg/m}^3$（标准状态下）；$\rho_2' = 28.3235\text{kg/m}^3$（4.6 MPa 状态下）。

管程天然气热导率：$\lambda_2 = 0.0466\,\text{W}/(\text{m} \cdot \text{K})$。

管程天然气比热容：$c_{p2} = 2.561\text{kJ}/(\text{kg} \cdot \text{K})$。

管程天然气动力黏度：$\mu_2 = 1.36241 \times 10^{-5}\,\text{Pa} \cdot \text{s}$。

管程天然气运动黏度：$\nu_2 = 4.81029 \times 10^{-7}\,\text{m}^2/\text{s}$。

管程天然气普朗特数：$Pr_2 = 0.7495$。

壳程循环水定性温度：$t_1 = \dfrac{t_1' + t_1''}{2} = \dfrac{40 + 60}{2} = 50(℃)$。

壳程循环水密度：$\rho_1 = 987.9962\text{kg/m}^3$。

壳程循环水热导率：$\lambda_1 = 0.6407\,\text{W}/(\text{m} \cdot \text{K})$。

壳程循环水比热容：$c_{p1} = 4.1811 \text{kJ/(kg·K)}$。

壳程循环水运动黏度：$v_1 = 5.53176 \times 10^{-7} \text{ m}^2/\text{s}$。

壳程循环水普朗特数：$Pr_1 = 3.5668$。

9.2.3 传热量与循环水量

热流量：

$$Q_1 = G_2 c_{p2}(t_2' - t_2'') = 12.04 \times 2.561 \times (105 - 36) = 2127.58 \text{(kW)}$$

其中

$$G_2 = \frac{2000000}{24 \times 3600} \times 0.52 = 12.04 \text{(kg/s)}$$

循环水量：

$$G_1 = \frac{Q_1}{c_{p2} \times (t_1'' - t_1')} = \frac{2127.58}{4.1811 \times (60 - 40)} = 25.44 \text{(kg/s)}$$

在设计压力 4.6MPa 时天然气的体积流量 $V_s' = \dfrac{G_z}{\rho_z'} = 32183 \text{m}^3/\text{d}$，本设计中由于天然气的流量较大，因此选用两组 U 形管换热器并联工作。

9.2.4 有效平均温差

$$\Delta t_m = \frac{(t_2' - t_1'') - (t_1' - t_2'')}{\ln \dfrac{t_2' - t_1''}{t_1' - t_2''}} = \frac{(105 - 60) - (40 - 36)}{\ln \dfrac{105 - 60}{40 - 36}} = 16.94(\text{℃})$$

参数 $P = \dfrac{t_1'' - t_1'}{t_2' - t_1'} = \dfrac{60 - 40}{105 - 40} = 0.3$，$R = \dfrac{t_2' - t_2''}{t_1'' - t_1'} = \dfrac{105 - 36}{60 - 40} = 3.5$，查《热质交换原理与设备》（第三版）得温差修正系数 $\phi = 0.3$，则 $\Delta t_m = 0.3 \times 16.94 = 5(\text{℃})$。

9.2.5 管程换热系数计算

假定初始流速 $v_2 = 3.5 \text{m/s}$，选用 $\phi 25 \text{mm} \times 2.5 \text{mm}$ 的 2 号无缝钢管作换热管，则管子外径 $d_o = 0.025 \text{m}$，管子内径 $d_i = 0.02 \text{m}$。

管程流通面积：

$$a_T = \frac{G_2 / 2}{\rho_2' v_2} = \frac{12.04 / 2}{28.3235 \times 3.5} = 0.0607 \text{(m}^2)$$

所需换热管根数：

$$N_T = \frac{2 a_T}{\dfrac{\pi}{4} d_i^2} = \frac{2 \times 0.0607}{\dfrac{3.14}{4} \times 0.02^2} = 387 \text{(根)}$$

由于是两管程，取 388 根。

管程雷诺数：

$$Re = \frac{v_2 d_i}{v_2} = \frac{3.5 \times 0.02}{4.81019 \times 10^{-7}} = 145524$$

管程传热系数：

$$\alpha_{i} = 0.023\frac{\lambda_{2}}{d_{2}}Re^{0.8}Pr^{0.3} = 0.023 \times \frac{0.0466}{0.02} \times 14554^{0.8} \times 0.7495^{0.3} = 664[\text{W}/(\text{m}^{2} \cdot \text{K})] \quad (9\text{-}1)$$

初算换热面积：

$$F_{0} = \frac{Q_{1}}{\alpha_{2}\Delta t_{\text{m}}} = \frac{2127580/2}{664 \times 5} = 320(\text{m}^{2})$$

9.2.6　校核流速

取 396 根时，管程流通面积：

$$a_{\text{T}} = \frac{N_{\text{T}}}{2} \times \frac{\pi}{4}d_{i}^{2} = 0.0622(\text{m}^{2})$$

流速：

$$v_{2} = \frac{G_{2}/2}{\rho_{2}a_{\text{T}}} = \frac{12.04/2}{28.3235 \times 0.0622} = 3.4(\text{m}/\text{s})$$

管程雷诺数：

$$Re = \frac{v_{2}d_{1}}{v_{2}} = \frac{3.4 \times 0.02}{4.81019 \times 10^{-7}} = 141367$$

管程传热系数：

$$\alpha_{2} = 0.023 \times \frac{0.0466}{0.02} \times 141367^{0.8} \times 0.7496^{0.3} = 648[\text{W}/(\text{m}^{2} \cdot \text{K})]$$

换热面积：

$$F_{0} = \frac{Q_{1}}{\alpha_{2}\Delta t_{\text{m}}} = \frac{2127580/2}{648 \times 5} = 328(\text{m}^{2})$$

在长时间使用后考虑富裕量，则换热面积为 $F_{0}' = 328 \times (1 + 30\%) = 426(\text{m}^{2})$。由 $A = \pi dL$ 得：

$$L = \frac{A}{\pi d} = \frac{426}{3.14 \times 0.0225} = 6030(\text{m})$$

换热管为正三角形排列，则每根换热管的弯曲直径如表 9-1 所示。

表 9-1　每根换热管的弯管段长度　　　单位：mm

l_0	l_1	l_2	l_3	l_4	l_5	l_6	l_7	l_8
69.1	108.4	195.4	282.4	364.7	465.5	543.5	630.5	717.5
l_9	l_{10}	l_{11}	l_{12}	l_{13}	l_{14}	l_{15}	l_{16}	
804.6	891.6	978.7	1065.5	1152.7	1239.7	1326.7	1413.7	

每根换热管直管段长度为 7.4m。

9.2.7　工艺结构尺寸

列管式换热器结构主要基本参数包括：公称直径、公称压力、设计温度、换热管长、换热器规格、折流板间距以及公称换热面积等。

（1）选管子规格

选用ϕ25mm×2.5mm的无缝钢管，管长L=7.4m。

（2）确定管子在管板上的排列方式

采用三角形排列法，管子与管板采用焊接结构。

（3）计算壳体内径

查GB/T 151—2014知管间距$1.25d_0$，取管间距$s = 1.25 \times 0.025 = 0.032(\text{m})$，隔板槽两侧相邻管最小中心距$s_n = 44\text{mm}$。

管束中心排管数：

$$N_0 = 1.1\sqrt{N_T} = 1.1 \times \sqrt{388} = 22(\text{根})$$

壳体内径：

$$D_i = s(N_0 - 1) + 2b' = 0.032 \times (22 - 1) + 2 \times 1.2 \times 0.025 = 0.732(\text{m})$$

式中　b'——管束中心线上最外层至壳体内壁的距离，m，$b' = (1 \sim 1.5)d_0$，取$b' = 1.2d_0$。

按壳体直径标准系列圆整，取内径$D_i = 800$ mm。长径比为$\dfrac{L}{D_i} = \dfrac{7.4}{0.8} = 9.25$，管长径比合适。

（4）画出排管图

根据壳体内径、管中心距、横过管束中心距的管束及其排列方式，绘制出排管图，如图9-2所示。由图可见，中心排有22根管时，按正三角形排列，可排396根，除去6根拉杆位置，故实际管子数N_T=390根。

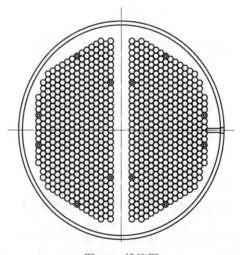

图9-2　排管图

9.2.8　壳程换热系数的计算

假定流速为1.0m/s，则壳程流通面积为：

$$a_1 = \frac{G_1}{\rho_1 v_1} = \frac{25.44/2}{987.9962 \times 1.0} = 0.0107(\mathrm{m}^2)$$

按壳体内径计算的壳程流通面积为：

$$a_1 = \frac{1}{2}BD_i\left(1 - \frac{d_0}{s}\right) = \frac{1}{2} \times 0.2 \times 0.8 \times \left(1 - \frac{0.0025}{0.032}\right) = 0.0175(\mathrm{m}^2)$$

则实际流速为：

$$v_1 = \frac{G_1}{\rho_1 a_1} = \frac{25.44 \times 0.5}{987.9962 \times 0.0175} = 0.74(\mathrm{m/s})$$

质量流速：

$$W_1 = \rho_1 v_1 = 987.9962 \times 0.74 = 726.86[\mathrm{kg/(m^2 \cdot s)}]$$

壳程当量直径：

$$d_e = \frac{D_i^2 - N_T d_o^2}{D_i + N_T d_o} = \frac{0.8^2 - 396 \times 0.025}{0.8 + 396 \times 0.025} = 0.0367(\mathrm{m})$$

壳程雷诺数：

$$Re = \frac{v_1 d_e}{\nu_1} = \frac{0.0367 \times 0.74}{5.53167 \times 10^{-7}} = 49095$$

壁温设为 $t_w = 65℃$，查得壁温下水的黏度 $\mu_w = 4.3298 \times 10^{-4}\,\mathrm{Pa \cdot s}$，壁温下水的普朗特数 $Pr_w = 2.7649$。

壳程换热系数为：

$$\alpha_0 = 0.027\frac{\lambda_1}{d_i}Re^{0.8}Pr^{1/3}\left(\frac{\mu_f}{\mu_w}\right)^{0.14} = 0.027 \times \frac{0.6407}{0.02} \times 2.7649^{1/3} \times 49095^{0.8} \times \left(\frac{5.46536}{4.32928}\right)^{0.14}$$

$$= 7099[\mathrm{W/(m^2 \cdot K)}]$$

9.2.9　总换热系数计算

查《换热器设计手册》附录 1 中，水温在 52℃以下，流速<1m/s，自来水污垢系数为 0.000172 $\mathrm{m^2 \cdot ℃/W}$，天然气污垢系数为 0.000174$\mathrm{m^2 \cdot ℃/W}$。

列管式换热器面积是以传热管外表面积为基准，在利用关联式计算总传热系数时也应以管外表面积为基准，忽略管壁热阻，总传热系数计算公式为：

$$\frac{1}{K_0} = \frac{1}{\alpha_o} + R_{so} + R_{si}\frac{d_o}{d_i} + \frac{d_o}{\alpha_i d_i} \tag{9-2}$$

式中　K_0——总传热系数，W/(m² · K)；

　α_i、α_o——管程和壳程流体的传热膜系数，W/(m² · K)；

　R_{si}、R_{so}——管程和壳程的污垢热阻，m² · K/W；

　d_i、d_o——传热管内直径、外直径，m。

$$\frac{1}{K_0} = \frac{1}{7099} + 0.000172 + 0.000174 \times \frac{0.025}{0.02} + \frac{0.025}{648 \times 0.02}$$

$$K_0 = 406\text{W} / (\text{m} \cdot \text{K})$$

9.2.10 折流板

折流板的结构设计是根据工艺过程及要求来确定的，它主要为了增加管间流速、提高传热效果。同时，设置折流板对于卧式换热器的换热管具有一定的支撑作用，当换热管过长而管子承受的压应力过大时，在满足换热器壳程允许压降的情况下，增加折流板的数量，减小折流板的间距，对缓解换热管的受力状况和防止流体流动诱发振动有一定的作用。而且，设置折流板也有利于换热管的安装。

折流板的形式有弓形折流板、圆盘-圆环形折流板和矩形折流板。最常用的是弓形折流板。

弓形折流板的形式有单弓形、双弓形和三弓形，大部分换热器都采用单弓形折流板，本换热器也采用单弓形折流板。

9.2.10.1 折流板的尺寸

（1）弓形折流板缺口高度

弓形折流板缺口高度应使流体通过缺口时与横过管束时的流速相近。缺口大小用切去的弓形弦高占筒体内直径的百分比来确定。弓形弦高 h 值，一般取 $0.2 \sim 0.45$ 倍的筒体内直径。

$h = (0.25 \sim 0.45)D_i = (0.25 \sim 0.45) \times 0.8 = 0.16 \sim 0.36(\text{m})$，取 $h = 0.2\text{m}$。弓形折流板的缺口可按

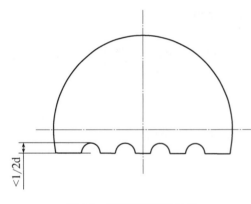

图 9-3 弓形折流板的缺口

图 9-3 所示切在管排中心线以下，或切于两排管孔的小桥之间。

（2）折流板的最小厚度

折流板最小厚度按 GB/T 151—2014 表 34 选取。取折流板无支撑跨距为 300 mm，折流板厚度为 6mm。

（3）折流板板孔

该换热器采用不锈钢 I 管束，按照 GB/T 151—2014 表 35 的规定，折流板管控直径及允许偏差为：

管孔直径：$d + 0.7 = 25.7(\text{mm})$。

允许偏差为：$^{+0.30}_{0}$ mm。

（4）折流板外直径

折流板和支持板外直径及允许偏差应符合 GB/T 151—2014 表 41 的规定。

公称直径：800mm。

折流板名义外直径：800−4.5=795.5(mm)。

折流板外直径允许偏差：$^{0}_{-0.8}$ mm。

（5）折流板数量

$$N_b = \frac{7.4}{B} - 1 = \frac{7.4}{0.3} - 1 = 23(\text{根})$$

9.2.10.2 折流板的布置

折流板一般应按等间距布置，管束两端的折流板尽可能靠近壳程进、出口接管。卧式换热器的壳程为单相清洁流体时，折流板缺口应水平上下布置，若气体中含有少量液体，则应在缺口朝上的折流板的最低处开通液口，如图 9-4（a）所示；若液体中含有少量气体，则应

在缺口朝下的折流板最高处开通气口,如图 9-4(b)所示;卧式换热器、冷凝器和重沸器的壳程介质为气、液相共存或液体中含有固体物料时,折流板缺口应垂直左右布置,并在折流板最低处开通液口,如图 9-4(c)所示。本次设计采用图 9-4(c)所示结构。

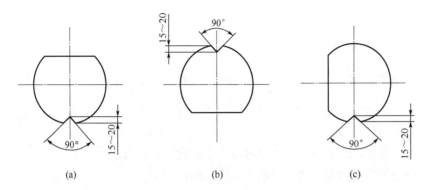

图 9-4　折流板的布置

折流板最小间距一般不小于圆筒内直径的五分之一,且不小于 50mm,特殊情况下也可取较小的间距,取 B=300mm。

换热管在其材料允许使用温度范围内的最大无支撑跨距,应按 GB/T 151—2014 表 42 的规定,取换热管的最大无支撑跨距为 1500mm。

9.2.10.3　折流板的固定

折流板一般均采用拉杆与定距管等元件与管板固定,其固定形式有如下几种:

① 采用全焊接方法,拉杆一端插入管板并与管板焊接,每块折流板与拉杆焊固定。

② 拉杆一端用螺纹拧入管板,每块折流板之间用定距管固定,每一拉杆上最后一块折流板与拉杆焊接。

③ 螺纹与焊接相结合,拉杆一端用螺纹拧入管板,然后将每块折流板焊在拉杆上。

④ 拉杆的一端用螺纹拧入管板,中间用定距管将折流板固定,最后一块折流板用两螺母锁紧并点焊固定。

⑤ 联邦德国林德公司换热器的定距螺栓结构的拉杆形式。定距螺栓有 A/B 两种形式,A 型是与管板连接的定距螺栓,两折流板之间采用 B 型,该结构安装简单方便,间距正确。换热器直径 DN<1000mm 时,每个换热器只用两根拉杆固定。

9.2.11　管壁温度校核计算

管壁热流密度:

$$q_1 = \frac{Q_0}{N_T \pi d_0 l} = \frac{2127580/2}{396 \times \pi \times 0.025 \times 4} = 8555(\text{W/m}^2)$$

外壁侧管壁温度:

$$t_{wb} = t_1 - q_1\left(\frac{1}{\alpha_0} + R_{s0}\right) = 50 - 8555 \times \left(\frac{1}{4211} + 0.000172\right) = 46.5(^{\circ}\text{C})$$

内壁侧管壁温度:

$$t_{wl} = t_2 + q_1\left(\frac{1}{\alpha_i} + R_{si}\right) = 70.5 + 8555 \times \left(\frac{1}{648} + 0.000174\right) = 85.2(^{\circ}\text{C})$$

所以

$$t_w = \frac{t_{wl} + t_{wb}}{2} = \frac{85.2 + 46.5}{2} = 65.85(℃)$$

假设合理。

9.2.12 管程压力降校核

天然气走管程，管程压力降由三部分组成，可按下式进行计算：

$$\Delta p_i = (\Delta p_L + \Delta p_r)F_t N_p N_s + \Delta p_n N_s \qquad (9\text{-}3)$$

式中　Δp_L——流体流过直管因摩擦阻力引起的压降，Pa；

$\quad\quad\;\;\Delta p_r$——流体流经回弯管中因摩擦阻力引起的压降，Pa；

$\quad\quad\;\;\Delta p_n$——流体流经管箱进出口的压力降，Pa；

$\quad\quad\;\;F_t$——结构校正因素，无量纲，对 $\phi 25\,mm×2.5\,mm$ 的管子，取为 1.4，对 $\phi 19mm×2mm$ 的管子，取为 1.5；

$\quad\quad\;\;N_s$——串联的壳程数；

$\quad\quad\;\;N_p$——管程数。

$$\Delta p_L = \lambda_i \frac{L}{d_i}\frac{\rho_i u_i^2}{2} = 0.017 × \frac{4}{0.02} × \frac{28.3235×3.4^2}{2} = 557(Pa) \qquad (9\text{-}4)$$

$$\Delta p_L = 3\frac{\rho_i u_i^2}{2} = 3 × \frac{28.3235×3.4^2}{2} = 491(Pa) \qquad (9\text{-}5)$$

$$\Delta p_n = 1.5\frac{\rho_i u_i^2}{2} = 1.5 × \frac{28.3238×3.4^2}{2} = 245.5(Pa) \qquad (9\text{-}6)$$

式中　u_i——管内流速，m/s；

$\quad\quad\;\;d_i$——管内径，mm；

$\quad\quad\;\;L$——管长，m；

$\quad\quad\;\;\rho_i$——管内流体密度；

$\quad\quad\;\;\lambda_i$——摩擦系数，无量纲，可根据雷诺数 Re 和相对粗糙度 $\dfrac{\varepsilon}{d_i}$（ε 为相对粗糙度）查图或由下式求取。

$$\lambda_i = 0.0056 + \frac{0.500}{Re^{0.32}} = 0.0056 + \frac{0.500}{14136^{0.32}} = 0.017$$

则

$$\Delta p_i = (557 + 491) × 1.4 × 2 × 2 + 245.5 × 2 = 6359.8(Pa) < 0.1MPa$$

满足要求。

9.2.13 壳程压力降校核

当壳程无折流板时，循环水走壳程：

$$\Delta p_0 = (\Delta p_1' + \Delta p_2')F_s N_s \qquad (9\text{-}7)$$

式中　$\Delta p_1'$——流体横过管束时的压力降，Pa；

　　　$\Delta p_2'$——流体流过折流板缺口时的压力降，Pa；

　　　F_s——壳程压力降的结垢修正系数，无量纲，对液体可取为 1.15，对气体取为 1.0。

$$\Delta p_1' = F f_0 N_0 (N_b + 1) \frac{\rho u_0^2}{2} = 0.5 \times 0.43 \times 22 \times (19 + 1) \times \frac{987.9962 \times 0.74^2}{2} = 25591 (Pa)$$

$$\Delta p_2' = N_b \left(3.5 - 2 \frac{B}{D_i} \right) \frac{\rho u_0^2}{2} = 19 \times \left(3.5 - 2 \times \frac{0.2}{0.8} \right) \times \frac{987.9962 \times 0.74^2}{2} = 15419 (Pa)$$

式中　F——管子排列方法对压力降的修正系数，对三角形 F=0.5，对正方形排列 F=0.3，对转置正方形排列 F=0.4；

　　　f_0——壳程流体摩擦数，当 Re>500 时，

$$f_0 = 5.0 Re^{-0.228} = 5.0 \times 49095^{-0.228} = 0.43$$

　　　N_0——横过管子中心线的管子数；

　　　N_b——折流板数目；

　　　u_0——按壳程流通面积计算的流速，m/s；

　　　B——折流板间距，m。

则

$$\Delta p_0 = (22591 + 15419) \times 1.15 \times 2 = 94323 (Pa)$$

满足要求。

9.3　结构设计

9.3.1　壁厚的确定

　　壳体、管箱壳体和封头共同组成了管壳式换热器的外壳。管壳式换热器的壳体通常由管材或板材卷制而成。压力容器的公称直径按 GB/T 9019—2015 规定，当直径<400mm 时，通常采用管材做壳体和管箱壳体；当直径≥400mm 时，采用板材卷制壳体和管箱壳体。其直径系列应与封头、连接法兰的系列相匹配，以便于法兰、封头的选型。卷制圆筒的公称直径以400mm 为基数，一般情况下，当直径<1000mm 时，直径相差 100mm 为一个系列，必要时也可采用 50mm；当直径>1000mm 时直径相差 200mm 为一个系列，若采用旋压封头，其直径系列的间隔可取为 100mm。

　　圆筒的厚度按 GB 150—2011 的规定计算，碳素钢和低合金钢圆筒的最小厚度应不小于表 9-2 的规定，高合金钢圆筒的最小厚度应不小于表 9-3 的规定。

表 9-2　碳素钢和低合金钢圆筒最小厚度　　　　　　　　　单位：mm

公称直径	400~700	>700~1000	>1000~1500	>1500~2000	>2000~2600
浮头式，U 形管式	8	10	12	14	16
固定式管板式	6	8	10	12	14

表 9-3		高合金钢圆筒最小厚度			单位：mm	
公称直径	400～500	>500～700	>700～1000	>1000～1500	>1500～2000	>2000～2600
最小厚度	3.5	4.5	6	8	10	12

9.3.2 管箱圆筒短节设计

管箱圆筒（短节）计算及其开孔补强计算按 GB 150—2011 有关规定。圆筒的最小厚度按表 9-2 和表 9-3 的规定。设计条件见表 9-4。

表 9-4　管箱圆筒（短节）

部件	材料	设计温度/℃	设计压力/MPa	$[\sigma]^t$ /MPa	$[\sigma]$ /MPa	φ	标准	C_1 /mm	C_2 /mm
管箱圆筒短节	Q235	105	4.6	124.3		1	GB 713—2008	0	2

设计温度下圆筒的计算厚度按式（9-8）计算，公式的适用范围为 $p_c \leq 0.4[\sigma]^t\varphi$。

$$\delta = \frac{p_c D_i}{2[\sigma]^t\varphi - p_c} \tag{9-8}$$

其中 $p_c = p_s = 4.6\text{MPa}$；$D_i = 800\text{mm}$；$[\sigma]^t = 124.3\text{MPa}$；$\varphi=1.0$。代入式（9-8）得：

计算厚度：$\delta = 15.08\text{mm}$。

设计厚度：$\delta_d = \delta + C_2 = 17.08\text{mm}$。

名义厚度：$\delta_n = \delta_d + C_1 = 17.08\text{mm}$，经圆整取 $\delta_n = 17\text{mm}$。

有效厚度：$\delta_\varepsilon = \delta_n - C_2 = 17 - 2 = 15(\text{mm})$。

设计温度下圆筒的计算应力按式（9-9）计算：

$$\sigma^t = \frac{p_c(D_i + \delta_\varepsilon)}{2\delta_\varepsilon} = \frac{4.6 \times (800 + 15)}{2 \times 15} = 125(\text{MPa}) \tag{9-9}$$

$$\sigma^t < [\sigma]^t\varphi$$

满足强度要求，故取名义厚度为 $\delta_n = 17\text{mm}$。

设计温度下圆筒的最大允许工作压力按式（9-10）计算：

$$[p_w] = \frac{2\delta_\varepsilon[\sigma]^t\varphi}{D_i + \delta_\varepsilon} \tag{9-10}$$

$$[p_w] = \frac{2 \times 15 \times 124.3 \times 1.0}{800 + 15} = 4.58(\text{MPa})$$

满足压力要求，故取名义厚度为 $\delta_n = 17\text{mm}$。

9.3.3 壳体圆筒设计

圆筒的厚度应按 GB 150—2011 计算，但碳素钢和低合金钢圆筒的最小厚度应不小于表 9-2 的规定，高合金钢圆筒的最小厚度应不小于表 9-3 的规定，设计条件见表 9-5。

表 9-5　圆筒厚度

部件	材料	设计温度/℃	设计压力/MPa	$[\sigma]^t$ /MPa	$[\sigma]$ /MPa	φ	标准	C_1/mm	C_2/mm
壳体圆筒	Q235	60	0.2	124.3		1	GB 713—2008	0	2

设计温度下圆筒的计算厚度按式（9-8）计算，其中 $p_c = p_t = 0.2\text{MPa}$ ； $D_i = 800\text{mm}$ ； $[\sigma]^t = 124.3\text{MPa}$ ； $\varphi = 1.0$ 代入式（9-8）得：

计算厚度： $\delta = 0.64\text{mm}$ 。

设计厚度： $\delta_d = \delta + C_2 = 2.64\text{mm}$ 。

名义厚度： $\delta_n = \delta_d + C_1 = 2.64\text{mm}$ ，由表 9-2 知管径为 700～1000mm 时，最小厚度取 10mm。

有效厚度： $\delta_\varepsilon = \delta_n - C_2 - C_1 = 10 - 2 - 0 = 8(\text{mm})$ 。

设计温度下圆筒的计算应力按式（9-9）计算：

$$\sigma^t = \frac{0.2 \times (800 + 8)}{2 \times 8} = 10.1(\text{MPa})$$

$$\sigma^t < [\sigma]^t \varphi$$

满足强度要求，故取名义厚度为 $\delta_n = 10\text{mm}$ 。

设计温度下圆筒的最大允许工作压力按式（9-10）计算：

$$[p_w] = \frac{2\delta_\varepsilon [\sigma]^t \varphi}{D_i + \delta_\varepsilon} \tag{9-11}$$

$$[p_w] = \frac{2 \times 8 \times 124.3 \times 1.0}{800 + 8} = 2.46(\text{MPa})$$

$$[p_w] > P_{wmax} = 2.0\text{MPa}$$

满足压力要求，故取名义厚度 $\delta_n = 10\text{mm}$ 合适。

9.3.4　封头设计

压力容器封头的种类较多，分为凸形封头、锥壳、变径段、平盖及紧缩口等，其中凸形封头包括半球形封头、椭圆形封头、碟形封头和球冠形封头。采用什么样的封头要根据工艺条件的要求、制造的难易程度和材料的消耗等情况来决定。

此次设计采用标准椭圆形封头，它由半个椭球面和短圆筒组成，如图 9-5 所示。直边段的作用是避免封头和圆筒的连接焊缝出现经向曲率半径突变，以改善焊缝的受力状况。封头的椭球部分经线曲率变化平滑连续，故应力分布比较均匀，且椭圆形封头深度较半球形封头小得多，易于冲压成形，是目前中、低压容器中应用较多的封头之一。设计条件见表 9-6、表 9-7。

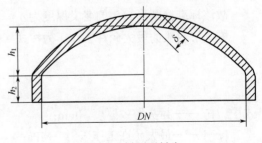

图 9-5　椭圆形封头

表 9-6   椭圆形封头设计条件（一）

部件	材料	设计温度/℃	设计压力/MPa	$[\sigma]^t$/MPa	$[\sigma]$/MPa	φ	标准	C_1/mm	C_2/mm
管箱封头	Q235	105	4.6	124.3		1	GB 713—2008	0	2

表 9-7   椭圆形封头设计条件（二）

部件	材料	设计温度/℃	设计压力/MPa	$[\sigma]^t$/MPa	$[\sigma]$/MPa	φ	标准	C_1/mm	C_2/mm
后封头	Q235	60	0.2	124.3		1	GB 713—2008	0	2

9.3.4.1   后封头计算

标准椭圆形封头的计算厚度按式（9-12）计算：

$$\delta = \frac{p_c D_i}{2[\sigma]^t \varphi - 0.5 p_c} \tag{9-12}$$

式中 δ ——封头计算厚度，mm；

D_i ——封头内直径，mm；

p_c ——计算压力，MPa；

$[\sigma]^t$ ——设计温度下封头材料的许用应力，MPa；

φ ——焊接接头系数。

其中 $p_c = p_t = 0.2\text{MPa}$ ； $D_i = 800\text{mm}$ ； $[\sigma]^t = 124.3\text{MPa}$ ； $\varphi = 1.0$ 代入式（9-12）得：

计算厚度： $\delta = 0.644\text{mm}$ 。

设计厚度： $\delta_d = \delta + C_2 = 2.644(\text{mm})$ 。

名义厚度： $\delta_n = \delta_d + C_1 = 2.644(\text{mm})$ ，由于管径为 700～1000 mm，封头最小厚度为 10mm，$\delta_n = 10\text{mm}$ 。

有效厚度：

$$\delta_\varepsilon = \delta_n - C_2 - C_1 = 8(\text{mm})$$

式中 δ_ε ——封头有效厚度，mm；

δ_n ——封头名义厚度，mm。

标准椭圆形封头的有效厚度应不小于封头内直径的 0.15%，但当确定封头厚度时已考虑了内压下的弹性失稳问题，可不受此限制。

$$\delta_\varepsilon > 0.15\% D_i = 0.15\% \times 800 = 1.2(\text{mm})$$

故该标准椭圆形封头的名义厚度为 $\delta_n = 10\text{mm}$ 。

椭圆形封头的最大允许工作压力按式（9-13）计算：

$$[p_w] = \frac{2\delta_\varepsilon [\sigma]^t \varphi}{D_i + 0.5\delta_\varepsilon} \tag{9-13}$$

式中 δ_ε ——封头有效厚度，mm；

$[p_w]$ ——最大允许工作压力，MPa；

$[\sigma]^t$ ——设计温度下封头材料的许用应力，MPa；

φ ——焊接接头系数；

D_i ——封头内直径，mm。

$$[p_w] = \frac{2 \times 8 \times 124.3 \times 1.0}{800 + 0.5 \times 8} = 2.46(\text{MPa})$$

$$[p_w] > p_{wmax} = 2.46\text{MPa}$$

该封头满足压力要求，故取名义厚度为 $\delta_n = 10\text{mm}$ 。

设计温度下封头的计算应力按式（9-14）计算：

$$\sigma = \frac{p_c(2D_i + \delta_\varepsilon)}{4\delta_\varepsilon \varphi} \qquad (9\text{-}14)$$

$$\sigma = \frac{0.2 \times (2 \times 800 + 15)}{4 \times 8 \times 1.0} = 10.09(\text{MPa})$$

$$\sigma < \sigma^t \varphi = 124.3\text{MPa}$$

满足强度要求，故取名义厚度为 $\delta_n = 10\text{mm}$ 。

9.3.4.2 管箱封头计算

标准椭圆形封头的计算厚度按式（9-12）计算。

其中 $p_c = p_s = 4.6\text{MPa}$ ； $D_i = 800\text{mm}$ ； $[\sigma]^t = 124.3\text{MPa}$ ； $\varphi=1.0$ 代入式（9-12）得：

计算厚度： $\delta = 14.9\text{mm}$ 。

设计厚度： $\delta_d = \delta + C_2 = 16.9(\text{mm})$ 。

名义厚度： $\delta_n = \delta_d + C_1 = 16.9(\text{mm})$ ，经圆整取 $\delta_n = 17\text{mm}$ 。

有效厚度： $\delta_\varepsilon = \delta_n - C_2 - C_1 = 17 - 2 - 0 = 15(\text{mm})$ 。

标准椭圆形封头的有效厚度应不小于封头内直径的 0.15%，但当确定封头厚度时已考虑了内压下的弹性失稳问题，可不受此限制。

$$\delta_\varepsilon > 0.15\%D_i = 0.15\% \times 800 = 1.2(\text{mm})$$

故该标准椭圆形封头的名义厚度 $\delta_n = 17\text{mm}$ 合适。

椭圆形封头的最大允许工作压力按式（9-13）计算：

$$[p_w] = \frac{2 \times 8 \times 124.3 \times 1.0}{800 + 0.5 \times 8} = 2.46(\text{MPa})$$

$$[p_w] > p_{wmax} = 4.22\text{MPa}$$

该封头满足压力要求，故取名义厚度 $\delta_n = 17\text{mm}$ 合适。

设计温度下封头的计算应力按式（9-14）计算：

$$\sigma = \frac{4.6 \times (2 \times 800 + 15)}{4 \times 15 \times 1.0} = 123.8(\text{MPa})$$

$$\sigma < \sigma^t \varphi = 124.3\text{MPa}$$

满足强度要求，故取名义厚度为 $\delta_n = 17\text{mm}$ 。

由 GB/T 25198—2010 续表 1 查取封头的数据见表 9-8。

表 9-8　封头的设计

封头	公称直径 DN/mm	曲面高度 h/mm	直边高度 h_2/mm	内边面积 A/m²	容积 V/m³	质量 m/kg
管箱封头	800	200	40	0.988	0.121	121
后封头	800	200	40	0.988	0.121	79.6

9.3.5　换热管设计

9.3.5.1　换热管的规格和尺寸偏差

换热管的长度根据设计条件取为 4m，直径为 ϕ25mm，厚度 δ=2.5mm；由 GB 13296 查得换热管的规格和尺寸偏差见表 9-9。

表 9-9　换热管的规格和尺寸偏差

材料	换热管标准	管子规格/mm		高精度，较高精度/mm		管孔规格/m	
		外径 d	厚度 δ	外径偏差	厚度偏差	管孔直径	允许偏差
不锈钢 0Cr18Ni10Ti	GB/T8163 GB9948	25	2.5	± 0.2 0	+12% −10%	25.25	+0.15 0

9.3.5.2　U 形管的尺寸

（1）U 形管弯管段的弯曲半径

U 形管弯管段的弯曲半径 R（图 9-6）应不小于两倍的换热管外径，常用换热管的最小弯曲半径 $R_{\min}$ 可按 GB/T 151—2014 表 11 选取。

图 9-6　U 形管弯管段

（2）U 形管弯管段弯曲前的最小壁厚按式（9-15）计算：

$$\delta_0 = \delta_1 \times \left(1 + \frac{d}{4R}\right) \qquad (9\text{-}15)$$

式中　R ——弯管段弯曲半径，mm；

　　　δ_0 ——弯曲前换热管的最小壁厚，mm；

　　　δ_1 ——直管段的计算厚度，mm；

　　　d ——换热管外径，mm。

其中，$d = 25\text{mm}$，$R = R_{\min} = 50\text{mm}$，$\delta_1 = 2.5\text{mm}$，代入上式得：

$$\delta_0 = 2.5 \times \left(1 + \frac{25}{4 \times 50}\right) = 2.8125 \text{(mm)}$$

圆整取为 3.0mm。

9.3.5.3　管子的排列形式

换热管的排列主要有如图 9-7 所示四种方式：

正三角形排列用得最普遍，因为管子间距都相等，所以在同一管板面积上可排列最多的管子数，而且便于管板的划线与钻孔。但管间不易清洗，TEMA 标准规定，壳程需用机械清洗时，不得采用三角形排列形式。

在壳程需要机械清洗时，一般采用正方形排列，管间通道沿整个管束应该是连续的，且要保证 6mm 的清洗通道。

图 9-7（a）、图 9-7（d）所示两种排列方式，在折流板间距相同的情况下，其流通截面要比图 9-7（b）、图 9-7（c）所示两种方式的小，有利于提高流速，故更合理些。

本次设计采用正三角形排列。

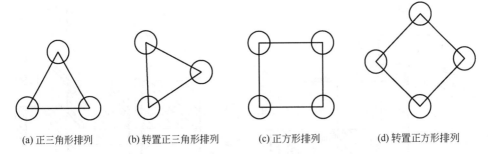

（a）正三角形排列　　（b）转置正三角形排列　　（c）正方形排列　　（d）转置正方形排列

图 9-7　换热管的排列形式

9.3.5.4　换热管中心距

换热管的中心距宜不小于 1.25 倍的换热管外径，根据 GB/T 151—2014 表 12，取换热管中心距为 $S=32$mm，取分程隔板槽两侧相邻管中心距 $S_n=44$mm。

9.3.5.5　布管限定圆

表 9-10　D_i，b 参数表

D_i/mm	b/mm
<1000	>3
1000～2600	>4

$D_i=800$mm，取 $b=28$mm。

表 9-11　D_i，b_n，b_1 参数表

D_i/mm	b_n/mm	b_1/mm
≤700	≥10	3
>700	≥13	5

取 $b_n=30$mm，$b_1=5$mm，则有 $b_2=b_n+1.5=30+1.5=31.5$(mm)。

式中　b——见图 9-8，其值按表 9-10 选取，mm；

b_1——见图 9-8，其值按表 9-11 选取，mm；

b_2——见图 9-8，mm；

b_n——垫片宽度，其值按表 9-11 选取，mm；

D_i——圆筒内直径，mm。

布管限定圆为管束最外层换热管中心圆直径，布管限定圆按表 9-12 确定。

表 9-12　布管限定圆直径

换热器型式	固定管板式、U 形管式	浮头式
布管限定圆直径 D_L	D_i-2b_3	$D_i-2(b_1+b_2+b)$

其中 b_3 为固定管板式换热器或 U 形管式换热器管束最外层换热管外表面至壳体内壁的最短距离，见图9-9，$b_3 = 0.25d = 0.25 \times 25 = 6.25(\text{mm})$，一般不小于8mm，取 $b_3 = 8\text{mm}$。

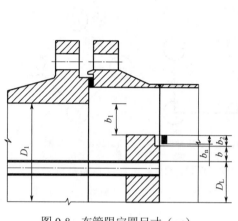

图 9-8 布管限定圆尺寸（一）

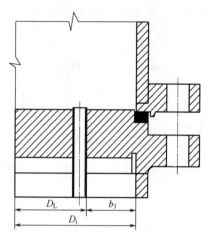

图 9-9 布管限定圆尺寸（二）

则布管限定圆直径为：

$$D_L = D_i - 2b_3 = 800 - 2 \times 8 = 784(\text{mm})$$

除了考虑布管限定圆直径外，换热管与防冲板间的距离也应考虑。通常，换热管外表面与邻近防冲板表面间的距离，最小为6mm。换热管中心线与防冲板板厚中心线或上表面之间的距离，最大为换热管中心距的 $\sqrt{3}/2$。

9.3.5.6　换热管的排列原则

换热管排列原则如下所示：

① 换热管的排列应使整个管束完全对称；

② 在满足布管限定圆直径和换热管与防冲板间的距离规定的范围内，应全部布满换热管；

③ 拉杆应尽量均匀布置在管束的外边缘，在靠近折流板缺边位置处应布置拉杆，其间距小于或等于700mm，拉杆中心至折流板缺边的距离应尽量控制在换热管中心距的（0.5～1.5）× $\sqrt{3}$ 倍范围内；

④ 多管程的各管程数应尽量相等，其相对误差应控制在10%以内，最大不得超过20%。

9.3.6　管板设计

管板是管壳式换热器的一个重要元件，它除了与管子和壳体等连接外，还是换热器中的一个重要受压元件。对管板的设计除了要满足强度要求外，同时应合理地考虑其结构设计。管板的合理设计对于正确选用和节约材料、减少加工制造的困难、降低成本、确保使用安全都具有重要意义。

U 形管换热器仅有一块管板，采用可拆式连接，管板通过垫片与壳体法兰和管箱法兰连接，其连接形式见图9-10。

管板的最小厚度除满足强度设计要求外，当管板和换热器采用焊接时，应满足结构设计和制造的要求，且不小于12mm。若管板采用复合钢板，其复合层的厚度应不小于3mm。对于有腐蚀要求的复层，还应保证距复层表面深度不小于 2mm 的复层化学成分和金相组织符合复层材料的要求。

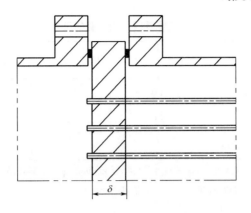

图 9-10　管板的连接形式

当管板与换热管采用胀接时，管板的最小厚度（不包括腐蚀裕度）应满足表 9-13 的要求。若管板采用复合管板，其复层最小厚度应不小于 10mm，并应保证距复层表面深度不小于 8mm 的复层化学成分和金相组织符合复层材料的要求。

表 9-13　管板的最小厚度

换热管外径 d/mm		≤25	>25～<50	≥50
最小厚度/mm	用于易燃易爆及有毒介质等场合	≥d		
	用于无害介质的一般场合	≥0.75d	≥0.70d	≥0.65d

9.3.6.1　管板连接设计

对于换热管与管板的连接结构形式，主要有以下三种：胀接、焊接、胀焊并用，但也可采用其他可靠的连接形式。

强度胀接用于管壳之间介质渗漏不会引起不良后果的情况下，胀接结构简单，管子易修补。由于胀接管端处在胀接时产生塑性变形，存在着残余应力，随着温度的上升，残余应力逐渐消失，这样使管端处降低密封和结合力的作用。一般适用于设计压力≤4MPa，设计温度≤300℃，操作中无剧烈的振动，无过大的温度变化及明显的应力腐蚀场合。一般要求：

a．换热管材料的硬度值一般需低于管板材料的硬度值；

b．有应力腐蚀时，不应采用管端局部退火的方式来降低换热管的硬度。

强度焊是指保证换热管与管板连接的密封性能及抗拉脱强度的焊接。管子与管板的焊接，目前应用较为广泛，由于管孔不需开槽，而且管孔的粗糙度要求不高，管子端部不需退火和磨光，因此制造加工简单。其焊接结构强度高、抗拉脱力强，当焊接部分渗漏时，可以补焊，如须调换管子，可采用专用刀具拆卸焊接破漏管子，反而比拆卸胀管方便。其不适用于有较大振动和间隙腐蚀的场合。其结构形式和尺寸见图 9-11 和表 9-14。

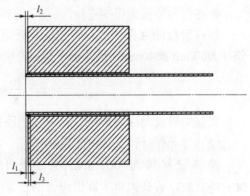

图 9-11　管子与管板的连接形式

表 9-14 换热管的尺寸　　　　　　　　　　　　　　单位：mm

换热管规格 $d \times \delta$		10×1.5	12×1	14×1.5	16×1.5	19×2	25×2	32×2.5	38×3	45×3	57×3.5
换热管最小伸出长度	l_1	0.5		1.0		1.5		2.0		2.5	3.0
	l_2	1.5		2.0		2.5		3.0		3.5	4.0
最小坡口深度 l_3		1.0				2		2.5			

注：1. 当工艺要求管端伸出长度列值（如立式换热器要求平齐或稍低）时，可适当加大管板坡口深度或改变结构形式。

2. 当换热管直径和壁厚与列表值不同时 l_1、l_2、l_3 值可适当调整。

本设计中采用不锈钢换热管，通常不锈钢管与管板均采用焊接结构，不管其压力大小、温度高低。采用图 9-11 所示焊接形式，取 $l_1 = 1.5\text{mm}$，$l_2 = 2.5\text{mm}$，$l_3 = 2.0\text{mm}$。管板最小厚度不小于 12mm。

对于压力高、渗透性强或有腐蚀性的介质，为保证不致泄漏后污染另一侧物料，这就要求管子与管板的连接处绝对不漏，或为了避免在装运及操作过程中的振动对焊缝的影响，或避免缝隙腐蚀的可能性等，采用胀焊并用的结构形式。胀焊并用的结构从加工工艺过程来看，有先胀后焊、先焊后胀、焊后胀接及贴胀等几种形式。

9.3.6.2　管板设计计算

（1）换热器设计条件

壳程设计压力：$p_s = 0.2\text{MPa}$。

管程设计压力：$p_t = 4.6\text{MPa}$。

管板设计温度：$t=105℃$。

壳程腐蚀裕量：$C_1=0\text{mm}$。管程腐蚀裕量：$C_2=0\text{mm}$。

管程程数：2。

壳程程数：2。

换热器公称直径：$DN=800\text{mm}$。

换热管外径：$d =25\text{mm}$。

换热管壁厚：$\delta_t = 2.5\text{mm}$。

换热管根数：$n=396$ 根。

换热管与管板为焊接连接。

加持管板的壳程法兰与管箱法兰采用特殊设计的长颈对焊法兰环形密封面垫片为八角垫环$\phi900\text{mm}/\phi840\text{mm}$；垫片基本密封宽度 b_0，按 GB 150—2011 表 9-1 选压紧面形状 6，则：

$$b_0 = \frac{\omega}{8} = \frac{30}{8} = 3.75\text{(mm)}$$

壳程侧隔板槽深 $h_1 = 4\text{mm}$；管程侧隔板槽深 $h_2 = 4\text{mm}$；管板强度削弱系数 $\mu=0.4$。

（2）各元件材料及其设计数据

换热管材料为 0Cr18Ni10Ti，设计温度下许用应力 $[\sigma]_t^t =137\text{MPa}$；管板材料为 0Cr18Ni10Ti，设计温度下许用应力 $[\sigma]_Y^t =114\text{MPa}$；许用拉托力 $[q] = [\sigma]_t^t \times 0.5 = 68.5\text{(MPa)}$。

（3）计算

① 根据布管尺寸计算 A_d、A_t、D_t：

根据法兰连接密封面形式和垫片尺寸计算垫片压紧力作用中心圆直径 D_G，对双程管板三角形排列，按下列公式计算。

$$A_d = n'S(S_n - 0.866 \times 25) = 22 \times 32 \times (44 - 0.866 \times 25) = 15734.4 (\text{mm}^2) \quad (9\text{-}16)$$

式中　A_d——在布管区范围内，因设置隔板槽和拉杆结构的需要，而未能被换热管支承的面积，mm^2；

　　　n'——沿隔板槽一侧的排管根数；

　　　S——换热管中心距，mm；

　　　S_n——隔板槽两侧相邻管中心距，mm。

$$A_t = 1.732nS^2 + A_d = 1.732 \times 396 \times 32^2 + 15734.4 = 718067.33(\text{mm}^2) \quad (9\text{-}17)$$

式中　A_t——管板布管区面积，m^2；

　　　n——U形管根数，管板开孔数为 $2n$。

$$D_t = \sqrt{4A_t/\pi} = \sqrt{4 \times 718067.33/\pi} = 956.42(\text{mm}) \quad (9\text{-}18)$$

式中　D_t——管板布管区当量直径，mm。

根据 GB 150 第 9.5.1 节中：

$$b_0 = 3.75\text{mm} < 6.4\text{mm}$$

$$b = b_0 = 3.75\text{mm}$$

D_G= 垫片接触面的平均直径=(900+840)/ 2 = 870(mm)。

② 计算 ρ^t 以及 $\dfrac{1}{\rho^t}$：

查 GB/T 151—2014 表 22 得 C_c，或以 $\dfrac{1}{\rho^t}$ 查图 19，由纵坐标轴上直接查得 C_c。

$$\rho^t = \frac{D_t}{2R} = \frac{956.42}{2 \times 435} = 1.10 \quad (9\text{-}19)$$

$$R = \frac{D_G}{2} = \frac{870}{2} = 435(\text{mm}) \quad (9\text{-}20)$$

$$\frac{1}{\rho^t} = 0.91$$

式中　ρ^t——布管区当量直径 D_t 与直径 $2R$ 之比；

　　　D_G——垫片压紧力作用中心圆直径，按 GB 150—2011 第 9 章选取，mm；

　　　R——半径，mm，a 型连接；

　　　C_c——系数，按 K_f 和 $\dfrac{1}{\rho^t}$ 查 GB/T 151—2014 图 19，K_f 为旋转刚度无量纲参数，对于 a 型连接 K_f=0，查 GB/T 151—2014 图 19，由纵坐标轴上直接查得：C_c =0.29。

③ 确定管板设计压力：

因为本设计中设备压力高，所以对其工作条件要求高，考虑设备运行的安全性，保证设备在任何情况下管程和壳程压力同时作用，且两侧均为正压，取：

$$p_d = 4.6\text{MPa}$$

管板计算厚度 δ 按式（9-21）计算：

$$\delta = 0.82 D_{\mathrm{G}} \sqrt{\frac{C_{\mathrm{c}} p_{\mathrm{d}}}{\mu [\sigma]_{\mathrm{r}}^{t}}} \qquad (9\text{-}21)$$

式中 δ ——管板计算厚度，mm；

     D_{G} ——垫片压紧力作用中心圆直径，mm；

     C_{c} ——系数，按 K_{f} 和 $\dfrac{1}{\rho^{t}}$ 查《钢制管壳式换热器》图 19；

     μ ——管板强度削弱系数，一般可取 $\mu = 0.4$；

     $[\sigma]_{\mathrm{r}}^{t}$ ——设计温度下，管板材料的许用应力，MPa；

     p_{d} ——管板设计压力，MPa。

代入数据得：

$$\delta = 0.82 \times 870 \times \sqrt{\frac{0.29 \times 4.6}{0.4 \times 114}} = 122.02 \ (\mathrm{mm})$$

根据 GB 151—2014，管板的名义厚度不小于下列三者之和：

a. 管板的计算厚度或最小厚度，取大者；

b. 壳程腐蚀裕量或结构开槽深度，取大者；

c. 管程腐蚀裕量或分程隔板槽深度，取大者。

所以

$$\delta_{\mathrm{n}} = \max(\delta, \delta_{\mathrm{min}}) + \max(C_{\varepsilon}, h_{1}) + \max(C_{\mathrm{t}}, h_{2}) = 122.02 + 4 + 4 = 130.02 (\mathrm{mm}) \qquad (9\text{-}22)$$

式中 C_{ε} ——系数，按和 K_{f} 和 $\dfrac{1}{\rho^{t}}$ 查 GB/T 151—2014 图 20。

圆整取 $\delta_{\mathrm{n}} = 130 \mathrm{mm}$。

整体管板的有效厚度指分程隔板槽底部的管板厚度减去下列两者之和：

a. 管程腐蚀裕量超出管程隔板槽深度的部分；

b. 壳程腐蚀裕量与管板在壳程侧的结构开槽深度两者中的较大值。

④ 换热管的轴向应力：

一根换热管管壁金属横截面积：

$$a = \pi \delta_{\mathrm{t}} (d - \delta_{\mathrm{t}}) = \pi \times 2.5 \times (25 - 2.5) = 176.625 (\mathrm{mm}^{2}) \qquad (9\text{-}23)$$

式中 a ——根换热管管壁金属的横截面积，m^{2}；

     δ_{t} ——换热管壁厚，mm；

     d ——换热管外径，mm。

则轴向应力为：

$$\sigma_{\mathrm{t}} = -(p_{\mathrm{s}} - p_{\mathrm{t}}) \frac{\pi d^{2}}{4a} - p_{\mathrm{t}}$$

式中 p_{t} ——管程设计压力，MPa；

     p_{s} ——壳程设计压力，MPa。

按三种工况分别计算：

a. 只有壳程设计压力 p_s=0.2MPa，管程设计压力为 0：

$$\sigma_\mathrm{t} = -(0.2-0) \times \frac{\pi \times 0.025^2}{4 \times 176.625 \times 10^{-6}} - 0 = -0.56(\mathrm{MPa})$$

b. 只有管程设计压力 $p_\mathrm{t} = 4.6\,\mathrm{MPa}$，壳程设计压力为 0：

$$\sigma_\mathrm{t} = -(0-4.6) \times \frac{\pi \times 0.025^2}{4 \times 176.625 \times 10^{-6}} - 4.6 = 8.18(\mathrm{MPa})$$

c. 壳程设计压力和管程设计压力同时作用：

$$\sigma_\mathrm{t} = 7.62\mathrm{MPa}$$

以上三种工况下计算值的绝对值均小于换热管设计温度下的许用应力 $[\sigma_r^t] = 114\mathrm{MPa}$。
换热管与管板连接拉脱力：

$$q = \left| \frac{\sigma_\mathrm{t} a}{\pi d l} \right| \tag{9-24}$$

式中　q——换热管与管板连接的拉脱力，MPa；

　　　l——换热管与管板胀接长度或焊脚高度，按 GB/T 151—2014 5.8.2.3 节或 5.8.3.2 节规
　　　　定，mm。

其中 σ_t 取第④项计算中三种工况的绝对值最大者。

$$\sigma_\mathrm{t} = 8.18\,\mathrm{MPa}$$

取 $l_1 = 1.5\,\mathrm{mm}$，$l_3 = 2\,\mathrm{mm}$，则有：

$$l = 1.5 + 2 = 3.5(\mathrm{mm})$$

由此得：

$$q = \left| \frac{8.18 \times 176.625}{\pi \times 25 \times 3.5} \right| = 5.26\,\mathrm{MPa} < [q] = 0.5[\sigma]_r^t = 0.5 \times 114 = 57(\mathrm{MPa})$$

满足要求。

9.3.7　管箱结构设计

管箱的作用是把管道中来的流体均匀分布到各传热管和把管内流体汇集在一起送出换热器。在多程换热器中，管箱还起改变流体的流向的作用。管箱侧或管箱顶部有介质的出、入口接管。

9.3.7.1　管箱的最小内侧深度

① 轴向开口的单管程管箱，开口中心处的最小深度应不小于接管内直径的 1/3。

② 多程管箱的内侧深度应保证两程之间的最小流通面积不小于每程换热管流通面积的 1.3 倍；当操作允许时，也可等于每程换热管的流通面积。

两程之间的最小流通面积是指管箱被平行于地面的平面剖开形成的截面面积；每程换热管流通面积是指同一管程内的换热管管内截面所形成的面积之和。

根据设计要求选择取管箱内侧深度为 835mm。

9.3.7.2　分程隔板

隔板材料应采用与管箱相同的材料制造。分程隔板的最小厚度应不小于 GB/T 151—2014

表 6 的规定。按规定取隔板材料为 15CrMo，隔板的最小厚度为 10mm。

分程隔板槽深按照 GB/T 151—2014 5.6.6.2 节规定：

① 槽深宜不小于 4mm。

② 分程隔板槽的宽度为：碳钢 12mm，不锈钢 11mm。

③ 分程隔板槽拐角处的倒角一般为 45°，倒角宽度 b 近似等于分程垫片的圆角半径 R。因此取槽深为 4mm，槽宽度为 12 mm，倒角为 45°。

9.4 换热器其他各部件结构

9.4.1 进出口接管设计

在换热器的壳体和管箱上一般均装有接管或接口、进出口管。在壳体和大多数管箱的底部装有排液管，上部设有排气管，壳侧也常设有安全阀接口以及其他诸如温度计、压力表、液位计和取样管接口。对于立式管壳式换热器，必要时还需设置溢流口。由于在壳体、管箱壳体上开孔，必然会对壳体局部位置的强度造成削弱，因此，壳体、管箱壳体上的接管设置，除考虑其对传热和压降的影响外，还应考虑壳体的强度以及安装、外观等因素。

9.4.1.1 接管法兰设计

已知设计条件见表 9-15。

表 9-15 接管法兰设计条件

管口规格				
符号	用途或名称	公称尺寸	连接标准	法兰类型及密封面形式
1-1，2	管程进出口	4.6 MPa DN250mm	HG/T 20592—2009	WN/RJ
2-1，2	壳程进出口	0.2 MPa DN200mm	HG/T 20592—2009	WN/RJ

根据 HG/T 20592—2009 选取接管法兰的结构参数如表 9-16 所示。

表 9-16 接管法兰结构参数

公称直径 DN/mm	钢管外径 A_1/mm	法兰厚度 C/mm	法兰颈				法兰高度 h/mm	法兰理论质量/kg
			N/mm	S/mm	H_1/mm	R/mm		
200	219	66	278	16	16	8	140	65.6
250	273	76	340	20	18	10	155	106.4

连接尺寸/mm				
DN	法兰外径 D	螺栓孔中心圆直径 K	螺栓孔直径 L	螺栓孔数量 n	螺纹 T_h
200	430	360	36	12	M33×2
250	515	430	42	12	M39×3

密封面尺寸/mm				
DN	d	P	E	F	R_{max}
250	445	323.85	7.92	11.91	0.8
200	345	247.65	6.35	8.74	0.8
公差	±0.5	±0.13	+0.40	±0.2	±0.5°

公称直径 DN/mm	钢管外径 A_1/mm	法兰厚度 C/mm	法兰颈				法兰高度 h/mm	法兰理论 质量/kg
			N/mm	S/mm	H_1/mm	R/mm		

垫片尺寸/mm				
DN	A	P	H	C
200	15.5	275	22	10.5
250	15.5	330	22	10.5
公差	±0.2	±0.18	±0.4	±0.2

紧固件长度计算：

螺柱：

$$l = 2(C + \Delta C + E) + h + 2m + 2P + 2T_1 + n + T \tag{9-25}$$

式中　l ——紧固件长度，mm；

C ——法兰厚度，mm；

ΔC ——法兰厚度正公差（按 HG/T 20592—2009 表 A.0.1-1 规定），mm；

E ——环连接面法兰突台高度（按 HG/T 20592—2009 第 8.0.2 规定），mm；

h ——环连接面法兰间近似距离（按 HG/T 20592—2009 表 A.0.1-2 规定），mm；

m ——螺母最大厚度（按 HG/T 20592—2009 表 A.0.1-3 规定），mm；

P ——紧固件倒角端长度（按 HG/T 20592—2009 表 A.0.1-3 规定），mm；

T_1 ——六角螺栓或螺柱安装时的最小伸出长度（按一个螺距计算，见 HG/T 20592—2009 表 A.0.1-3 规定），mm；

n ——六角螺栓或螺柱的负公差（按 HG/T 20592—2009 表 A.0.1-4 规定），mm；

T ——垫片厚度，取 T=3 mm。

查取数值，则计算结果见表 9-17。

表 9-17　计算结果　　　　　　　　　　　　　　单位：mm

DN	C	ΔC	E	h	m	P	T_1	n	T	计算结果1
200	66	+4.0	11	6.7	28.7	2	2	2.3	3	239.4
250	76	+4.0	11	6.7	33.4	2.5	3	2.6	3	272.1

9.4.1.2　接管外伸长度

接管外伸长度也叫接管伸出长度，是指接管法兰面到壳体（管箱壳体）外壁的长度，可按式（9-26）计算：

$$l \geqslant h + h_1\delta + 15 \tag{9-26}$$

式中　l ——接管外伸长度，mm；

h ——接管法兰厚度，mm，$h = C + E$，壳程进出口法兰 $h_s = 66 + 11 = 77 (\text{mm})$，管程进出口法兰 $h_\tau = 76 + 11 = 87 (\text{mm})$；

h_1 ——接管法兰的螺母厚度，mm，壳程进出口法兰 $h_{1s} = 28.7 (\text{mm})$；管程进出口法兰 $h_{1r} = 33.4 \text{mm}$；

δ ——保温层厚度，mm，取为 0。

则代入数据计算接管外伸长度得：

壳程进出口接管外伸长度：

$$l \geqslant 77 + 28.7 + 0 + 15 = 120.7(\text{mm})$$

取 $l_\tau = 125\text{mm}$。

管程进出口接管外伸长度：

$$l' \geqslant 87 + 33.4 + 0 + 15 = 135.4(\text{mm})$$

取 $l'_\tau = 140\text{mm}$。

9.4.1.3 接管与筒体、管箱壳体的连接

接管的结构设计应符合 GB 150—2011 第 8 章和附录 J 的有关规定。接管（或接口）的一般要求：

① 接管宜与壳体内表面平齐；

② 接管应尽量沿换热器的径向或轴向设置；

③ 设计温度高于或等于 300℃时，应采用对焊法兰；

④ 必要时应设置温度计接口、压力表接口及液面计接口；

⑤ 对于不能利用接管（或接口）进行放气和排液的换热器，应在管程和壳程的最高点设置放气口，最低点设置排液口，其最小公称直径为 20mm；

⑥ 立式换热器可设置溢流口。

9.4.1.4 接管开孔补强的设计计算

本次设计采用整体补强设计，具体设计如下：

（1）确认方法的适用性

① 圆筒计算厚度：

壳程圆筒计算厚度：$\delta = 0.64\text{mm}$。

管程圆筒计算厚度：$\delta' = 15.08\text{mm}$。

② 接管计算厚度：

$$\delta_t = \frac{p_c d}{2[\sigma^t]\varphi - p_c} \tag{9-27}$$

式中　d ——开孔直径，圆形孔取接管内直径加两倍厚度附加量，椭圆形或长圆形孔取所考虑平面上的尺寸（弦长，包括厚度附加量），mm；

δ_t ——接管计算厚度，mm；

$[\sigma^t]$ ——设计温度下壳体材料的许用应力（按 GB 150—2011 第四章），MPa；

φ ——焊接接头系数（按 GB 150—2011 第三章）。

$$d = 2DN + 2C \tag{9-28}$$

式中　C ——厚度附加量，mm；

d ——开孔直径，圆形孔取接管内直径加两倍厚度附加量，椭圆形或长圆形孔取所考虑平面上的尺寸（弦长，包括厚度附加量），mm。

壳程开孔直径：

$$d = 200 + 0 = 200(\text{mm})$$

管程开孔直径：

$$d' = 250 + 0 = 250(\text{mm})$$

壳程接管计算厚度：

$$\delta_t = \frac{0.2 \times 200}{2 \times 124.3 \times 1.0 - 0.2} = 0.16(\text{mm})$$

名义厚度：

$$\delta_{nt} = \delta_t + C = 0.16(\text{mm})$$

式中　δ_t——接管计算厚度，mm；

　　　C——厚度附加量，mm。

圆整取 $\delta_{nt} = 1\text{mm}$。

有效厚度：$\delta_{et} = \delta_{nt} + C = 1(\text{mm})$。

管程接管计算厚度：$\delta_t' = \dfrac{4.6 \times 250}{2 \times 124.3 \times 1.0 - 4.6} = 4.71(\text{mm})$。

名义厚度：$\delta_{nt}' = \delta_t' + C' = 4.71(\text{mm})$，圆整取 $\delta_{nt}' = 5\text{mm}$。

有效厚度：

$$\delta_{et}' = \delta_{nt}' + C' = 5(\text{mm})$$

式中　δ_{et}'——接管有效厚度，mm；

　　　δ_{nt}'——接管名义厚度，mm。

③ 校核使用条件：

壳程接管：

$$\frac{d}{D_i} = \frac{200}{800} = 0.25 < 0.5$$

$$\frac{D_i}{\delta_n} = \frac{800}{10} = 80 \ (10 < 80 < 100)$$

$$\frac{\sigma_b}{\sigma_s} = \frac{376}{235} = 1.6 > 1.5$$

管程接管：

$$\frac{d'}{D_i} = \frac{250}{800} = 0.3125 < 0.5$$

$$\frac{D_i}{\delta_n'} = \frac{800}{17} = 47.05 \ (10 < 47.05 < 100)$$

$$\frac{\sigma_b'}{\sigma_s'} = \frac{395}{235} = 1.68 > 1.5$$

故本设计可用整锻件补强设计。

（2）开孔所需补强面积

壳程：

$$\frac{d}{\sqrt{\dfrac{D_i \delta}{2}}} = \frac{200}{\sqrt{\dfrac{800 \times 0.64}{2}}} = 12.5 > 0.4$$

$$A = 0.75d\delta = 0.75 \times 200 \times 0.64 = 96(\text{mm}^2)$$

管程：

$$\frac{d'}{\sqrt{\dfrac{D_i\delta'}{2}}} = \frac{250}{\sqrt{\dfrac{800 \times 15.08}{2}}} = 3.22 > 0.4$$

$$A' = 0.75d'\delta' = 0.75 \times 250 \times 15.08 = 2827.5(\text{mm}^2)$$

（3）有效补强范围

① 设定补强元件结构尺寸：

过渡圆角半径按 GB 150 确定。

$$x_1 = 0.1\delta_b = 0.1 \times 8 = 0.8(\text{mm})$$

$$x_3 = \max\left(\sqrt{\frac{\theta}{45} \times \frac{d\delta_t}{2}}, \frac{\theta}{90}\delta_{et}\right)$$

式中，$\theta = 45°$。

壳程圆角半径 r_3：

$$r_3 \geqslant \sqrt{\frac{45}{45} \times \frac{200 \times 0.16}{2}} = 4\,(\text{mm})$$

$$\frac{45}{90} \times 1 = 0.5(\text{mm})$$

所以 r_3 取 4mm。

管程圆角半径 r_3'：

$$r_3' = \sqrt{\frac{45}{45} \times \frac{250 \times 4.71}{2}} = 24.26(\text{mm})$$

$$\frac{45}{90} \times 5 = 2.5(\text{mm})$$

所以 r_3' 取 25mm。

$$r_4 = \max\left[\sqrt{d\delta_t}\left(1 - \sqrt{\frac{\theta}{90}}\right), \left(1 - \frac{\theta}{90}\right)\frac{\delta_\varepsilon}{2}\right]$$

壳程圆角半径 r_4：

$$r_4 = \sqrt{200 \times 0.16} \times \left(1 - \sqrt{\frac{45}{90}}\right) = 1.66(\text{mm})$$

$$(1 - 45/90) \times \frac{0.16}{2} = 0.04(\text{mm})$$

所以 r_4 取 2mm。

管程圆角半径 r_4'：

$$r_4' = \sqrt{250 \times 4.71} \times \left(1 - \sqrt{\frac{45}{90}}\right) = 10.05(\text{mm})$$

$$\left(1-\frac{45}{90}\right)\times\frac{4.71}{2}=1.18(\text{mm})$$

所以 r_4' 取 10mm。

② 有效补强范围半径：

有效补强范围半径按式（9-29）计算。

$$L_{\text{C}}=0.472D_{\text{i}}\left(\frac{2\delta}{D_{\text{i}}}\right)^{\frac{2}{3}} \tag{9-29}$$

式中　D_{i}——壳体内直径，mm；

　　　δ——壳体开孔处的计算厚度，mm。

壳程有效补强范围半径：

$$L_{\text{C}}=0.472D_{\text{i}}\left(\frac{2\delta}{D_{\text{i}}}\right)^{\frac{2}{3}}=0.472\times800\times\left(\frac{2\times0.64}{800}\right)^{\frac{2}{3}}=5.17(\text{mm})$$

管程有效补强范围半径：

$$L_{\text{C}}'=0.472D_{\text{i}}\left(\frac{2\delta'}{D_{\text{i}}}\right)^{\frac{2}{3}}=0.472\times800\times\left(\frac{2\times15.08}{800}\right)^{\frac{2}{3}}=42.45(\text{mm})$$

式中　δ'——壳体开孔处的计算厚度，mm；

　　　D_{i}——壳体内直径，mm。

（4）有效补强面积

① 圆筒多余金属面积：

$$A_1=2L_{\text{C}}\left(\delta_{\text{n}}-\delta-C\right) \tag{9-30}$$

式中　δ_{n}——壳体开孔处的名义厚度，mm；

　　　δ——体开孔处的计算厚度，mm；

　　　C——厚度附加量，mm。

壳程：　　　　　　$A_1=2\times5.17\times(10-0.64-0)=96.78(\text{mm}^2)$

管程：　　　　　　$A_1'=2\times42.45\times(17-15.08-0)=163.01(\text{mm}^2)$

② 接管多余金属面积：

$$A_2=2L_{\text{C}}-(\delta_{\text{n}}-\delta-C)(\delta_{\text{nt}}-\delta_{\text{t}}-C) \tag{9-31}$$

式中　δ_{nt}——壳体开孔处的名义厚度，mm；

　　　δ——壳体开孔处的计算厚度，mm；

　　　C——厚度附加量，mm；

　　　δ_{t}——接管计算厚度，mm。

壳程：　　　$A_2=2\times5.17-(10-0.64-0)\times(1-0.16-0)=2.48(\text{mm}^2)$

管程：　　　$A_2'=2\times42.45-(17-15.08-0)\times(5-4.71-0)=84.34(\text{mm}^2)$

③ 密集补强区金属面积：

$$A_3=2\times\frac{70\times70}{2}=4900(\text{mm}^2)$$

④ 有效补强面积（略去 r_3、r_4 圆角处金属面积）：

$$A_1 + A_2 + A_3$$

壳程：　　　　$A_1 + A_2 + A_3 = 96.78 + 2.48 + 4900 = 4999.26 (\text{mm}^2)$

管程：　　　　$A_1 + A_2 + A_3 = 163.01 + 84.34 + 4900 = 5147.35 (\text{mm}^2)$

（5）补强结果

壳程：　　　$A_1 + A_2 + A_3 = 96.78 + 2.48 + 4900 = 4999.26 (\text{mm}) > A = 96 \text{ mm}^2$

管程：　　　$A_1 + A_2 + A_3 = 163.01 + 84.34 + 4900 = 5147.35 (\text{mm}) > A = 2827.5 \text{ mm}^2$

故补强满足要求。

9.4.1.5　接管最小位置

在换热器设计中，为了使传热面积得以充分利用，壳程流体进、出口接管应尽量靠近两端管板，而管箱进、出口接管尽量靠近管箱法兰，可缩短管箱壳体长度，减轻设备重量。然而，为了保证设备的制造、安装，管口与地的距离也不能靠得太近，它受到最小位置的限制。本设计采用接管整体补强。

9.4.1.6　壳程接管位置的最小尺寸

壳程接管位置的最小尺寸，可按下列公式计算：

对于无补强圈的接管：

$$L_1 \geqslant \frac{d_{\text{H}}}{2} + (b-4) + C \tag{9-32}$$

式中　b ——管板厚度，mm；

　　　C ——补强圈外边缘（无补强圈时，为管外壁）至管板（或法兰）与壳体连接焊缝之间的距离，mm，取 $C \geqslant 4S$（S 为壳体厚度，mm）且 $\geqslant 30$mm；

　　　d_{H} ——补强圈外圆直径，mm。

计算壳程接管位置的最小尺寸如下：

$$C \geqslant 4S = 4 \times 10 = 40 (\text{mm})$$

$$L_1 \geqslant \frac{200 + 2 \times 1}{2} + (130 - 4) + 40 = 267 (\text{mm})$$

9.4.1.7　管箱接管位置的最小尺寸

管箱接管位置的最小尺寸，可按下列公式计算：

对于无补强圈的接管：

$$L_2 \geqslant \frac{d_{\text{H}}}{2} + (b-4) + C \tag{9-33}$$

取 $C \geqslant 4S$（S 为壳体厚度，mm）且 $\geqslant 30$mm。

计算管箱程接管位置的最小尺寸如下：

$$C \geqslant 4S = 4 \times 17 = 68 (\text{mm})$$

取 $C = 70$mm，则：

$$L_2 \geqslant \frac{250 + 2 \times 5}{2} + (130 - 4) + 70 = 326 (\text{mm})$$

9.4.2　管板法兰设计

压力容器的可拆密封装置形式很多，如中低压容器中的螺纹连接、承插式连接和螺栓法兰连接等，其中以结构简单、装配比较方便的螺栓法兰连接用得最普遍。螺栓法兰连接主要由法兰、螺栓和垫片组成。本设计管板与管箱和壳体的连接采用螺栓法兰连接。

9.4.2.1　垫片的设计

垫片装在管板与法兰之间，作用是防止容器发生泄漏。垫片是密封结构中的重要元件，其变形能力和回弹能力是形成密封的必要条件。变形能力大的密封垫易填满压紧面上的间隙，并使预紧力不致太大；回弹能力大的密封垫，能适应操作压力和温度的波动。又因为垫片是与介质直接接触的，所以还应具有能适应介质的温度、压力和腐蚀等性能。

（1）垫片材料及密封面形式

根据设计条件，采用不锈钢金属环垫片，密封面形式按 GB 150—2011 表 9-1 选取密封面形式为 6。

（2）垫片参数

查 GB 150—2011 表 9-2，选取垫片的特性参数 m =6.5，y = 179.3MPa。

（3）垫片尺寸

取垫片内径为 840mm，外径为 900mm，厚度为 3mm。

垫环宽度：

$$\omega = \frac{900 - 840}{2} = 30(\text{mm})$$

（4）垫片有效密封宽度

查 GB 150—2011 表 9-1 的 6：

$$b_0 = \frac{\omega}{8} = \frac{30}{8} = 3.75(\text{mm})$$

式中　b_0——垫片基本密封宽度，mm。

当 $b_0 < 6.4\text{mm}$ 时，$b = b_0 = 3.75\text{mm}$。

（5）垫片压紧力作用中心圆直径

当 $b_0 \leq 6.4\text{mm}$ 时，D_G=垫片接触面的平均直径=(900+840)/ 2 = 870(mm)。

（6）垫片压紧力

① 预紧状态下需要的最小垫片压紧力计算：

$$F_G = F_a = 3.14 D_G by \tag{9-34}$$

式中　F_G——窄面法兰垫片压紧力，包括 F_a、F_D、W（预紧）三种情况，N；

　　　F_a——预紧状态下，需要的最小垫片压紧力，N；

　　　D_G——垫片压紧力作用中心圆直径，mm；

　　　b——垫片有效密封宽度，mm；

　　　y——垫片比压力，由 GB 150—2011 表 9-2 查得，MPa。

$$F_G = F_a = 3.14 \times 870 \times 3.75 \times 179.3 = 1836794.025(\text{N})$$

② 操作状态下需要的最小垫片压紧力计算：

$$F_G = F_p = 3.14 D_G b m p_c \qquad (9-35)$$

式中　p_c ——计算压力，MPa；

　　　m ——垫片系数，由 GB 150—2011 表 9-2 查得；

　　　b ——垫片有效密封宽度，mm；

　　　F_p ——操作状态下，需要的最小垫片压紧力，N。

$$F_G = F_p = 3.14 \times 870 \times 3.75 \times 6.5 \times 0.2 = 13317.525(N)$$

9.4.2.2　螺栓设计

（1）螺栓材料及许用应力

螺栓材料选用 35CrMoA，M36，螺纹小径截面积 A 为 787.75 m²。

$$[\sigma]_b = 805MPa$$

$$[\sigma]_b^t = 217MPa$$

（2）螺栓的布置

法兰径向尺寸 L_A、L_ε 及螺栓间距 $\hat{L}$ 的最小值按 GB 150—2011 表 9-3 选取，如表 9-18 所示。

表 9-18　法兰径向及螺栓间距相关参数　　　　　　　　　　　　　　　　单位：mm

d_B	L_A	L_ε	$\hat{L}$
36	48	36	80

（3）螺栓载荷

① 预紧状态下需要的最小螺栓载荷：

$$W_a = F_a = 3.14 D_G b y = 1836794.025(N) \qquad (9-36)$$

式中　D_G ——垫片压紧力作用中心圆直径，mm；

　　　b ——垫片有效密封宽度，mm；

　　　y ——垫片比压力，由 GB 150—2011 表 9-2 查得，MPa。

② 操作状态下需要的最小螺栓载荷：

$$W_p = F + F_p = 0.785 D_G^2 p_c + 6.28 D_G b m p_c \qquad (9-37)$$

$$W_p = 0.785 \times 870^2 \times 0.2 + 6.28 \times 870 \times 3.75 \times 6.5 \times 0.2 = 145468.35(N)$$

（4）螺栓面积

① 预紧状态下需要的最小螺栓面积：

$$A_a = \frac{W_a}{[\sigma]_b} \qquad (9-38)$$

式中　$[\sigma]_b$ ——常温下螺栓材料的许用应力（按 GB 150—2011 第四章），MPa；

　　　W_a ——预紧状态下，所需最小螺栓载荷（即预紧状态下，需要的最小垫片压紧力 F_a），N。

$$A_a = \frac{1836794.025}{805} = 2281.73(mm^2)$$

② 操作状态下需要的最小螺栓面积：

$$A_{\mathrm{p}} = W_{\mathrm{p}} / [\delta]_{\mathrm{b}}^{t} \qquad (9\text{-}39)$$

式中　A_{p} ——操作状态下需要的螺栓总截面积，以螺纹小径计算或以无螺纹部分的最小直径
　　　　　　计算，取小者，m^2；

　　　W_{p} ——操作状态下需要的最小螺栓载荷，N；

　　　$[\delta]_{\mathrm{b}}^{t}$ ——设计温度下螺栓材料的许用应力（按 GB 150—2011 第四章），MPa。

$$A_{\mathrm{p}} = \frac{145468.35}{217} = 680.04(\mathrm{mm}^2)$$

③ 需要的螺栓截面积 A_{m}：

取 A_{a}、A_{p} 之大值，则 $A_{\mathrm{m}} = A_{\mathrm{a}} = 2281.73\mathrm{mm}^2$。

（5）螺栓数量及总截面积

螺栓数量：$n = \dfrac{A_{\mathrm{m}}}{A} = \dfrac{2281.73}{680.04} = 3.4$，以 4 的倍数圆整为 4 个。

螺栓总截面积：$A_{\mathrm{b}} = nA = 4 \times 787.85 = 3151.4(\mathrm{mm}^2)$

（6）垫片宽度校核

垫片宽度校核$<\omega$，垫片选择满足条件。

（7）螺栓设计载荷

$$\omega_{\min} = \frac{A_{\mathrm{b}}[\sigma]_{\mathrm{b}}}{6.28 D_{\mathrm{G}} y} = \frac{3151.4 \times 805}{6.28 \times 870 \times 179.3} = 2.58(\mathrm{mm}) < \omega \qquad (9\text{-}40)$$

式中　$[\sigma]_{\mathrm{b}}$ ——常温下螺栓材料的许用应力（按 GB 150—2011 第四章），MPa；

　　　y ——垫片比压力，由 GB 150—2011 表 9-2 查得，MPa；

　　　A_{b} ——实际使用的螺栓总截面积以螺纹小径计算或以无螺纹部分的最小径计算，取
　　　　　　小者，m^2；

　　　D_{G} ——垫片压紧力作用中心圆直径，mm。

① 预紧状态下螺栓设计载荷：

$$W = \frac{2281.73 + 3151.4}{2} \times 805 = 2186834.825(\mathrm{N})$$

② 操作状态下螺栓设计载荷：

$$W = W_{\mathrm{p}} = 145468.35(\mathrm{N})$$

9.4.2.3　法兰设计

（1）法兰力臂

取 $h = 1.5\delta_0 = 1.5 \times 17 = 25.5(\mathrm{mm})$，法兰颈部斜度为 1：3，则有 $\delta_1 = 25.5\mathrm{mm}$。

$$D_{\mathrm{b}} = 2(L_A + \delta_1) + D_{\mathrm{i}} = 2 \times (48 + 25.5) + 800 = 947(\mathrm{mm})$$

$$L_{\mathrm{D}} = L_A + 0.5\delta_1 = 48 + 0.5 \times 25.5 = 60.75(\mathrm{mm})$$

$$L_{\mathrm{G}} = \frac{D_{\mathrm{b}} - D_{\mathrm{G}}}{2} = \frac{947 - 870}{2} = 38.5(\mathrm{mm})$$

$$L_{\mathrm{T}} = \frac{L_A + \delta_1 + L_{\mathrm{G}}}{2} = \frac{48 + 25.5 + 38.5}{2} = 56(\mathrm{mm})$$

式中 D_b ——螺栓中心圆直径，mm；

D_G ——垫片压紧力作用中心圆直径，mm；

D_i ——法兰内直径，mm，当 $D_i<2\delta_1$ 时，法兰轴向应力计算中，以 D_{i1} 代替 D_i，对筒体端部结构，D_i 等于筒体端部内直径；

L_A ——螺栓中心至法兰颈部（或焊缝）与法兰背面交点的径向距离，mm；

L_D ——螺栓中心至 F_D 作用位置处的径向距离，见 GB 150—2011 图 9-1，mm；

L_G ——螺栓中心至 F_G 作用位置处的径向距离，见 GB 150—2011 图 9-1，mm；

L_T ——螺栓中心至 F_T 作用位置处的径向距离，见 GB 150—2011 图 9-1，mm；

δ_1 ——法兰颈部大端有效厚度，mm。

（2）法兰载荷

$$F_D=0.785D_i^2p_c=0.785\times800^2\times4.6=2311040(\text{N}) \tag{9-41}$$

$$F_T=F-F_D=0.785D_G^2p_t-F_D=0.785\times870^2\times4.6-2311040=422125.9(\text{N})$$

式中 F ——流体压力引起的总轴向力，$F=0.785D_G^2p_c$，N；

F_D ——作用于法兰内径截面上的流体压力引起的轴向力，$F_D=0.785D_i^2p_c$，N；

F_T ——流体压力引起的总轴向力与作用于法兰内径截面上的流体压力引起的轴向力之差，$F_T=F-F_D$，N；

p_c ——计算压力，MPa；

D_i ——法兰内直径，mm。

当 $D_i<20\delta_1$ 时，法兰轴向应力计算中，以 D_{i1} 代替 D_i。对筒体端部结构，D_i 等于筒体端部内直径。

（3）法兰力矩

① 预紧状态下的法兰力矩计算

$$F_G=W=2186834.82\text{N}$$

$$M_a=F_GL_G=2186834.825\times38.5=7193140.763(\text{N}\cdot\text{mm}) \tag{9-42}$$

② 操作状态下的法兰力矩计算：

$$M_p=F_DL_D+F_TL_T+F_GL_G=2311040\times60.75+422125.9\times56+$$
$$2186834.825\times38.5=248227871.2(\text{N}\cdot\text{mm}) \tag{9-43}$$

式中 F_D ——作用于法兰内径截面上的流体压力引起的轴向力，$F_D=0.785D_i^2p_c$，N；

F_G ——窄面法兰垫片压紧力，包括 F_a、F_p、W（预紧）三种情况，N；

F_T ——流体压力引起的总轴向力与作用于法兰内径截面上的流体压力引起的轴向力之差，$F_T=F-F_D$，N；

L_D ——螺栓中心至 F_D 作用位置处的径向距离，见 GB 150—2011 图 9-1，mm；

L_G ——螺栓中心至 F_G 作用位置处的径向距离，见 GB 150—2011 图 9-1，mm；

L_T ——螺栓中心至 F_T 作用位置处的径向距离，见 GB 150—2011 图 9-1，mm。

（4）法兰设计力矩

法兰设计力矩取以下大者：

$$M_O = \max \begin{cases} M_a \dfrac{[\delta]_f^t}{[\delta]_f} \\ M_p \end{cases} \tag{9-44}$$

式中　M_O——法兰设计力矩，N·mm;

　　　M_p——法兰操作力矩，N·mm。

则

$$M_O = \max \begin{cases} 7193140.763 \times \dfrac{145.5}{440} = 2378640.866 \\ M_p = 248227871.2 \end{cases}$$

取 $M_O = M_p = 248227871.2$ N·mm。

（5）法兰形状常数

$$h_0 = \sqrt{D_i \delta_0} = \sqrt{800 \times 17} = 116.62(mm)$$

$$h = 1.5\delta_1 = 1.5 \times 25.5 = 38.25(mm)$$

$$\frac{h}{h_0} = \frac{38.25}{116.62} = 0.327$$

$$K = \frac{D_o}{D_i} = \frac{D_G + 2L_G + 2L_e}{D_i} = \frac{870 + 2 \times 38.5 + 2 \times 36}{800} = 1.274$$

$$\frac{\delta_1}{\delta_0} = \frac{25.5}{17} = 1.5$$

查 GB 150—2011 表 9-5，确定下列系数：

$$T = 1.81 \qquad Z = 4.21 \qquad Y = 8.15 \qquad U = 8.96$$

查 GB 150—2011 图 9-3，得 $F_I = 0.878$；查图 9-4，得 $V_I = 0.36$；查图 9-7，得 $f = 1.08$。

$$e = \frac{F_I}{h_0} = \frac{0.878}{116.62} = 0.00753$$

$$d_1 = \frac{U}{V_I} h_0 \delta_0^2 = \frac{8.96}{0.36} \times 116.62 \times 17^2 = 838834.702(mm^3)$$

假设法兰厚度 δ_f 为 170mm，则有：

$$\psi = \delta_f e + 1 = 170 \times 0.00753 + 1 = 2.28$$

$$\beta = \frac{4}{3}\delta_f e + 1 = \frac{4}{3} \times 170 \times 0.00753 + 1 = 3.04$$

$$\gamma = \frac{\psi}{T} = \frac{2.28}{1.81} = 1.26$$

$$\eta = \frac{\delta_f^3}{d_1} = \frac{170^3}{838834.702} = 5.86$$

$$\lambda = \gamma + \eta = 1.26 + 5.86 = 7.12$$

式中　β——系数；

γ ——系数，$\gamma = \psi / T$；

δ_f ——法兰有效厚度，mm；

δ_0 ——法兰颈部小端有效厚度，mm；

δ_1 ——法兰颈部大端有效厚度，mm；

η ——系数；

λ ——系数；

ψ ——系数；

h ——法兰颈部高度，对筒体端部结构，为端部圆柱端的高度，mm；

h_0 ——参数，$h_0 = \sqrt{D_i \delta_0}$，mm；

F_I ——整体法兰系数，由 GB 150—2011 图 9-3 查得或按表 9-8、表 9-9 计算。

（6）法兰应力

① 轴向应力计算：

$$\sigma_H = \frac{fM_o}{\lambda \delta_1^2 D_i} = \frac{1.08 \times 248227871.2}{7.12 \times 25.5^2 \times 800} = 72.38(\text{MPa}) \tag{9-45}$$

② 径向应力计算：

$$\delta_R = (1.33\delta_f e + 1) / (\lambda \delta_f^2 D_i) M_o = (1.33 \times 170 \times 0.00753 + 1) /$$
$$(7.12 \times 170^2 \times 800) \times 248227871.2 = 4.08(\text{MPa})$$

③ 环向应力计算：

$$\sigma_T = \frac{YM_o}{\delta_f^2 D_i} - 2\sigma_R = \frac{8.15 \times 248227871.2}{170^2 \times 800} - 2 \times 4.08 = 79.74(\text{MPa}) \tag{9-46}$$

式中 δ_f ——法兰有效厚度，mm；

δ_1 ——法兰颈部大端有效厚度，mm；

λ ——系数；$\lambda = \gamma + \eta$；

σ_H ——法兰颈部轴向应力，MPa；

σ_R ——法兰环的径向应力，MPa；

σ_T ——法兰环的切向应力，MPa；

D_i ——法兰内直径，mm，当 $D_i < 20\delta_1$ 时，法兰轴向应力计算中，以 D_{i1} 代替 D_i。对筒体端部结构，D_i 等于筒体端部内直径；

e ——参数，$e = F_I / d_0$，mm^{-1}；

f ——整体法兰颈部应力校正系数（法兰颈部小端应力与大端应力的比值），由 GB 150—2011 图 9-7 查得或按表 9-8 计算，当 $f < 1$ 时，取为 1；

Y ——系数，由 GB 150—2011 表 9-5 或图 9-8 查得；

M_o ——法兰设计力矩，N·mm。

（7）法兰应力校核

① 轴向应力计算：

$$\delta_H \leqslant \min\{1.5[\delta]_f^t, 2.5[\delta]_n^t\}$$
$$1.5[\delta]_f^t = 1.5 \times 145.5 = 218.25(\text{MPa})$$

$$2.5[\delta]_{\mathrm{n}}^{t} = 2.5 \times 124.3 = 310.75(\mathrm{MPa})$$

$$\sigma_{\mathrm{H}} < 1.5[\sigma]_{\mathrm{f}}^{t} = 218.25(\mathrm{MPa})$$

② 径向应力计算：

$$\sigma_{\mathrm{R}} \leqslant [\sigma]_{\mathrm{f}}^{t} = 145.5(\mathrm{MPa})$$

③ 环向应力计算：

$$\sigma_{\mathrm{T}} \leqslant [\sigma]_{\mathrm{f}}^{t} = 145.5(\mathrm{MPa})$$

④ 组合应力：

$$\frac{\delta_{\mathrm{H}} + \delta_{\mathrm{R}}}{2} = \frac{218.25 + 4.08}{2} = 111.165 \ \mathrm{MPa} < [\delta]_{\mathrm{f}}^{t}$$

式中　σ_{H}——法兰颈部轴向应力，MPa；

　　　σ_{R}——法兰环的径向应力，MPa；

　　　σ_{T}——法兰环的切向应力，MPa；

　　　$[\sigma]_{\mathrm{f}}^{t}$——设计温度下法兰材料的许用应力（按 GB 150—2011 第四章），MPa；

　　　$[\sigma]_{\mathrm{n}}^{t}$——设计温度下圆筒材料的许用应力（按 GB 150—2011 第四章），MPa。

综上所述，法兰应力满足要求。

（8）螺栓间距校核

螺栓最大间距不宜超过式（9-47）计算值：

$$\hat{L}_{\max} = 2d_{\mathrm{B}} + \frac{6\delta_{\mathrm{f}}}{m + 0.5} = 2 \times 36 + \frac{6 \times 170}{6.5 + 0.5} = 217.714(\mathrm{mm}) \qquad (9\text{-}47)$$

式中　m——垫片系数，由 GB 150—2011 表 9-2 查得；

　　　δ_{f}——法兰有效厚度，mm。

所以螺栓间距也满足条件。

9.4.3　拉杆与定距管

9.4.3.1　拉杆的结构形式

常用拉杆的形式有：

① 拉杆定距管结构，适用于换热管外径 $d \geqslant 19 \ \mathrm{mm}$ 的管束，$l_2 > L_{\mathrm{a}}$（L_{a} 按 GB/T 151—2014 表 45 规定）；

② 拉杆与折流板点焊结构，适用于换热管外径 $d \leqslant 14 \ \mathrm{mm}$ 的管束，$l_1 \geqslant d$；

③ 当管板较薄时，也可采用其他形式的连接结构。

本次设计采用拉杆定距管结构。

9.4.3.2　拉杆的直径和数量

拉杆的直径和数量可以按《化工设备设计全书（换热器设计）》表 1-6-37 和表 1-6-38 选取，则选取拉杆直径为 16mm，拉杆数量为 6 根。

9.4.3.3　拉杆的尺寸

拉杆的长度按实际需要确定，拉杆的连接尺寸按图 9-12、表 9-19 确定。

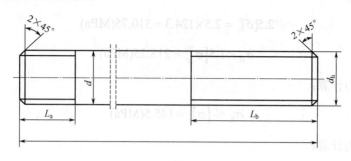

图 9-12　拉杆的尺寸

表 9-19　拉杆的连接尺寸　　　　　　　　　　　　　　　　单位：mm

拉杆直径 d	拉杆螺纹公称直径 d_n	L_a	L_b	拉杆斜角长度
10	10	13	≥40	1.5
12	12	15	≥50	2.0
16	16	20	≥60	2.0

选取拉杆螺纹公称直径为 16mm，L_a 为 20mm，L_b 为 60mm，b 为 2.0mm。

9.4.3.4　拉杆的布置

拉杆应尽量均匀布置在管束的外边缘。对于大直径的换热器，在布管区内或靠近折流板缺口处应布置适当数量的拉杆，任何折流板应不少于 3 个支承点。

9.4.3.5　定距管尺寸

定距管的尺寸，一般与所在换热器的换热管规格相同。对管程是不锈钢、壳程是碳钢或低合金钢的换热器，可选用与不锈钢换热管外径相同的碳钢管做定距管。定距管的长度，按实际需要确定。本设计选取 ϕ25mm 的碳钢管做定距管。

9.4.4　防冲与导流

为防止壳程物料进口处流体对换热管表面的直接冲刷，应在壳程进口管处设置防冲板。设置防冲板和导流筒的条件为：

当管程采用轴向入口接管或换热管内流体流速超过 3m/s 时，应设置防冲板，以减少流体的不均匀分布和对换热管端的冲蚀。

对有腐蚀或有磨蚀的气体、蒸汽及气液混合物，应设置防冲板。

对液体物料，当壳程进口处流体的 ρv^2（ρ 为流体密度，kg/m^3；v 为流体流速，m/s）为下列数值时，应在壳程进口管处设置防冲板或导流筒。

① 非腐蚀、非磨蚀性的单相流体，$\rho v^2 > 2230 kg/(m \cdot s^2)$ 者；

② 其他液体，包括沸点下的液体，$\rho v^2 > 740 kg/(m \cdot s^2)$ 者。

当壳程进、出口接管距管板较远，流体停滞区过大时，应设置导流筒，以减小流体停滞区，增加换热管的有效换热长度。

9.4.4.1　防冲板的形式

① 防冲板的两侧焊在定距管或拉杆上，也可同时焊在靠近管板的第一块折流板上；

② 防冲板焊在圆筒上；

③ 用 U 形螺栓将防冲板固定在换热管上。

9.4.4.2　防冲板的位置和尺寸

① 防冲板在壳体内的位置，应使防冲板周围与壳体内壁所形成的流通面积为壳程进口接管截面积的 1～1.25 倍。

② 防冲板外表面到圆筒内壁的距离，应不小于接管外径的 1/4；取壳程防冲板到圆筒内壁的距离为 60mm。

③ 防冲板的直径或边长应大于接管外径 50mm，取防冲板的边长为 250mm。

④ 防冲板的最小厚度：碳钢为 4.5mm，不锈钢为 3mm。本设计选用碳钢，厚度为 4.5mm。

9.4.4.3　导流筒

导流筒一般有内导流筒和外导流筒两种形式。

内导流筒：内导流筒是设置在壳体内部的一个圆筒形结构，在靠近管板的一端敞开，而另一端近似密封。在设计内导流筒时，导流筒外表面到壳体圆筒内壁的距离宜不小于接管外径的 1/3。导流筒端部到管板的距离，应使该处的流通面积不小于导流筒的外侧流通面积。

外导流筒：在设计外导流筒时，接管外径 d≤200mm 时，内衬圆筒内表面到外导流筒的内表面间距不小于 50mm；d>200mm 时，间距不小于 75mm。

立式外导流筒换热器，应在内衬圆筒下端开泪孔。本设计采用内导流筒，导流筒外表面到壳体圆筒内壁的距离为 70mm。

9.4.5　双壳程结构

双壳程是用纵向隔板将壳程分为双程，纵向隔板的最小厚度为 6mm，当壳程压力降较大时，隔板应适当加厚。纵向隔板与管板的连接可用焊接或可拆卸连接，纵向隔板回流端的改向通道面积应大于折流板的缺口面积。需要抽出管束的换热器，应在隔板的两侧与壳体的间隙处设置密封结构，如图 9-13 所示。

9.4.6　防短路结构

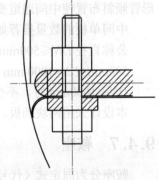

在换热器壳程，由于管束边缘和分程部位都不能排满换热管，因此在这些部位形成旁路。为防止壳程物料从这些旁路大量短路，降低换热效率，可在管束边缘的适当位置安装旁路挡板和在分程部位的适当地方安装假管或带定距管的拉杆来增大旁路的阻力，以迫使壳侧介质通过管束与换热管内流体进行换热。

图 9-13　双壳程结构

旁路挡板或挡管是否需要、需要数量以及安装部位等，应根据使用条件和工艺计算来确定。一般应考虑以下因素：

① 卧式、左右缺边折流板换热器，壳程物料从旁路短路的可能性较大，应根据需要考虑安装旁路挡板或假管。

② 当壳程的传热膜系数远远小于管程的传热膜系数时，壳程传热膜系数起控制作用，此时安装旁路挡板或挡管能显著提高总的传热系数。

③ 旁路面积与壳程通流面积之比越大，旁路的泄漏就越大，安装旁路挡板或假管的效果也越显著；在较小的壳体直径（DN≤400mm）中安装挡板或挡管比在较大的壳体直径中更加有效。

④ 旁路挡板或挡管超过一定数量后，提高传热系数的作用下降，而对压力降的影响

较大。

以上因素应综合考虑，通过计算和比较后，再确定旁路挡板或假管的安装问题。

9.4.6.1 旁路挡板的结构尺寸

安装在换热器中的旁路挡板应与折流板焊接牢固，旁路挡板的厚度可取与折流板相同的厚度 6mm，旁路挡板的数量推荐如下：

公称直径 $DN \leqslant 500$mm 时，一对挡板；

500mm$<DN<$1000mm 时，两对挡板；

$DN \geqslant 1000$mm 时，不少于三对挡板。

本设计采用两对挡板。

9.4.6.2 挡管

① 挡管为两端堵死的换热管，设置于分程隔板槽背面两管板之间，挡管与换热管的规格相同，可与折流板点焊固定，也可用拉杆（带定距管或不带定距管）代替。挡管的设置都是为了减少流动死区。

② 挡管应每隔 3~4 排换热管设置一根，但不应设置在折流板缺口处。

③ 挡管伸出第一块及最后一块折流板或支持板的长度应不大于 50mm。

④ 挡管应与任意一块折流板焊接固定。

9.4.6.3 中间挡板

在 U 形管换热器中，由于受 U 形管最小弯管半径的限制，U 形管最中间两排管的管间距过大，从而形成无阻力的流体通道。为了减少这种短路，使壳程介质能有效地换热，可在 U 形管束的中间通道设置中间挡板。中间挡板可以与折流板点焊固定，也可把最里面一排的 U 形管倾斜布置使中间通道变窄，同时加挡管以防止流体短路。

中间单板的数量推荐如下：

公称直径 $DN \leqslant 500$mm 时，一块挡板；

500mm$<DN<$1000 mm 时，两块挡板；

$DN \geqslant 1000$mm 时，不少于三块挡板。

本设计采用两块挡板。

9.4.7 鞍座

鞍座分为固定式（代号 F）和滑动式（代号 S）两种安装形式。按照 JB/T 4712—2007 的规定选用鞍座如下：

固定式鞍座 JB/T 4712—2007　　　　鞍座 BI 800-F

滑动式鞍座 JB/T 4712—2007　　　　鞍座 BI 800-S

鞍座尺寸如下：

① 公称直径 DN：800mm。　　　　② 允许载荷 Q：220kN。

③ 鞍座质量（带垫板）：35kg。　　　④ 鞍座高度 h：200mm。

⑤ 螺栓间距：l_2=530mm。　　　　⑥ 膜板：δ_2=10 mm。

⑦ 底板尺寸：l_1=720mm；b_1=150mm；δ_1=10mm。

⑧ 垫板：弧长=940mm；b_4=200mm；δ_4=6mm；e=36。

鞍座设置应尽可能靠近封头，即 A 应小于或等于 $D_0/4$ 且不宜大于 $0.2L$；当需要时，A 最大不得大于 $0.2L$。取两鞍座间距离为 4000 mm。

参考文献

［1］GB 150—2011.

［2］GB/T 151—2014.

［3］GB/T 25198—2010.

［4］JB/T 4717—92.

［5］GB 13296—2007.

［6］HG/T 20592～20635—2009.

［7］钱颂文. 换热器设计手册［M］. 北京：化学工业出版，2002.

［8］毛希澜. 化工设备设计全书（换热器设计）［M］. 上海：上海科学技术出版社，1988.

［9］国家质量技术监督局. 压力容器安全技术监察规程［S］. 北京：中国劳动社会保障出版社，1999.

［10］兰州石油机械研究所. 换热器［M］. 北京：烃加工出版社，1998.

［11］NB/T 47015—2011.

［12］化工设备设计全书编辑委员会编. 化工设备设计全书—换热器［M］. 北京：化学工业出版社，2003.

［13］尾花英朗. 徐中权，译. 热交换器设计手册.［M］. 北京：石油工业出版社. 1982.

［14］GB 6654—1996.

第10章
板壳式换热器的设计计算

换热器在上个世纪就已经被发明出来，直至今天，它的使用范围越来越广泛，涉及到的领域千差万别，尤其广泛使用于环工产业当中。随着科技的不断发展，换热器的研究并没有被世界遗忘，它仍然在各行各业中承担着重要的责任，人们也越来越看到它的价值所在。工业的进步带来越来越多的问题，比如能源的浪费，人们从中看到巨大的可发掘的利益，越来越将眼光着重于节约能源之上，这也就导致换热器的研究越来越被人们重视起来。我国地大物博，但人口稠密，虽然资源总量较多，但人均可利用资源远远低于发达国家，所以，对于节约资源的问题，在我国就显得尤为重要。国家重视有关方面的研究与开发，实施了一项又一项相关的措施，以减少资源的浪费。可以说，换热器的研究牵动着我国最核心发展战略的一部分。

换热器主要分为板式换热器和板壳式换热器两种，它们各有各的优点，适用于不同的工况，各自在自己擅长的领域发展壮大，不断更新换代。然而时代发展至今，大型工业所能创造的利益相对较大，追逐利益的同时，人们将对换热器的研究方向转移到适用于大型化工生产。而已有的两种换热器明显不能胜任这一工作，就在这一社会背景之下，板壳式换热器应运而生了。

10.1 换热器简介

10.1.1 换热器概述

换热器的作用就是换热，具体地说，是更高效、更节能的换热。

比如用更少的金属材料达到最好的换热效果，好的换热效果是什么呢？比如你想煮饭，肯定希望加给米饭的热量多，向空间释放的热量少，而且希望越快煮熟越好，所以电饭煲的底部是加热板，是金属的，而四周是保温材料，简单吧。在很多工业和民用设备中，需要高效的换热，这时需要结合工作情况，合理选择材料、布置形式、换热方式等，即换热器的设计。一般地说，优秀的换热器有以下特点：换热效率高、本身热阻小、热惯性低、灵敏、节省材料和空间、节省动力、流动阻力小、噪声低等。

换热器是将热流体的部分热量传递给冷流体的设备，又称热交换器。换热器的应用广泛，日常生活中取暖用的暖气散热片、汽轮机装置中的凝汽器和航天火箭上的油冷却器等，都是换热器。它还广泛应用于化工、石油、动力和原子能等工业部门。它的主要功能是保证工艺过程对介质所要求的特定温度，同时也是提高能源利用率的主要设备之一。

换热器既可是一种单独的设备，如加热器、冷却器和凝汽器等；也可是某一工艺设备的组成部分，如氨合成塔内的热交换器。

由于制造工艺和科学水平的限制，早期的换热器只能采用简单的结构，而且传热面积小、体积大和笨重，如蛇管式换热器等。随着制造工艺的发展，逐步形成一种管壳式换热器，它不仅单位体积具有较大的传热面积，而且传热效果也较好，长期以来在工业生产中成为一种典型的换热器。

20 世纪 20 年代出现了板式换热器，并应用于食品工业。以板代管制成的换热器，结构紧凑，传热效果好，因此陆续发展为多种形式。30 年代初，瑞典首次制成螺旋板换热器。接着英国用钎焊法制造出一种由铜及其合金材料制成的板翅式换热器，用于飞机发动机的散热。30 年代末，瑞典又制造出第一台板壳式换热器，用于纸浆工厂。在此期间，为了解决强腐蚀性介质的换热问题，人们对新型材料制成的换热器开始注意。

60 年代左右，由于空间技术和尖端科学的迅速发展，迫切需要各种高效能紧凑型的换热器，再加上冲压、钎焊和密封等技术的发展，换热器制造工艺得到进一步完善，从而推动了紧凑型板面式换热器的蓬勃发展和广泛应用。此外，自 60 年代开始，为了适应高温和高压条件下的换热和节能的需要，典型的管壳式换热器也得到了进一步的发展。70 年代中期，为了强化传热，在研究和发展热管的基础上又创制出热管式换热器。

10.1.2　板壳式换热器介绍

板壳式换热器是集板式换热器和管壳式换热器的优点于一身的新型换热设备，与管壳式换热器相比，具有换热效率高、端部温差小、压降低、节省占地面积、节约工程及设备安装费用、节省装置操作费用等优点，特别适合炼油、化工大型化生产装置（如重整、加氮及芳烃装置）的使用要求，经济效益显著。由兰州石油机械研究所与中国石化集团北京设计院共同研制开发的大型板壳式换热器，填补了国内空白，与进口板壳式换热器相比，更加适合国内炼油化工厂的使用要求，同时还可节约设备投资，节约外汇。

由兰州石油机械研究所研制开发的大型板壳式换热器（专利号：ZL98249056.9）是具有国际先进水平、首创独特结构的全焊式板式换热器，已在炼油厂重整装置、化肥厂水解解吸装置及集中供热换热站等场合得到应用。该产品于 1999 年 5 月 8 日通过中国石化总公司鉴定。兰州石油机械研究所于 1999 年研制成功大型板壳式换热器，同时为尽快将板壳式换热器产品转入产业化生产，投资数百万元初步建成了大型板壳式换热器生产线。

兰州石油机械研究所生产的板壳式换热器结构见图 10-1，由不锈钢波纹板组成的板束安装在壳体中，一种流体由设备底部进入板束板程，由设备顶部流出，另外一种流体由设备上侧开口进入板束壳程，由设备下侧开口流出，两流体在板束中呈全逆流换热。同时，为解决热膨胀问题，在板束上下两端设置膨胀节。

大型板壳式换热器板束是由 1～2 mm 不锈钢薄板压制成形后的板片叠合而成的。首先组焊两块成形好的板片两侧纵向长焊缝（长度一般为 6～10m），称为板管。再将按设计要求数量的板管叠合组成板束，在板束的两端焊接板管与板管间的横焊缝。最后将板束与分隔连接板焊接。大型板壳式换热器板束结构见图 10-1、图 10-2。

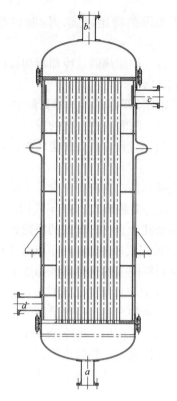

图 10-1　大型板壳换热器结构简图

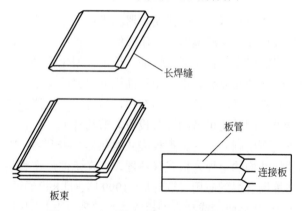

图 10-2　大型板壳式换热器板束结构简图

10.1.2.1　板壳式换热器结构特点

板壳式换热器是介于管壳式换热器和板式换热器之间的一种结构形式，它兼顾了两者的优点：

①　以板为传热面，传热效能好，传热系数约为管壳式换热器的 2 倍；

②　结构紧凑，体积小；

③　耐温、抗压，最高工作温度可达 800℃，最高工作压力达 6.3MPa；

④　扁平流道中流体高速流动，且板面平滑，不易结垢，板束可拆出，清洗也方便。

但这种换热器制造工艺较管壳式换热器复杂，焊接量大且要求高，因而它的推广应用受到一定限制。板壳式换热器用于化工、造纸、制药和食品等工业部门。典型产品主要用于要求传热效能好而停留时间短的食品、医药等加工工业。

10.1.2.2　板壳式换热器的应用

LHWP 系列全焊板式换热器/板壳式换热器适合于液-液、汽-液、气-液、气-气等换热过程，同时还可以作为冷凝器、蒸发器等。独特的宽流道设计，尤其适合于含有大量固体颗粒和纤维悬浮物等工艺介质的加热和冷却工艺要求。

（1）石油天然气领域

① 热回收、冷却、加热、冷凝、脱水和重煮工艺，可以用于气体、轻油和重油产品；

② 用于蒸馏器、分馏器、加氢裂化、干燥、脱硫及类似工艺；

③ 喂料水的预热、热回收工艺；

④ 液化石油气的再液化工艺。

（2）石油化工领域

① 用于冷凝、加热、冷却、热回收和重煮工艺；

② 应用于有机物，如石蜡、芳香烃、醇、醛、酮、醚、有机酸、脂等的加热和冷却；

③ 应用于有机酸和腐蚀性酸的加热和冷却；

④ 高黏度聚合物或有机物的加热和冷却；

⑤ 矿物油的加热和冷却；

⑥ 气体的冷却和干燥，如氧气、氢气、氮气、二氧化碳等。

（3）食品行业

植物油（棕榈油）加热和冷却工艺。

（4）制药和特殊化工工艺

① 用于冷凝和除雾工艺；

② 卫生级的气体冷凝工艺；

③ 水蒸气和溶剂的回收工艺；

④ 合成氨冷却工艺。

（5）暖通空调、区域供热

① 循环水加热工艺；

② 蒸汽加热（热电联产首站）；

③ 热回收工艺；

④ 低压蒸汽热回收工艺；

⑤ 高温介质换热；

⑥ 蒸发器和冷凝器（适合于任何制冷剂）。

（6）能源及其他领域

① 空气预热器/回热器。

② 在氧化铝生产种子分解工艺中的应用。

③ 在制药和特殊化工工艺领域主要应用于：冷凝和除雾工艺、卫生级的气体冷凝工艺、水蒸气和溶剂的回收工艺及合成氨冷却工艺。

④ 在能源及其他领域主要应用于：空气预热器、回热器和氧化铝生产种子分解工艺。

10.2　工艺计算

在换热器设计中，首先应根据工艺要求选择适用的类型，本设计选用新型的板壳式换热器，然后计算换热所需要的传热面积。工艺设计中包括了热力设计以及流动设计，其具体运算如下所述。

10.2.1 设计条件

设计条件见表10-1、表10-2。

表 10-1 正丁烷50%、正戊烷30%、正己烷20%的混合物与水的操作参数

正丁烷50%、正戊烷30%、正己烷20%的混合物			水			设计压力/MPa	
进口温度/℃	出口温度/℃	流量/(kg/s)	进口温度/℃	出口温度/℃	流量/(kg/s)	板程	壳程
105	36	8.821	35	55	18.81	4.6	0.2

表 10-2 混合物与水的物性参数

介质名称	温度/℃	焓值/(kJ/kg)	热导率/[W/(m·K)]	密度/(kg/m³)	动力黏度/Pa·s	普朗特数
正丁烷50%、正戊烷30%、正己烷20%的混合物	105	285.2912	0.0826	496.9596	0.08262×10^{-4}	3.5546
	70.5	193.4496	0.0919	544.3843	1.40858×10^{-4}	3.915
	36	108.6662	584.8046	584.8046	1.89982×10^{-4}	4.3909
水	35	$-1.58246e+4$	0.6145	990.5170	7.32532×10^{-4}	4.8646
	45	$-1.57831e+4$	0.6298	986.2022	6.07125×10^{-4}	3.9312
	55	$-1.57418e+4$	0.644	981.5641	5.11610×10^{-4}	3.2411

10.2.2 换热器板束结构设计

板束由若干弦长不等的基本元件组成。每一元件由两块节距相等的冷轧成形金属板条组合并焊接而成，基本元件的截面呈扁平流道，如图10-3所示。

图10-3 板束基本元件截面

10.2.2.1 基本元件的设计与加工

Q235，Q代表的是这种材质的屈服极限；后面的235，就是指这种材质的屈服值在235MPa左右。并会随着材质的厚度的增加而使其屈服值减小（板厚/直径≤16mm，屈服强度为235MPa；16mm<板厚/直径≤40mm，屈服强度为225MPa；40mm<板厚/直径≤60mm，屈服强度为215MPa；60mm<板厚/直径≤100mm，屈服强度为205MPa；100 mm<板厚/直径≤150mm，屈服强度为195MPa；150mm<板厚/直径≤200mm，屈服强度为185MPa）。由于含碳量适中，综合性能较好，强度、塑性和焊接性能等得到较好配合，用途最广泛。

首先，分别将两块宽210mm、长4mm的板条压制成波面板，波纹边缘距板前后段边缘各35mm，加工尺寸如图10-4所示，采用内外加强扰动波纹，在Re<9000时，波纹深度h与波纹节距λ在$h/\lambda=4$时为理想模型，取$h=2.2$mm，则$\lambda=8.8$mm，但为了更大程度上减少由于

加工引起的减薄量，取整为 10mm，允许减薄量<10%，即最薄处板厚度为 1.8mm；然后，将两块波纹板片分别进行折弯，加工尺寸如图 10-4 所示，折弯减断量为 0.03mm；最后，将折弯后的两块波纹板片两端气割为向内 30°角，并叠合后形成 α=60° 的坡口形式进行组焊，形成一条长焊缝，流道间距为 10mm。由于板条在焊接时两端可能有未焊或未焊透的现象，每段长度大约为 5～15mm，所以，在基本元件组成板束时，两端各去掉 20mm，若干个基本元件焊接组成单板束，焊点直径取 3mm。

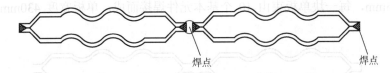

图 10-4　基本元件截面

10.2.2.2　板片形成力的计算

工件仅在槽两边作拉伸变形，因此可采用压制加强筋时的计算公式计算形成力。

$$P = KLt\sigma_b \tag{10-1}$$

式中　P——形成力，N；

　　　L——加强筋周长，mm；

　　　t——材料厚度，mm；

　　　σ_b——材料抗拉强度，N/mm²；

　　　K——系数，与筋的宽度和深度有关，即与槽的相对变形量有关，一般为 0.7～1。

将测得的板片参数代入上式得：$P = 0.89 \times 219.6 \times 1.2 \times 235 = 551.2(N)$，这时，板片槽还未完全成形，上模继续下行，使工件与下模完全贴合，即将留道槽底由圆弧压成平面，此时形成力计算应采用起伏形成力计算式：

$$P = KFt^3 \tag{10-2}$$

式中　P——起伏形成力，N；

　　　F——起伏形成的面积，mm²；

　　　K——系数，对于钢为 300～400 N/mm⁴；

　　　t——材料厚度，mm。

$$P = 350 \times 878400 \times 1.2^3 = 0.53(MPa)$$

10.2.2.3　基本元件强度校核

$$p_{max} = \frac{2.3\pi d(S - \Delta S)\sigma}{2A^2 - \pi d^2} \tag{10-3}$$

式中　p_{max}——板束元件爆破时的最大承载压力，MPa；

　　　d——焊点直径，$d > 2.3(S - \Delta S)$，mm，取 d =6mm；

　　　A——焊点按正方形排列时间距，mm，A=106.5mm；

　　　S——板束元件板材厚度，mm，S=1.2 mm；

　　　ΔS——点焊减薄量，一般取 0.1 mm；

　　　σ——钢板抗拉强度，MPa，σ =895 MPa。

$$p_{\max} = \frac{2.3 \times 3.14 \times 6 \times (1.2 - 0.1) \times 895}{2 \times 106.5^2 - 3.14 \times 6^2} = 1.9(\text{MPa})$$

由于 $p_{\max}$ =1.9MPa 大于板程设计压力 0.2MPa，因此板束元件设计符合要求。

10.2.2.4　板束的结构

基本元件在组成板束时，在两端插入金属窄条，可以保证壳程流体的流道宽度，天然气在板程流动，即在基本元件组成的流道内流动，水在壳程流动，即板束与壳体之间的空间，流道宽度取 5mm，每一块单板束由 10 个基本元件焊接而成，单板宽度 430mm，如图 10-5 所示。

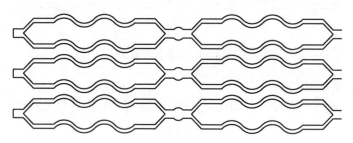

图 10-5　板束结构形式

10.2.3　传热的有关计算

在计算换热器传热系数与传热面积时，首先要确定介质的流动方案，本设计选择天然气走板程、水走壳程。

10.2.3.1　基本计算

（1）热负荷的计算

换热负荷是表示物料被冷却到要求温度时所需要放出的热量，单位是 kW。

$$Q = m_1(i_1' - i_1'') = m_2(i_2'' - i_2') \tag{10-4}$$

式中　m_1、m_2 ——冷、热流体的质量流量，kg/s；

i_1'、i_1''、i_2'、i_2'' ——冷、热流体焓，J/kg。

$$Q = 8.821 \times (285.2912 - 108.6662) = 1558.009(\text{kW})$$

水流量的计算：

$$M_2 = \frac{Q}{i'' - i'} \tag{10-5}$$

式中　M_2 ——水的质量流量，kg/s；

i'、i'' ——冷、热流体焓，J/kg。

$$M_2 = \frac{1558.009}{-1.57418 \times 10^4 + 1.58246 \times 10^4} = 18.81(\text{kg/s})$$

（2）有效平均温差 $\Delta t_{\text{m}}'$ 的计算

换热器采用逆流流向，这是因为逆流比并流的传热效率高。其中 Δt_1 为较小的温度差，Δt_2 为较大的温度差。

$$\Delta t_1 = t_1' - t_2'' \tag{10-6}$$

$$\Delta t_1 = t_1'' - t_2'$$ （10-7）

式中　t_1' ——混合物的进口温度，℃；

t_2'' ——水的出口温度，℃；

t_1'' ——混合物的出口温度，℃；

t_2' ——水的进口温度，℃。

$$\Delta t_1 = 105 - 55 = 50(℃)$$

$$\Delta t_2 = 36 - 35 = 1(℃)$$

采用对数平均温差法：

$$\Delta t_m' = \frac{\Delta t_1 - \Delta t_2}{\ln \dfrac{\Delta t_1}{\Delta t_2}} = \frac{50 - 1}{\ln \dfrac{50}{1}} = 12.5(℃)$$

10.2.3.2　换热器传热系数计算

根据 R、P 值，查温度校正系数图可得温度校正系数 $\phi = 0.75$，因此有效平均温度差为：

$$\Delta t_m = \phi \Delta t_m' = 0.75 \times 12.5 = 9.38(℃)$$

水的流速按经验值取 0.3m/s，混合液体的流速按经验值取 0.45m/s。

板壳式换热器壳程准则方程：

$$Nu_f = 0.025 Re_1^{0.8} Pr_1^m$$ （10-8）

当流体被加热时，$m = 4$，被冷却时 $m = 3$，其中的 c、n 值，随板片流体和流动的类型不同而不同。本设计中 $c = 0.025$，$n = 0.8$。

板壳式换热器板程准则方程：

$$Nu_f = 0.18 Re_f^{0.65} Pr_f^{0.3} \left(\frac{\mu_w}{\mu_f}\right)^{0.14}$$ （10-9）

在计算板壳式热交换器流道内流体的 Re 值时，所采用的当量直径 d_e 可按式（10-10）计算：

$$d_e = \frac{4A}{U} = \frac{4lb}{2l} = 2b$$ （10-10）

式中　l ——板有效宽度，mm；

b ——板间距，mm。

（1）确定壳程对流换热系数 α_1

水的质量流速：

$$G_1 = \rho_1 w_1 = 986.2022 \times 0.3 = 295.86[kg/(m^2 \cdot s)]$$

当量直径：

$$d_{e1} = 2b = 2 \times 5 = 10(mm)$$

定性温度：

$$t = (55 + 35) / 2 = 45(℃)$$

查得 $\mu_1 = 6.07125 \times 10^{-4}$ Pa·s。

$$Re_1 = \frac{d_{e1} G_1}{\mu_1} = \frac{10 \times 10^{-3} \times 295.86}{6.07125 \times 10^{-4}} = 4873.1$$

$$\alpha_1 = \frac{\lambda_1}{d_{e1}} \times 0.025 Re_1^{0.8} Pr_1^{0.3} = \frac{0.6298}{10 \times 10^{-3}} \times 0.025 \times 4873.1^{0.8} \times 3.9312^{0.4} = 2427.4 [\text{W/(m}^2 \cdot \text{℃)}]$$

（2）确定板程对流换热系数 α_2

混合体的质量流速：

$$G_2 = \rho_2 w_2 = 544.3843 \times 0.2 = 108.9 [\text{kg/(m}^2 \cdot \text{s)}]$$

当量直径：

$$d_{e2} = 2b = 2 \times 5 = 10 (\text{mm})$$

定性温度：

$$t = (105 + 36) / 2 = 70.5 (\text{℃})$$

查得 $\mu_2 = 1.40858 \times 10^{-4} \text{Pa} \cdot \text{s}$。

$$Re_2 = \frac{de_2 G_2}{\mu_2} = \frac{10 \times 10^{-3} \times 108.9}{1.40858 \times 10^{-4}} = 7731.2$$

$$\alpha_2 = \frac{\lambda_2}{d_{e2}} \times 0.18 \times Re_2^{0.65} Pr_2^{0.3} \left(\frac{\mu_2}{\mu_w} \right)^{0.14} = \frac{0.0919}{10 \times 10^{-3}} \times 0.18 \times 7731.2^{0.65} \times$$
$$3.915^{0.3} \times 0.2^{0.14} = 670 [\text{W/(m}^2 \cdot \text{℃)}]$$

（3）计算传热系数 K

设污垢热阻 $r_1 = 0.000017 \ (\text{m}^2 \cdot \text{℃})/\text{W}$、$r_2 = 0.000017 \ (\text{m}^2 \cdot \text{℃})/\text{W}$。今板厚 1.2mm，板材的热导率 $\lambda = 14.4 \text{W/(m} \cdot \text{℃)}$。

$$K = \frac{1}{\dfrac{1}{\alpha_1} + \dfrac{\delta}{\lambda} + r_1 + r_2 + \dfrac{1}{\alpha_2}} \qquad (10\text{-}11)$$

式中　K——总传热系数，W/（$\text{m}^2 \cdot$ ℃）；

α_1、α_2——板程和壳程流体的传热膜系数，W/（$\text{m}^2 \cdot$ ℃）；

δ——波面板的厚度，mm；

λ——波面板材料的热导率，W/（m $\cdot$ ℃）；

r_1、r_2——壳程和板程的污垢热阻，$\text{m}^2 \cdot$ ℃/W。

代入数据得：

$$K = \frac{1}{\dfrac{1}{670} + \dfrac{1.2 \times 10^{-3}}{14.4} + 0.000017 + 0.000017 + \dfrac{1}{2427.4}} = 495 [\text{W/(m}^2 \cdot \text{℃)}]$$

10.2.3.3　传热面积的初算

传热方程式的普遍形式为：

$$F = \int_0^F K \Delta t d_{\text{F}} \qquad (10\text{-}12)$$

式中　Q——热负荷，W；

K——热交换器任一微元传热面处的传热系数，W/（$\text{m}^2 \cdot$ ℃）；

d_{F}——微元传热面积，m^2；

Δt ——在此微元传热面处两种流体之间的温差，℃。

上式中的 K 和 Δt 都是 F 的函数，而且每种热交换器的函数关系式都不相同，这使得计算十分复杂。但在工程计算中采用如下简式的传热方程式也足够精确了：

$$Q = KF\Delta t_m \tag{10-13}$$

式中　K ——整个传热面上的平均传热系数，W/（m² · ℃）；

　　　F ——传热面积，m²；

　　　Δt_m ——两种流体之间的平均温差，℃。

代入数据得：

$$F = \frac{Q}{K\Delta t_m} = \frac{1558.009 \times 10^3}{495 \times 9.38} = 335(\text{m}^2)$$

10.2.3.4　波面板传热单元尺寸的初确定

由换热面积 A，根据换热器实际安装空间的大小和加工时点、缝焊机对加工尺寸以及加工制造的要求情况，选取传热单元波面板的尺寸，即板长 L、板宽 B（一般情况下 $L>B$），然后可以初步确定所需的换热波面板的块数 N。

$$A = 2NBL \tag{10-14}$$

代入数据得：

$$N = \frac{A}{2BL} = \frac{335}{2 \times 0.105 \times 4} = 398.8$$

取整后 N=400 块。

10.2.3.5　传热面积的校核

（1）壳程流体传热膜系数 α_1 的计算

水的流速：

$$w_1 = \frac{18.81}{(0.6362 - 0.3269)/4 \times 986.2022} = 0.25(\text{m/s})$$

水的质量流速：

$$G_1 = \rho_1 w_1 = 986.2022 \times 0.25 = 246.55[\text{kg/(m}^2 \cdot \text{s)}]$$

当量直径：

$$d_{e1} = 2b = 2 \times 5 = 10(\text{mm})$$

定性温度：

$$t = (55 + 35)/2 = 45(℃)$$

查得 $\mu_1 = 6.07125 \times 10^{-4}\,\text{Pa} \cdot \text{s}$。

$$t = (105 + 36)/2 = 70.5(℃)$$

$$Re_1 = \frac{d_{e1}G_1}{\mu_1} = \frac{10 \times 10^{-3} \times 246.55}{6.07125 \times 10^{-4}} = 4060.94$$

$$\alpha_1 = \frac{\lambda_1}{d_{e1}} \times 0.025 Re_1^{0.8} Pr_1^{0.3} = \frac{0.6298}{10 \times 10^{-3}} \times 0.025 \times 4060.94^{0.8} \times 3.9312^{0.4} = 2098[\text{W/(m}^2 \cdot ℃)]$$

（2）板程流体传热膜系数 α_2 的计算

混合物的流速：

$$w_2 = \frac{8.821}{0.43 \times 0.005 \times 544.3843 \times 32} = 0.24 (\text{m/s})$$

混合物的质量流速：

$$G_2 = \rho_2 w_2 = 544.3843 \times 0.24 = 130.65 [\text{kg/(m}^2 \cdot \text{s})]$$

当量直径：

$$d_{e_2} = 2b = 2 \times 5 = 10 (\text{mm})$$

定性温度：

$$t = (55 + 35) / 2 = 45 (\text{℃})$$

查得 $\mu_2 = 1.40858 \times 10^{-4} \text{Pa} \cdot \text{s}$。

$$Re_2 = \frac{d_{e_2} G_2}{\mu_2} = \frac{10 \times 10^{-3} \times 130.65}{1.40858 \times 10^{-4}} = 9275.3$$

$$\alpha_2 = \frac{\lambda_2}{d_{e_2}} \times 0.18 \times Re_2^{0.65} Pr_2^{0.3} \left(\frac{\mu_2}{\mu_w}\right)^{0.14} = \frac{0.0919}{10 \times 10^{-3}} \times 0.18 \times 9275.3^{0.65} \times$$

$$3.915^{0.3} \times 0.2^{0.14} = 753.9 [\text{W/(m}^2 \cdot \text{℃})]$$

（3）传热系数 K

设污垢热阻 $r_1 = 0.000017 \text{m}^2 \cdot \text{K} / \text{W}$、$r_2 = 0.000017 \text{m}^2 \cdot \text{K} / \text{W}$。今板厚 1.2mm，不锈钢板材的热导率 $\lambda = 14.4 \text{W/} (\text{m} \cdot \text{℃})$。

$$K = \frac{1}{\dfrac{1}{2098} + \dfrac{1.2 \times 10^{-3}}{14.4} + 0.000017 + 0.000017 + \dfrac{1}{753.9}} = 520.7 [\text{W/(m}^2 \cdot \text{℃})]$$

（4）传热面积的校核

$$F = \frac{Q}{K \Delta t_m} = \frac{1558.009 \times 10^3}{520.7 \times 9.38} = 319 (\text{m}^2)$$

（5）波面板传热单元尺寸的确定

由换热面积 A，根据换热器实际安装空间的大小和加工时点、缝焊机对加工尺寸以及加工制造的要求情况，选取传热单元波面板的尺寸，即板长 L、板宽 B（一般情况下 $L>B$），然后可以初步确定所需的换热波面板的块数 N。

$$A = 2NBL$$

$N = \dfrac{A}{2BL} = \dfrac{319}{2 \times 0.105 \times 4} = 380$，取整后 N=400 块。

10.2.4　压力降的计算

流体流经换热器因流动引起的压力降，可按管程压降和壳程压降分别计算。

10.2.4.1　板程压力降的计算

$$\Delta p_h / L = kG^2 / (\rho Re_1) \tag{10-15}$$

式中　G ——质量流速，kg/(m^2 · s)；

　　　ρ ——流体的密度，kg/m^3；

　　　L ——半片长度，m；

　　　k ——常数，取决于板片的几何形状参数。

$$\Delta p_h = kG^2 / \rho Re_1 L = 0.025 \times 453.65^2 / 986.2022 \times 9275.3 \times 4.0 = 0.0001432(\text{MPa})$$

进出口压降：

$$\Delta p = G^2 / \rho$$

进口压降：

$$453065^2 / 990.5178 = 0.00020777(\text{MPa})$$

出口压降：

$$453065^2 / 981.5641 = 0.00020966(\text{MPa})$$

总压降：

$$0.0001432 + 0.00020777 + 0.00020966 = 0.000557(\text{MPa})$$

上述压力降符合要求。

10.2.4.2　壳程压力降的计算

$$\Delta p_h / L = kG^2 / (\rho Re_1) \tag{10-16}$$

式中　G ——质量流速，kg/s；

　　　ρ ——流体的密度，kg/m^3；

　　　L ——半片长度，m；

　　　k ——常数，取决于板片的几何形状参数。

$$\Delta p_h = kG^2 / \rho Re_1 L = 0.025 \times 239.53^2 / 544.3843 \times 4060.94 \times 4.0 = 0.000162(\text{MPa})$$

进出口压降：

$$\Delta p = G^2 / \rho$$

进口压降：

$$239.53^2 / 511.23 = 0.0001122(\text{MPa})$$

出口压降：

$$239.53^2 / 595.80 = 0.0000963(\text{MPa})$$

总压降：

$$0.000162 + 0.0001122 + 0.0000963 = 0.000371(\text{MPa})$$

上述压力降符合要求。

10.2.5　换热器壁温的计算

10.2.5.1　板束壁温的计算

板束壁温 t_τ 为冷流体侧壁温与热流体侧壁温的平均温度。

$$t_{\mathrm{w}} = t + K\left(\frac{1}{\alpha_{\mathrm{o}}} + R_{\mathrm{o}}\right)\Delta t_{\mathrm{m}} \qquad (10\text{-}17)$$

$$T_{\mathrm{w}} = T - K\left(\frac{1}{\alpha_{\mathrm{i}}} + R_{\mathrm{i}}\right)\Delta t_{\mathrm{m}} \qquad (10\text{-}18)$$

式中　t_{w}——冷流体侧壁温，℃；

　　　T_{w}——热流体侧壁温，℃；

　　　t　——冷流体平均温度，℃；

　　　T　——热流体平均温度，℃；

　　　K　——以换热管外表面积为基准计算的总传热系数，W/（m²·℃）；

　R_{i}、R_{o}——两侧污垢热阻，m²·℃/W；

　α_{i}、α_{o}——两侧传热膜系数，W/(m²·℃)；

　　　Δt_{m}——流体的有效平均温差，℃。

$$t_{\mathrm{w}} = \frac{35+55}{2} + 520.7 \times \left(\frac{1}{3445.5} + 0.017 \times 10^{-3}\right) \times 9.38 = 46.5(℃)$$

$$T_{\mathrm{w}} = \frac{105+36}{2} - 520.7 \times \left(\frac{1}{346} + 0.017 \times 10^{-3}\right) \times 9.38 = 56.3(℃)$$

$$t_{\tau} = \frac{T_{\mathrm{w}} + t_{\mathrm{w}}}{2} = \frac{56.3+46.5}{2} = 51.4(℃)$$

10.2.5.2　换热器圆筒壁温的计算

由于圆筒外部有良好的保温层，因此壳体壁温取壳程流体的平均温度：$t_s = 56.5℃$。

10.2.6　接管直径的计算

10.2.6.1　板程接管直径的计算

$$d = \sqrt{\frac{4V}{\pi\rho u}} \qquad (10\text{-}19)$$

式中　d　——接管的直径，mm；

　　　V　——接管内介质的体积流量，kg/s；

　　　ρ　——接管内介质的密度，kg/m³；

　　　u　——接管内介质流速，m/s。

取接管内流速 $u = 1.1\,\mathrm{m/s}$，则接管直径为：

$$d = \sqrt{\frac{4 \times 8.821}{3.14 \times 1.1 \times 544.3843}} = 137(\mathrm{mm})$$

取标准接管直径为 150mm。

10.2.6.2　壳程接管直径的计算

取接管内流速 $u = 1.2\,\mathrm{m/s}$，则接管直径为：

$$d = \sqrt{\frac{4 \times 18.81}{3.14 \times 1.2 \times 986.2022}} = 142(\mathrm{mm})$$

取标准接管直径为 150mm。

10.2.7　换热器的初步选型

换热器结构可参照管壳式换热器结构设计，设计的板壳换热器主要由膨胀节、板束封板、板束组件、壳体、管箱、设备法兰、板程接管、壳程接管、支座等构成。

板束组件采用大设计中所述的波纹传热元件，板束封板与板束采用焊接连接，壳体设计为圆筒形立式壳体。壳体与封板的连接方式分为两类，一种是壳体与封板焊接的不可拆连接，一种是封板被壳体法兰与管箱法兰夹持固定的可拆连接，设计中采用封板与壳体焊接的不可拆式连接。

取 D_o=900 mm，换热器初选型式如表 10-3 所示。

表 10-3　换热器初选型式

公称直径 DN/mm	设计压力/MPa		板束长度/mm	传热面积/m²	板程接管直径/mm	壳程接管直径/mm
	板程	壳程				
900	0.2	4.6	4000	292.4	150	150

10.3　换热器结构设计与强度计算

在确定换热器的换热面积后，应进行换热器主体结构以及零部件的设计和强度计算，主要包括壳体和封头的厚度计算、材料的选择、封板厚度的计算、法兰厚度的计算、开孔补强计算，还有主要构件的设计（如管箱、壳体等）和主要连接（包括管箱与封板的连接、板束与封板的连接、壳体与封板的连接等）。

10.3.1　壳体、管箱的设计

壳体、管箱壳体和封头共同组成了管壳式换热器的外壳。换热器壳体要能承压，圆度要高，不圆度不得超过直径的 0.5%，刚性要好。材料要符合内部介质的抗腐蚀条件，内部焊缝要磨平，焊缝质量符合规范要求，板壳式换热器的壳体通常是由管材或板材卷制而成的。当直径小于 400mm 时，通常采用管材和管箱壳体；当直径不小于 400mm 时，采用板材卷制壳体和管箱壳体。其直径系列应与封头、连接法兰的系列匹配，以便于法兰和封头的选型。

根据给定的流体的进出口温度，选择设计温度为 105℃；设计压力为 4.6MPa。

10.3.1.1　材料的选择

Q235 普通碳素结构钢又称作 A3 板，普通碳素结构钢（普板）是一种钢材的材质。

Q 代表的是这种材质的屈服极限，后面的 235 就是指这种材质的屈服值在 235MPa 左右。并会随着材质的厚度的增加而使其屈服值减小（板厚/直径≤16mm，屈服强度为 235MPa；16mm<板厚/直径≤40mm，屈服强度为 225MPa；40mm<板厚/直径≤60mm，屈服强度为 215MPa；60mm<板厚/直径≤100mm，屈服强度为 205MPa；100mm<板厚/直径≤150mm，屈服强度为 195MPa；150mm<板厚/直径≤200mm，屈服强度为 185MPa）。由于含碳量适中，综合性能较好，强度、塑性和焊接性能等得到较好配合，用途最广泛。

由于所设计的换热器属于常规容器，并且在工厂中多采用低碳低合金钢制造，因此考虑综合成本、使用条件等，选择 Q235 普通碳素结构钢为壳体和管箱的材料。

10.3.1.2　圆筒壳体的设计

（1）圆筒壳体厚度的计算

壳体厚度的计算包括计算厚度、设计厚度、名义厚度、有效厚度，计算厚度指按各章公式计算得到的厚度，设计厚度指计算厚度与腐蚀裕量之和，名义厚度指设计厚度加上钢材厚度负偏差后向上圆整至钢材标准规格的厚度，即标注在图样上的厚度，有效厚度指名义厚度减去腐蚀裕量和钢材厚度负偏差。

壳体厚度按 GB 150—2011《压力容器》中的强度计算公式计算。

计算厚度按式（10-20）计算：

$$\delta = \frac{p_c D_i}{2[\sigma]^t \varphi - p_c}$$ （10-20）

式中　p_c——设计压力，MPa；

　　　D_i——圆筒内径，即公称直径，mm；

　　　$[\sigma]^t$——钢板在设计温度下的许用应力，MPa；

　　　φ——壳体焊接方式对应的焊接系数。

根据 GB 150—2011《压力容器》可知 Q235 钢板在 105℃时，许用应力$[\sigma]^t = 124.3MPa$，壳体焊接方式选为双面焊对接接头，100%无损探伤，焊接系数$\varphi = 1$。

$$\delta = \frac{4.6 \times 900}{2 \times 124.3 \times 1 - 4.6} = 16.97(mm)$$

取$\delta = 17mm$。

设计厚度按下式计算：

$$\delta_d = \delta + C_2$$ （10-21）

式中　C_2——钢板腐蚀裕量，mm。

名义厚度按下式计算：

$$\delta_n = \delta_d + C_1 + C_0$$ （10-22）

式中　C_1——钢材厚度负偏差，mm。

　　　C_0——向上圆整至钢材标准规格的厚度，mm。

根据 GB 713—2008《锅炉和压力容器用钢板》和 GB 3531《低温压力容器用钢板》规定可知对 Q235 钢板$C_1 = 0$、$C_2 = 2mm$，取$C_0 = 2mm$。

$$\delta_d = 17 + 2 = 19(mm)$$

$$\delta_n = 19 + 0 + 2 = 21(mm)$$

取$\delta = 19mm$，此时厚度符合要求，且经检查，$[\sigma]^t$没有变化，故符合设计条件。

（2）应力强度校核

$$\sigma^t = \frac{p_c(D_i + \delta_e)}{2\delta_e \varphi}$$ （10-23）

式中　δ_e——有效厚度，mm。

$$\delta_e = 21 - 2 = 19(mm)$$

$$\sigma^t = \frac{4.6 \times (900+19)}{2 \times 19 \times 1} = 111.2(\text{MPa})$$

由于 $\sigma^t = 111.2\text{MPa} < [\sigma]^t = 124.3\text{MPa}$，因此符合设计条件。

（3）许用工作压力校核

$$[p_n] = \frac{2[\sigma]^t \varphi \delta_e}{D_i + \delta_e} = \frac{2 \times 124.3 \times 1 \times 19}{900 + 19} = 5.1(\text{MPa})$$

由于 $[p_n] = 5.1\text{MPa} > p_c = 4.6\text{MPa}$，因此符合设计条件。

10.3.1.3　管箱的设计

管箱的作用是将管道流进的介质均匀分布到换热元件和将换热元件流出的介质汇集通过管道流出。管箱由两部分组成：短节与封头。且由于前端管箱与后端管箱的形式相同，故此时只对一个管箱的厚度进行计算。

封头是压力容器设备的重要组成部分。常见的封头形式有凸形封头、锥形封头、变径段、平盖和紧缩口。凸形封头又包括半球形封头、椭圆形封头、碟形封头和球冠形封头，其中椭圆形封头作为一种受力良好、结构特性较为优越的封头形式在压力容器设计中被广泛采用。设计中封头采用标准椭圆形封头，这是因为椭圆形封头的应力分布比较均匀，且其深度较半球形封头小得多，易于冲压成形。

封头厚度的确定：

封头厚度按式（10-24）计算：

$$\delta_h = \frac{K p_c D_i}{2[\sigma]^t \varphi - 0.5 p_c} \tag{10-24}$$

式中　K——椭圆形封头形状系数，标准椭圆形封头 $K=1$。
代入数据得：

$$\delta_h = \frac{1 \times 4.6 \times 900}{2 \times 124.3 \times 1 - 0.5 \times 4.6} = 16.8(\text{mm})$$

假设 $\delta = 17\text{mm}$，则：

$$\delta_d = 17 + 2 = 19(\text{mm})$$
$$\delta_n = 19 + 0 + 2 = 21(\text{mm})$$

查得此时厚度符合要求，且经检查，$[\sigma]^t$ 没有变化，故符合设计条件。

短节部分的厚度同封头处厚度，为19mm。

应力强度校核：

$$\sigma^t = \frac{p_c(D_i + \delta_e)}{2\delta_e \varphi}$$

$$\delta_e = 21 - 2 = 19(\text{mm})$$

代入数据得：

$$\sigma^t = \frac{4.6 \times (900+19)}{2 \times 19 \times 1} = 111.2(\text{MPa})$$

由于 $\sigma^t = 111.2\text{MPa} < [\sigma]^t = 124.3\text{MPa}$，因此符合设计条件。

许用工作压力校核：

$$[p_n] = \frac{2[\sigma]^t \varphi \delta_e}{D_i + \delta_e} = \frac{2 \times 124.3 \times 1 \times 19}{900 + 19} = 5.2(\text{MPa})$$

由于 $[p_n] = 5.2\text{MPa} > p_c = 4.6\text{MPa}$ ，因此符合设计条件。

查 JB/T 4746—2002《钢制压力容器用封头》得封头的型号参数如表 10-4 所示。

表 10-4 *DN*900mm 标准椭圆形封头参数

DN/mm	总深度 *H*/mm	内表面积 *A*/m²	容积 *V*/m³	封头质量 *M*/kg
900	225	1.02	0.127	114.64

10.3.1.4 固定端的法兰、垫片与紧固件

（1）壳体法兰、管箱法兰的选型

查 NB/T 47020—2012《压力容器法兰分类与技术条件》可选固定端的壳体法兰和管箱法兰为长颈对焊法兰，它主要适用于法兰与管子的对口焊接，其结构合理，强度与刚度较大，较能经得起高温、高压及反复弯曲和温度波动，长颈对焊法兰的工作温度为 70~450℃，公称压力为 0.6~6.4MPa。

法兰密封面有三种形式：突面法兰密封面、密封面、榫槽面法兰密封面。密封面凸面法兰密封面具有结构简单、加工方便、便于进行防腐衬里等的优点，由于这种密封面和垫片的接触面积较大，因此如预紧不当，垫片易被挤出密封面，也不易压紧，密封性能较差。其适用于压力不高的场合，一般使用在 *PN*≤2.5MPa 的压力下。凹凸面法兰密封面相配的两个法兰接合面一个是凸面、一个是凹面，安装时易于对中，能有效地防止垫片被挤出密封面，密封性能比凸面密封面好。榫槽面法兰密封面由一个榫面和一个槽面相配而成，密封面更窄，由于受槽面的阻挡，垫片不会被挤出压紧面，且少受介质的冲刷和腐蚀；安装时易于对中，垫片受力均匀，密封可靠；适用于易燃、易爆和有毒介质的场合，只是由于垫片很窄，更换时较为困难。公称压力为 0.25~2.5MPa 的对焊法兰则采用凹凸式密封面。

由壳体设计温度，法兰材料选择 16MnR，螺柱材料选择 40MnB，螺母材料选择 Q235-A，查 NB/T 47023—2012《长颈对焊法兰》，由壳体设计压力选择密封面形式为凹凸密封面，尺寸按图 10-6 和表 10-5 所示规定。

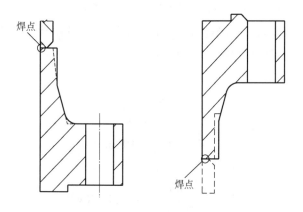

图 10-6 壳体、管箱用法兰尺寸形式

表 10-5　**DN900mm 长颈对焊法兰尺寸**

公称直径 DN/mm	法兰/mm														螺柱		对接筒体最小厚度 δ_0 /mm
	D	D_1	D_2	D_3	D_4	δ	H	h	a	a_1	δ_1	δ_2	R	d	规格	数量	
900	1115	1055	1010	1000	997	86	170	42	26	23	24	36	15	33	M30	40	16

（2）垫片的选择

法兰垫片用于管道法兰连接中，为两片法兰之间的密封件，介质、压力和温度直接影响法兰垫片的选型。

法兰垫片分为四类：非金属垫片、非金属包覆垫片、半金属垫片、金属垫片。非金属垫片是用石棉、橡胶、合成树脂等非金属制成的垫片。非金属包覆垫片是外包一层合成树脂等的非金属垫片。半金属垫片是用金属和非金属材料制成的垫片，如缠绕式垫片、金属包覆垫片。缠绕式垫片是由 V 形或 W 形断面的金属带夹非金属带，螺旋缠绕而成的垫片。金属垫片是用钢、铝、铜、镍或蒙乃尔合金等金属制成的垫片。

此时查 NB/T 47020—2012，根据设计温度可选择垫片形式为非金属软垫片，材料为耐油石棉橡胶板。耐油石棉橡胶板是一种具有优异耐热性能的非石棉材料，具有卓越的耐热性能和高负载以保证其可靠性，且有持续的高扭矩和优异的密封性能，适用于水、气体、碳氢化合物、碱和中强酸。其尺寸按图 10-7 和表 10-6 所示规定。

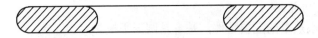

图 10-7　壳体、管箱法兰用密封垫片尺寸形式

表 10-6　**管箱垫片尺寸**

PN/MPa	DN/mm	外径 D/mm	内径 d/mm	垫片厚度/mm
4.6	900	999	939	3.5

（3）法兰用紧固件的选择

① 螺柱的选择　查 NB/T 47027—2012《压力容器法兰用紧固件》可选择 A 型等长双头螺柱，双头螺柱的主要特点是拆卸方便，因为它有两个导程，比普通螺柱快一倍，受载荷能力强，双头的螺栓寿命要比单头长 60%。尺寸按图 10-8 所示规定。

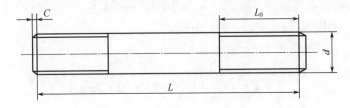

图 10-8　壳体、管箱法兰用螺柱尺寸形式

查得，当 d = 24 mm 时，L = 200 mm，C = 3 mm，L_0 = 60 mm。

② 螺母的选择　查 GB/T 6170—2015《1 型六角螺母》可选 1 型六角螺母，六角螺母使用内六角扳手就可以操作，安装时很方便，几乎使用于各种结构，外观比较美观整齐。

查得，当 d = 24mm 时，m = 21mm，d_w = 33.3mm，d_a = 24.0mm，s = 35mm，e = 40mm。

③ 螺柱、母用垫圈的选择　查 GB/T 95—2002《平垫圈 C 级》可选平垫圈，尺寸按图 10-9 所示规定。

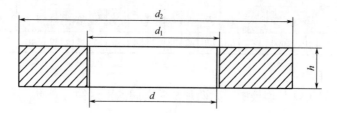

图 10-9　壳体、管箱法兰螺母用垫片尺寸形式

查得，当 $d=24$mm 时，$d_1 = 26$mm，$d_2 = 44$mm，$h = 4$mm。

10.3.2　封板的设计

封板是板壳式换热器的主要零件，基本是圆形平板，封板开介质入孔，入孔接满波纹形板束元件。

10.3.2.1　材料的选择

由于所设计的封板与板束元件是焊接连接，板束元件材料为 Q235 板，为焊接焊接考虑，封板选用复合钢板，基层钢板选用 16MnR，复层选用 Q235 板。

10.3.2.2　封板厚度的确定

封板是板壳式换热器的主要零件，基本是圆形平板。

平板计算的几条规定：带开孔的平板所需壁厚按式（10-26）计算，其中计算系数 C_1 按 AD 规范 B5 表 1 取，再乘以 $C_{A1} = 1.16$；平板带接管开孔的计算系数 C_{A1} 可从 AD 规范图 3 曲线 B 中求得；封板开孔直径与垫片中径比值即 $\dfrac{d_i}{d_D} \geqslant 0.8$；AD 规范推荐按法兰设计计算规范计算。

（1）计算系数修正值

$$\frac{d'_t}{d_p} = \sqrt{\frac{4A_A}{\pi}} \Big/ d_p \tag{10-25}$$

式中　d'_t——封板开孔当量直径，mm；

　　　A_A——封板开孔总面积，mm²，$A_{A2} = 309312$mm²；

　　　d_p——垫片中径，mm，$d_p = 931.5$mm。

代入数据得：

$$\frac{d'_t}{d_p} = \sqrt{\frac{4 \times 309312}{\pi}} \Big/ 913.5 = 0.687(\text{mm})$$

$$\frac{d_t}{d_p} = \frac{990}{931.5} = 1.06(\text{mm})$$

式中　d_t——螺栓节圆直径，$d_t = 990$mm；

　　　d_p——垫片中径，mm，$d_p = 931.5$mm。

查图得 $C_{A1} = 1.16$。

（2）厚度计算

$$\delta = C_1 C_{A1} d_D \sqrt{\frac{pS}{10K}}$$ （10-26）

式中　C_1 ——计算系数，$C_1 = 0.4$；

　　　d_D ——垫片中径，mm；

　　　C_{A1} ——计算系数修正值；

　　　δ ——要求封板壁厚，mm；

　　　S ——安全系数，$S = 3.5$；

　　　p ——壳程设计压力，$p = 4.6\text{MPa}$；

　　　K ——封板强度材料指标，$K = 550\text{MPa}$。

代入数据得：

$$\delta = 0.4 \times 1.16 \times 931.5 \times \sqrt{\frac{46 \times 3.5}{10 \times 550}} = 73.9(\text{mm})$$

圆整取 $\delta = 75\text{mm}$。

10.3.3　进出口的设计

换热器壳体、管箱一般装有接管或接口以及进出口管，由于在壳体、管箱上开孔，必然会导致局部强度的削弱，因此，在壳体上设置进出口管，应考虑壳体的强度。

10.3.3.1　圆筒壳体进出口的设计

圆筒壳体与接管的连接形式，一般采用插入式焊接结构，一般接管不得凸出壳体内表面。接管材料选用 Q235-A。Q235-A 适用于容器设计压力 $p \leqslant 1.0\text{MPa}$，钢板的使用温度为 0～250℃，用于容器壳体时，钢板厚度不大于 12 mm，不得用于液化石油气介质以及毒性程度为高度或极度危害介质的压力容器。

（1）接管厚度的确定

接管厚度按下式确定：

$$\delta = \frac{p_c D_i}{2[\sigma]^t \varphi - p_c}$$

查得 Q235-A 在设计温度 150℃时，$[\delta]^t = 124.3\text{MPa}$，由前面计算可知 $D_i = 150\text{mm}$。

$$\delta = \frac{4.6 \times 150}{2 \times 124.3 \times 1 - 4.6} = 2.83(\text{mm})$$

考虑腐蚀裕量 $C_2 = 0.08 \times 15 = 1.2(\text{mm})$，0.08mm/a 为腐蚀速率，15 为设计年限。

$$\delta_d = \delta + C_2 = 2.83 + 1.2 = 4.03(\text{mm})$$

查得钢板负偏差 $C_1 = 0\text{mm}$。

$$\delta'_n = \delta_d + C_1 = 4.03 + 0 = 4.03(\text{mm})$$

查 SH/T 3405—2017《石油化工钢管尺寸系列》，取 $\delta_n = 5.5\text{mm}$，接管外径 $D = 168\text{mm}$。

强度校核：

$$\sigma^t = \frac{p_c(D_i + \delta_e)}{2\delta_e \varphi}$$

有效厚度 $\delta_e = \delta_n - C_1 - C_2 = 5.5 - 1.2 = 4.3(\text{mm})$ ，则：

$$\sigma^t = \frac{4.6 \times (150 + 4.3)}{2 \times 4.3 \times 1} = 82.53(\text{MPa})$$

由于 $\sigma^t = 82.53\text{MPa} < [\sigma]^t = 124.3\text{MPa}$ ，因此符合设计条件。

（2）接管法兰的选择

根据接管的公称直径，查 SH/T 3406—2013《石油化工钢制管法兰》，选择对焊钢制管法兰，由壳体设计温度，法兰材料选择 16MnR，螺柱材料选择 40MnB，螺母材料选择 Q235-A，密封面选用平密封面，尺寸按图 10-10 和表 10-7 所示规定。

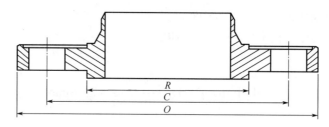

图 10-10　接管用法兰尺寸形式

表 10-7　DN150mm 对焊法兰尺寸　　　　单位：mm

公称直径	法兰内径	法兰外径	法兰颈部尺寸		密封面 R	法兰厚度 Q	法兰高度		螺栓、螺柱			
			X	H			对焊型	其余	中心圆 O	孔径 h	螺纹	数量
150	280	154	192	168	216	25.5	89	40	241.5	22	M20	8

（3）壳体开孔补强的计算

开孔补强是指压力容器为弥补开孔周围区域强度下降而采取的加强措施。壳体开孔后因承载面积减小及应力集中使开孔边缘应力增大且强度受到削弱，为使孔边应力下降至允许范围以内，可采用增加大面积壳体厚度的整体式补强或在开孔附近区域内增加补强元件金属的局部补强。由于开孔削弱的局部性，局部补强的效果显著，常用的补强元件有补强圈、接管和整锻件。壳体上的开孔应为圆形、椭圆形或长圆形。当在壳体上开椭圆形（或类似形状）或长圆形孔时，孔的长径与短径之比应不大于 2。

对于圆筒壳体，当其内径 $D \leqslant 1500\text{mm}$ 时，开孔最大直径 $d \leqslant D/2$ ，且 $d < 520\text{mm}$ ；当其内径 $D > 1500\text{mm}$ 时，开孔最大直径 $d \leqslant D/3$ ，且 $d < 1000\text{mm}$ 。

① 开孔补强的判定　根据 GB 150《压力容器》，壳体开孔满足下述全部要求时，可不另行补强：

a. 设计压力小于或等于 2.5MPa；

b. 两相邻开孔中心的间距（对曲面间距以弧长计算）不小于两孔直径之和的两倍；

c. 接管公称外径小于或等于 89 mm；

d. 接管最小壁厚满足相关要求。

允许不另行补强的最大接管外径是 89mm，开孔外径为 168mm，因此需要另行考虑其补强。

② 补强方法判定　开孔直径 $d = 168\text{mm} < D/2 = 600\text{mm}$ ，满足等面积法开孔补强计算

的适用条件，故可用等面积法进行开孔补强计算。

③ 开孔所需补强面积计算　圆筒壳体开孔所需补强面积按下式计算：

$$A = d\delta + 2\delta\delta_{et}(1 - f_r) \tag{10-27}$$

式中　d ——开孔直径，mm；

　　δ ——壳体计算厚度，mm；

　　δ_{et} ——接管有效厚度，mm；

　　f_r ——强度削弱系数，mm。

强度削弱系数按式（10-28）计算：

$$f_r = \frac{[\sigma]_e^t}{[\sigma]^t} \tag{10-28}$$

式中　$[\sigma]_e^t$ ——接管材料应力强度，MPa；

　　$[\sigma]^t$ ——壳体材料应力强度，MPa。

$$f_r = \frac{124.3}{124.3} = 1$$

$$A = 168 \times 8 + 2 \times 8 \times 4.3 \times (1-1) = 1344 \text{(mm)}$$

④ 有效补强范围

a. 有效宽度 B 按下式计算，取两者中较大值：

$$B = \max \begin{cases} 2d \\ d + 2\delta_n + 2\delta_{nt} \end{cases} \tag{10-29}$$

式中　d ——开孔直径，mm；

　　δ_n ——壳体名义厚度，mm；

　　δ_{nt} ——接管名义厚度，mm。

$$B = \max \begin{cases} 2 \times 168 = 336 \\ 168 + 2 \times 12 + 2 \times 5.5 = 203 \end{cases} = 336 \text{(mm)}$$

b. 有效高度按下式计算，取两者中最小值：

外侧有效高度 h_1：

$$h_1 = \min \begin{cases} \sqrt{d\delta_{nt}} \\ \text{接管实际外伸高度} \end{cases} \tag{10-30}$$

假设接管实际外伸高度300mm，则：

$$h_1 = \min \begin{cases} \sqrt{168 \times 5.5} = 30.4 \\ 300 \end{cases} = 30.4 \text{(mm)}$$

内侧有效高度 h_2：

$$h_2 = \min \begin{cases} \sqrt{d\delta_{nt}} \\ \text{接管实际内伸高度} \end{cases}$$

圆筒壳体与接管的连接形式，一般采用插入式焊接结构，一般接管不得凸出壳体内表面，所以接管实际内伸高度为 0 mm。

$$h_2 = \min \begin{cases} \sqrt{168 \times 5.5} = 30.4 \\ 0 \end{cases} = 0(\text{mm})$$

⑤ 有效补墙面积 在有效补强范围内，可作为补强的截面积按下式计算：

$$A_e = A_1 + A_2 + A_3 \tag{10-31}$$

式中 A_1——壳体有效厚度减去计算厚度之外的多余面积，mm^2；

A_2——接管有效厚度减去计算厚度之外的多余面积，mm^2；

A_3——焊缝金属截面积，mm^2。

a. 壳体多余金属面积按下式计算：

$$A_1 = (B-d)(\delta_e - \delta) - 2\delta_{et}(\delta_e - \delta)(1-f_r) \tag{10-32}$$

代入数据得：

$$A_1 = (336-168) \times (10-8) - 2 \times 4.3 \times (10-8) \times (1-1) = 336(\text{mm}^2)$$

b. 接管多余金属面积按下式计算：

$$A_2 = 2h_1(\delta_{et} - \delta_t)f_r + 2h_2(\delta_{et} - C_2)f_r \tag{10-33}$$

代入数据得：

$$A_2 = 2 \times 30.4 \times (4.3 - 0.513) \times 1 + 0 = 230.2(\text{mm}^2)$$

c. 接管区焊缝面积（焊脚取为 6mm）按下式计算：

$$A_3 = 2 \times \frac{1}{2} \times 6 \times 6 = 36(\text{mm}^2)$$

$$A_e = 336 + 230.2 + 36 = 602.2(\text{mm}^2)$$

⑥ 另需补强面积 若 $A_e > A$，则开孔不需另加补强；若 $A_e < A$，则开孔需另加补强，其另加补强面积按下式计算：

$$A_4 = A - A_e = 1344 - 602.2 = 741.8(\text{mm}^2)$$

补强方法采用补强圈补强，采用补强圈补强应符合以下条件：

a. 容器设计压力小于 6.4MPa；

b. 设计温度不大于 350℃；

c. 壳体开孔处名义厚度 $\delta_n \leqslant 38\text{mm}$；

d. 容器壳体钢材的标准抗拉强度下限值不大于 540MPa；

e. 补强圈厚度应不大于 1.5 倍壳体开孔处的名义厚度。

故采用补强圈补强符合条件，根据接管公称直径 $DN150\text{mm}$，参照 JB/T 4736—2002 补强圈标准选取补强圈的外径 $D_2 = 300\text{mm}$，内径 $D_1 = 172\text{mm}$，坡口形式选用 E 型坡口。因为 $B = 336\text{mm} > D_2$，所以补强圈在有效补强范围内。

补强圈的厚度为：

$$\delta = \frac{A_4}{D_2 - D_1} = \frac{741.8}{300 - 172} = 5.8(\text{mm})$$

考虑钢板负偏差并经圆整，壳体上补强圈的名义厚度为 $\delta = 8\text{mm}$。

（4）接管位置最小尺寸的计算

在换热器设计中，为了使传热面积得以充分利用，壳程流体进、出口接管应尽量靠近两端封板，然而，为了保证设备的制造、安装，管口也不能靠得太近，它受到最小位置的限值，尺寸按图 10-11 所示规定。

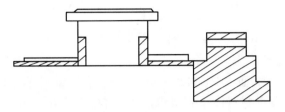

图 10-11　接管位置最小尺寸形式

带补强圈的接管位置最小尺寸按下式计算：

$$L_1 \geqslant \frac{D_H}{2} + (b-4) + C \tag{10-34}$$

式中　　D_H——补强圈外径，mm；

　　　　b——封板和密封面的厚度之和，mm；

　　　　C——$C \geqslant \delta_n$（δ_n 为壳体厚度，mm）且 $\geqslant 30mm$。

代入数据得：

$$L_1 \geqslant \frac{300}{2} + (40+6-4) + 4 \times 12 = 240(mm)$$

取最小尺寸 $L_1 = 240mm$。

10.3.3.2　管箱壳体进出口的设计

管箱壳体（包括封头）与接管的连接形式，一般采用插入式焊接结构，一般接管不得凸出壳体内表面。接管材料选用 Q235。

（1）接管厚度的确定

接管厚度按下式确定：

$$\delta = \frac{p_c D_i}{2[\sigma]^t \varphi - p_c}$$

查得 Q235 在设计温度 105℃时，$[\delta]^t = 124.3 MPa$，由前面计算可知 $D_i = 150mm$。则：

$$\delta = \frac{4.6 \times 150}{2 \times 124.3 \times 1 - 4.6} = 2.83(mm)$$

考虑腐蚀裕量 $C_2 = 0.08 \times 15 = 1.2(mm)$，0.08mm/a 为腐蚀速率，15 为设计年限。

$$\delta_d = \delta + C_2 = 2.83 + 1.2 = 4.03(mm)$$

查得钢板负偏差 $C_1 = 0mm$。

$$\delta_n' = \delta_d + C_1 = 4.03 + 0 = 4.03(mm)$$

查 SH/T 3405—2017《石油化工钢管尺寸系列》，取 $\delta_n = 5.5mm$，接管外径 $D = 168mm$。

强度校核：

$$\sigma^t = \frac{p_c(D_i + \delta_e)}{2\delta_e \varphi}$$

有效厚度 $\delta_e = \delta_n - C_1 - C_2 = 5.5 - 1.2 = 4.3 (\text{mm})$，则

$$\sigma^t = \frac{4.6 \times (150 + 4.3)}{2 \times 4.3 \times 1} = 82.53 (\text{MPa})$$

由于 $\sigma^t = 82.53\text{MPa} < [\sigma]^t = 124.3\text{MPa}$，因此符合设计条件。

（2）接管法兰的选择

根据接管的公称直径，查 SH/T 3406—2013《石油化工钢制管法兰》，选择对焊钢制管法兰，由壳体设计温度，法兰材料选择 16MnR，螺柱材料选择 40MnB，螺母材料选择 Q235-A，密封面选用平密封面，尺寸如表 10-7 所示。

（3）封头开孔补强的计算

壳体（包括封头）上的开孔应为圆形、椭圆形或长圆形。当在壳体上开椭圆形（或类似形状）或长圆形孔时，孔的长径与短径之比应不大于 2。

对于凸形封头或球壳的开孔最大直径 $d \leqslant D/2$。

① 开孔补强的判定　根据 GB 150《压力容器》壳体开孔满足下述全部要求时，可不另行补强：

a. 设计压力小于或等于 2.5MPa；

b. 两相邻开孔中心的间距（对曲面间距以弧长计算）不小于两孔直径之和的两倍；

c. 接管公称外径小于或等于 89mm；

d. 接管最小壁厚满足相关要求。

允许不另行补强的最大接管外径是 89mm，本开孔外径为 168mm，因此需要另行考虑其补强。

② 补强方法判定　开孔直径 $d = 168\text{mm} < D/2 = 600\text{mm}$，满足等面积法开孔补强计算的适用条件，故可用等面积法进行开孔补强计算。

③ 开孔所需补强面积计算　开孔所需补强面积按下式计算：

$$A = d\delta + 2\delta\delta_{et}(1 - f_r)$$

强度削弱系数按下式计算：

$$f_r = \frac{[\sigma]_e^t}{[\sigma]^t}$$

$$f_r = \frac{124.3}{124.3} = 1$$

$$A = 168 \times 8 + 2 \times 8 \times 4.3 \times (1 - 1) = 1344 (\text{mm}^2)$$

④ 有效补强范围

a. 有效宽度 B 按下式计算，取两者中较大值：

$$B = \max \begin{cases} 2d \\ d + 2\delta_n + 2\sigma_{nt} \end{cases}$$

$$B = \max \begin{cases} 2 \times 168 = 336 \\ 168 + 2 \times 12 + 2 \times 5.5 = 203 \end{cases} = 336 (\text{mm})$$

b. 有效高度按下式计算，取两者中最小值：

外侧有效高度 h_1：

$$h_1 = \min \begin{cases} \sqrt{d\delta_{nt}} \\ 接管实际外伸高度 \end{cases}$$

假设接管实际外伸高度 300mm，则：

$$h_1 = \min \begin{cases} \sqrt{168 \times 5.5} = 30.4 \\ 300 \end{cases} = 30.4(mm)$$

内侧有效高度 h_2：

$$h_2 = \min \begin{cases} \sqrt{d\delta_{nt}} \\ 接管实际内伸高度 \end{cases}$$

圆筒壳体与接管的连接形式，一般采用插入式焊接结构，一般接管不得凸出壳体内表面，所以接管实际内伸高度为 0mm。

$$h_2 = \min \begin{cases} \sqrt{168 \times 5.5} = 30.4 \\ 0 \end{cases} = 0(mm)$$

⑤ 有效补墙面积　在有效补强范围内，可作为补强的截面积按下式计算：

$$A_e = A_1 + A_2 + A_3$$

a. 壳体多余金属面积按下式计算：

$$A_1 = (B - d)(\delta_e - \delta) - 2\delta_{et}(\delta_e - \delta)(1 - f_r)$$

代入数据得：

$$A_1 = (336 - 168) \times (10 - 8) - 2 \times 4.3 \times (10 - 8) \times (1 - 1) = 336(mm^2)$$

b. 接管多余金属面积按下式计算：

$$A_2 = 2h_1(\delta_{et} - \delta_t)f_r + 2h_2(\delta_{et} - C_2)f_r$$

代入数据得：

$$A_2 = 2 \times 30.4 \times (4.3 - 0.513) \times 1 + 0 = 230.2(mm^2)$$

c. 接管区焊缝面积（焊脚取为 6mm）按下式计算：

$$A_3 = 2 \times \frac{1}{2} \times 6 \times 6 = 36(mm^2)$$

代入数据得：

$$A_e = 336 + 230.2 + 36 = 602.2(mm^2)$$

⑥ 另需补强面积　若 $A_e > A$，则开孔不需另加补强；若 $A_e < A$，则开孔需另加补强，其另加补强面积按下式计算：

$$A_4 = A - A_e = 1344 - 602.2 = 741.8(mm^2)$$

补强方法采用补强圈补强，采用补强圈补强应符合以下条件：

a. 容器设计压力小于 6.4MPa；

b. 设计温度不大于 350℃；

c. 壳体开孔处名义厚度 $\delta_n \leqslant 38mm$；

d. 容器壳体钢材的标准抗拉强度下限值不大于 540MPa；

e. 补强圈厚度应不大于 1.5 倍壳体开孔处的名义厚度。

故采用补强圈补强符合条件，根据接管公称直径 $DN150mm$，参照 JB/T 4736—2002 补强圈标准选取补强圈的外径 $D_2 = 300mm$，内径 $D_1 = 172mm$，坡口形式选用 E 型坡口。因为 $B = 336mm > D_2$，所以补强圈在有效补强范围内。

补强圈的厚度为：

$$\delta = \frac{A_4}{D_2 - D_1} = \frac{741.8}{300 - 172} = 5.8(mm)$$

考虑钢板负偏差并经圆整，壳体上补强圈的名义厚度为 $\delta = 8mm$。

（4）接管位置尺寸的计算

接管位于封头中心。

10.3.4 膨胀节的设计

膨胀节习惯上也叫伸缩节或波纹管补偿器，是利用波纹管补偿器膨胀节的弹性元件的有效伸缩变形来吸收管线、导管或容器由热胀冷缩等原因而产生的尺寸变化的一种补偿装置，属于一种补偿元件。其可对轴向、横向和角向位移进行吸收，用于在管道、设备及系统的加热位移、机械位移处吸收振动、降低噪声等。膨胀节是为补偿因温度差与机械振动引起的附加应力而设置在容器壳体或管道上的一种挠性结构。由于它作为一种能自由伸缩的弹性补偿元件，具有工作可靠、性能良好、结构紧凑等优点，因此已广泛应用在化工、冶金、核能等部门。在容器上采用的膨胀节有多种形式，就波的形状而言，以 U 形膨胀节应用得最为广泛，其次还有 Ω 形和 C 形等。而在管道上采用的膨胀节就结构补偿而言，又有万能式、压力平衡式、铰链式以及万向接头式等。

在固定换热器中，因壳程流体和板程流体之间具有温差，而壳体和板束固定连接，在使用中会引起壳体和板束之间的膨胀差，造成壳体和板束受轴向载荷，为避免壳体和板束拉伸破坏、板束失稳、板束元件从封板上拉脱，必须在壳体中间设置一个良好的变形补偿元件——膨胀节，以降低壳体与换热管的轴向荷载。

根据 GB 16749—1997《压力容器波形膨胀节》可选用 ZDL 波形膨胀节，材料与筒体材料一致为 Q235，尺寸按图 10-12 所示规定。

图 10-12 膨胀节尺寸形式

10.3.4.1 是否设定膨胀节的判定

对于膨胀节进行设计之前，首先应判断是否需要设定膨胀节，设置与否取决于使用场合下的实际应力状况。

10.3.4.2　圆筒与板束受内压和温差作用应力

内压产生总轴向载荷：

$$Q = Q_{\mathrm{m}} - Q_{\mathrm{T}} + Q_{\mathrm{K}} \tag{10-35}$$

式中　Q_{m}——壳程压力作用封板上力，N。

Q_{T}——板程压力作用封板上力，N。

Q_{K}——板程流体压力作用顶盖上力，N。

$$Q_{\mathrm{m}} = \left(\frac{\pi}{4} D_{\mathrm{i}}^2 - S_{\mathtt{总}} \right) p_{\mathrm{Q}} \tag{10-36}$$

式中　p_{Q}——壳程设计压力，MPa，$p_{\mathrm{Q}} = 4.6\mathrm{MPa}$；

$S_{\mathtt{总}}$——板程空隙总面积，mm^2，$S_{\mathtt{总}} = 333772.5\mathrm{mm}^2$；

D_{i}——壳体内径，mm，$D_{\mathrm{i}} = 900\mathrm{mm}$。

$$Q_{\mathrm{m}} = \left(\frac{\pi}{4} 900^2 - 33377.25 \right) \times 4.6 = 2772858.2(\mathrm{N})$$

$$Q_{\mathrm{T}} = \left(\frac{\pi}{4} D_{\mathrm{G}}^2 - S_{\mathtt{总}} \right) \times p_{\mathrm{G}} \tag{10-37}$$

式中　$S_{\mathtt{总}}$——板程空隙总面积，mm^2，$S_{\mathtt{总}} = 333772.5\mathrm{mm}^2$；

p_{G}——板程设计压力，MPa，$p_{\mathrm{G}} = 0.2\mathrm{MPa}$；

D_{G}——垫片中径，mm，$D_{\mathrm{G}} = 931.5\mathrm{ mm}$。

$$Q_{\mathrm{T}} = \left(\frac{\pi}{4} 931.5^2 - 33377.25 \right) \times 0.2 = 129621.3(\mathrm{N})$$

$$Q_{\mathrm{K}} = \frac{\pi}{4} D_{\mathrm{G}}^2 - p_{\mathrm{G}} \tag{10-38}$$

式中　p_{G}——板程设计压力，MPa，$p_{\mathrm{G}} = 0.2\mathrm{MPa}$；

D_{G}——垫片中径，mm，$D_{\mathrm{G}} = 931.5\mathrm{mm}$。

代入数据得：

$$Q_{\mathrm{K}} = \frac{\pi}{4} \times 931.5^2 - 200000 = 481483.9(\mathrm{N})$$

故内压产生总轴向载荷为：

$$Q = Q_{\mathrm{m}} - Q_{\mathrm{T}} + Q_{\mathrm{K}} = 2772858.2 - 129621.3 + 481483.9 = 3124720.8(\mathrm{N})$$

内压作用壳体与板束产生的应力：

内压作用的结果，壳体与板束总是受拉伸，应力为：

$$\sigma_{\mathrm{Q}}^P = \frac{F_2}{A_{\mathrm{Q}}} \tag{10-39}$$

式中　F_2——壳程与板程压力作用于圆筒上力，N；

A_{Q}——壳程壁的截面积，mm。

$$A_{\mathrm{Q}} = \pi D_{\mathrm{i}} \delta_{\mathrm{n}} = 59376.1(\mathrm{mm}^2)$$

圆筒壁产生应力：

$$\sigma_G^P = \frac{F_3}{A_G} \tag{10-40}$$

式中　F_3 ——壳程与板程压力作用于板束上力，N；

　　　A_G ——板束壁截面积，mm，$A_G = 105408\ \mathrm{mm}^2$。

板束产生应力板束产生应力：

$$F_2 = \frac{QA_Q E_Q}{A_Q E_Q + A_G E_G} \tag{10-41}$$

式中　E_Q ——筒材料的弹性模量，MPa，$E_Q^T = 20.001 \times 10^4 \mathrm{MPa}$；

　　　E_G ——板束材料的弹性模量，MPa，$E_G^T = 20.394 \times 10^4 \mathrm{MPa}$。

代入数据得：

$$F_2 = \frac{3124720.8 \times 59376.1 \times 20.001 \times 10^4}{59376.1 \times 20.001 \times 10^4 + 105408 \times 20.594 \times 10^4} = 1104964.1 (\mathrm{MPa})$$

$$F_3 = \frac{QA_G E_G}{A_Q E_Q + A_G E_G} \tag{10-42}$$

代入数据得：

$$F_3 = \frac{3124720.8 \times 105408 \times 20.594 \times 10^4}{59376.1 \times 20.001 \times 10^4 + 105408 \times 20.594 \times 10^4} = 2019680.1 (\mathrm{MPa})$$

故

$$\sigma_Q^P = \frac{1104964.1}{59376.1} = 18.6 (\mathrm{MPa})$$

$$\sigma_G^P = \frac{2019680.1}{105408} = 19.2 (\mathrm{MPa})$$

温差作用壳体与板束产生的应力：

$T_G < T_Q$，温差作用与板束受压，壳体受拉。故温差作用圆筒壁的应力：

$$\sigma_Q^T = \frac{F_1}{A_Q} \tag{10-43}$$

温差作用板束的应力：

$$\sigma_G^T = -\frac{F_1}{A_G} \tag{10-44}$$

式中　F_1 ——圆筒、板束间膨胀变形差产生的力，N。

$$F_1 = \frac{\delta_n A_G E_G A_Q E_Q}{L(A_Q E_Q + A_G E_G)} \tag{10-45}$$

式中　δ_n ——壳体名义厚度，mm，$\delta_n = 21\mathrm{mm}$；

　　　L ——板壳式高，mm，$L = 4000\mathrm{mm}$。

代入数据得：

$$F_1 = \frac{21 \times 59376.1 \times 105408 \times 20.001 \times 10^4 \times 20.594 \times 10^4}{4000 \times (59376.1 \times 20.001 \times 10^4 + 105408 \times 20.594 \times 10^4)} = 40300508.5(\text{N})$$

故

$$\sigma_Q^T = \frac{40300508.5}{59376.1} = 678.13(\text{MPa}) \quad (\text{壳体受拉})$$

$$\sigma_Q^T = -\frac{40300508.5}{105408} = -382.33(\text{MPa}) \quad (\text{板束受压})$$

由计算可知，壳体膨胀量小于板束膨胀量，故板束受压。则圆筒壁产生的应力：

$$\sigma_Q = \sigma_Q^P + \sigma_Q^T \tag{10-46}$$

代入数据得：

$$\sigma_Q = 18.6 + 678.73 = 697.33(\text{MPa})$$

板束壁产生的应力：

$$\sigma_G = \sigma_G^P - \sigma_G^T \tag{10-47}$$

代入数据得：

$$\sigma_Q = 19.2 - 382.33 = -363.13(\text{MPa})$$

10.3.4.3　应力评定

（1）常规设定观点的判定

根据不设置膨胀节的条件：

$$\begin{cases} \sigma_Q = \sigma_Q^T + \sigma_Q^P \leqslant [\sigma]_Q^T \varphi \\ \sigma_G = \sigma_G^T + \sigma_G^P \leqslant [\sigma]_G^T \varphi \end{cases} \tag{10-48}$$

式中　$[\sigma]_G^T$——设计温度下板束许用应力，MPa，$[\sigma]_G^T = 124.3\text{MPa}$；

$[\sigma]_Q^T$——设计温度下壳体许用应力，MPa，$[\sigma]_Q^T = 124.3\text{MPa}$。

φ——焊缝系数，$\varphi = 1$。

$$\begin{cases} \sigma_Q = 697.33\text{MPa} > 124.3\text{MPa} \\ \sigma_G = -363.13\text{MPa} > 124.3\text{MPa} \end{cases}$$

因 σ_Q 和 σ_G 计算值均大于相应材料在该温度下许用应力，故需设置膨胀节。

（2）分析设计观点

不设置膨胀节的条件：

$$\text{壳体} \begin{cases} \sigma_Q^P \leqslant [\sigma]_Q^T \varphi \\ \sigma_Q \leqslant 3[\sigma]_Q^T \varphi \end{cases} \qquad\qquad \text{板束} \begin{cases} \sigma_G^P \leqslant [\sigma]_G^T \varphi \\ \sigma_G \leqslant 3[\sigma]_G^T \varphi \end{cases}$$

否则，需设置膨胀节，若壳体、板束应力小于上面的条件，则最后还要校核板束拉脱力，其判断方法参照：

$$q = \frac{\overline{w}}{A_G H_w} \leqslant [q] \qquad (10\text{-}49)$$

式中　H_w ——焊接时焊缝计算长度，m；

　　　$[q]$ ——板束，封板间许用拉脱力，MPa；

　　　q ——板束与封板连接拉脱力，MPa；

　　　$\overline{w}$ ——板束承受总拉脱力，$\overline{w} = (\sigma_G^P + \sigma_G^T) A_G$。

即

$$\text{壳体} \begin{cases} \sigma_Q^P = 18.6\text{MPa} < 124.3\text{MPa} \\ \sigma_Q = 718.18\text{MPa} > 372.9\text{MPa} \end{cases} \qquad \text{板束} \begin{cases} \sigma_G^P = 19.2\text{MPa} \leqslant 124.3\text{MPa} \\ \sigma_G = 374.9\text{MPa} > 372.9\text{MPa} \end{cases}$$

经过计算，壳体、板束应力值大于上面的条件，故需设置膨胀节。

10.3.4.4　膨胀节的选用

选用膨胀节时，若一个波不能满足需要，则可用多波膨胀节，作粗略估算时，膨胀节的波数可用下式求得。

$$n_{ex} = \frac{L[\alpha_t(t_w - t_o) - \alpha_s(t_s - t_o)]}{\delta_l} \qquad (10\text{-}50)$$

式中　δ_l ——个波的最大补偿量，mm；

　　　L ——管子有效长度，mm；

　　　α_t ——板束的线胀系数，$\alpha_t = 12.20 \times 10^{-6}\text{℃}^{-1}$；

　　　α_s ——壳体的线胀系数，$\alpha_s = 12.20 \times 10^{-6}\text{℃}^{-1}$；

　　　t_w ——工作时的板束温度，℃；

　　　t_s ——工作时的壳体温度，℃；

　　　t_o ——安装时的温度，℃。

（1）一个波的最大补偿量

① 膨胀节的主要参数：

$T = 105℃$ ；　$p = 4.6\text{MPa}$ ；　$D_O = 921\text{mm}$ ；　$h = 105\text{mm}$ ；　$S = 21\text{mm}$ ；　$C_2 = 0\text{mm}$ ；　$E_b = 20.594 \times 10^4 \text{MPa}$ ，$E_b^t = 20.594 \times 10^4 \text{MPa}$ 。

② 相关数据的确定：

单层 $m = 1$ ，单波 $n = 1$ 。

$$S_p = (D_b/D_m)^{0.5} S = 19.87(\text{mm})$$

$$D_m = D_O + h = 1026(\text{mm})$$

式中，D_b 为波纹管直边段波纹内径，mm；D_m 为波纹管平均直径，mm；S_p 为考虑成形过程中厚度减薄时波纹管一层材料的有效厚度，mm。

③ 系数计算：

$$\frac{w}{2h} = 0.77$$

$$\frac{w}{2.2\sqrt{D_m S_p}} = 0.52$$

式中，w 为单个波纹管波的长度，mm；h 为波纹管波的高度，mm。

由此系数查 GB 16749—1997 中图 6-2，得 $C_p = 0.5$；查图 6-3，得 $C_f = 1.7$；查图 6-4，得 $C_d = 2.2$。

（2）应力计算

① 内压引起的波纹管轴向薄膜应力：

$$\sigma_1 = \frac{pD_m}{2mS_p}\left(\frac{1}{0.571 + \frac{2h}{w}}\right) = 62.3(\text{MPa}) \tag{10-51}$$

② 内压引起的波纹管径向薄膜应力：

$$\sigma_2 = \frac{ph}{2mS_p} = 12.15(\text{MPa}) \tag{10-52}$$

③ 内压引起的波纹管径向弯曲应力：

$$\sigma_3 = \frac{p}{2m}\left(\frac{h}{S_p}\right)^2 C_p = 32.11(\text{MPa}) \tag{10-53}$$

④ 轴向位移引起的波纹管径向薄膜应力：

$$\sigma_4 = \frac{E_b(S_p + C_2)^2 e_1}{2h^3 C_f} = 15.503 e_1 \tag{10-54}$$

⑤ 轴向位移引起的波纹管径向弯曲应力：

$$\sigma_5 = \frac{5E_b(S_p + C_2)^2 e_1}{3h^3 C_d} = 51.67 e_1 \tag{10-55}$$

当 $\sigma_n \leqslant 2\sigma_5^t$ 时，可以不考虑低周期疲劳问题，则：

$$0.7\sigma_p = 0.7(\sigma_2 + \sigma_3) = 30.98(\text{MPa})$$

$$\sigma_1\sigma_2 < [\sigma]^t, \quad \sigma_2 + \sigma_3 < 1.5\sigma_s^t$$

$$\sigma_n = 0.7\sigma_p + (\sigma_4 + \sigma_5) = 30.98 + 67.173 e_1$$

$$2\sigma_s^t = 248.6\text{MPa}$$

当 $\sigma_n \leqslant 2\sigma_s^t$ 时：

$$30.98 + 67.173 e_1 \leqslant 248.6$$

$$e_1 \leqslant 3.24\text{mm}$$

10.3.4.5　膨胀节的波数

$$n_{ex} = \frac{4000 \times \left[12.20 \times 10^{-6} \times (49.97 - 20) - 12.20 \times 10^{-6} \times (45 - 20)\right]}{3.24} = 0.07$$

计算得波数为一个。

10.3.5　支持板和拉杆

当换热器不需要设置折流板，而换热管无支撑跨距超过规定时，则应设置支持板，用来支撑换热元件，以防止换热元件产生过大的挠度。支持板与板束焊接用拉杆连接。

10.3.5.1　支持板

取支持板厚度为 10mm，材料为 16MnR，支持板间距为 900mm，形状为外圆内方，支持板边缘距壳体内壁的距离为 3mm，即支持板外径为 1194mm，支持板内矩形用来安装板束，尺寸为 829×670mm。

支持板的布置，一般应使两端的支持板尽可能靠进壳程进、出口接管，其余支持板按等距离布置，靠近封板的支持板与封板的距离按下式计算：

$$l = \left(L_1 + \frac{B_2}{2}\right) - (b - 4) \tag{10-56}$$

式中　B_2——防冲板长度，mm，当无防冲板时，取 $B_2 = d_i$；

　　　L_1——支持板长度，mm。

$$l = \left(240 + \frac{157}{2}\right) - (40 + 6 - 4) = 280.5(\text{mm})$$

取 l=300mm。

10.3.5.2　拉杆

拉杆的长度为 4020mm，拉杆直径为 10mm，查得所需拉杆数为 12，拉杆与支持板采用点结构，尺寸按图 10-13 所示规定。

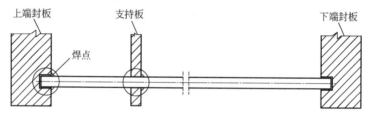

图 10-13　拉杆尺寸形式

10.3.6　防冲与导流的设计

为了防止壳程物料进口处流体对换热元件表面的直接冲刷，应在壳程进口管处设置防冲板。为了使气、液介质更均匀地流入板束间，防止流体对进口处的冲刷，并减少远离接管处的死区，提高传热效果，可考虑在壳程进口处设置导流筒。设置防冲板和导流筒的条件为：

① 对有腐蚀或有磨蚀的气体、蒸气及气液混合物，应设置防冲板。

② 对液体物料，当壳程进口处流体的 ρu^2（ρ 为流体密度，kg/m³；u 为流体流速，m/s）为下列数值时，应在壳程进口处设置防冲板或导流筒：

a. 非腐蚀、非磨蚀性的单相流体，ρu^2 >2300kg/(m·s²)者；

b. 其他液体，包括沸点下的液体，ρu^2 >740kg/(m·s²)者。

对壳程进出口接管距封板较远、流体停滞区过大的情况，应设置导流筒，以减少流体停滞区，增加换热元件的有效换热长度。

由于 $\rho u^2 = 544.3843 \times 0.3^2 = 48.995$[kg/(m·s²)]<2300kg/(m·s²)，因此不需设置防冲板，为了使介质更均匀地流入板束间，需设置导流筒，导流设计为壳体内导流结构，则不需设置防冲板。为使所设计的换热器制造方便，导流筒与壳体接管进口最近处支持板焊接，导流筒与支持板厚度均为 6mm，材料为 16MnR。

内导流筒是设置在壳体内部的一个圆筒形结构，在靠近管板的一端敞开，而另外一端近似密封，在设计内导流筒时，导流筒外表面到壳体内壁的距离宜不小于接管外径的 1/3，导流筒端部到封板的距离应使该处的流通面积不小于导流筒的外侧流通面积。导流筒外表面到壳体内壁的距离 $l_2 \geqslant d_i / 3 = 150 / 3 = 50(\text{mm})$，考虑到板束最小外接圆的直径为 860mm，即导流筒内径为 870mm，取导流筒内径为 870mm，则外径为 880 mm，$l_2 = 40\text{mm}$。流筒的外侧流通面积 $A_1 = 3.14 \times (600^2 - 560^2) = 145696(\text{mm}^2)$。

导流筒端部到封板处的流通面积 $A_2 = l_2 \pi \times 1120 \geqslant A_1 = 145696\text{mm}^2$，得 $l_2 \geqslant 41.4\text{mm}$，取 $l_2 = 60\text{mm}$。

10.3.7　保温层的设计

（1）空气的雷诺数

$$Re = \frac{v d_x \rho}{\mu} \tag{10-57}$$

式中　v——空气的流速，m/s，当地风速 $v = 12.6\text{m/s}$；

ρ——空气的密度，kg/m³，$\rho = 1.247\text{kg/m}^3$；

d_x——保温层的外径，m；

μ——空气平均动力黏度，$\mu = 17.6 \times 10^{-6}\,\text{Pa}\cdot\text{s}$。

代入数据得：

$$Re = \frac{v d_x \rho}{\mu} = \frac{2.6 \times d_x \times 1.247}{17.6 \times 10^{-6}} = 184216 d_x$$

（2）空气的普朗特数

$$Pr = \frac{c_p \mu}{\lambda} \tag{10-58}$$

式中　c_p——空气的平均比热容，kJ/(kg·K)；

λ——空气的平均热导率，W/(m·K)，$\lambda = 2.51 \times 10^{-2}\,\text{W/(m·K)}$。

代入数据得：

$$Pr = \frac{1.005 \times 17.6 \times 10^{-6}}{2.51 \times 10^{-2}} = 0.0007$$

（3）保温层外壁与空气之间的换热系数

$$h_2 = 0.296 \frac{\lambda}{d_x} Re^{0.609} Pr^{0.31} = 0.296 \times \frac{2.51 \times 10^{-2}}{d_x} \times \tag{10-59}$$
$$(184216 d_x)^{0.609} \times (0.0207)^{0.31} = 1.258 d_x^{-0.391}$$

式中　h_2——保温层外壁与空气之间的换热系数，W/(m²·℃)；

（4）保温层选择

根据设计温度选保温层材料为脲甲醛泡沫塑料，其物性参数如表 10-8 所示。

表 10-8　保温层物性参数

密度/(kg/m³)	热导率/[W/(m·K)]	吸水率	抗压强度/(kg/cm²)	适用温度/℃
13～20	0.0119～0.026	12%	0.25～0.5	-190～+500

$$d_x = \frac{2\lambda_{in}}{h_2} = \frac{2 \times 0.019}{1.258 d_x^{-0.391}} = 3.2 \tag{10-60}$$

10.3.8　保温层的设计

10.3.8.1　设备空重的计算

设备的空重 $M_空$ 主要包括圆筒壳体的质量 $M_{空1}$、管箱的质量 $M_{空2}$、板束的质量 $M_{空3}$ 及附件的质量 $M_{空4}$，圆筒壳体的质量包括壳体长节和法兰的质量，管箱的质量包括封头、壳体短节、法兰的质量，板束的质量包括板束元件、封板、支持板、导流筒的质量，附件的质量包括接管、接管法兰、壳体法兰密封面及紧固件、拉杆、补强圈的质量。

（1）圆筒壳体质量的计算

壳体长节质量的计算：

$$m_1 = 4 \times 432.3 = 1729.14(\text{kg})$$

法兰质量的计算：

$$m_2 = 2 \times 572.4 = 1144.8(\text{kg})$$

$$M_{空1} = m_1 + m_2 = 1729.14 + 1144.8 = 2873.94(\text{kg})$$

（2）管箱质量的计算

封头质量的计算：

$$m_3 = 114.64\text{kg}$$

壳体短节质量的计算：

$$m_4 = 0\text{kg}$$

法兰质量的计算：

$$m_5 = 170.8\text{kg}$$

$$M_{空2} = m_3 + m_4 + m_5 = 114.64 + 0 + 170.8 = 285.44(\text{kg})$$

（3）板束质量的计算

板束元件质量的计算：

$$m_6 = 0.0842 \times 5 \times 0.002 \times 4500 \times 2 \times 10 \times 35 = 2652.3(\text{kg})$$

封板质量的计算：

$$m_7 = \left[3.14 \times \left(\frac{0.9}{2}\right)^2 - 400 \times (0.0072 \times 0.105) \right] \times 0.075 \times 7810 = 195.3(\text{kg})$$

支持板质量的计算：

$$m_8 = \left[3.14 \times \left(\frac{0.9}{2}\right)^2 - 0.829 \times 0.670 \right] \times 0.01 \times 7810 = 6.3(\text{kg})$$

导流筒质量的计算：

$$m_9 = 0.24 \times 274 = 65.76 \text{(kg)}$$

$$M_{空3} = m_6 + 2m_7 + 4m_8 + m_9 = 2652.3 + 2 \times 195.3 + 6 \times 6.3 + 65.76 = 3146.64 \text{(kg)}$$

（4）附件质量的计算

附件质量估计为 300kg。

所以，空重质量为：

$$M_{空} = M_{空1} + M_{空2} + M_{空3} + M_{空4} = 2873.94 + 2 \times 285.44 + 3146.64 + 300 = 6891.64 \text{(kg)}$$

10.3.8.2　设备充水质量的计算

设备冲水的质量 $M_{冲水}$ 是指设备充满水的质量，按下式估算：

$$M_{冲水} = (0.3091 \times 4 \times 986.2022 + 0.3269 \times 4 \times 544.3843) + 6484 = 8415.2 \text{(kg)}$$

10.3.9　支座的设计

设备支座用来支承设备质量和固定设备的位置。支座一般分为立式设备支座、卧式设备支座和球形容器支座。

立式设备支座分为悬挂式支座、支承式支座、腿式支座和裙式支座四种。卧式支座分为鞍式支座、圈式支座和支腿支座。球形容器支座分为柱式、裙式、半埋式和高架式支座四种。

10.3.9.1　支座的选择

支座选用悬挂支座，悬挂支座又称耳式支座，一般由两块筋板及一块底板焊接而成，优点是简便、轻便，广泛用在反应釜及立式换热器等直立设备上。它的优点是简单、轻便，但对器壁会产生较大的局部应力。因此，当设备较大或器壁较薄时，应在支座与器壁间加一垫板。对于不锈钢制设备，当用碳钢作支座时，为防止器壁与支座在焊接过程中不锈钢中合金元素的流失，也需在支座与器壁间加一个不锈钢垫板。耳式支座已经标准化，它们的型式、结构、规格尺寸、材料及安装要求应符合 JB/T 4712—2007《容器支座》。该标准分为 A 型（短臂）和 B 型（长臂）两类，每类又分为带垫板与不带垫板两种结构，耳式支座在换热器上的布置应按下列原则确定：

① 公称直径 $DN \leqslant 800mm$ 时，至少应安装两个支座，且应对称布置；

② 公称直径 $DN > 800mm$ 时，至少应安装四个支座，且应对称布置。

根据 JB/T 4712—2007《容器支座》可选用 A 型支座，筋板材料为 Q235-A.F，垫板材料一般为 16MnR，尺寸按图 10-14 所示规定。

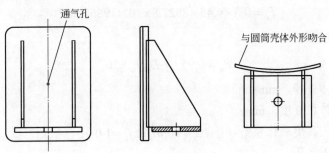

图 10-14　支座尺寸型式

已知壳体内径 $D_i = 900 \text{mm}$，总高度 $H_0 = 1200 \text{mm}$，支座底板离地面高度为 4500mm，底板离壳体中心距离 h=1300mm。设计压力 $p_c = 4.6 \text{MPa}$，设计温度为 105℃，材料为 Q235，$[\sigma]^t = 124.3 \text{MPa}$，圆筒名义厚度为 21mm，厚度附加量 $C = 2 \text{mm}$，设备充水总质量 $M_{充水} = 8822.8 \text{kg}$。

假设安装地区的基本风压为 $q_0 = 550 \text{N/mm}$，地震强度为 8 级，偏心载荷 $G_e = 5000 \text{N}$，偏心距 $S_e = 1000 \text{mm}$。

选用 4 个支座，$\delta_3 = 10 \text{mm}$，支座本体允许载荷 $[Q] = 100 \text{kN}$。

10.3.9.2 支座的校核

（1）支座承受载荷的计算

支座受载荷按下式计算：

$$Q = \frac{Mg + G_e}{kn} + \frac{4(Ph + G_e S_e)}{nD} \tag{10-61}$$

式中 M ——设备充水总质量，kg；

       g ——重力加速度，m/s^2；

       G_e ——偏心载荷，N；

       S_e ——偏心距，mm；

       k ——不均匀系数，取 k =0.83；

       n ——支座个数；

       D ——支座安装尺寸，mm；

       h ——底板离壳体中心距离，mm；

       P ——水平力，取 P_w 和 P_e 的较大值，N。

支座安装尺寸按下式计算：

$$D = \sqrt{(D_i + 2\delta_n + 2\delta_3)^2 - (b_2 - 2\delta_2)^2} + 2(l_2 - S_1) \tag{10-62}$$

代入数据得：

$$D = \sqrt{(900 + 2 \times 21 + 2 \times 10)^2 - (160 - 2 \times 10)^2} + 2(200 - 90) = 1171.76 (\text{mm})$$

地震载荷按下式计算：

$$P_e = 0.5\alpha_e Mg \tag{10-63}$$

式中 α_e ——地震系数，对 8 级地震取 α_e =0.45。

代入数据得：

$$P_e = 0.5 \times 0.45 \times 8822.8 \times 10 = 19851.3 (\text{N})$$

风载荷按下式计算：

$$P_w = 0.95 f_i q_0 D_0 H_0 \times 10^{-6} \tag{10-64}$$

式中 D_0 ——壳体外径，mm；

       H_0 ——壳体总高度，mm；

       f_i ——风压高度变化系数（按 $H_0 = 10 \text{ m}$ 取 $f_i = 1.0$）；

       q_0 ——基本风压，N/m^2。

$$p = \max(p_w, p_e) = 19851.3(N)$$

$$Q = \frac{8822.8 \times 10 + 5000}{0.83 \times 4} + \frac{4(19851.3 \times 1300 + 5000 \times 1000)}{4 \times 1171.76} = 54.37(kN)$$

由于 $Q = 54.37$ kN $<[Q] = 100$ kN，因此满足支座本体允许载荷的要求。

（2）支座处圆筒壳体所受支座弯矩的计算

支座处圆筒壳体所受支座弯矩按下式计算：

$$M_L = \frac{Q \times (l_2 - S_1)}{10^3} = \frac{54.37 \times (200 - 90)}{10^3} = 5.98(kN)$$

圆筒壳体有效厚度 $\delta_e = 17$ mm，设计压力 $p_c = 4.6$ MPa，查得 $[M_L] = 14.79$ MPa，由于 $M_L = 5.98$ MPa $<[M_L] = 14.79$ MPa，因此 4 个支座满足要求。

参考文献

[1] 钱颂文. 换热器设计手册 [M]. 北京：化学工业出版社，2002.

[2] 毛希澜. 换热器设计 [M]. 上海：上海科学技术出版社，1988.

[3] 秦叔经. 换热器 [M]. 北京：化学工业出版社，2002.

[4] [日] 尾花英郎. 徐中权，译. 热交换器设计手册 [M]. 北京：石油工业出版社，1982.

[5] 王志魁. 化工原理 [M]. 北京：化学工业出版社，2005.

[6] 聂清德. 化工设备设计 [M]. 北京：化学工业出版社，1991.

[7] 方心树. 新型板壳换热器 [J]. 化工设备与管道，1990，27（3）：31-35.

[8] 朱迪珠. 国产大型板壳式换热器在重整装置应用 [J]. 石油化工设备，2000，29（04）：29-30.

[9] 李含苹. 全焊接板壳式换热器在传热中的应用 [J]. 船舶，2004，15（04）：35-38.

[10] 周志强. BR 型板式换热器结构特点和应用分析 [J]. 化工设备设计，1999，36（05）：27-28.

[11] 顾惠兴，顾英林. 板壳式换热器板束封板计算的探讨 [J]. 化工设备设计，1998，（04）：47-49.

[12] 张延丰，宋秉棠. 板壳式换热器：200520110143.4 [P]. 2006-12-27.

[13] GB 150—2011.

[14] GB/T 151—2014.

[15] HG/T 20584—2011.

[16] GB/T 25198—2010.

[17] GB 713—2008.

[18] NB/T 47020～47027—2012.

[19] GB/T 8547—2006.

[20] GB/T 3621—2007.

[21] GB/T 13149—2009.

[22] GB/T 985.1—2008.

[23] GB/T 985.2—2008.

[24] SH 3401～3410—1996.

[25] NB/T 47015—2011.

[26] NB/T 47027—2012.

[27] GB/T 95—2002.

［28］GB 16749—1997.

［29］JB/T 4736—2002.

［30］JB/T 4712.

［31］中国石化集团上海工程有限公司. 石油化工设备设计选用手册［M］. 北京：化学工业出版社，2009.

［32］高文元，张春原，刘志军，等. 新型固流体板壳式波面板换热器的结构特点及设计［J］. 化工设计通讯，1998，24（01）：30-34.

［33］蔡丽萍，郭国义，陈定岳，等. 板壳式换热器的应用和进展［J］. 化工装备技术，2011，32（02）：27-31.

［34］余良俭，张延丰，周建新. 国产超大型板壳式换热器在石化装置中的应用［J］. 石油化工设备，2010，39（05）：69-73.

［35］刘敏珊，孙爱芳，董其伍. 紧凑型板壳式换热器导流结构优化设计［J］. 压力容器，2006，23（08）：32-35.

第 11 章
燃烧式气化器的设计计算

天然气（NG）与煤炭、石油并称目前世界一次能源的三大支柱。天然气的主要成分是甲烷，其热值高，燃烧产物对环境污染少，被认为是优质洁净的燃料，在能源、交通等领域具有广泛的应用前景。

天然气在常压下，约-162 ℃可液化，称为液化天然气（liquefied natural gas，LNG）。LNG液化后体积缩小到气态时的 1/600 左右，有利于储存和运输。LNG 需要气化并恢复到常温后方可使用。LNG 气化器是专门用于 LNG 气化的设备，是 LNG 工业中应用最为广泛的热交换器，也是 LNG 接收站的关键设备之一。LNG 是低温流体，要使其转变为常温气体，必须依靠气化器提供相应的热量使其气化。LNG 气化常用热源有燃料、海水、空气、工厂或电厂废热等。

11.1 气化器的介绍

11.1.1 气化器分类

① 根据热源的不同，气化器可分为以下几类：

a. 以燃料为热源，主要有浸没燃烧式气化器（submerged combustion vaporizer，SCV）和热水浴式气化器。SCV 以天然气为燃料通过加热水浴来气化 LNG，此种气化器的气化量可在 10%~100%进行调节，且启动速度快，能对负荷的突然变化及时做出反应。SCV 主要用于紧急情况或调峰的快速反应，而热水浴式气化器由于热效率低而较少使用。

b. 以海水为热源，主要有开架式气化器（open rack vaporizer，ORV）和带有中间介质传热的气化器（intermediate fluid vaporizer，IFV）。ORV 可在 0~100%的负荷下运行，是用于基本负荷型的大型气化装置。IFV 通常采用丙烷、丁烷或氟利昂等介质作中间传热流体，实际传热过程是由 LNG 与丙烷等中间介质传热和海水等中间流体传热两级换热组成的。

c. 以空气为热源，主要有控温式气化器和强制通风式气化器，目前主要用于中小型气化站和终端用户的 LNG 气化。

② 以下工况应首选 SCV：

a. 当海水温度过低或受到污染不能使用时。

b. 要求启动速度快，对负荷突变及时反应，投入成本低，作为调峰气化器来使用时。

c. 如因上述原因限制，SCV 可作为其他气化器的备用。

因此，SCV 是最为常见的 LNG 气化器类型之一，多年来已广泛用于 LNG 接收站调峰及紧急使用情况。

图 11-1 为燃烧式气化器结构图。

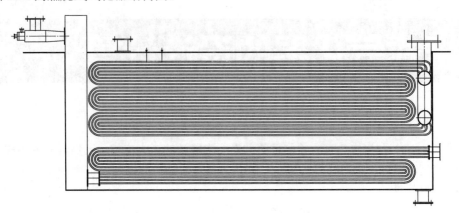

图 11-1　燃烧式气化器结构图

11.1.2　LNG 的物性

LNG 是一种在-162℃常压下储存的液态无色液体，主要成分为体积分数为85%～95%的甲烷（CH_4），其余为少量的乙烷、丙烷、氮气或通常存在于天然气中的其他组分，几乎不含水、硫、二氧化碳等物质。

典型实例 LNG 的组分见表 11-1，典型实例 LNG 的指标参数见表 11-2。表 11-2 中，标况气化量是指 0℃、101.325kPa 条件下单位体积液化生成气体的体积。

表 11-1　LNG 组成（体积分数）　单位：%

组成成分	实例 1	实例 2	实例 3
甲烷	96.54	92.03	81.09
乙烷	2.81	5.04	12.63
丙烷	0.32	1.1	4.14
异丁烷	0	0.23	0.75
正丁烷	0	0.27	1.12
戊烷	0	0.19	0.04
氮气	0.33	1.14	0.23

表 11-2　LNG 实例相关参数

参数	实例 1	实例 2	实例 3
相对分子质量/（kg/kmol）	16.41	17.07	18.52
泡点温度/℃	-162.6	-165.3	-161.3
密度/（kg/m³）	431.6	448.8	468.7
标况气化量/（m³/m³）	590	590	568

11.1.3　SCV 简介

SCV 以燃料气作为热源加热水浴，再利用水浴对 LNG 加热并气化。SCV 的 LNG 气化量可以在 10%～100% 内迅速调节，对负荷突然变化快速做出反应，特别适用于负荷变化幅度较大的工况。SCV 启动速度快，也适用于紧急情况或调峰时的快速启动要求。在大型的 LNG 气化供气中心通常配备相应数量的 SCV 以备用气负荷激增的情况，提高系统的应变能力。

SCV 由换热管束、水浴、浸没燃烧器、燃烧室和鼓风机等组成，工作原理示意图见图 11-2。

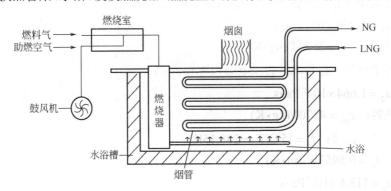

图 11-2　浸没式燃烧型气化器示意图

燃料气在浸没燃烧器中燃烧，产生的热烟气和水浴直接进行热质交换，均匀地对水浴加热。换热管束浸没在水浴中，管内的 LNG 被水浴槽内的热水浴加热并气化。热水循环流动，运用气体提升原理，管外部获得激烈的循环水流，这使得 SCV 热效率非常高。

11.2　SCV 设计实例参数

11.2.1　换热管结构选择

根据处理量、介质特性以及热交换管路置于水浴液位以下的特点，选择材质为 S30408 奥氏体不锈钢管、规格（外径×厚度）为 25.4mm×2mm 的光管 80 根组成了换热管束。

从换热效果角度考虑，选择叉排式盘管，排列方式为正三角形排列。

11.2.2　设计参数

根据目前国内外 LNG 的储存温度、同类产品的设计和操作参数以及 LNG 的物性，考虑气化器产品的适用范围和 LNG 气化后的外输压力要求，本设计按照常规设计条件的设计参数如下：

（1）气化量：$q_m = 3200 \text{m}^3/\text{d} = 15.99 \text{kg/s}$

气化所需热流量：$\Phi = 16 \text{MW}$

单相液区热流量：$\Phi_1 = 9.76 \text{MW}$

单相气区热流量：$\Phi_2 = 6.24 \text{MW}$

LNG 平均密度：$\rho_{i1} = 431.6 \text{kg/m}^3$

NG 平均密度：$\rho_{i2} = 155.5 \ kg/m^3$

（2）LNG 入口操作温度：$T_1 = 111.15 \ K = -162℃$

NG 出口操作温度：$T_2 = 276.15 \ K = 3℃$

LNG 气化时温度：$T_g = 216.75 \ K = -56.4℃$

（3）LNG 入口操作压力：$p_i = 0.3MPa$

出口操作压力：$p_o = 0.3MPa$

换热管内外污垢热阻：$R_i = R_o = 0.000176$

（4）管内流体单相液区热导率：$\lambda_{i1} = 0.1294W/(m \cdot K)$

黏度：$\mu_{i1} = 5.856 \times 10^{-5} \ Pa \cdot s$

定压比热容：$c_{pl} = 3554J/(kg \cdot K)$

管内流体单相气区热导率：$\lambda_{i2} = 0.0511W/(m \cdot K)$

黏度：$\mu_{i2} = 1.664 \times 10^{-5} \ Pa \cdot s$

定压比热容：$c_{p2} = 4870J/(kg \cdot K)$

（5）管外水浴温度：$t_3 = 15℃(T_3 = 288.15K)$

热导率：$\lambda_o = 0.5953W/(m \cdot K)$

黏度：$\mu_o = 113.6 \times 10^{-5} \ Pa \cdot s$

定压比热容：$c_{po} = 4315.84 \ J/(kg \cdot K)$

（6）换热管外径：$d_o = 0.0254m$

换热管内径：$d_i = 0.0214m$

换热管数量：$n = 80$

单程直管管长：$L_s = 7.5m$

单根换热管程数：$N = 8$

单根换热管长度：$L = L_s N = 60(m)$

水浴槽规格：(长度×宽度) $8.5 \ m \times 1.2m$

管壁热导率：$\lambda = 16.3W/(m \cdot K)$

水浴密度：$\rho_o = 1015kg/m^3$

燃气密度：$\rho_f = 0.7kg/m^3$

燃气热效率：$\phi = 95\%$

11.3 SCV 计算过程

11.3.1 实际换热面积 A_c

忽略弯管部分，A_c 可按下式计算：

$$A_c = n\pi d_o L \tag{11-1}$$

将 $n = 80$，$d_o = 0.0254m$，$L = 60m$ 代入计算得：

$$A_c = 80 \times 3.14 \times 0.0254 \times 60$$

$$= 382.82(\text{m}^2)$$

11.3.2　管内流体对流传热系数 α_{i}

本次设计中 $Re_{\text{i}} > 10^4$ ， α_{i} 按式（11-2）计算：

$$\alpha_{\text{i}} = \frac{\text{Nu}_{\text{i}}\lambda_{\text{i}}}{d_{\text{i}}} \tag{11-2}$$

其中：

$$Nu_{\text{i}} = 0.027 Re_{\text{i}}^{0.8} Pr_{\text{i}}^{0.33} \left(\frac{\mu}{\mu_{\text{w}}}\right)^{0.14} \tag{11-3}$$

式中　Nu_{i}——管内流体努塞尔数；

　　　Re_{i}——管内流体雷诺数；

　　　Pr_{i}——管内流体普朗特数；

$\left(\dfrac{\mu}{\mu_{\text{w}}}\right)^{0.14}$——管内流体黏度校正系数，可参照文献[12]取值 1.05。

$$Re_{\text{i}} = \frac{d_{\text{i}}u_{\text{i}}\rho_{\text{i}}}{\mu_{\text{i}}} \tag{11-4}$$

式中　Re_{i}——管内流体雷诺数；

　　　d_{i}——换热管内径，m；

　　　u_{i}——管内介质流速，m/s；

　　　μ_{i}——管内流体黏度，Pa·s；

　　　ρ_{i}——管内流体平均密度，kg/m³。

$$Pr_{\text{i}} = \frac{c_{\text{pi}}\mu_{\text{i}}}{\lambda_{\text{i}}} \tag{11-5}$$

式中　Pr_{i}——管内流体普朗特数；

　　　c_{pi}——管内流体比定压热容，J/(kg·K)；

　　　u_{i}——管内介质流速，m/s；

　　　λ_{i}——管内流体热导率，W/(m·K)。

$$u_{\text{i}} = \frac{4q_{\text{m}}}{n\pi\rho_{\text{i}}(d_{\text{i}})^2} \tag{11-6}$$

式中　d_{i}——换热管内径，m；

　　　u_{i}——管内介质流速，m/s；

　　　ρ_{i}——管内流体平均密度，kg/m³；

　　　q_{m}——质量流量，kg/s。

① 对单项液区管内对流传热系数进行计算：

将 $q_{\text{m}} = 15.99\,\text{kg}/\text{s}$ ， $n = 80$ ， $\rho_{\text{il}} = 431.6\,\text{kg}/\text{m}^3$ ， $d_{\text{i}} = 0.0214\,\text{m}$ 代入式（11-6）。

单项液区流速为：

$$u_i = \frac{4q_m}{n\pi\rho_i(d_i)^2} = \frac{4 \times 15.99}{80 \times 3.14 \times 431.6 \times 0.0214^2} = 1.288(\text{m/s})$$

将 $d_i = 0.0214\text{m}$ ，$\rho_{i1} = 431.6\text{kg}/\text{m}^3$ ，$\mu_{i1} = 5.856 \times 10^{-5}$ Pa•s 代入式（11-4）。

单项液区雷诺数为：

$$Re_i = \frac{d_i u_i \rho_i}{\mu_i} = \frac{0.0214 \times 1.288 \times 431.6}{5.856 \times 10^{-5}} = 203147$$

将 $c_{pi} = 3554$ J/(kg•K) ，$\lambda_{i1} = 0.1294$ W/(m•K) 代入式（11-5）。

单项液区普朗特数为：

$$Pr_i = \frac{c_{pi}\mu_i}{\lambda_i} = \frac{3554 \times 5.856 \times 10^{-5}}{0.1294} = 1.608$$

单项液区努塞尔数为：

$$Nu_i = 0.027 \times 203147^{0.8} \times 1.608^{3.3} \times 1.05^{0.14} = 560.4$$

对流传热系数为：

$$\alpha_i = \frac{Nu_i \lambda_i}{d_i} = \frac{560.4 \times 0.1294}{0.0214} = 3389[\text{W/(m}^2 \cdot \text{K)}]$$

② 对单相气区管内对流传热系数进行计算：

将 $q_m = 15.99\text{kg/s}$ ，$n = 80$ ，$\rho_{i2} = 155.5$ kg/m^3 ，$d_i = 0.0214$ m 代入式（11-6）。

单相气区流速为：

$$u_{i2} = \frac{4q_m}{n\pi\rho_i(d_i)^2} = \frac{4 \times 15.99}{80 \times 3.14 \times 155.5 \times 0.0214^2} = 3.57(\text{m/s})$$

将 $d_i = 0.0214\text{m}$ ，$\rho_{i2} = 155.5\text{kg}/\text{m}^3$ ，$\mu_{i2} = 1.664 \times 10^{-5}$ 代入式（11-4）。

单项气区雷诺数为：

$$Re_i = \frac{d_i u_{i2} \rho_i}{\mu_{i2}} = \frac{0.0214 \times 3.57 \times 155.5}{1.664 \times 10^{-5}} = 713936$$

将 $c_{p2} = 4870$J/(kg•K) ，$\lambda_{i2} = 0.0511$W/(m•K) 代入式（11-5）。

单项气区普朗特数为：

$$Pr_i = \frac{c_{p2}\mu_{i2}}{\lambda_{i2}} = \frac{4870 \times 1.664 \times 10^{-5}}{0.0511} = 1.59$$

单项气区努塞尔数为：

$$Nu_i = 0.027 \times 713936^{0.8} \times 1.59^{3.3} \times 1.05^{0.14} = 150$$

对流传热系数为：

$$\alpha_{i2} = \frac{Nu_i \lambda_{i2}}{d_i} = \frac{150 \times 0.0511}{0.0214} = 3582[\text{W/(m}^2 \cdot \text{K)}]$$

11.3.3　管外流体对流传热系数 α_0

管外水浴流速 u_o 按照下式计算：

$$u_o = 3.25 \frac{Q_f}{S_o} \tag{11-7}$$

式中　Q_f ——燃气用量，m^3/s；

　　　S_o ——管外水浴流通面积，m^2。

$$Q_f = \frac{\Phi}{\phi H \rho_f} \tag{11-8}$$

浸没燃烧器产生的热烟气和水直接进行热量交换，即双组分、两相流传热。水的传热系数远比热烟气的传热系数大，并且热烟气基本和换热管束表面无长时间接触。因此，可忽略热烟气与换热管束之间的换热，即热烟气与水直接换热，水与换热管束直接换热。为了保证较高的热效率，根据文献[13]及文献[14]，水浴温度取 12~18℃（$T_3 = 288.15K$）。

将 $\Phi = 16MW$、$H = 53.16MJ/kg$、$\rho_1 = 0.7kg/m^3$、$\phi = 95\%$ 代入式（11-8）。

燃气用量为：

$$Q_f = \frac{16}{0.95 \times 53.16 \times 0.7} = 0.453$$

管外水浴流通面积为：

$$S_o = 8.5 \times 1.2 \times \left(1 - \frac{3.14 \times \frac{25.4^2}{4}}{0.5 \times 70 \times 60.6}\right) = 7.76$$

管外水浴流速为：

$$u_o = 3.25 \frac{Q_f}{S_o} = 3.25 \times \frac{0.453}{7.76} = 0.19$$

由于 $Re_o = 10^3 \sim 10^6$，α_o 可按下式计算：

$$\alpha_o = \frac{Nu_o \lambda_o}{d_o} \tag{11-9}$$

其中：

$$Nu_o = 0.35 Re^{0.36}(S_1/S_2)^{0.5}(Pr_o/Pr_w)^{0.25} \tag{11-10}$$

式中　Nu_o ——管外流体努塞尔数；

　　　Re_o ——管外水浴雷诺数；

　　　Pr_o ——管外水浴普朗特数；

$(Pr_o/Pr_w)^{0.25}$ ——可参照文献[10]取值 0.88。

$$Re_o = \frac{d_o u_o \rho_o}{\mu_o} \tag{11-11}$$

式中　Re_o ——管外流体雷诺数；

　　　d_o ——壳体内径，m；

u_o——管外介质流速，m/s；

μ_o——管外流体黏度，Pa·s；

ρ_o——管外流体平均密度，kg/m³。

$$Pr_o = \frac{c_{po}\mu_o}{\lambda_o} \qquad (11\text{-}12)$$

式中　Pr_o——管外流体普朗特数；

c_{po}——管外流体比定压热容，J/(kg·K)；

μ_o——管外介质流速，m/s；

λ_o——管外流体热导率，W/(m·K)。

将 $d_o = 0.0254\,\text{m}$，$u_o = 0.19\,\text{m/s}$，$\rho_o = 1015\,\text{kg/m}^3$ 代入式（11-11）。

雷诺数为：

$$Re_o = \frac{d_o u_o \rho_o}{\mu_o} = \frac{0.0254 \times 0.19 \times 1015}{113.6 \times 10^{-5}} = 4211$$

将 $c_{po} = 4315.84\,\text{J/(kg·K)}$，$\mu_o = 113.6 \times 10^{-5}\,\text{Pa·s}$，$\lambda_o = 0.5953\,\text{W/(m·K)}$ 代入式（11-12）。

普朗特数为：

$$Pr_o = \frac{c_{po}\mu_o}{\lambda_o} = \frac{4315.84 \times 113.6 \times 10^{-5}}{0.5953} = 8.236$$

将 $S_1 = 0.07\,\text{m}$，$S_2 = 0.0606\,\text{m}$，$(Pr_o/Pr_w)^{0.25} = 0.88$ 代入式（11-10）。

努塞尔数为：

$$Nu_o = 0.35 \times 4211^{0.36} \times (0.07/0.0606)^{0.5} \times 0.88^{0.25} = 6.68$$

对流换热系数为：

$$\alpha_o = \frac{Nu_o \lambda_o}{d_o} = \frac{115.05 \times 0.5953}{0.0254} = 156.56\,[\text{W/(m}^2\text{·K)}]$$

11.3.4　气相、液相传热系数

K_1、K_2 分别按下式计算：

$$K_1 = \cfrac{1}{\left(\cfrac{1}{\alpha_{i1}} + R_i\right)\left(\cfrac{d_o}{d_i}\right) + \cfrac{d_o}{2\lambda}\ln\left(\cfrac{d_o}{d_i}\right) + R_o + \cfrac{1}{\alpha_o}} \qquad (11\text{-}13)$$

$$K_2 = \cfrac{1}{\left(\cfrac{1}{\alpha_{i2}} + R_i\right)\left(\cfrac{d_o}{d_i}\right) + \cfrac{d_o}{2\lambda}\ln\left(\cfrac{d_o}{d_i}\right) + R_o + \cfrac{1}{\alpha_o}} \qquad (11\text{-}14)$$

将已经算得的 $\alpha_{i1} = 3535.8\,\text{W/(m}^2\text{·K)}$，$\alpha_o = 322.96\,\text{W/(m}^2\text{·K)}$，$d_i = 0.0214\,\text{m}$，$d_o = 0.0254\,\text{m}$，$R_i = R_o = 0.000176$，$\lambda = 16.3\,\text{W/(m·K)}$ 代入下式。

$$K_1 = \cfrac{1}{\left(\cfrac{1}{\alpha_{i1}} + R_i\right)\left(\cfrac{d_o}{d_i}\right) + \cfrac{d_o}{2\lambda}\ln\left(\cfrac{d_o}{d_i}\right) + R_o + \cfrac{1}{\alpha_o}}$$

计算得:

$$K_1 = \cfrac{1}{\left(\cfrac{1}{3535.8} + 0.000176\right)\times\left(\cfrac{0.0254}{0.0214}\right) + \cfrac{0.0254}{2\times16.3}\times\ln\left(\cfrac{0.0254}{0.0214}\right) + 0.000176 + \cfrac{1}{322.96}}$$

$$= \frac{1}{0.00386} = 259.1[\text{W}/(\text{m}^2\cdot\text{K})]$$

将已经算得的 $\alpha_{i2} = 3802.69\text{W}/(\text{m}^2\cdot\text{K})$, $d_i = 0.0214\text{m}$, $d_o = 0.0254\text{m}$, $R_i = R_o = 0.000176$, $\lambda = 16.3\text{W}/(\text{m}\cdot\text{K})$ 代入下式。

$$K_2 = \cfrac{1}{\left(\cfrac{1}{\alpha_{i2}} + R_i\right)\left(\cfrac{d_o}{d_i}\right) + \cfrac{d_o}{2\lambda}\ln\left(\cfrac{d_o}{d_i}\right) + R_o + \cfrac{1}{\alpha_o}}$$

计算得:

$$K_2 = \cfrac{1}{\left(\cfrac{1}{3802.69} + 0.000176\right)\times\left(\cfrac{0.0254}{0.0214}\right) + \cfrac{0.0254}{2\times16.3}\times\ln\left(\cfrac{0.0254}{0.0214}\right) + 0.000176 + \cfrac{1}{322.96}}$$

$$= \frac{1}{0.00383} = 261.1[\text{W}/(\text{m}^2\cdot\text{K})]$$

所以计算得: $K_1 = 59.1\text{W}/(\text{m}^2\cdot\text{K})$, $K_2 = 261.1\text{W}/(\text{m}^2\cdot\text{K})$。

11.3.5　气相、液相有效平均温差

ΔT_{m1}、ΔT_{m2} 分别按下式计算:

$$\Delta T_{m1} = \frac{\Delta T_{max1} - \Delta T_{min1}}{\ln\left(\cfrac{\Delta T_{max1}}{\Delta T_{min1}}\right)} \tag{11-15}$$

$$\Delta T_{m2} = \frac{\Delta T_{max2} - \Delta T_{min2}}{\ln\left(\cfrac{\Delta T_{max2}}{\Delta T_{min2}}\right)} \tag{11-16}$$

其中:

$$\Delta T_{max1} = T_3 - T_1$$

式中　ΔT_{max1} ——单相液区大温差端的流体温差, K;

$$\Delta T_{min1} = T_3 - T_g$$

ΔT_{min1} ——单相液区小温差端的流体温差, K;

$$\Delta T_{max2} = T_3 - T_g$$

ΔT_{max2} ——单相气区大温差端的流体温差，K；

$$\Delta T_{min2} = T_3 - T_2$$

ΔT_{min2} ——单相气区小温差端的流体温差，K。

由于 $T_1 = 111.15\,K$ 、 $T_2 = 276.15K$ 、 $T_3 = 288.15K$ 、 $T_g = 216.75K$ ，计算得：

$$\Delta T_{max1} = T_3 - T_1 = 288.15 - 111.15 = 177(K)$$

$$\Delta T_{min1} = T_3 - T_g = 288.15 - 216.75 = 71.4(K)$$

$$\Delta T_{max2} = T_2 - T_g = 276.15 - 216.75 = 60(K)$$

$$\Delta T_{min2} = T_3 - T_2 = 288.15 - 276.15 = 12(K)$$

气相有效平均温差：

$$\Delta T_{m1} = \frac{\Delta T_{max1} - \Delta T_{min1}}{\ln\left(\dfrac{\Delta T_{max1}}{\Delta T_{min1}}\right)} = \frac{177 - 71.4}{\ln\left(\dfrac{171}{71.4}\right)} = 114.8(K)$$

液相有效平均温差：

$$\Delta T_{m2} = \frac{\Delta T_{max2} - \Delta T_{min2}}{\ln\left(\dfrac{\Delta T_{max2}}{\Delta T_{min2}}\right)} = \frac{60 - 12}{\ln\left(\dfrac{60}{12}\right)} = 30(K)$$

所以单相液区大温差端的流体温差 $\Delta T_{max1} = 177K$ ，单相液区小温差端的流体温差 $\Delta T_{min1} = 71.4K$ ，单相气区大温差端的流体温差 $\Delta T_{max2} = 60K$ ，单相气区小温差端的流体温差 $\Delta T_{min2} = 12K$ ，气相有效平均温差 $\Delta T_{m1} = 114.8K$ ，液相有效平均温差 $\Delta T_{m2} = 30K$ 。

11.3.6 气相、液相理论换热面积

A_1 、 A_2 按照下式计算：

$$A_1 = \frac{\Phi_1}{K_1 \Delta T_{m1}} \tag{11-17}$$

式中　Φ_1 ——单相液区的热流量，W；

　　　K_1 ——气相传热系数，$W/(m^2 \cdot K)$ ；

　　　ΔT_{m1} ——气相有效平均温差，K。

$$A_2 = \frac{\Phi_2}{K_2 \Delta T_{m2}} \tag{11-18}$$

式中　Φ_2 ——单相气区的热流量，W；

　　　K_2 ——液相传热系数，$W/(m^2 \cdot K)$ ；

　　　ΔT_{m2} ——液相有效平均温差，K。

将 $\Phi_1 = 9.76 \times 10^6\,W$ ， $\Delta T_{m1} = 114.8K$ ， $K_1 = 259.1W/(m^2 \cdot K)$ 代入式（11-17）中。计算得：

$$A_1 = \frac{\Phi_1}{K_1 \Delta T_{m1}} = \frac{9.76 \times 10^6}{259.1 \times 114.8} = 328.1(m^2)$$

将 $\varPhi_2 = 6.24 \times 10^6\,\text{W}$，$\Delta T_{m2} = 47.6\text{K}$，$K_1 = 261.1\text{W}/(\text{m}^2 \cdot \text{K})$ 代入式（11-18）中。计算得：

$$A_2 = \frac{\varPhi_2}{K_2 \Delta T_{m2}} = \frac{6.24 \times 10^6}{261.1 \times 47.6} = 502.1(\text{m}^2)$$

所以 $A_1 = 328.1\text{m}^2$，$A_2 = 502.1\text{m}^2$。

11.3.7　气相、液相管内压降

Δp_1、Δp_2 按下式计算：

$$\Delta p_1 = \frac{\lambda_{f1} A_1 \rho_{i1} u_{i1}^2}{2n\pi d_i d_o} \tag{11-19}$$

式中　λ_{f1}——单相液区摩擦因数；

　　　A_1——液相理论换热面积，m^2；

　　　ρ_{i1}——液相流体密度，kg/m^3；

　　　u_{i1}——液相流体速度，m/s。

$$\Delta p_2 = \frac{\lambda_{f2} A_2 \rho_{i2} u_{i2}^2}{2n\pi d_i d_o} \tag{11-20}$$

式中　λ_{f2}——单相气区摩擦因数，按照文献[15]选取；

　　　A_2——气相理论换热面积，m^2；

　　　ρ_{i2}——气相流体密度，kg/m^3；

　　　u_{i2}——气相流体速度，m/s。

将已知参数 $\lambda_{f1} = 0.015$，$\rho_{i1} = 431.6\text{kg/m}^3$，$u_{i1} = 1.434\text{m/s}$，$n = 80$，$d_i = 0.0214\text{m}$，$d_o = 0.0254\text{m}$ 代入式（11-19）中。

液相管内压降：

$$\Delta p_1 = \frac{\lambda_{f1} A_1 \rho_{i1} u_{i1}^2}{2n\pi d_i d_o} = \frac{0.015 \times 328.1 \times 431.6 \times 1.434^2}{2 \times 80 \times 3.14 \times 0.0214 \times 0.0254} = \frac{4367.9}{0.273} = 15.9(\text{kPa})$$

将已知参数 $\lambda_{f2} = 0.0123$，$A_2 = 502.1\text{m}^2$，$\rho_{i2} = 155.5\text{kg/m}^3$，$u_{i2} = 3.575\text{m/s}$，$n = 80$，$d_i = 0.0214\text{m}$，$d_o = 0.0254\text{m}$ 代入式（11-20）中。

气相管内压降：

$$\Delta p_2 = \frac{\lambda_{f2} A_2 \rho_{i2} u_{i2}^2}{2n\pi d_i d_o} = \frac{0.0123 \times 502.1 \times 155.5 \times 3.575^2}{2 \times 80 \times 3.14 \times 0.0214 \times 0.0254} = \frac{12273.8}{0.273} = 44.9(\text{kPa})$$

管内总压降为：

$$\Delta p = \Delta p_1 + \Delta p_2 = 60.8(\text{kPa})$$
$$\Delta p = 60.8\,\text{kPa} < \Delta p_{max} = 200\text{kPa}$$

所以经计算设计符合要求。

11.3.8　总传热系数

K 按照下式计算：

$$K = \frac{\Phi}{A\Delta T} \quad\quad\quad (11-21)$$

$$A = A_1 + A_2 \quad\quad\quad (11-22)$$

式中　A——总换热面积，m^2。

$$\Delta T = \frac{\Delta T'_{max} - \Delta T'_{min}}{\ln\left(\dfrac{\Delta T'_{max}}{\Delta T'_{min}}\right)} \quad\quad\quad (11-23)$$

式中　ΔT——为有效平均温差，K。

$$\Delta T'_{max} = T_3 - T_1 \quad\quad\quad (11-24)$$

式中　$\Delta T'_{max}$——大温差端的流体温差，K。

$$\Delta T'_{min} = T_2 - T_3 \quad\quad\quad (11-25)$$

式中　$\Delta T'_{min}$——小温差端的流体温差，K。

将 $T_1 = 111.15K$，$T_3 = 288.15K$ 代入式（11-24）中。

大温差端的流体温差：

$$\Delta T'_{max} = T_3 - T_1 = 288.15 - 111.15 = 177(K)$$

将 $T_2 = 309.15K$，$T_3 = 288.15K$ 代入式（11-25）中。

小温差端的流体温差：

$$\Delta T'_{min} = T_2 - T_3 = 309.15 - 288.15 = 21(K)$$

将上述计算结果代入式（11-23）。

有效平均温差：

$$\Delta T = \frac{\Delta T'_{max} - \Delta T'_{min}}{\ln\left(\dfrac{\Delta T'_{max}}{\Delta T'_{min}}\right)} = \frac{177 - 21}{\ln\left(\dfrac{177}{21}\right)} = \frac{156}{2.13} = 73.2(K)$$

总换热面积为：

$$A = A_1 + A_2 = 328.1 + 502.1 = 830.2(m^2)$$

总传热系数为：

$$K = \frac{\Phi}{A\Delta T} = \frac{16 \times 10^6}{830.2 \times 73.2} = 263.3[W/(m^2 \cdot K)]$$

所以综上所述 $\Delta T'_{max} = 177K$，$\Delta T'_{min} = 21K$，$A = 830.2m^2$，$K = 263.3W/(m^2 \cdot K)$。

11.4　扩散燃烧器的设计计算步骤

11.4.1　计算火孔出口速度

火孔出口速度为：

$$v_p = 10^6 \times \frac{q_p}{H'} = \frac{10^6 \times 0.23}{37.212} = 6.18 (\text{m/s})$$

式中　v_p ——火孔出口速度，m/s；

　　　q_p ——火孔热强度，kW/mm^2；

　　　H' ——燃气低热值，kJ/m^3。

11.4.2　计算火孔总面积

火孔总面积为：

$$F_p = \frac{\Phi}{q_p} = \frac{16.8421}{0.23} = 73226.52 (\text{mm}^2)$$

式中　F_p ——火孔总面积，mm^2；

　　　Φ ——燃烧器热负荷，kW。

11.4.3　盘管和夹套

容器通常有很多不同的加热方式，本节主要讨论间接加热，在这些系统中，热量通过传热表面进行传递，可以分为：

① 浸没式烟气盘管——这是一种应用广泛的传热方式，在容器中，烟气盘管浸没在制程流体中。

② 烟气夹套——烟气在外壁和容器壁之间的环形夹套空间循环，热量通过容器壁进行传热。

盘管式容积换热器在船上应用非常普遍，主要用来对很深的罐体内存有的原油和食用油油脂和糖浆等货物进行换热。这些流体在常温下由于黏度太高而无法处理，因此用烟气盘管来升高这些液体的温度，降低它们的温度，以便可以被泵送。

盘管是加热的槽，同样广泛应用于电镀和金属处理上，电镀工艺中物体需经过几个工艺槽后金属才能采用附着在表面上。其中一种工艺被称为酸洗，在这种工艺中钢和铜等材料被浸在酸液或苛性碱溶液中，以去掉表面杂质或形成氧化层。

11.4.4　烟气盘管设计计算

11.4.4.1　烟气的压力和流量

最小烟气压力 $= 3.6 \text{ bar a} \times 58\% (1\text{bar} = 10^5\text{Pa}) = 2.1 \text{ bar a}(1.1 \text{ bar g})$

平均烟气流量 $= \dfrac{367\text{kW}}{2197\text{kJ / kg}} = 0.167\text{kg/s} = 602\text{kg/h}$

11.4.4.2　计算需要的换热面积

烟气盘管总换热量为：

$$Q = UA\Delta T$$

其中：$Q = 367 \text{ kW}$，$U = 650\text{W / (m·℃)}$，$\Delta T = $ 平均温度差 ΔT_m。

因此盘管内的烟气温度：

$$T_s = 122℃$$

平均流体温度：

$$T_m = \frac{8+60}{2} = 34(℃)$$

因为：

$$\Delta T_m = T_s - T_m$$

计算得：

$$\Delta T_m = 122 - 34 = 88(℃)$$

因此：

$$A = \frac{QU}{\Delta T} = \frac{367 \times 650}{88 \times 1000} = 6.416(m^2)$$

所以烟气盘管换热面积为 $A = 6.416m^2$。

11.4.4.3 盘管面积

由于无法提供足够精确的 U 值，考虑到将来换热表面的积垢，通常选择增加 10%的换热面积。

实际换热面积为：

$$A = 6.416\ m^2 + 10\ \% \times 6.416\ m^2 \approx 7m^2$$

11.4.4.4 传热面积下的最大质量流量

最大传热量发生于烟气温度和过程流体温度差别最大的时候，考虑到积垢的影响，要增加一定的余量。

（1）计算盘管的最大加热能力 Q（盘管）

$$Q = UA\Delta T$$

由于 $U = 650W/(m \cdot ℃)$，$A = 7m^2$，$\Delta T = $ 温度差，流体初始温度 $T_1 = 8℃$，

ΔT 经计算得：

$$\Delta T = T_s - T_1 = 122 - 8 = 114(℃)$$

计算得：

$$Q_{(盘管)} = \frac{650 \times 7 \times 114}{1000} = 519(kW)$$

（2）519kW 热量需要的质量流量

最大烟气流率为：

$$m_s = \frac{519 \times 3600}{1.1\ bar\ g} = \frac{519 \times 3600}{2197} = 850(kg/h)$$

11.4.4.5 盘管直径和布置

计算盘管口径和长度：

$$最大烟气流量 = 850kg/h$$

$$最大烟气流速 = 25m/s$$

$$每秒体积流量 = \frac{质量流量 \times 比容}{3600}$$

$$管道截面积 = \frac{\pi D^2}{4}$$

所以管道直径为：

$$D^2 = \frac{850 \times 0.841 \times 4}{3600\pi \times 25}$$

$$D = \sqrt{\frac{850 \times 0.841 \times 4}{3600 \times \pi \times 25}} = 0.1(\text{m})$$

可得直径为 0.1m。

因此 100 mm 废热管道表面积为 0.358m²，此应用中需要的总长度：

$$L = \frac{7}{0.385} = 19.6(\text{m}) \quad (DN100\text{mm 的盘管})$$

11.4.5　燃烧器头部燃气分配管截面积

为使燃气在每个火孔上均匀分布，以保证每个火孔的火焰高度整齐，头部截面积应不小于火孔总面积的两倍，即：

$$F_g \geqslant 2F_p$$

所以燃气分配管截面积为：

$$F_g = 2F_p = 2 \times 73226.52\text{mm}^2 = 146453.04\text{mm}^2 。$$

11.4.6　燃烧器前燃气所需压力

$$p_g = \frac{1}{\mu_p^2} \times \frac{v_p^2}{2}\rho_g \frac{T_g}{288} + \Delta p = \frac{1}{0.7^2} \times \frac{6.18^2}{2} \times 0.7 \times \frac{313}{288} + 0 = 29.65(\text{Pa})$$

式中　p_g——头部所需压力，Pa；

μ_p——火孔流量系数，与火孔的结构特性有关；

ρ_g——燃气密度，kg/m³；

Δp——燃烧室压力，Pa，当燃烧室为负压时，Δp 取负值。

为了保证火孔的热强度 q_p，即保证火孔出口速度 v_p，燃气压力 p 必须等于头部所需的压力 p_g，如果 $p > p_g$，可用阀门或节流圈减压。节流圈与最近一个火孔之间的距离不应小于燃气分配管内径的 12 倍。

11.4.7　节流面积

$$F = 0.707\frac{\Phi}{\mu H'}\sqrt{\frac{\rho_g}{p - p_g}} = 0.707 \times \frac{16842.1}{0.62 \times 37212} \times \sqrt{\frac{0.7}{800 - 29.65}} = 1.555 \times 10^{-2}(\text{m}^2)$$

式中　Φ——燃烧器热负荷，kW；

H' ——燃气低热值，kJ/m^3；

p_g ——头部所需压力，Pa；

ρ_g ——燃气密度，kg/m^3。

所以截留面积为 $1.555 \times 10^{-2} m^2$。

11.5 校核计算

11.5.1 法兰受力分析

以承受内压的容器法兰为例，结合 GB 150—2011 的符号定义，法兰受力如图 11-3 所示。

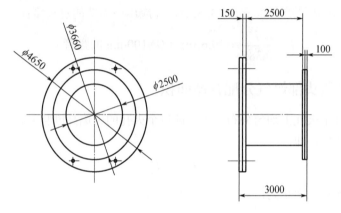

图 11-3 法兰受力示意图

（1）容器法兰作用力

在内压作用下，容器法兰作用力主要有垫片压紧反力 F_G、内压作用在法兰内径截面上的轴向力 F_D、内压作用在法兰断面上的轴向力 F_T，螺栓载荷 W 为：

$$W = F_G + F_D + F_T$$

（2）容器法兰力矩

在内压作用下，容器法兰在作用力作用下产生的力矩有垫片反力力矩 $F_G L_G$，法兰内径截面轴向力力矩 $F_D L_D$、法兰端面轴向力力矩 $F_T L_T$，且法兰计算力矩：

$$M = F_G L_G + F_D L_D + F_T L_T$$

11.5.2 管箱法兰与壳体法兰的受力分析

以 GB 151—2011《管壳式换热器》中管板通过垫片与壳体法兰和管箱法兰连接结构为例，结合对符号的定义，对管箱法兰和壳体法兰受力分别按照预紧工况与操作工况进行考虑（管程法兰的参数以下角标 t 作标识，壳程法兰的参数以下角标 s 作标识）。

（1）管箱法兰

在预紧工况下，管程压力 $p_t = 0$，当不考虑管箱法兰影响的情况下有：$F_{Tt} = 0$，$F_{Dt} = 0$ 又由于：

$$F_{Gt} = 3.14 D_{Gt} b_t y_t$$

式中　D_{Gt}——管箱垫片压紧力作用中心圆直径，mm；

　　　b_t——壳体侧垫片的有效密封宽度，mm；

　　　y_t——壳体侧垫片的比压力，MPa。

$$W_t = F_{Gt} = 1708.8 \text{kN}$$

（2）壳体法兰

在预紧工况下，壳程压力 $p_s = 0$，当不考虑管箱法兰影响的情况下有：$F_{Ts} = 0$，$F_{Ds} = 0$

又由于：

$$F_{Gs} = 3.14 D_{Gs} b_s y_s$$

式中　D_{Gs}——管箱侧垫片紧压力作用中心圆直径，mm；

　　　b_s——管箱侧垫片的有效密封宽度，mm；

　　　y_s——管箱侧垫片的比压力，MPa。

$$W_s = F_{Gs} = 1468.87 \text{kN}$$

计算得：$W_t = 1708.8 \text{kN}$，$W_s = 1468.87 \text{kN}$。

11.5.3　操作工况法兰受力分析

（1）管箱法兰

在操作工况下，在管程压力 $p_t = 4$ MPa 作用下，当不考虑壳体法兰影响的情况时有：

$$F'_{Tt} = 0.785 D_{Gt}^2 p_t - 0.785 D_t^2 p_t = 333.55 (\text{kN})$$

式中　D_{Gt}——管箱垫片压紧力作用中心圆直径，mm；

　　　D_t——管箱垫片作用中心圆直径，mm。

$$F'_{Dt} = 0.785 D_t^2 p_t = 1111.94 (\text{kN})$$

式中　D_t——管箱垫片作用中心圆直径，mm；

　　　p_t——管箱垫片作用中心的压力，MPa。

$$F'_{Gt} = 6.28 D_{Gt} b_t m_t p_t + \Delta' = 594.37 (\text{kN})$$

式中　Δ'——管箱分程隔板处垫片在操作状态下的最小垫片压紧力，kN；

　　　m_t——管箱垫片的垫片系数。

$$W'_t = F'_{Tt} + F'_{Dt} + F'_{Gt} = 2967.78 (\text{kN})$$

（2）壳体法兰

在操作工况下，壳程压力 $p = 4$MPa 作用下，当不考虑管箱法兰影响的情况时有：

$$F'_{Ts} = 0.785 D_{Gs} p_s - 0.785 D_s p_s = 133.42 (\text{kN})$$

式中　D_{Gs}——管壳体片压紧力作用中心圆直径，mm；

　　　D_s——壳体垫片作用中心圆直径，mm。

$$F'_{Ds} = 0.785 D_s^2 p_s = 815.94 (\text{kN})$$

式中　D_s——壳体垫片作用中心圆直径，mm；

p_s ——壳体垫片作用中心的压力，MPa。

$$F'_{Gs} = 6.28 D_{Gs} D_s m_s p_s = 204.36 (\text{kN})$$

式中　m_s ——壳体法兰垫片的垫片系数。

法兰受力为：

$$W'_s = F'_{Ts} + F'_{Ds} + F'_{Gs} = 1153.73 (\text{kN})$$

11.5.4　螺栓载荷

螺栓载荷的计算是法兰设计计算的关键。对于管箱法兰，由于其法兰连接结构与容器法兰有所不同，螺栓设计需要兼顾两侧的条件，尤其是两侧的载荷条件（温度，压力）与垫片参数不同时，需要选取高的设计参数计算螺栓载荷。

（1）螺栓载荷计算

预紧状态下，螺栓载荷为 W_a：

$$W_a = \max(W_t, W_s) \tag{11-26}$$

计算得：$W_a = 1078.82 \text{kN}$。

操作状态下，螺栓载荷为 W_p：

$$W_p = \max(W'_t, W'_s) \tag{11-27}$$

计算得：$W_p = 2967.78 \text{kN}$。

（2）螺栓面积 A_m

$$A_m = \max\left(\frac{W_a}{[\sigma]_b}, \frac{W_p}{[\sigma]'_b}\right) \tag{11-28}$$

计算得：$A_m = 15702.56 \text{mm}^2$。

（3）螺栓预紧设计载荷

$$W = \frac{(A_m + A_b)[\sigma]_b}{2A} \tag{11-29}$$

计算得：$W = 3810.57 \text{kN}$（$A_b = 17723.53 \text{mm}^2 > A_m = 15702.56 \text{mm}^2$，所以螺栓面积校核通过）。

螺栓操作设计载荷：

$$W' = W_p \tag{11-30}$$

计算得：$W' = 2976.78 \text{kN}$。

11.5.5　设计参数

管程设计压力 $p_t = 4.0 \text{ MPa}$，设计温度 $t_t = 100℃$，腐蚀裕量 $C_t = 3\text{mm}$，管程材质为 Q345R，法兰材质为 16Mn 锻件，螺柱材质为 35CrMoA，垫片选用内缠绕式金属（不锈钢）垫片。

11.5.6　垫片参数

依据 GB/T 29463.2—2012《管壳式热交换器用垫片　第 2 部分：缠绕式垫片》按照 PN4.0MPa、

$DN800$mm 选取标准垫片 $D_t = 887$mm ， $d_t = 847$mm ， $m_t = 3.0$ ， $y_t = 69$ ， $D_s = 887$mm ，
$d_s = 847$mm ， $m_s = 3.0$ ， $y_s = 69$ 。

11.5.7　许用应力与弹性模量

依据文献，查取法兰、筒体、螺栓的相关数据如下：

16Mn（锻件）：

$$[\sigma]^{20℃} = 178\text{MPa}$$

$$[\sigma]^{100℃} = 178\text{MPa}$$

$$[\sigma]^{300℃} = 123\text{MPa}$$

Q345R（16~36mm）：

$$[\sigma]^{20℃} = 158\text{MPa}$$

$$[\sigma]^{100℃} = 185\text{MPa}$$

35CrMoA（M24~M48）：

$$[\sigma]^{20℃} = 228\text{MPa}$$

$$[\sigma]^{300℃} = 189\text{MPa}$$

11.5.8　校核

（1）法兰应力校核

依据上述参数，假定法兰盘厚度 $\delta_{ft} = 72$mm ， $\delta_{fs} = 95$mm ，通过计算可以得到相应的计算结果

管箱法兰：

$$\max\left(\frac{\sigma_H + \sigma_T}{2}, \frac{\sigma_H + \sigma_R}{2}\right) = 142.93(\text{MPa})$$

其中：

$\sigma_H = 208.39\text{MPa}$ ；

$\sigma_T = 77.47\text{MPa}$ ；

$\sigma_R = 51.25\text{MPa}$ ；

$J = 0.967$ 。

壳体法兰：

$$\max\left(\frac{\sigma_H + \sigma_T}{2}, \frac{\sigma_H + \sigma_R}{2}\right) = 117.91(\text{MPa})$$

其中：

$\sigma_H = 140.87\text{MPa}$ ；

$\sigma_T = 94.94\text{MPa}$ ；

$\sigma_R = 13.16\text{MPa}$ ；

$J = 0.886$ 。

（2）螺栓间距校核

查 GB 150 得最小螺栓间距为62.0mm。计算得到管箱法兰的最大螺栓间距为177.4mm，壳体法兰的最小螺栓间距为216.9mm。法兰的实际螺栓间距为73.83mm，螺栓间距校核通过。

11.5.9　法兰力矩

（1）法兰预紧力矩 M_a

当管箱法兰和壳体法兰所用垫片形式或尺寸不同时，会造成力臂 L_G 不同，进而导致管箱法兰和壳体法兰的预紧力矩不同。

（2）法兰操作力矩 M_P

当管箱法兰与壳体法兰尺寸不同，垫片形式或尺寸不同时，会造成 L_D、L_T、L_G 不同，进而导致管箱法兰和壳体法兰的操作力矩不同。

（3）预紧状态法兰力矩 M_a

管箱法兰：

$$M_{at} = \frac{(A_m + A_b)[\sigma]_b L_{Gt}}{2} \tag{11-31}$$

计算得：$L_{Gt} = 35.3\text{mm}$，$M_{at} = 134.51\text{kN} \cdot \text{m}$。

壳体法兰：

$$M_{as} = \frac{(A_m + A_b)[\sigma]_b L_{Gs}}{2} \tag{11-32}$$

计算得：$L_{Gs} = 35.3\text{mm}$，$M_{as} = 134.51\text{kN} \cdot \text{m}$。

（4）操作状态法兰力矩

管箱法兰：

$$M_{pt} = F'_{Dt}L_{Dt} + F'_{Tt}L_{Tt} + F'_{GT}L_{Gt} \tag{11-33}$$

计算得：$L_{Dt} = 52.5\text{mm}$，$L_{Tt} = 51.15\text{mm}$，$M_{pt} = 145.13\text{kN} \cdot \text{m}$。

壳体法兰：

$$M_{ps} = F'_{Ds}L_{Ds} + F'_{Ts}L_{Ts} + F'_{Gs}L_{Gs} \tag{11-34}$$

计算得：$L_{Ds} = 55.5\text{mm}$，$L_{Ts} = 51.15\text{mm}$，$M_{ps} = 123.36 \text{kN} \cdot \text{m}$。

11.5.10　法兰设计力矩

依据文献，法兰设计力矩：

$$M_o = \max(M_a[\sigma]_f^t / [\sigma]_f, M_p) \tag{11-35}$$

管箱法兰设计力矩：

$$M_{ot} = \max([\sigma]_f^t / [\sigma]_f, M_{pt}) \tag{11-36}$$

计算得：$M_{ot} = 145.13\text{kN} \cdot \text{m}$。

壳体法兰设计力矩：

$$M_{os} = \max([\sigma]_f^t / [\sigma]_f, M_{ps}) \tag{11-37}$$

计算得：$M_{os} = 123.36 \text{kN·m}$。

圆柱体的壁厚为：

$$\delta_{内罐} = \frac{0.8 \times 2400}{2 \times \frac{405}{1.5} \times 1.0 - 0.8} = 3.56 \text{(mm)}$$

此时钢板厚度负偏差取 0.4mm，所圆整后取内筒体的名义厚度为 $\delta_{n1} = 4\text{mm}$。

封头厚度计算：

$$\delta_2 = \frac{p_c D_i}{2 \dfrac{\sigma_k}{1.5} \varphi - 0.5 p_c} = \frac{0.8 \times 2400}{2 \times \dfrac{405}{1.5} \times 1.0 - 0.5 \times 0.8} = 3.56 \text{(mm)}$$

经圆整，取 δ_{n2}=4mm，所以内容器的有效厚度为 $\delta_{n2} = 3.56\text{mm}$，名义厚度 $\delta_{n2} = 4\text{mm}$。

11.5.11　管道强度校核

（1）基本设计参数

内径：$D = 447\text{mm}$。

壁厚：$t = 5\text{mm}$。

管内介质压力：$p = 2.3\text{ MPa}$。

钢管的抗拉强度许用应力：$[\sigma_d] = 560\text{MPa}$。

钢管的抗剪强度许用应力：$[\sigma_b] = 392\text{MPa}$。

所以材料选用 35 号钢。

（2）火管强度校核计算

火管所受的实际拉力应力：

$$\sigma_{ds} = \frac{PD}{2t} \tag{11-38}$$

计算得：

$$\sigma_{ds} = \frac{2.3 \times 457}{2 \times 5} = 105.1 \text{MPa}$$

由于使用 35 钢抗拉强度 $[\sigma_d] = 560\text{MPa}$，因此安全因素：

$$\xi = \frac{[\sigma_d]}{\sigma_{ds}}$$

计算得到 $\xi = 5.32 > 1.25$（由文献得安全因素>1.25，则满足设计要求）。

（3）火管承受横方向应力校核

$$\sigma_{bs} = \frac{pD}{4t} \tag{11-39}$$

计算得：

$$\sigma_{bs} = \frac{2.3 \times 457}{4 \times 5} = 52.6 \text{(MPa)}$$

由于使用 35 钢抗剪切强度 $[\sigma_b] = 392\text{MPa}$，因此安全因素：

$$\xi = \frac{[\sigma_b]}{\sigma_{bs}} \qquad (11\text{-}40)$$

计算得 $\xi = 7.4 > 1.25$（由文献得安全因素>1.25，则满足设计要求）。

图 11-4 为总水管图。

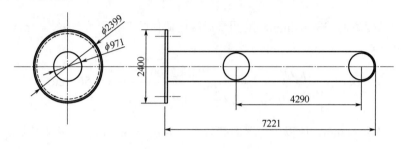

图 11-4　总水管图

11.5.12　换热管校核计算

（1）基本设计参数：

内径：$D = 21.4\text{mm}$。

壁厚：$t = 2\text{mm}$。

管内介质压力：$p = 0.3\text{MPa}$。

设计温度下管子材料许用应力：$[\sigma]_t^t = 560\text{MPa}$。

设计温度下管子材料屈服应力：$[\sigma]_s^t = 392\text{MPa}$。

设计温度下管子材料弹性模量：$E_t^t = 1.142 \times 10^5\text{MPa}$。

平均金属温度下管子材料弹性模量：$E_t = 1.18 \times 10^5\text{MPa}$。

平均金属温度下管子材料热膨胀系数：$\alpha_t = 1.623 \times 10^{-5}\,{}^\circ\text{C}^{-1}$。

管子外径：$d = 25.4\text{mm}$。

管子厚度：$\sigma_t = 1.2\text{mm}$。

管子根数：$n = 80$。

管子受压失稳当量长度：$l_{cr} = 286.4\text{mm}$。

换热管中心距：$S = 60.6\text{mm}$。

材料名称：紫铜。

换热管长度：$L = 750\text{mm}$。

管子有效长度（两管板内侧间距）：$L_1 = 8500\text{mm}$。

（2）换热管强度校核计算：

一根管子的金属横截面积：

$$a = \pi\sigma_t(d - \sigma_t) \qquad (11\text{-}41)$$

式中　σ_t——管子厚度，mm；

　　　d——管子外径，mm。

计算得：

$$a = 2\pi \times (25.4 - 2) = 2 \times 3.14 \times 23.4 = 146.9(\text{mm})$$

管束模数：

$$K_t = \frac{E_t na}{LD_i}$$ （11-42）

式中　E_t——平均金属温度下管子材料弹性模量，MPa；

　　　L——换热管长度，mm；

　　　n——管子根数。

计算得：

$$K_t = \frac{1.18 \times 10^5 \times 80 \times 146.9}{7500 \times 392.3} = 471.372 (\text{MPa})$$

管子回转半径：

$$i = 0.25\sqrt{d^2 + (d - 2\sigma_t)^2}$$ （11-43）

式中　σ_t——管子厚度，mm；

　　　d——管子外径，mm。

计算得：

$$i = 0.25 \times \sqrt{25.4^2 + 21.4^2} = 8.303 (\text{mm})$$

系数 C_r：

$$C_r = \pi\sqrt{\frac{2E_t^t}{\sigma_s^t}}$$ （11-44）

计算得：

$$C_r = \pi\sqrt{\frac{2 \times 1.18 \times 10^5}{1.623}} = 246.9$$

比值：

$$\eta = \frac{l_{cr}}{i}$$ （11-45）

式中　l_{cr}——管子受压失稳当量长度，mm。

计算得：

$$\eta = \frac{286.4}{8.303} = 34.493$$

管子稳定许用压应力：

由于计算得 $C_r > \dfrac{l_{cr}}{i}$，则管子稳定许用压应力为：

$$[\sigma]_{cr} = \frac{\sigma_s^t}{2}\left(1 - \frac{l_{cr}/i}{2C_r}\right)$$ （11-46）

计算得：

$$[\sigma]_{cr} = \frac{392}{2}\left(1 - \frac{34.49}{493.8}\right) = 182.3 (\text{MPa})$$

总结：换热管的强度校核满足，且管子稳定时的许用应力为182.3MPa 。

参考文献

[1] 芦德龙，张尚文，文晓龙，等. 液化天然气浸没燃烧式气化器工艺计算 [J]. 石油化工设备，2017，46（4）：17-22.

[2] 顾安忠，鲁雪生，汪荣顺，等. 液化天然气技术 [M]. 北京：机械工业出版社，2003.

[3] 陈伟，陈锦林，李萌. LNG 接收站中各类型气化器的比较与选择 [J]. 中国造船，2007，48（11）：281-288.

[4] 于国杰. LNG 沉浸式燃烧型气化器数值模拟 [D]. 大连：大连理工大学，2009.

[5] GB/T 19204—2003.

[6] 顾安忠，鲁雪生. 液化天然气技术手册 [M]. 北京：机械工业出版社，2010.

[7] SY/T 6928—2012.

[8] 孙海峰. 浸没燃烧式 LNG 气化器的传热计算与数值仿真 [D]. 北京：北京建筑大学，2014.

[9] 陈永东. 大型 LNG 气化器的选材和结构研究 [J]. 压力容器，2007，24（11）：40-47.

[10] 杨世铭，陶文铨. 传热学 [M]. 北京：高等教育出版社，2006.

[11] 张尚文. 液化天然气开架式气化器工艺研究和设计 [J]. 石油化工设备，2012，41（3）：25-28.

[12] 柴诚敬. 化工原理 [M]. 北京：高等教育出版社，2005.

[13] 傅忠诚，薛世达，李振鸣. 燃气燃烧新装置 [M]. 北京：中国建筑工业出版社，1984.

[14] 王修彦. 工程热力学 [M]. 北京：机械工业出版社，2008.

[15] 董其伍，张圭. 换热器 [M]. 北京：化学工业出版社，2008.

[16] 曹文胜，鲁雪生，顾安忠，等. 液化天然气接收终端及其相关技术 [J]. 天然气工业，2006，26（1）：112-115.

[17] 刑云，刘淼儿. 中国液化天然气产业现状及其前景分析 [J]. 天然气工业，2009，29（1）：127-130，154-155.

[18] 王保庆. 天然气液化工艺技术比较分析 [J]. 天然气工业，2009，29（1）：118-120，153.

第12章
缠绕管式换热器的设计计算

12.1 绪论

12.1.1 研究背景

　　液化天然气系统中的冷却、冷凝和液化工艺流程，以多股流交叉换热为重要的换热环节，而环节中又以主低温换热器为最重要的热交换设备。同时，可以看出虽然板翅式换热器在其他个别工艺流程中还未被完全替代，但缠绕管式换热器已经是占主导地位的主低温换热器。缠绕管式换热器被广泛应用的主要原因是其具有结构紧凑、单位容积内传热面积较大、缠绕管的热膨胀可自行补偿、易于实现大型化、可减少设备初投资等优点。而这些优点又使其不仅在 LNG 领域，还在低温空分、低温甲醇洗等领域被大量使用。低温净化、大型化的缠绕管式换热器的长度一般在二三十米，最高可达到七、八十米，体积庞大，通常多应用于超低温环境，以传热塔的形式出现，内部管道缠绕复杂。换热设计计算随着工艺流程或热物性参数特点不同而存在较大差别，给缠绕管换热器标准化过程带来了难度。因此，较为完整的设计计算方法在完善缠绕管式换热器换热工艺中显得尤为重要。

12.1.2 国内外研究动态

　　缠绕管式换热器（图 12-1）最早是由德国的 Linde 公司于 1895 年制造，应用于大型石油化工工艺过程重要的单元设备。它亦是一种节能设备，具有可进行低温工况下的多股流低温高压多股流回热换热、具有换热效率高、集约化程度高、需要换热设备数量少等特点，但由于该设备设计计算复杂，制造难度大，工程技术一直被国外 Linde 等公司垄断。之后，美国 APCI 公司也加入了缠绕管式换热器的研发队伍。

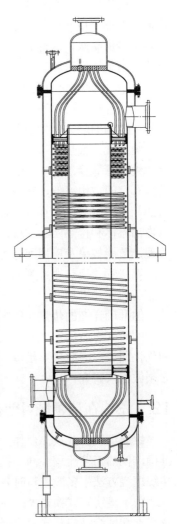

图 12-1　缠绕管式换热器示意图

国内在石油化工、低温制冷等行业对螺旋缠绕换热器已有较为广泛应用，一般随整体工艺成套进口，设备费用包含专利使用费等极其昂贵。原开封空分厂、合肥通用机械研究所及镇海炼化公司等仿造开发小型缠绕管式换热器，可部分替代国外进口产品，但目前还不能开发大型的带回热换热的如 LNG 主换热器等设备，主要缺乏系统的研究设计计算书，对缠绕管式换热器的换热工艺和制造工艺并没有提出过完整的、系统的研究设计计算技术，大型缠绕管式换热设备主要依赖于进口。在换热工艺计算方面，目前流行的缠绕管换热器管外传热膜数计算主要基于 Gilli 公式、管内传热膜数基于 Schmidt 公式，优点是计算过程简便，带有不同的管道修正系数，便于单股流常温换热器设计计算。其缺点是不能用于低温工况、多向流、多股流计算过程，没有考虑多向流相变制冷过程等，尤其应用于大型多股流，多相流、大温差混合制冷剂相变制冷过程，计算误差太大等。

一般情况下，壳管式换热器中固定管板的换热器设计管板结构时，通常需考虑传热管对管板的支撑作用和由热膨胀引起的管壳膨胀差。其中，U 形管换热器由于管束一端固定，另一端可自由膨胀，因此其管板设计中不考虑支撑作用和管壳膨胀差的影响因子。但缠绕管式换热器由于绕管束具有一定的弹性（即既能在壳体内伸缩吸收一定的热膨胀，又有一定的约束力），故其管板受力状态介于两者之间。因此，目前这种结构管板尚无成熟的计算方法和设计标准，若将其近似等效 U 形管板的计算模型，既不能真实反映其受力情况，也不能确定这种管板结构的最大应力值及其分布部位，则将导致管板结构尺寸而造成锻件材料成本增加。

缠绕管式换热器系列产品根据材料不同主要分为单股流、双股流和多股流缠绕管式换热器。缠绕管式换热器+中心筒体上以螺旋状缠绕数层换热管，在其管板中部形成管束。由于其具有空间占用率低、管程工作压力大、设备易实现大型化等特点，被广泛用于食品行业和石油、天然气等化工行业。在国外，对于缠绕管式换热器在天然气工业中的研究应用，主要以内部流体和传热实验体现；而在国内，对于缠绕管式换热器的理论计算方法，运行和维护管理、节能效果及应用前景等方面仍处于摸索阶段。

缠绕管式换热器系列的换热工艺流程繁琐，且各类产品既有交叉点又有不同点，加之流体流动和换热机理亦十分复杂，另外对其研究的相关文献也不全面，致使还未能研究出一套统一的准确详细的传热和压损的计算方法。近年来，尽管用有限分析方法对缠绕管换热器各结构的研究有所增加，为研究缠绕管式换热器做初步的探索，但未包括所有相关的影响因素和优化因子，因此仍不足以彻底解决此类换热器换热工艺中设计与传热计算及优化等问题，必须做深入研究。

12.1.3　在该领域目前存在的问题

螺旋缠绕管式换热器作为一种主低温换热设备，其换热工艺中部分相关参数的计算不够准确，换热工艺流程不同，换热管束缠绕方法不同，几何结构尺寸确定方法不统一，尤其是传统缠绕方法中多股进料时各段管束的规格及缠绕方式不统一。

由于缠绕管式换热器是主低温换热器，壳程与环境的温差非常大，环境作为高温热源，持续不断地给缠绕管式换热器壳程输入热量，换热器表面热量来源包括太阳辐射、空气对流换热和环境热辐射等，若壳程走相冷流，则壳体内部容易因外部瞬时热流量输入过大而急速产生过热蒸汽，加重"漏损现象"，且导致系统压力剧烈变化，严重影响了缠绕管式换热器的换热效果，并给压力容器带来了极大的不安全因素，而解决这一问题的一般方法是给换热器表面增加外部毛细材料绝热层，但其很难满足低温工况下的绝热要求，换热器内低温流体会产生激烈的相变过程；进而引进真空绝热技术来解决低温工况下的绝热问题，但真空绝热层的设计、计算和加工制造等问题均有待解决。

12.2　缠绕管换热器的设计计算

单股流螺旋缠绕式换热器设计计算方法，包括单股流螺旋缠绕管式换热器管程流速计算、单股流螺旋缠绕管式换热器壳程流速计算、单股流螺旋缠绕管式换热器传热系数计算及单股流螺旋缠绕管式换热器压力校核四个主要换热工艺计算过程。

12.2.1　已知设计参数及有关计算

（1）天然气参数

天然气设计进口温度：105℃

天然气设计出口温度：36℃

体积流量：$200 \times 10^4 \mathrm{m}^3/\mathrm{d}$

定性温度：70.5℃

比容：$0.30371 \mathrm{m}^3/\mathrm{kg}$

比焓：$-4595.2883 \mathrm{kJ/kg}$

比熵：$9.8841 \mathrm{kJ/(kg \cdot K)}$

动力黏度：$\mu = 1.36 \times 10^{-5} \mathrm{Pa \cdot s}$

运动黏度：$v = 5.0522 \times 10^{-7} \mathrm{m}^2/\mathrm{s}$

定压比热容：$c_{p2} = 2.626 \mathrm{kJ/(kg \cdot K)}$

普朗特数：$Pr = 0.7455$

（2）水的参数

水的进口温度：40℃

出口温度：90℃

设计压力：0.2MPa

密度：$\rho = 980.5173 \mathrm{kg/m}^3$

热导率：$\lambda = 0.6556 \mathrm{W/(m \cdot K)}$

比焓：272.261kJ/kg

比熵：$0.8936 \mathrm{kJ/(kg \cdot K)}$

流量：$200 \times 10^4 \mathrm{m}^3/\mathrm{d}$

动力黏度：$\mu = 4.32928 \times 10^{-4} \mathrm{Pa \cdot s}$

运动黏度：$v = 4.4153 \times 10^{-7} \mathrm{m}^2/\mathrm{s}$

定压比热容：$c_{p1} = 4.1871 \mathrm{kJ/(kg \cdot K)}$

普朗特数：$Pr = 2.7649$

热平衡方程（对管内流体）：

$$Q_1 = G_2 c_{p2}(t_2' - t_2'') \tag{12-1}$$

计算得：

$$Q_1 = 12 \times 2.616 \times (t_2' - t_2'') = 2172.91(\text{W})$$

式中　Q_1 ——热交换量，W；

　　　G_2 ——管道内质量流量，kg/s；

　　　c_{p2} ——天然气的定压比热容，kJ/（kg·K）；

　　　t_2' ——天然气设计进口温度，℃；

　　　t_2'' ——天然气设计出口温度，℃。

水流量：

$$G_1 = \frac{Q_1}{c_{p1}(t_1'' - t_1')} \tag{12-2}$$

计算得：

$$G_1 = \frac{2172.91}{4.1871 \times 50} = 10.38(\text{kg/s})$$

对数平均温差：

$$\Delta t_{\text{m}} = \frac{(t_2' - t_1'') - (t_2'' - t_1')}{\ln \dfrac{t_2' - t_2}{t_2'' - t_1}} \tag{12-3}$$

计算得：

$$\Delta t_{\text{m}} = \frac{15 - 4}{\ln \dfrac{15}{4}} = 8.32(℃)$$

$$P = \frac{t_1'' - t_1'}{t_2' - t_1'} \tag{12-4}$$

$$R = \frac{t_2' - t_2''}{t_1'' - t_1'} \tag{12-5}$$

计算得：

$$P = \frac{t_2'' - t_2'}{t_1' - t_2'} = \frac{36 - 105}{40 - 105} = 1.062$$

$$R = \frac{t_1' - t_1''}{t_2'' - t_2'} = \frac{40 - 90}{36 - 105} = 0.73$$

所以传热平均温差为：

$$\Delta t_{\text{m}} = 8.32 \times 0.73 = 6.1(℃)$$

又由于 $\phi = 0.5$：

$$\Delta t_{\text{m}} = 8.32 \times 0.5 = 4.16(℃)$$

12.2.2　缠绕管计算

12.2.2.1　缠绕管根数

根据已知设计参数包括换热流体流量、进出口温度、进出口压力、设计温度、设计压力、管道材料及规格等计算总体管道数量。

$$n = \frac{G_2}{\pi \rho v_2 \left(\dfrac{d_2}{2}\right)^2} \tag{12-6}$$

式中　n——管道数量；

　　　　G_2——管道内质量流量，kg/s；

　　　　ρ——天然气密度，kg/m³；

　　　　v_2——管内流体流速，m/s；

　　　　d_2——管道内径，m。

热设计缠绕管式交换器如图 12-1 所示，在芯圆筒周围加隔板，然后以螺旋状缠绕几层小直径传热管，传热管的缠绕方向在各盘管层中相反，传热管半径方向的间距用隔板（一般用金属丝）调节。一般传热管为直径 6～10mm 的细管，隔板为直径 1～5mm 的金属丝或 1～5mm 厚的带状金属板，另外，传热管的缠绕角为 5°～20°，因此，热交换器的传热部分由细传热管缠绕组成，其特征是在小容积中有极大的传热面积。

天然气流量：$G_2 = 43200\text{kg/h} = 12\text{kg/s}$

水流量：$G_1 = 10.38\text{kg/s}$

根数的确定：

$$n = \frac{G_1}{\rho v_1 \pi \left(\dfrac{d_1}{2}\right)^2} \tag{12-7}$$

计算得：

$$n = \frac{12}{26.9386 \times 7 \times \pi \times \left(\dfrac{0.015}{2}\right)^2} = 361(\text{根})$$

12.2.2.2　缠绕管的排列

确定螺旋管道规格、径向层间距、轴向管间距及螺旋上升角；确定芯筒直径并按等差数列绕芯筒层层排列管道；第一层排满后以反向螺旋上升角排列第二层管道；第二层管道排满后以正向螺旋上升角排列第三层；第三层管道排满后以反向螺旋上升角排列第四层，正反排列至第 i 层；第 i 层排不满时按等差数列补足并形成整体管束。

缠绕管式热交换器中，传热管在芯筒周围介于隔板之间呈螺旋状缠绕几层，把圆筒状盘管重叠几层组成流道。传热管的缠绕角和纵向间距，沿整个热交换器通常是均匀的。另外，各圆筒状盘管由很多管构成。要使内侧盘管层和外侧盘管层中的缠绕角、传热管长和纵向间距不变，就应与盘管螺旋直径成比例且增加构成盘管层的传热管数。盘管层的缠绕角，通常从内侧盘管层向左缠、向右缠、向左缠相互交替。由这样构成的盘管层所组成的管束，其管外侧（壳侧）流道形式，因圆周方向的位置不同而变化，例如，考虑图 12-2 所示的盘管层同心布置成图 12-3 所示的管束。假定构成盘管层 1、2、3 的传热管数分别为 $N_1 = 1$，$N_2 = 2$，$N_3 = 3$，在盘管初始缠绕位置（$\varepsilon=10°$），传热管直列并排。如果令所有盘管层中传热管纵向间距相等，则传热管的倾斜角度（盘管缠绕角度）当然也相等，盘管螺旋直径大的外侧盘管与内侧盘管相比，每圈的当量管长都较大。随着圆周角 ε 增加，较快地达到同样的高度。

缠绕管管规格：$\phi25\text{mm}\times5\text{mm}$，$r = 0.0125\text{m}$，$A = 0.008\text{m}^2$。

平均弧长：

$$l = \frac{g}{\sin 10°} = \frac{25 + 2.25}{\sin 10°} = 16.02(\text{mm})$$

表 12-1 为管道排列表

表 12-1 管道排列表

层数	周长/mm	管根数
1	4.806	4.7
2	5.607	4.0
3	6.408	3.5
4	7.209	3.1
5	8.01	2.8
6	8.811	2.5
7	9.612	2.3
8	10.413	2.2

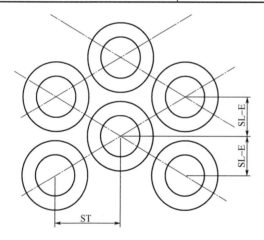

图 12-2 管间距与层间距的确定

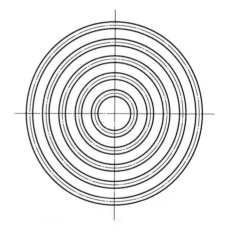

图 12-3 缠绕方式示意图

层间距计算：

$$r + r + \frac{1}{4}r = 0.028(\text{m})$$

总截面积：

$$A_1 = \frac{G_1}{\rho_1 v_1} \tag{12-8}$$

计算得：

$$A_1 = \frac{10.38}{980.5173 \times 0.5} = 0.0212 (\text{m}^2)$$

管束半径为：

$$r = \frac{0.025}{2} = 0.0125 (\text{m})$$

芯筒总截面积：

$$A_1 = \pi \left\{ \left[\left(\frac{D}{2} + \frac{1}{8}r \right)^2 - \left(\frac{D}{2} \right)^2 \right] + \cdots + \left[\left(\frac{D}{2} + \frac{145}{8}r \right)^2 - \left(\frac{D}{2} + \frac{143}{8} \right)^2 \right] \right\} \qquad （12-9）$$

换热器壳半径：

$$R = \frac{1}{2} \times 0.025 + \frac{1}{4} \times 0.0125 \times 7 + 8 \times 0.025 + \frac{1}{8} \times 0.0125 \times 2 = 0.233 (\text{m})$$

壳程总截面积：

$$A_{总} = \pi R^2 = \pi \times 0.233^2 = 0.171 (\text{m}^2)$$

芯筒截面积：

$$d_{芯} = 0.0157 \text{m}^2$$

$$A_{芯} = \pi \left(\frac{d_{芯}}{2} \right)^2 = \pi \left(\frac{0.0157}{2} \right)^2 = 1.9 \times 10^{-4} (\text{m}^2)$$

管道总截面积 A 管为管道各层沿轴向投影面积之和：

$$A_{管} = A_{层1} + A_{层2} + A_{层3} + \cdots + A_{层7} - A_{层8} \qquad （12-10）$$

管道任意一层沿轴向投影：

$$A_i = \pi \frac{\left(D_i + \frac{d_0}{2} \right)^2}{4} - \pi \frac{\left(D_i - \frac{d_0}{2} \right)^2}{4} \qquad （12-11）$$

各层面积：

$$A_1 = \pi \left(d_{芯} + d_0 + \frac{1}{4}r + d_0 \right)^2 / 4 - \pi \left(d_{芯} + d_0 + \frac{1}{4}r - d_0 \right)^2 / 4 = 0.002 (\text{m}^2)$$

$$A_2 = \pi \left(d_{芯} + d_0 + \frac{1}{4}r + \frac{1}{2}r + d_0 \times 3 + d_0 \right)^2 / 4 - \pi \left(d_{芯} + 3d_0 + \frac{1}{4}r + \frac{1}{2}r - d_0 \right)^2 / 4 = 0.0019 (\text{m}^2)$$

$$A_3 = \pi \left(d_{芯} + \frac{1}{4}r + r + 5d_0 + d_0 \right)^2 / 4 - \pi \left(d_{芯} + 5d_0 + \frac{1}{4}r + r - d_0 \right)^2 / 4 = 0.0123 (\text{m}^2)$$

$$A_4 = \pi \left(d_{芯} + \frac{1}{4}r + \frac{6}{4}r + 7d_0 + d_0 \right)^2 / 4 - \pi \left(d_{芯} + 7d_0 + \frac{1}{4}r + \frac{6}{4}r - d_0 \right)^2 / 4 = 0.017 (\text{m}^2)$$

$$A_5 = \pi \left(d_{芯} + \frac{1}{4}r + \frac{8}{4}r + 9d_0 + d_0 \right)^2 / 4 - \pi \left(d_{芯} + 9d_0 + \frac{1}{4}r + \frac{8}{4}r - d_0 \right)^2 / 4 = 0.021 (\text{m}^2)$$

$$A_6 = \pi\left(d_{芯} + \frac{1}{4}r + \frac{10}{4}r + 11d_0 + d_0\right)^2 / 4 - \pi\left(d_{芯} + 11d_0 + \frac{1}{4}r + \frac{10}{4}r - d_0\right)^2 / 4 = 0.026(\text{m}^2)$$

$$A_7 = \pi\left(d_{芯} + \frac{1}{4}r + \frac{12}{4}r + 13d_0 + d_0\right)^2 / 4 - \pi\left(d_{芯} + 13d_0 + \frac{1}{4}r + \frac{12}{4}r - d_0\right)^2 / 4 = 0.03(\text{m}^2)$$

$$A_8 = \pi\left(d_{芯} + \frac{1}{4}r + \frac{14}{4}r + 15d_0 + d_0\right)^2 / 4 - \pi\left(d_{芯} + 15d_0 + \frac{1}{4}r + \frac{14}{4}r - d_0\right)^2 / 4 = 0.0344(\text{m}^2)$$

$$A_{管} = 0.1506(\text{m}^2)$$

流通总截面积：

$$A_{壳} = A - A_{管} - A_{面} = 0.1171 - 0.1506 - 1.9 \times 10^{-4} = 0.02021(\text{m}^2)$$

壳侧流速：

$$v_1 = \frac{G_1}{\rho_1 A_{壳}} \tag{12-12}$$

式中　G_1 ——壳侧质量流量，kg/s；

　　　ρ_1 ——壳侧流体密度，kg/m³；

　　　v_1 ——壳侧流体流速，m/s。

12.2.2.3　总传热系数的计算

管外雷诺数：

$$Re_1 = \frac{v_1\rho_1 d_0}{\mu_1} \tag{12-13}$$

计算得：

$$Re = \frac{0.5238 \times 980.5173 \times 0.5}{4.43 \times 10^{-4}}$$

$$= 579678$$

管外传热系数：

$$h_1 = 0.2971\left(\frac{\lambda_1}{d_0}\right)Re_1^{0.609}Pr_1^{0.3} \tag{12-14}$$

式中　h_1 ——壳侧对流换热系数，W/(m²·K)；

　　　λ_1 ——壳侧流体热导率，W/(m·K)。

普朗特数：

$$Pr_1 = \frac{\mu_1 c_{p1}}{\lambda_1} \tag{12-15}$$

计算得：

$$Pr_1 = \frac{4.32928 \times 10^{-4} \times 4.1871}{0.6556} = 2.765 \times 10^{-3}$$

管内传热系数：

$$h_{\mathrm{i}} = 0.038(\lambda_{\mathrm{i}}/d_{\mathrm{i}})(Re^{0.75} - 180)Pr^{0.42} \tag{12-16}$$

式中　h_{i} ——管侧对流换热系数，W/(m² • K)；

　　　λ_{i} ——管侧流体热导率，W/(m • K)。

$$h_2 = 0.038\left(\frac{\lambda_1}{d_1}\right)(Re^{0.75} - 180)Pr^{0.42}$$

计算得：

$$h_2 = 0.038 \times \frac{0.0478}{0.015} \times (196962.53^{0.75} - 180) \times 0.7455^{0.42} = 981.51 \,[\mathrm{W/(m^2 \cdot K)}]$$

管内雷诺数：

$$Re_{\mathrm{i}} = v_{\mathrm{i}}\rho_{\mathrm{i}}d_{\mathrm{i}} / \mu \tag{12-17}$$

式中　ρ_{i} ——管内流体密度，kg/m³；

　　　v_{i} ——管内流体流速，m/s；

　　　d_{i} ——管道内径，m；

　　　μ ——管内黏度系数，Pa • s。

管内雷诺数：

$$Re_2 = \frac{v_2\rho_2 d_1}{\mu_2} = \frac{6.634 \times 26.9386 \times 0.015}{1.361 \times 10^{-5}} = 196962.53$$

管内普朗特数：

$$Pr_2 = \frac{\mu_2 c_{\mathrm{p2}}}{\lambda_2} = \frac{1.361 \times 10^{-5} \times 2.616}{0.0478} = 7.45 \times 10^{-4}$$

总传热系数：

$$K = \cfrac{1}{\cfrac{1}{h_1} + \cfrac{d_0}{d_1 h_2} + R_1 + \cfrac{R_2 d_0}{d_1} + \cfrac{\delta d_0}{\lambda d_{\mathrm{m}}}} \tag{12-18}$$

式中　K ——总传热系数，W/(m² • K)；

　　　δ ——管道厚度，m；

　　　R_1 ——管内污垢系数，W/(m² • K)；

　　　R_2 ——管外污垢系数，W/(m² • K)。

计算得：

$$K = \cfrac{1}{\cfrac{1}{5566.34} + \cfrac{0.025}{0.015 \times 981.51} + 0.00015 + \cfrac{0.0001 \times 0.025}{0.015} + \cfrac{0.005 \times 0.025}{14 \times 0.02}} = 378.672 \,[\mathrm{W/(m^2 \cdot K)}]$$

总传热量：

$$Q = cm\Delta t \tag{12-19}$$

式中　Q ——总传热量，W；

　　　m ——质量流量，kg/s；

Δt ——温差，K。

计算得：

$$Q = cm\Delta t = 2172.91(\text{W})$$

总传热面积：

$$A = \frac{Q}{k\Delta t_m} = \frac{2172.91\times10^3}{378.672\times8.32} = 690(\text{m}^2)$$

每根管长：

$$L = \frac{A}{n\pi d_0} = \frac{690}{380\times\pi\times0.025} = 23(\text{m}) \tag{12-20}$$

换热器有效高度：

$$H = L\sin10° = 23\times\sin10° = 4(\text{m}) \tag{12-21}$$

有效换热高度不包括封头、管箱、接管及裙座等高度

12.2.2.4　压力校核

壳侧压力校核：

$$\Delta p_o \leqslant 0.125 p_{od}[\sigma_o]/[\sigma]^t \tag{12-22}$$

式中　p_{od} ——壳侧设计压力，MPa；

$[\sigma_o]$ ——实验温度下壳侧设计温度许用应力，MPa；

$[\sigma]^t$ ——设计温度下壳侧设计温度许用应力，MPa；

Δp_o ——壳侧压力损失，MPa。

当 Δp_o 大于壳侧许用压力损失时，减小壳侧流速并重新按照单股流螺旋缠绕管式换热器壳侧流速计算、单股流螺旋缠绕管式换热器总传热系数计算、单股流螺旋缠绕管式换热器压力损失计算步骤计算 Δp_o；按 v_o 每次递减 0.1m/s 的速度重复计算壳侧许用压力损失；按照给定的错流盘管计算公式

$$\Delta p_o = 0.337 C_t C_i C_n G_2/(2g_c\rho_o) \tag{12-23}$$

式中　ρ_o ——壳侧流体的密度，kg/m^3；

Δp_o ——壳侧压力损失，kg/m^2；

C_t ——管子布置修正系数；

C_i ——传热管倾斜修正系数；

C_n ——管排数修正系数；

G_2 ——壳侧流体质量流量，kg/s；

g_c ——重力换算系数，1.27×10^{8}m/h^2。

传热管倾斜修正系数计算：

$$C_i = \cos\beta - 1.81(\cos\varphi)^{1.356} \tag{12-24}$$

式中　β ——流体流动方向和轴向之间的夹角，如图 12-4 所示；

φ ——流体实际流动方向与传热管垂直轴之间的夹角。

$$\beta = \alpha\times(1-\alpha/90°)(1-K^{0.25}) \tag{12-25}$$

式中　K——盘管层织成的管束的特性数，缠绕管式热交换器左缠绕和右缠绕盘管层交布置时，$K=1$，因此，$\beta=0$；在仅由左缠或右或中任何一个缠绕方向盘管组成的热交换器中，$K=0$。

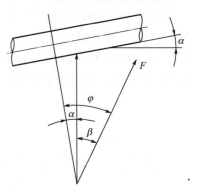

$$\varphi = \alpha + \beta \qquad (12\text{-}26)$$

$$C_{\mathrm{n}} = (C_{\mathrm{in-line}} + C_{\mathrm{staggerd}}) / 2 \qquad (12\text{-}27)$$

式中　$C_{\mathrm{in-line}}$——直列布置时的修正系数，查 GB/T 151—2014 得；

　　C_{staggerd}——规则错列布置时的修正系数，查 GB/T 151—2014 得。

图 12-4　流体流动方向夹角示意图

流体流动方向和轴向之间的夹角计算如下：

流体流动方向和轴向之间的夹角：

$$\beta = \alpha\left(1 - \frac{\alpha}{90^\circ}\right)(1 - K^{0.25}) = 10^\circ \times \left(1 - \frac{1}{90}\right)(1 - 378.672^{0.25}) = 0^\circ$$

流体实际流动方向与传热管垂直轴之间的夹角：

$$\phi = \alpha + \beta = 10^\circ$$

直列布置时的修正系数：

$$C_{\mathrm{i}} = (\cos 10^\circ)^{1.356} = 0.98$$

经查"单股流螺旋缠绕管式换热器设计计算方法"计算 C_{n}、C_{t} 如下：

C_{n} 计算得：

$$C_{\mathrm{n}} = 0.9524 \times \left(1 + \frac{0.375}{n}\right) = 0.9524 \times \left(1 + \frac{0.375}{380}\right) = 0.953$$

C_{t} 计算得：

$$C_{\mathrm{t}} = \frac{C_{\mathrm{in-line}} + C_{\mathrm{staggerd}}}{2} = \frac{0.42 + 1.56}{2} = 0.99$$

Δp_1 计算得：

$$\Delta p_1 = 0.337 C_{\mathrm{t}} C_{\mathrm{i}} C_{\mathrm{n}} \frac{n G_1^2}{2 g_{\mathrm{c}} \rho_1} \qquad (12\text{-}28)$$

计算得：

$$\Delta p_1 = 0.337 \times 0.99 \times 0.98 \times 0.953 \times \frac{380 \times 37368^2}{2 \times 1.27 \times 10^8 \times 980.52} = 0.664 (\mathrm{kg/m^3})$$

管侧压力校核按照：

$$\Delta p_i \leqslant 0.125 p_{\mathrm{od}} [\sigma_0] / [\sigma]^t \qquad (12\text{-}29)$$

式中　p_{od}——管侧设计压力，MPa；

　　$[\sigma_0]$——实验温度下管侧设计温度许用应力，MPa；

$[\sigma]_i^t$ ——设计温度下管侧设计温度许用应力，MPa。

当 Δp_i 大于管侧许用压力损失时，减小管侧流速并重新按照单股流螺旋缠绕管式换热器流速计算、单股流螺旋缠绕管式换热器总传热系数计算、单股流螺旋缠绕管式换热器压力损失计算步骤计算 Δp_i；按照 v_i 每次递减 0.1m/s 的速度重复计算直至小于管侧许用压力损失；按照施密特给定的盘管内压力损失计算公式：

$$\Delta p_i = f_i G_i n \frac{1}{2 g_c \rho_i d_i} \qquad (12\text{-}30)$$

$$f_i = \frac{0.3164 \times \left[1 + \left(\dfrac{28800}{Re_i} \right) \left(\dfrac{d_i}{d_m} \right)^{0.62} \right]}{Re_i^{0.25}} \qquad (12\text{-}31)$$

式中　Δp_i ——管内侧压力损失，kg/m³；

　　　ρ_i ——管内侧流体的压力，kg/m²；

　　　g_c ——重力换算系数，1.27×10^8；

　　　f_i ——摩擦系数。

Δp_2 的计算：

$$\Delta p_2 = f_i G_i^2 n l \frac{1}{2 g_c \rho_i d_i}$$

计算得：

$$\Delta p_2 = \frac{0.017 \times 43200^2 \times 380 \times 23}{2 \times 1.27 \times 10^8 \times 26.9386 \times 0.015} = 2701.64 (\text{Pa})$$

摩擦系数的计算：

$$f_i = \frac{0.3164 \times \left[1 + \dfrac{28800}{Re_i} \left(\dfrac{d_i}{d_m} \right)^{0.62} \right]}{Re_i^{0.25}} = \frac{0.3164 \times \left[1 + \dfrac{28800}{196962.53} \times \left(\dfrac{0.015}{0.02} \right)^{0.62} \right]}{196962.35^{0.25}} = 0.017$$

12.2.3　结构设计

12.2.3.1　盘绕圈数的计算

根据传热面积计算，共 8 层，第一层 30 根管，第二层 35 根管，按下来的每一层比前一层多 5 根管，按断面为等边三角形紧密缠绕方式绕管。取平均螺旋角 $\alpha = 10°$，盘绕圈数：

第一层：

$$n_1 = L \cos 10° / l = 23 \times 0.984 / 4.806 = 4.7$$

第二层：

$$n_2 = L \cos 10° / l = 23 \times 0.984 / 5.607 = 4.0$$

第三层：

$$n_3 = L \cos 10° / l = 23 \times 0.984 / 6.408 = 3.53$$

第四层：

$$n_4 = L\cos 10° / l = 23 \times 0.984 / 10.413 = 2.17$$

第五层：

$$n_5 = L\cos 10° / l = 23 \times 0.984 / 8.01 = 2.83$$

第六层：

$$n_6 = L\cos 10° / l = 23 \times 0.984 / 8.811 = 2.57$$

第七层：

$$n_7 = L\cos 10° / l = 23 \times 0.984 / 9.612 = 2.36$$

第八层：

$$n_8 = L\cos 10° / l = 23 \times 0.984 / 10.413 = 2.17$$

管盘绕圈数如表 12-2 所示。

表 12-2　管盘绕圈数

层数	根数	绕圈数
1	30	4.7
2	35	4
3	40	3.53
4	45	3.14
5	50	2.83
6	55	2.57
7	60	2.36
8	65	2.17

12.2.3.2　芯筒的壁厚计算

$$S = S_i + C \tag{12-32}$$

$$S_i = \frac{pd_{芯}}{2[\sigma]'\eta + p} \tag{12-33}$$

计算得：

$$S_i = \frac{pd_{芯}}{2[\sigma]'\eta + p} = \frac{4.16 \times 15.8}{2 \times 137 \times 1.0 + 4.16} = 0.236\,(\text{mm})$$

壁厚的附加量计算：

$$C = C_1 + C_2 + C_3 \tag{12-34}$$

式中　C ——壁厚的附加量，mm；

C_1 ——最大负公差附加量，mm；

C_2 ——腐蚀裕量，mm；

C_3 ——封头冲压式的拉伸减薄量，mm。

计算得：

$$C = 0.2+3+0.1\times 0.236=3.224(\text{mm})$$

$$S = S_i + C = 3.46(\text{mm})$$

取芯筒名义厚度 $S = 4\text{mm}$。

12.2.3.3　壳程厚度计算

选用材料：0Cr18Ni9Ti。

计算公式：

$$S = \frac{pD}{2[\sigma]'\eta + p} \tag{12-35}$$

式中　S ——满足强度内压要求所需的壁厚，mm；

D ——壳层外径，mm；

$[\sigma]'$ ——在 t 温度下的许用应力计算时一般按 t 范围温度的上限取值；

p ——管内设计最高压力，MPa。

当介质对容量材料的腐蚀速度大于 0.05mm/年时，其腐蚀裕度应根据腐蚀速度和设计的使用寿命来决定。当介质对容器材料的腐蚀速度小于等于 0.05mm/年时，单面腐蚀取 $C_2 = 2\text{mm}$。

在一般情况下，C_3 取计算厚度的 10%，并且不大于 4mm，对于需要加工手工敲打的封头，根据加工具体情况，考虑由于氧化及拉伸所减薄的厚度，并在图纸上注明。对于圆筒体等不经冲压的原件，$C_3 = 0$。

计算厚度：

$$S = \frac{pD}{2[\sigma]'\eta + p} = \frac{4.6\times 466}{2\times 137\times 1.0 + 4.6} = 7.69(\text{mm})$$

附加裕量：

$$C = C_1 + C_2 + C_3 = 0.6+3+7.69\times 0.1 = 4.369(\text{mm})$$

壳层厚度：

$$S = 7.69 + 4.369 = 12.059(\text{mm})$$

取 S=13mm。

压力试验应力校核：

$$p_r = 1.25\times p\frac{[\sigma]}{[\sigma]^t} = 1.25\times 4.6\times \frac{137}{137} = 5.75(\text{MPa})$$

$$p_r = p + 0.1 = 4.6+0.1 = 4.7(\text{MPa})$$

式中　$[\sigma]^t$ ——设计温度下的材料许用应力，MPa；

$[\sigma]$ ——试验温度下的材料许用应力，MPa。

p_r 取两者中的较大值，所以 $p_r = 5.75\text{MPa}$。

在进行液压试验时，圆筒的薄膜应力不得超过试验温度下材料屈服点的 90%，即：

$$[\sigma] < 0.9\times \sigma^t = 0.9\times 205 = 184.5(\text{MPa})$$

所以符合要求。

12.2.4 强度计算

大多数真空室的壳体是圆筒形的，原因是制造容易且强度好。真空室除用板材制造外，对于直径较小的真空室圆筒亦可用热轧无缝钢管制造。真空层存在于换热器最外层，其中加入珠光砂，起到保温作用。此真空室选择立式圆筒形，因为圆筒形制造容易且强度好。

12.2.4.1 外压圆筒加强圈的设计

假设加强圈的横截面积：

$$A_a = ab \qquad (12\text{-}36)$$

式中 a——加强圈厚度，mm；

   b——加强圈宽度，mm。

设 a 为 100mm，b 为 30mm：

$$B = \frac{p_c D}{\delta + \left(\dfrac{A}{H}\right)} = \frac{0.1 \times 800}{8 + \dfrac{3000}{4000}} = 9.14 (\text{MPa}) \qquad (12\text{-}37)$$

式中 p_c——计算压力，MPa；

   D——圆筒外径，mm；

   δ——有效厚度，mm；

   A——加强圈面积，mm^2；

   H——圆筒长度，mm。

$$\delta = 1.25D \left(\frac{p_c H}{DE_t}\right)^{0.4} \qquad (12\text{-}38)$$

计算得：

$$\delta = 1.25 \times 800 \times \left(\frac{0.1 \times 4000}{800 \times 1.95 \times 10^5}\right)^{0.4} = 5.8 (\text{mm})$$

其中腐蚀度为 2mm，δ 取 14mm。

$$A = \frac{1.5B}{E_t} \qquad (12\text{-}39)$$

计算得：

$$A = \frac{1.5 \times 9.14}{1.95 \times 10^5} = 7 \times 10^{-5} (\text{mm}^2)$$

式中 A——加强圈面积，mm^2；

   B——圆筒长度，mm；

   E_t——材料温度为 t 时的弹性模量，MPa，查表得环境温度时合金钢的弹性模量为

   $1.95 \times 10^5 \text{MPa}$。

取真空层为 150mm，圆筒外径为：

$$D_0 = 150 \times 2 + 466 + 2 \times 11 = 788 (\text{mm})$$

D_0 圆整为 800mm。

在 GB 150—2011 中查得无交点，则用下列公式计算系数 A：

（1）加强圈校核

加强圈可以焊在圆筒体内侧或外侧，加强圈断开后必须设法补强；加强圈若间断焊接时，

没焊接的长度不小于筒体周长的一半，间断焊缝建的距离不小于 $8S_0$。

加强圈与圆筒组合段所用的惯性矩 I：

$$I = \frac{D_0 \times L\left(\delta + \dfrac{A}{L}\right)}{10.9}\varepsilon \qquad (12\text{-}40)$$

计算得：

$$I = \frac{800^2 \times 4000 \times \left(8 + \dfrac{3000}{4000}\right)}{10.9} \times 7 \times 10^{-5} = 143856(\text{mm} \cdot \text{kg} / \text{s})$$

校核：

$$I' = \frac{D_0^2 L\left(\delta + \dfrac{A}{L}\right)}{14}E \qquad (12\text{-}41)$$

$$I' = \frac{800^2 \times 4000 \times \left(8 + \dfrac{3000}{4000}\right)}{14} \times 0.00015 = 240000(\text{mm} \cdot \text{kg} / \text{s})$$

$I' < I$ 满足要求，所以合格。

式中　I'——加强圈截面积所必需的惯性矩，$\text{mm} \cdot \text{kg} / \text{s}$；

D_0——圆筒外径，mm；

L——筒的计算长度，mm；

δ——计算厚度，mm；

A——加强圈的面积，mm^2；

E——筒体应变，查真空设计手册图 8-29 得 0.00015。

（2）加强圈个数及位置

许用临界外压力值 $[p_a]$ 按 GB 150 计算：

$$[p_a] = \frac{0.863 E_f \delta_\varepsilon}{D^{1.5}H} = \frac{0.863 \times 1.95 \times 10^5 \times 8^{2.5}}{800^{1.5} \times 4000} = 0.33657(\text{MPa}) \qquad (12\text{-}42)$$

$[p_a] > p_0 = 0.1\text{MPa}$，可假设有一个加强圈，加强圈位置设在筒体 $L/2$ 处。

12.2.4.2　加强筋的圆形封头结构及计算

加强筋一般采用矩形截面，其厚度与高度之比为 1∶5，加强筋的数量不少于 8，加强筋与平板的焊接可用双面间断角焊缝，查 GB/T 151—2014 得 D_1 可取为 0.33。

（1）平板厚度计算

在加强筋之间的平板的计算直径：

$$d = \frac{D_0 \sin\dfrac{180°}{n}}{1 + \sin\dfrac{180°}{n}} = \frac{800 \times \sin\dfrac{180°}{6}}{1 + \sin\dfrac{180°}{6}} = 266.7(\text{mm}) \qquad (12\text{-}43)$$

$$C = C_1 + C_2 + C_3$$

式中　C——壁厚附加量；

C_1——钢板最大负公差附加量，$C_1 = 0.9 \text{ mm}$；

C_2——腐蚀裕量，$C_2 = 1.0 \text{ mm}$；

C_3——封头冲压的拉伸减薄量，$C_3 = 13\% \, S_0$，mm。

计算得：

$$C_3 = 0.9 + 1.0 + 13\% \times 12 = 3.46 \text{(mm)}$$

平板厚度：

$$S = 0.5d\sqrt{\frac{p}{[\sigma]^t}} + C = 0.5 \times 266.7 \times \sqrt{\frac{4.6}{137}} + 3.46 = 27.9 \text{(mm)}$$

式中　p——外压设计压力，MPa；

$[\sigma]^t$——温度 t 下的许用应力，MPa。

（2）筋板尺寸

用放大近似决定筋板尺寸，不考虑平板受负荷，在封头每个区域负荷的一半有一个筋来承受，要求筋的断面模量：

$$W = \frac{0.065D^3 p}{n \times [\sigma]^t} = \frac{0.065 \times 800^3 \times 4.6}{6 \times 137} = 186238.44 \text{(Pa)} \qquad （12\text{-}44）$$

由筋的厚度为 S_1 与高度 h 之比 1：5，则初步近似得到筋板的厚度。

$$S_1 = 0.062 \times \sqrt[3]{186238.44} = 3.54 \text{(mm)} \approx 4\text{mm}$$

可得出 $h = 20\text{mm}$。

联合重心至板边距离：

$$y = \frac{\left| S_1 h^2 - \dfrac{\pi d}{n}(S-C)^2 \right|}{2\left[S_1 h - \dfrac{\pi d}{n}(S-C) \right]} \qquad （12\text{-}45）$$

式中　C——壁厚附加量，mm；

d——平板的计算直径，mm；

S_1——不包括腐蚀裕量的筋板厚度，mm。

计算得：

$$y = \frac{\left| 4 \times 20^2 - \dfrac{\pi \times 15.7}{6} \times (5-3.46)^2 \right|}{2 \times \left[4 \times 20^2 - \dfrac{\pi \times 15.7}{6} \times (5-3.46) \right]} = 8.53 \text{(mm)}$$

封头平板与加强筋总断面模量 W 的计算：

$$W = \frac{\dfrac{1}{12}S_1 h' + S_1 h(0.5h-y)^2 + \dfrac{\pi D}{n}(S-C)\left[y + 0.5(S-C)^3 + \dfrac{1}{12}(S-C)^2 \right]}{h-y}$$

$$= \frac{\frac{1}{12} \times 4 \times 20^2 \times (0.5 \times 20 - 8.53)^2 + \frac{\pi \times 1517}{20} \times (5 - 3.46) \times \left[8.53 + 0.5 \times (5 - 3.46)^3 \right]}{20 - 8.53}$$

$$= 31.92(\text{MPa})$$

筋板工作时的应力校核：

$$\sigma = \frac{0.13D^3 p}{nW} \leqslant 1.2[\sigma]' \tag{12-46}$$

将数据代入得：

$$\sigma = \frac{0.13 \times 800^3 \times 4.6}{6 \times 31.92 \times 10^6} = 1.59(\text{MPa}) \leqslant 1.2[\sigma]' = 164.4(\text{MPa})$$

满足要求。

12.2.4.3　开孔与开孔补强

开孔直径要求：

当容器直径 $d \leqslant 1500\text{mm}$ 时，开孔最大直径 $d = 1/2D$ ，且需 $d \leqslant 500\text{mm}$ ；

当容器直径 $d > 1500\text{mm}$ 时，开孔最大直径 $d = 1/3D$ ，且需 $d \leqslant 1000\text{mm}$ 。

当工艺要求超过上述限制时，设计者必须对该孔的补强结构和计算做特殊处理。封头上开孔直径原则上不受限制，当超过 $1/3D$ 时，建议采用锥形封头，或特殊曲线封头。

12.2.4.4　进出口接管设计

接管的要求：接管应与壳体内表面齐平，接管应尽量沿着径向或轴向设置，接管与外部管线可用焊接连接，在设计温度下，接管法兰不采用整体法兰，必要时可设置温度计接口、压力表接口。

（1）接管直径的计算

确定接管直径的基本公式可用连续性方程经简化之后的计算式：

$$D_{\text{进}} = \sqrt{\frac{4G}{3600\pi v}} = \sqrt{\frac{4 \times 1603.65}{3600 \times \pi \times 7}} = 285(\text{mm})$$

对计算的管径进行圆整，取接近标准管径 300mm。

① 接管上设置温度计接口、压力表接口；

② 对于不能利用接管（或接口）进行放气和排气的换热器，应在管程和壳程的最高点设置放气口，最低点设置排液口，且最小公称直径为 20mm。

（2）接管的外伸长度

接管外伸长度也叫接管伸出长度，指接管法兰面到壳体外壁的长度，可按式（12-47）计算：

$$L \geqslant H + \delta + h_1 = 150 + 29 + 15 = 194(\text{mm}) \tag{12-47}$$

式中　L——接管外伸长度，mm；

　　　H——接管法兰长度，mm；

　　　h_1——接管法兰的螺母的厚度，mm；

　　　δ——真空层厚度，mm。

12.2.4.5　结构形式

接管与壳体、管箱壳体连接形式，可采用插入式焊接结构，一般接管不能凸出壳内表面。

（1）封头开孔

由 $\dfrac{\pi}{4}D_{封}^2 = 380 \times \dfrac{\pi}{4} \times 25^2$ 得：

$$D_{封} = \sqrt{380 \times 25^2} = 490(\text{mm})$$

（2）筒体开孔

进口管径可由一般估算式 $\rho v^2 < 3000$ 确定。天然气进口密度 $\rho_2 = 26.9386 \text{ kg/m}^3$，则：

$$v < \sqrt{\dfrac{3000}{26.9386}} = 10.553(\text{m/s})$$

综上所述 v 取 7 m/s。

$$D_{进} = \sqrt{\dfrac{4G}{3600\pi v}} = \sqrt{\dfrac{4 \times 1603.65}{3600 \times \pi \times 7}} = 285(\text{mm})$$

即用接管为异径管，进口管径为 300 mm，出口管径为 350 mm。

接管位置：在距筒体中心线上下三分之二处开进料口与出料口，两孔口俯视水平夹角为 180°，上为进料口，下为出料口。查法兰标准得：设计压力为 4.6MPa，法兰外径为 415mm，螺纹规格为 M33，$d = 55\text{mm}$，螺栓数量为 12，法兰厚度为 29mm。

$$L \geqslant 194\text{mm}$$

取接管外伸长量为 200mm。

（3）螺栓强度的校核

① 垫片压紧力作用中心直径 D　参照 NB/T 47025—2012，取垫片内径为 345mm、外径为 415mm，垫片宽度为 70mm。

查表得：$b_0 = N/2 = 70/2 = 35(\text{mm})$

当 $b_0 > 6.4\text{mm}$ 时：

$$b = 2.53\sqrt{b_0} = 2.53\sqrt{35} = 14.97(\text{mm})$$

垫片压紧力作用中心直径：

$$D_G = 415 - 2 \times 14.97 = 385.06(\text{mm})$$

② 螺栓载荷计算　查 GB 150—2011 得：$y = 11$，$m = 2.0$。预紧状态下需要的最小螺栓载荷：

$$W = 3.14 D_G by = 3.14 \times 385.06 \times 14.979 \times 11 = 1.99 \times 10^5 (\text{N}) \tag{12-48}$$

操作状态下需要的螺栓载荷：

$$W_P = (0.785 D_G p + 6.28 bm) pD_G = (0.785 \times 385.06 \times 4.6 + 6.28 \times 14.98 \times 2) \times$$
$$4.6 \times 385.06 = 2795914.636(\text{N})$$

预紧状态下需要的最小螺栓的面积：

$$A_\alpha = \dfrac{W_\alpha}{[\sigma]_b} = \dfrac{1.99 \times 10^5}{212} = 938.68(\text{mm}^2) \tag{12-49}$$

操作状态下需要的最小螺栓的面积：

$$A_\mathrm{p} = \frac{W_\mathrm{p}}{[\sigma]_\mathrm{b}^t} = \frac{2796137.1}{189} = 14794.4(\mathrm{mm}^2)$$

需要的螺栓面积取最大值：

$$A_\mathrm{m} = A_\mathrm{p} = 14794.4\mathrm{mm}^2$$

每个螺栓的面积：

$$a_\mathrm{b} = \frac{\pi}{4} \times 55^2 = 2374.6(\mathrm{mm}^2)$$

实际使用得螺栓总面积：

$$A_\mathrm{b} = a_\mathrm{b}n = 2374.6 \times 12 = 28495.5(\mathrm{mm}^2)$$

所以满足要求。

用等面积法补强：

$$f_\mathrm{F} = \frac{[\sigma]_n'}{[\sigma]'} = \frac{137}{137} = 1$$

内圆筒开孔所需补强面积：

$$A = 0.5[d\delta + 2\delta(\delta_\mathrm{nt} - c)(1 - f_\mathrm{F})] = 0.5 \times 200 \times 14 = 1400(\mathrm{mm}^2)$$

有效宽度 B 取下面两者中的大者：

$$B = 2d = 2 \times 200 = 400(\mathrm{mm})$$

$$B = d + 2\delta_\mathrm{n} + 2\delta_\mathrm{nt} = 200 + 2 \times 14 + 2 \times 8 = 244(\mathrm{mm})$$

取大者，所以 $B = 400\mathrm{mm}$。

外侧有效高度：

$$h_1 = \sqrt{d\delta_\mathrm{m}} = \sqrt{200 \times 14} = 52.92(\mathrm{mm})$$

$$h_2 = 0\mathrm{mm}$$

内测有效高度取两者中较小者，

即 $h_2 = 0\mathrm{mm}$。

（4）有效补偿面积

① 圆筒多余金属面积 A_1：

$$A_1 = (B - D)[(\delta_n - C) - \delta]$$

计算得：

$$A_1 = (400 - 200) \times [(14 - 4.369) - 8] = 326.2(\mathrm{mm}^2)$$

② 接管多余的面积 A_2：

$$A_2 = 2h_1[(\delta_\mathrm{m} - C) - \delta_t]f_\mathrm{F}$$

计算得：

$$A_2 = 2 \times 52.92 \times [(14 - 3.226) - 8] \times 1 = 293.6(\mathrm{mm}^2)$$

③ 焊缝金属的截面积 A_3：

$$A_3 = \frac{1}{2} \times 10 \times 10 \times 2 = 100 (\mathrm{mm}^2)$$

④ 需要补强的金属截面积 A_4：

$$A_4 = A - (A_1 + A_2 + A_3) = 1400 - 719.8 = 680.2 (\mathrm{mm}^2)$$

$$A_1 + A_2 + A_3 = 326.2 + 293.6 + 100 = 719.8 (\mathrm{mm}^2)$$

可得：

$$A_4 < A$$

故需要补强。

（5）补强圈的结构尺寸

取补偿强圈厚度 S 与筒体相同，则补强圈外径 D 为：

$$D = \frac{A_4}{S} + 200 = \frac{680.2}{40} + 200 = 217.005 (\mathrm{mm})$$

外圆筒的开孔补强与内圆筒的算法一样，最终得外圆筒的补强圈结构尺寸为：厚度 $S = 14\mathrm{mm}$，补强圈外径 $D = 300\mathrm{mm}$。

12.2.4.6　载荷计算

（1）气象条件

① 气温：

年平均气温：9.1℃。

极端最低气温：-26.5℃。

极端最高气温：37.5℃。

最热月平均气温：23.2℃。

最冷月平均温度：-7.4℃。

平均最高气温：16.2℃。

平均最低气温：2.6℃。

② 湿度：

年平均相对湿度：57%。

③ 降水量：

年平均降水量：191.4mm。

日最大降水：95.4mm。

④ 蒸发量：

年平均蒸发量：1776.7mm。

⑤ 大气压：

年平均大气压：89.0kPa。

年平均最小气压：87.0kPa。

年平均最大气压：91.7kPa。

⑥ 最大积雪：

最大积雪深度：13cm。

年最多冻融循环次数：83 次。

⑦ 冻土深度：

多年最大冻土深度：107cm。

⑧ 风速：

历年平均风速：2.6m/s。

最大风速：21.0m/s。

极大风速：27.7m/s。

50 年一遇基本风压（10m）：0.42kN/m²。

平均大风日数：10.1d。

最多大风日数：27d。

⑨ 雷暴：

年平均雷暴日数：14.6d。

最多雷暴日数：30d。

⑩ 沙尘：

平均沙尘暴日数：2.4d。

最多沙尘暴日数：11d。

⑪ 雪压：

最大积雪深度：13cm。

雪压：0.20kN/m²。

⑫ 地震动反应参数：根据甘肃省地震局对该地地震安全性评价批复的批复函，本工程抗震设防的基本地震加速度值和特征周期值采用此批复函中所提供的数值（基本地震加速度对应的是 50 年超越概率 10%的数值），地表水平向峰值加速度 0.15g，反应谱特征周期 0.48s。

（2）圆筒质量

材料为 0Cr18Ni10Ti，密度为 7930kg/m³，则：

① 外圆筒质量：

$$m_w = \frac{\pi}{4} \times (0.79^2 - 0.766^2) \times 4 \times 7930 = 929.87(kg)$$

② 内圆筒质量：

$$m_n = \frac{\pi}{4} \times (0.466^2 - 0.442^2) \times 4 \times 7930 = 542.6(kg)$$

③ 芯筒质量：

$$m_x = \frac{\pi}{4} \times (0.016^2 - 0.008^2) \times 4 \times 7930 = 4.8(kg)$$

④ 盘管质量：

$$m_g = \frac{\pi}{4} \times (0.025^2 - 0.015^2) \times 23 \times 7930 \times 380 = 21762.7(kg)$$

⑤ 封头质量：

$$m_{ft} = \rho hs = \frac{\pi}{4} \times 0.08 \times 7930 \times (1.8^2 - 0.138^2 - 0.3134^2) = 1555.14(kg)$$

（3）介质质量

天然气：

$$m_{天}=\rho_{天}V_{天}=\frac{\pi}{4}\times0.0152\times23\times380\times26.9386=41.61(kg)$$

水：

$$m_{水}=\rho_{水}V_{水}=0.008\times4\times980.5173=31.38(kg)$$

其他附件质量：

其他附件：法兰 6 个、接管 6 个、补强圈 4 个、加强圈 1 个、法兰螺栓 72 个、法兰螺母 72 个。总质量为 250 kg。

（4）操作质量

$$m_0 = m_w + m_n + m_x + m_g + m_{ft} + m_{天} + m_{水} + 250$$

计算得：

$$m_0 = 929.87 + 542.6 + 4.8 + 21762.7 + 1555.14 + 41.61 + 31.38 + 250 = 24868.1(kg)$$

（5）地震载荷

① 水平地震力　任意高度 h_k 的集中质量 m_k 引起的基本震型水平地震力按下式计算：

$$F_{k1} = \alpha_1\eta_{k1}m_k g \tag{12-50}$$

计算得：

$$F_{k1} = \alpha_1\eta_{k1}m_k g = 0.12\times1.0\times24897.83\times9.8 = 28288.62(N)$$

式中　F_{k1}——集中质量 m_k 引起的基本震型水平地震力，N；

　　　m_k——距地面 h 处的集中质量，kg；

　　　α_1——对应于壳体基本自振周期 T_1 的地震影响系数 α 值；

　　　η_{k1}——基本振型参与系数。

② 垂直地震力　设防烈度为 7 度，地震系数为 0.23，壳体底截面处总的垂直地震力按下式计算：

$$F_V^{\eta-\eta} = \alpha_{v\max}\eta_{k1}m_{eq}g \tag{12-51}$$

计算得：

$$F_V^{\eta-\eta} = \alpha_{v\max}\eta_{k1}m_{eq}g = 0.078\times12217.68\times9.8 = 9339.2(N)$$

式中　$\alpha_{v\max}$——垂直地震影响系数最大值，取 $\alpha_{v\max} = 0.078$；

　　　m_{eq}——壳体的当量质量，取 $m_{eq} = 0.75m_0$，kg。

③ 地震弯矩　壳体任意计算截面 I-I 的基本震型地震弯矩按下式计算：

$$M_k^{1-1} = \sum_{i=1}^{n}h_k - h = \sum_{i=1}^{n}h_k - h = 110845.7734\times$$
$$(4935 - 3290 + 6580 - 3290)$$
$$= 547023891.7(N\cdot mm)$$

直径、厚度相等的壳体的任意截面 I-I 和底截面 0-0 的基本震型地震弯矩分别按下式计算：

$$M_E^{0-0} = \frac{16}{35}\alpha_1 m_0 gH \tag{12-52}$$

计算得：

$$M_E^{0-0} = \frac{16}{35}\alpha_1 m_0 gH = \frac{16}{35} \times 0.12 \times 94256.61 \times 9.8 \times 4000 = 202689414.1(\text{N} \cdot \text{mm})$$

$$M_k^{I-I} = \sum_{i=1}^{n} h_k - h \tag{12-53}$$

计算得：

$$M_k^{I-I} = \sum_{i=1}^{n} h_k - h = 110845.7734 \times (4935 - 3290 + 6580 - 3290) = 547023891.7(\text{N} \cdot \text{mm})$$

（6）风载荷

① 水平风力计算　两相邻计算截面间的水平风力按下式计算：

$$P_1 = K_1 K_{21} f_1 D_{01} \times 10^{-6} \tag{12-54}$$

$$P_1 = K_1 K_{21} f_1 D_{01} \times 10^{-6} = 0.7 \times 1.7 \times 420 \times 1.0 \times 290 \times 1.8 \times 103 \times 10^{-6} = 2959.82(\text{N})$$

$$P_2 = K_1 K_{21} f_1 D_{02} \times 10^{-6} = 0.7 \times 1.7 \times 420 \times 1.0 \times 290 \times 1.8 \times 103 \times 10^{-6} = 2959.82(\text{N})$$

式中　P_1 ——壳体各计算段的水平风力，N；

P_2 ——壳体各计算段的水平风力，N；

D_{01} ——壳体各计算段的外径，mm；

D_{02} ——壳体各计算段的外径，mm；

f_1 ——风压高度变化系数；

K_{21} ——壳体口算段的风振系数，$K_{21}=1.7$；

K_1 ——体形系数，$K_1 = 1.70$。

总风载荷：

$$P = 0.95 f_1 q_0 D_0 H_0 \times 10^{-5} = 0.95 \times 0.74 \times 420 \times 1800 \times 707 \times 10^{-5} = 3757.5(\text{N}) \tag{12-55}$$

② 风弯矩　筒体截面 I-I 处的风弯矩按下式计算：

$$M_w^{I-I} = \frac{P_1 I_1}{2} \tag{12-56}$$

计算得：

$$M_w^{I-I} = \frac{P_1 I_1}{2} = \frac{3757.5 \times 2390}{2} = 4.49 \times 10^6(\text{N} \cdot \text{mm})$$

$$M_w^{0-0} = \frac{P_1 l_2}{2} + P_2\left(l_1 + \frac{l_2}{2}\right) \tag{12-57}$$

计算得：

$$M_w^{0-0} = \frac{P_1 l_2}{2} + P_2\left(l_1 + \frac{l_2}{2}\right) = \frac{2959.82}{2} \times 3290 + 2959.82 \times (3290 + 1645) = 1.95 \times 10^3(\text{N} \cdot \text{mm})$$

③ 偏心弯矩　偏心质量引起的弯矩为 $M_e = 0$。

④ 最大弯矩　筒体任意计算截面 I-I 处的最大弯矩按下式计算：

$$M^{I\text{-}I} = M_w^{I\text{-}I} + M \tag{12-58}$$

$$M^{I\text{-}I} = M_w^{I\text{-}I} + 0.25M_w^{I\text{-}I} + M \tag{12-59}$$

计算得：

$$M^{I\text{-}I} = M_w^{I\text{-}I} + M = 9.74 \times 10^6 (\text{N} \cdot \text{mm})$$

$$M^{I\text{-}I} = M_w^{I\text{-}I} + 0.25M_w^{I\text{-}I} + M = 8.34 \times 10^3 + 0.25 \times 1.95 \times 10^7 = 8.83 \times 10^8 (\text{N} \cdot \text{mm})$$

取其中较大值 $M^{I\text{-}I} = 8.83 \times 10^8 \, \text{N} \cdot \text{mm}$。

筒体底部截面 0-0 处的最大弯矩按下式计算：

$$M^{0\text{-}0} = M_w^{0\text{-}0} + M$$

计算得：

$$M^{0\text{-}0} = M_w^{0\text{-}0} + 0.25M_w^{0\text{-}0} + M = M_w^{0\text{-}0} + M = 1.95 \times 10^6 (\text{N} \cdot \text{mm})$$

$$M^{0\text{-}0} = M_w^{0\text{-}0} + 0.25M_w^{0\text{-}0} + M = 2.13 \times 10^3 + 0.25 \times 9.74 \times 10^7 = 2.37 \times 10^5 (\text{N} \cdot \text{mm})$$

取其中较大值 $M^{0\text{-}0} = 2.37 \times 10^5 \, \text{N} \cdot \text{mm}$。

物料与壳体筒间的摩擦力：

在计算截面 I-I 以上，产生于壳体筒表面的摩擦力按下式计算：

$$F_L^{I\text{-}I} = \frac{\pi D_1^2 \rho g h_w^2}{4(hw + A)} \times 10^{-9} \tag{12-60}$$

计算得：

$$F_L^{I\text{-}I} = \frac{\pi D_1^2 \rho g h_w^2}{4(hw + A)} \times 10^{-9} = \frac{3.14 \times 1320^2 \times 907.96 \times 9.8 \times 3290^2}{4 \times (3290 + 0.001)} \times 10^{-9} = 4.0 \times 10^4 (\text{N})$$

（7）雪载荷

壳体的雪载荷 W 按下式计算：

$$W = \frac{\pi D^2 qw}{4} \times 10^{-6} \tag{12-61}$$

计算得：

$$W = \frac{\pi D^2 qw}{4} \times 10^{-6} = \frac{3.14 \times 1800^2 \times 300}{4} \times 10^{-6} = 763.02 (\text{N} \cdot \text{mm})$$

壳体圆筒应力计算如下：

① 壳体轴向应力计算　设计压力产生的轴向应力：

$$\sigma_{r1}^{I\text{-}I} = \frac{pD}{4\delta_{r1}^{I\text{-}I}} \tag{12-62}$$

$$\sigma_{r1}^{I\text{-}I} = \frac{pD}{4\delta_{r1}^{I\text{-}I}} = \frac{4.43 \times 1800}{4 \times 11.34} = 175.79 (\text{MPa})$$

式中　$\delta_{r1}^{I\text{-}I}$ ——壳体圆筒计算截面 I-I 处的有效厚度，取 δ=11.34mm。

物料与壳体圆筒间摩擦力产生的轴向应力：

$$\sigma_{r2}^{I\text{-}I} = \frac{F^{I\text{-}I}}{\pi D \sigma_{r1}^{I\text{-}I}} \qquad (12\text{-}63)$$

计算得：

$$\sigma_{r2}^{I\text{-}I} = \frac{F^{I\text{-}I}}{\pi D \sigma_{r1}^{I\text{-}I}} = \frac{4 \times 10^4}{3.14 \times 1320 \times 11.34} = 0.85 (\text{MPa})$$

最大弯矩在壳体圆筒内产生轴向应力：

$$\sigma_{r3}^{I\text{-}I} = \frac{32 D M^{I\text{-}I}}{\pi(D_1^4 - D^4)} \qquad (12\text{-}64)$$

计算得：

$$\sigma_{r3}^{I\text{-}I} = \frac{32 D M^{I\text{-}I}}{\pi(D_1^4 - D^4)} = \frac{32 \times 1800 \times 2.37 \times 10^7}{3.14 \times (1800^4 - 1772^4)} = 0.68 (\text{MPa})$$

② 壳体圆筒轴向应力计算　设计物料的水平压应力在计算截面 I-I 处壳体圆筒中产生的轴向应力按下式计算：

$$\sigma_w^{I\text{-}I} = \frac{(P + Ph^{I\text{-}I})D}{2\sigma^{I\text{-}I}} \qquad (12\text{-}65)$$

计算得：

$$\sigma_w^{I\text{-}I} = \frac{(P + Ph^{I\text{-}I})D}{2\sigma^{I\text{-}I}} = \frac{4.43 \times 1320}{2 \times 11.34} = 257.8 (\text{MPa})$$

12.2.4.7　应力组合

（1）组合拉应力

组合轴向应力按下式计算：

$$\sigma_K^{I\text{-}I} = \sigma_{r1}^{I\text{-}I} + \sigma_{r2}^{I\text{-}I} + \sigma_{r3}^{I\text{-}I} \qquad (12\text{-}66)$$

计算得：

$$\sigma_K^{I\text{-}I} = \sigma_{r1}^{I\text{-}I} + \sigma_{r2}^{I\text{-}I} + \sigma_{r3}^{I\text{-}I} = 128.92 - 0.85 + 0.68 = 127.39 (\text{MPa})$$

组合拉应力按下式计算：

$$\sigma_{ZH}^{I\text{-}I} = \sqrt{(\sigma_K^{I\text{-}I})^2 + (\sigma_w^{I\text{-}I})^2 + \sigma_K^{I\text{-}I} \times \sigma_w^{I\text{-}I}} \qquad (12\text{-}67)$$

计算得：

$$\sigma_{ZH}^{I\text{-}I} = \sqrt{(\sigma_K^{I\text{-}I})^2 + (\sigma_w^{I\text{-}I})^2 + \sigma_K^{I\text{-}I} \times \sigma_w^{I\text{-}I}} = \sqrt{127.39^2 + 257.8^2 + 127.39 \times 257.8} = 339.9 (\text{MPa})$$

（2）组合压应力

组合压应力按下式计算：

$$\sigma_{zy}^{I\text{-}I} = \sigma_{r1}^{I\text{-}I} - \sigma_{r2}^{I\text{-}I} - \sigma_{r3}^{I\text{-}I} \qquad (12\text{-}68)$$

计算得：

$$\sigma_{zy}^{I\text{-}I} = \sigma_{r1}^{I\text{-}I} - \sigma_{r2}^{I\text{-}I} - \sigma_{r3}^{I\text{-}I} = 128.92 - 0.85 - 0.68 = 127.39 (\text{MPa})$$

（3）应力校核

壳体圆筒任意计算截面 I-I 处的组合拉应力与组合压应力分别按下式校核：

组合拉应力：

$$\sigma_{ZH}^{I\text{-}I} < [\sigma]^t = 520 \times 0.9 = 468 (MPa)$$

组合压应力：

$$\sigma_{ZY}^{I\text{-}I} = 127.39 MPa < 164.4 MPa$$

$$[\sigma]_{ZH} = KB$$

$$[\sigma]_{ZH} = K[R]$$

$$[\sigma]_{ZH} = KB = 1.2 \times 140 = 168 (MPa)$$

$$[\sigma]_{ZH} = K[R] = 1.2 \times 137 = 164.4 (MPa)$$

式中 K——载荷组合系数，取 $K = 1.2$。

取其中较小值 $[\sigma]_{ZH} = 164.4 MPa$。

12.2.4.8 支座、裙座的计算及校核

（1）支座材料及尺寸

支座：JB/T 4728—2000，耳座 A7（4 个），设计压力 $p = 0.1 MPa$，材料为 16MnR，许用应力为 163MPa，厚度为 14mm。

支座本体允许载荷：$[Q] = 200 kN$。

垫板材料：Cr19Ni9，厚度为 14mm，高度 $H = 480 mm$。

底板：$l_1 = 375 mm$，$b_1 = 280 mm$，$\delta_1 = 22 mm$，$s_1 = 130 mm$。

筋板：$l_2 = 300 mm$，$b_2 = 300 mm$，$\delta_2 = 14 mm$。

垫板：$l_3 = 600 mm$，$b_3 = 480 mm$，$\delta_3 = 14 mm$，$e = 70 mm$。

已知：地震载荷 $P_e = 28288.62 N$，风载荷 $P_w = 3757.5 N$。

安装尺寸：

$$
\begin{aligned}
D &= \sqrt{(D_1 + 2\delta_n + 2\delta_2)^2 - (b_2 - 2\delta_2)^2 + 2(l_2 + s_1)} \\
&= \sqrt{(1772 + 2 \times 14 + 2 \times 14)^2 - (300 - 2 \times 14)^2 + 2(300 - 130)} = 2188.13 (mm)
\end{aligned}
\tag{12-69}
$$

式中，δ_n 为名义厚度。

支座承受的实际载荷 Q 计算：

$$Q = \left[\frac{m_0 g + G_e}{kn} + \frac{4(Ph + G_e S_e)}{nD} \right] \times 10^{-3} \tag{12-70}$$

计算得：

$$Q = \left[\frac{23573.85 \times 9.8 + 7555.7}{0.83 \times 4} + \frac{4 \times (28288.62 \times 1500 + 7555.7 \times 2000)}{4 \times 2188.13} \right] \times 10^{-3} = 98.16 (kN) < [Q]$$

计算支座处圆筒所受的支座弯矩 M_L：

$$M_L = \frac{Q \times (l_2 - S_1)}{10^3} = \frac{98.16 \times (300 - 130)}{10^3} = 16.69 (kN \cdot m) \tag{12-71}$$

筒体有效壁厚为 $\delta = 11.34\text{mm}$ 。

根据 δ 和 P 查《真空设计手册》表 22-26 内得 $[M_L] = 78.43\text{kN·m}$

$$M_L = 16.69\text{kN·m} < [M_L] = 78.43\text{kN·m}$$

（2）裙座壳体截面的组合应力校核及计算

$$\sigma = \frac{1}{\cos\Phi}\left(\frac{M_{\max}^{0-0}}{Z_{sb}} + \frac{m_0 g + F_v^{0-0}}{A_{sb}}\right) \tag{12-72}$$

式中　F_v^{0-0}——0-0 截面处的垂直地震力，仅在最大弯矩为地震弯矩参与组合时计入此项，N；

m_0——壳体质量，kg；

Φ——裙座半顶角，对圆柱形裙座，$\Phi = 0°$；

Z_{sb}——裙座壳底部截面模数，mm^3；

A_{sb}——裙座壳底部截面积，mm^2；

$M_{\max}^{0-0}$——壳体最大质量，kg。

$$Z_{sb} = \frac{\pi D_{ts}^2 \delta_s}{4} = \frac{3.14 \times 1260^2 \times 8}{4} = 0.997 \times 10^7 (\text{mm}^3)$$

$$A_{sb} = \pi D_{ts} \delta_s = 3.14 \times 1260 \times 8 = 31651.2 (\text{mm}^2)$$

计算得：

$$\sigma = \frac{1}{\cos 0^{10}} \times \left(\frac{8.83 \times 10^8}{0.984 \times 10^7} + \frac{23775.75 \times 9.38 + 9339.2}{20612.2}\right) = 97.39 (\text{MPa})$$

所以满足要求。

设计压力引起的轴向接应力：

$$\sigma_1 = \frac{p_c D_i}{4S_{es}} = \frac{6.3 \times 1800}{4 \times 22} = 128.86 (\text{MPa}) \tag{12-73}$$

$$S_{es} = S_n - c = 24 - 2 = 22 (\text{mm}) \tag{12-74}$$

入孔个数、尺寸与塔径的关系如下：

塔体公称直径 DN：1000～2800mm。

入孔个数：2。

入孔直径 d_i：ϕ450mm。

裙座：地脚螺栓座。

基础环内、外径按下式选取：

$$D_{ab} = D_{is} + (160\sim400) = 1560 (\text{mm}) \tag{12-75}$$

$$D_{lb} = D_{is} - (160\sim400) = 1100 (\text{mm}) \tag{12-76}$$

式中，D_{is} 为裙座地脚螺栓座直径。

基础环厚度按下式计算：

① 无筋板时基础环厚度：

$$\delta_b = 1.73\sqrt{\frac{\sigma_{\max}}{[R]_b}} \tag{12-77}$$

② 有筋板时基础环厚度：

$$\delta_{\mathrm{b}} = \sqrt{\frac{6M_{\mathrm{s}}}{[R]_{\mathrm{b}}}} \tag{12-78}$$

式中　δ_{b}——基础环厚度，mm；

　　　$[R]_{\mathrm{b}}$——基础环材料许用应力，MPa；

　　　$\sigma_{\max}$——混凝土基础上的最大压应力，MPa。

无论无筋板或有筋板的基础环厚度均不得小于 16mm。

$$\sigma_{\max} = \frac{M_{\max}^{0-0}}{Z_{\mathrm{b}}} + \frac{m_0 g \pm F_{\mathrm{v}}^{0-0}}{A_{\mathrm{b}}} \tag{12-79}$$

$$\sigma_{\max} = \frac{0.3M_{\max}^{0-0} + M_{\mathrm{e}}}{Z_{\mathrm{b}}} + \frac{m_{\max} g}{A_{\mathrm{b}}} \tag{12-80}$$

F_{v}^{0-0} 仅在最大弯矩为地震弯矩参与组合时计入此项。

式中　A_{b}——基础环面积，mm²。

基础环面积为：

$$A_{\mathrm{b}} = \frac{\pi}{4}(D_{\mathrm{ab}}^2 - D_{\mathrm{lb}}^2) = \frac{3.14}{4} \times (1560^2 - 1100^2) = 960526(\mathrm{mm}^2)$$

基础环的截面模数为：

$$Z_{\mathrm{b}} = \frac{\pi(D_{\mathrm{ab}}^4 - D_{\mathrm{lb}}^4)}{32D_{\mathrm{ab}}} = \frac{3.14 \times (1560^4 - 1100^4)}{32 \times 1560} = 2.8 \times 10^8 (\mathrm{mm}^3)$$

混凝土基础上的最大压应力：

$$\sigma_{\max} = \frac{M_{\max}^{0-0}}{Z_{\mathrm{b}}} + \frac{m_0 g \pm F_{\mathrm{v}}^{0-0}}{A_{\mathrm{b}}} = \frac{8.83 \times 10^8}{2.8 \times 10^8} + \frac{9.8 \times 23775.75 + 9339.2}{960526} = 3.4(\mathrm{MPa})$$

$$\sigma_{\max} = \frac{0.3M_{\mathrm{w}}^{0-0} + M_{\mathrm{e}}}{Z_{\mathrm{b}}} + \frac{m_{\max} g}{A_{\mathrm{b}}} = \frac{0.3 \times 1.95 \times 10^7 + 7555.7}{2.8 \times 10^8} + \frac{9.8 \times 23775.75}{960526} = 0.26(\mathrm{MPa})$$

取两者中较大者，则取 $\sigma_{\max} = 3.4\mathrm{MPa}$，所以基础环厚度：

$$\delta_{\mathrm{b}} = 1.73 \times 150\sqrt{\frac{\sigma_{\max}}{[R]_{\mathrm{b}}}} = 1.73 \times 150 \times \sqrt{\frac{3.4}{205}} = 33.43(\mathrm{mm})$$

地脚螺栓承受的最大接应力按下式计算：

$$\sigma_{\mathrm{B}} = \frac{M_{\mathrm{w}}^{0-0} + M_{\mathrm{e}}}{Z_{\mathrm{b}}} - \frac{m_{\min} g}{A_{\mathrm{b}}} = \frac{1.95 \times 10^7 + 7555.7}{2.8 \times 10^8} - \frac{9.8 \times 23390.82}{960526} < 0$$

$$\sigma_{\mathrm{B}} = \frac{M_{\mathrm{E}}^{0-0} + 0.25M_{\mathrm{w}}^{0-0} + M_{\mathrm{e}}}{Z_{\mathrm{b}}} - \frac{m_0 g - F_{\mathrm{v}}^{0-0}}{A_{\mathrm{b}}} = \frac{8.34 \times 10^7 + 0.25 + 0.25 \times 1.95 \times 10^7 + 7555.7}{2.8 \times 10^8} -$$

$$\frac{9.8 \times 23775.75 - 9339.2}{960526} = 2317.4(\mathrm{MPa})$$

取两者中较大值 $\sigma_{\mathrm{B}} = 2317.4\mathrm{MPa}$

式中　F_v^{0-0}——0-0 截面处垂直地震力，仅在最大弯矩处为地震矩参与组合计算式计入此项；

　　　　σ_B——地脚螺栓承受最大拉应力，MPa。

当 $\sigma_B \leqslant 0$ 时，壳体可自身稳定，但为了固定壳体位置，仍应视具体情况，设置四个地脚螺栓。

参考文献

[1] 张周卫，汪雅红著. 缠绕管式换热器 [M]. 兰州：兰州大学出版社，2014.

[2] 张周卫，李连波，李军，等. 缠绕管式换热器设计计算软件：201310358118. 7. 2013-02-19.

[3] （日）尾花英朗. 徐忠权，译. 热交换器设计手册 [M]. 北京：石油工业出版社，1982. 09.

[4] 张周卫，薛佳幸，汪雅红，等. 缠绕管式换热器的研究与开发 [J]. 机械设计与制造，2015，(9)：12-17.

[5] 张周卫，李跃，汪雅红. 低温液氮用系列缠绕管式换热器的研究与开发 [J]. 石油机械，2015，43（6）：117-122.

[6] 张周卫，汪雅红，张小卫，等. 低温液氮用多股流缠绕管主回热换热装备：201310366573. 1 [P]. 2013-12-11.

[7] 张周卫，汪雅红，张小卫，等. 低温液氮用一级回热多股流换热装备：201310387575. 9 [P]. 2013-12-11.

[8] 张周卫，汪雅红，张小卫，等. 低温液氮用二级回热多股流缠绕管式换热装备：201310361165. 7 [P]. 2013-12-11.

[9] 张周卫，汪雅红，张小卫，等. 低温液氮用三级回热多股流缠绕管式换热装备：201310358118. 7 [P]. 2013-12-11.

[10] Zhang Zhou-wei, Wang Ya-hong, Xue Jia-xing. Research and Develop on Series of Cryogenic Liquid Nitrogen Coil-wound Heat Exchanger [J]. Advanced Materials Research，2015，Vols. 1070-1072：1817-1822.

[11] 张周卫，薛佳幸，汪雅红. LNG 系列缠绕管式换热器的研究与开发 [J]. 石油机械，2015，43（4），118-123.

[12] 张周卫，汪雅红，张小卫，等. LNG 低温液化混合制冷剂多股流螺旋缠绕管式主换热装备：201110381579. 7 [P]，2012-07-11.

[13] 张周卫，汪雅红，张小卫，等. LNG 低温液化一级制冷四股流螺旋缠绕管式换热装备：201110379518. 7 [P]，2012-05-16.

[14] 张周卫，汪雅红，张小卫，等. LNG 低温液化二级制冷三股流螺旋缠绕管式换热装备：201110376419. 3 [P]，2012-07-04.

[15] 张周卫，汪雅红，张小卫，等. LNG 低温液化三级制冷螺旋缠绕管式换热装备：201110373110. 9 [P]，2012-07-04.

[16] Zhang Zhou-wei, Wang Ya-hong, Xue Jia-xing. Research and Develop on Series of LNG Coil-wound Heat Exchanger [J]. Applied Mechanics and Materials，2015，Vols. 1070-1072：1774-1779.

[17] Zhang Zhou-wei, Xue Jia-xing, Wang Ya-hong. Calculation and design method study of the coil-wound heat exchanger [J]. Advanced Materials Research，2014，Vols. 1008-1009：850-860.

[18] 李跃，汪雅红，李河，等. 两种不同截面螺旋管压力损失的比较研究 [J]. 通用机械，2015 (9)：94-97.

[19] 李跃，张周卫，汪雅红，等. 一种新的评价螺旋管综合性能的方法 [J]. 机械，2016，43（2）：8-12.

[20] 张周卫，李跃，汪雅红，等. 恒壁温工况下螺旋管内流体强化传热数值模拟研究 [J]. 制冷与空调，2016，16（2）：43-48.

[21] 李跃，张周卫，郭舜之，等. 恒壁温矩形截面螺旋管传热与阻力特性模拟 [J]. 燃气与热力，2016，36（11）：34-40.

[22] 张周卫，薛佳幸，汪雅红. 双股流低温缠绕管式换热器设计计算方法研究 [J]. 低温工程，2014 (6)：17-23.

[23] Xue Jia-xing, Zhang Zhou-wei, Wang Ya-hong. Research on Double-stream Coil-wound Heat Exchanger [J]. Applied Mechanics and Materials，2014，Vols. 672-674：1485-1495.

[24] 张周卫，汪雅红，张小卫，等. 一种带真空绝热的双股流低温螺旋缠绕管式换热器：2011103156319 [P]. 2012-05-16.

[25] 张周卫，汪雅红，张小卫，等. 一种带真空绝热的单股流低温螺旋缠绕管式换热器：2011103111939 [P]. 2012-07-11.

[26] 张周卫，汪雅红，张小卫，等. 双股流螺旋缠绕管式换热器设计计算方法：201210303321. X [P]. 2013-01-02.

[27] 张周卫，汪雅红，张小卫，等. 单股流螺旋缠绕管式换热器设计计算方法：201210297815. 1 [P]. 2012-12-05.

[28] Zhang Zhou-wei, Wang Ya-hong, Xue Jia-xing. Research and Develop on Series of Cryogenic Methanol Coil-wound Heat Exchanger [J]. Advanced Materials Research，2015，Vols. 1070-1072：1769-1773.

[29] 张周卫，汪雅红，薛佳幸，等. 低温甲醇用系列缠绕管式换热器的研究与开发 [J]. 化工机械，2014，41（6）：705-711.

[30] 张周卫，汪雅红，张小卫，等. 低温甲醇-甲醇缠绕管式换热器设计计算方法：201210519544. X [P]. 2013-03-27.

[31] 张周卫，汪雅红，张小卫，等. 低温循环甲醇冷却器用缠绕管式换热器：201210548454. 3 [P]. 2013-03-20.

[32] 张周卫，汪雅红，张小卫，等. 未变换气冷却器用低温缠绕管式换热器：201210569754. X [P]. 2013-04-03.

[33] 张周卫，汪雅红，张小卫，等. 变换气冷却器用低温缠绕管式换热器：201310000047. 3 [P]. 2013-04-10.

[34] 张周卫，汪雅红，张小卫，等. 原料气冷却器用三股流低温缠绕管式换热器：201310034723. 9 [P]. 2013-04-24.

[35] 张周卫，汪雅红著. 空间低温制冷技术 [M]. 兰州：兰州大学出版社，2014-3.

[36] 张周卫，厉彦忠，汪雅红，等. 空间低红外辐射液氮冷屏低温特性研究 [J]. 机械工程学报，2010，46（2）：111-118.

[37] 张周卫，厉彦忠，陈光奇，等. 空间低温冷屏蔽系统及表面温度分布研究 [J]. 西安交通大学学报，2009（8）：116-124.

[38] 张周卫，张国珍，周文和，等. 双压控制减压节流阀的数值模拟及实验研究 [J]. 机械工程学报，2010，46（22）：130-135.

[39] GB 150—2011.

[40] 朱聘冠. 换热器原理及计算 [M]. 北京：清华大学出版社，1987.

[41] NB/T 47020～47027—2012.

[42] JB/T 4712—2007.

[43] NB/T 47025—2012.

[44] GB/T 151—2014.

[45] 朱聘冠. 换热器原理及计算 [M]. 北京：清华大学出版社，1987.

第13章

蒸发式冷凝器的设计计算

本设计是关于蒸发式冷凝器的设计,针对蒸发式冷凝器的换热过程同时存在显热和潜热交换,计算过程比较复杂且方法较多的情况,采用一种简单的蒸发式冷凝器的设计计算方法,通过基本参数确定、盘管设计、制冷剂系统设计和排蒸汽系统设计,进行系统设计计算,得出换热量、传热面积、淋水量、水泵功率和风机功率等设计参数,该方法适用于常规蒸发式冷凝器的设计计算。

制冷装置中冷凝器种类很多,通常有风冷式冷凝器、带冷却塔或不带冷却塔的水冷式冷凝器以及蒸发式冷凝器。蒸发式冷凝器主要在中央空调和冷库、制冰等大中型制冷设备中应用。相对于其他冷却设备,蒸发式冷凝器的应用比例并不高,但蒸发式冷凝器作为高效换热设备,其优势是明显的:

① 同带冷却塔的水冷式冷凝器相比,蒸发式冷凝器大大减少了水的消耗,对于我国水资源严重不足的北方地区有重要意义。

② 同风冷式冷凝器相比,蒸发式冷凝器冷凝温度较低,这是因为风冷式冷凝器冷凝能力受限于环境干球温度,而蒸发式冷凝器受限于环境湿球温度,而湿球温度一般比干球温度低 8~14℃,加上上侧风机给设备造成的负压环境,因此其冷凝温度较低,换热效果非常理想。在 HVAC 系统中相对于其他冷凝器可以节能 20%~40%。

③ 因为传热传质两个过程在蒸发式冷凝器内一次完成,所以不需要冷却塔,相对于传统的带冷却塔的水冷式冷凝器,结构更紧凑。

④ 同其他类型的冷凝器相比,蒸发式冷凝器总耗功率显著降低,压缩机输入功率减少,因而省能。这对于倡导节能的当今社会具有重要的意义。国外发达国家蒸发式冷凝器的应用十分广泛。除了部分中央空调采用卧式冷凝器和风冷冷凝器外,大部分采用蒸发式冷凝器,而立式冷凝器很少使用。在低温制冷机组中,采用蒸发式冷凝器比一般的冷凝设备(例如风冷式冷凝器或者冷却塔+壳管式冷凝器)更为经济有效。且由于蒸发式冷凝器的设计冷凝温度比常用的水冷式和空冷式冷凝器低,因此运行更经济、节能。

蒸发式冷凝器有这么多的优点,但低温环境对系统的影响不能忽视:

低温造成系统冷凝压力过低,导致排气压力过低,压缩机排气体积增大,油分、冷凝段过滤器滤芯分油效果变差,造成压缩机跑油。在客户侧工艺温度不变的条件下,系统的蒸发温度趋于一个稳定值,冷凝压力过低的话会造成供液阀前后压力差降低,有可能造成供液阀动力不足,影响供液量。冷凝压力过低,在需要过冷供液的系统中,会影响到过冷供液的过冷度,有可能影响到制冷剂的远程供应。系统排气压力过低将导致润滑油供油压力不足,从而给压缩机轴承润滑带来不利影响。

13.1　概述

13.1.1　蒸发式冷凝器

蒸发式冷凝器的换热主要是靠冷却水在空气中蒸发吸收汽化潜热而进行的。按空气流动方式可分为上吸入式和下压送式。

蒸发式冷凝器由冷却管组、给水设备、通风机、挡水板和箱体等组成,如图 13-1 所示。冷却管组为无缝钢管弯制成的蛇形盘管组,装在薄钢板制成的长方形箱体内。箱体的两侧或顶部设有通风机,箱体底部兼作冷却水循环水池。

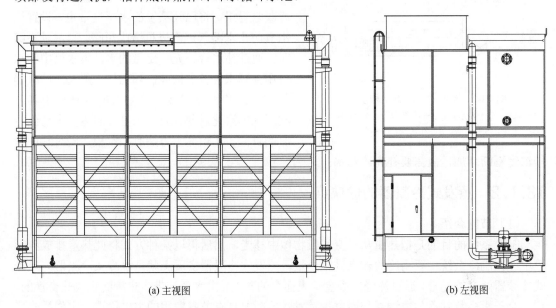

<table>
<tr><td>(a) 主视图</td><td>(b) 左视图</td></tr>
</table>

图 13-1　表面蒸发式冷凝器

（1）蒸发式冷凝器的结构原理

蒸发式冷凝器是以冷却介质蒸发换热为主的冷凝器。因而蒸发式冷凝器的换热不仅有显热交换过程,同时还存在着潜热交换过程。蒸发式冷凝器主要由换热盘管、循环水系统及风机等主要部件构成（图 13-2）。

① 换热管　蒸发式冷凝器一般用光管,从换热管湿表面到空气的高速热交换使管子不必要以肋片等形式增加外表面积,而且光管不易脏,易于清洗。换热管通常是钢管、铜管、铁管或不锈钢管,含铁材料的一般外部热浸锌防止腐蚀。

② 风机　蒸发式冷凝器有吸风式和送风式两种,吸风式的风机装在箱体顶上,优点是箱体内维持负压,水的蒸发温度比较低,但风机处于潮湿气流中,容易引起腐蚀。风机一般有两种形式:离心式和轴流式。采用哪种形式取决于风压需要和允许噪声级以及能耗等因素。

③ 挡水板　挡水板将热湿空气中带的水滴挡住,减少水耗,挡水板的效率取决于蒸发式冷凝器结构形式和挡水板设计形式。一般一个高效挡水板就能控制水的损失。

（2）蒸发式冷凝器运行管理

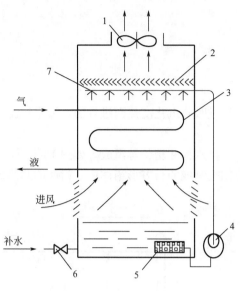

图 13-2　蒸发式冷凝器结构示意图
1—风机；2—挡水板；3—冷凝盘管；4—循环水泵；
5—浮球；6—补水阀；7—喷嘴

盐浓度不断增加，故需要补充冷却水。

蒸发式冷凝器是利用冷却水在换热管外水蒸发时吸收热量而使管内的氨或氟利昂蒸气冷凝的原理工作的，冷却水储存于箱底水池中，用浮球保持一定的水位。冷却水由循环水泵压送至冷凝盘管上方，流经喷嘴形成雾状水膜后连续均匀地覆盖在冷凝盘管组的外表面，水膜的温度较低，水膜中部分水自身蒸发吸收管内高温制冷剂蒸汽的热量使之冷凝为液体，未蒸发的水掉落回到冷凝器底部的集水槽中。空气在风机的作用下由蒸发式冷凝器箱体的下方进入，自下而上流经冷凝盘管组，将已经蒸发的水蒸气带走，设置挡水板防止水蒸气进入风机造成短路。当水量不够时，通过补水管补充一定量的水，集水槽中的水位用浮球来保持。依此循环工作。蒸发式冷凝器与空冷式和水冷式冷凝器最大的区别在于其能利用水的汽化潜热，通过水自身的蒸发来达到冷凝的目的。在箱体上方装有挡水板，同时水中含

13.1.2　蒸发式冷凝器的优缺点

（1）节能介绍

制冷系统的目的是把热量从一空间或物体中移走，然后再以某种方式将此热量排放到环境中。在制冷系统中要用冷凝器来排放热量。蒸发式冷凝器实质上就是水冷式冷凝器与风冷式冷凝器两者的结合，通过流经冷凝盘管表面水的蒸发，由水蒸气带走热量而完成热交换的。

对于大多数制冷与空调系统而言，蒸发式冷凝器具有节省费用的突出优点。它们排除了水冷式系统中水泵的问题和大量用水而产生的水处理问题。与具有同等制冷量和成本的风冷式冷凝器相比，它们的风机功率要小很多。最重要的是，采用蒸发式冷凝器的制冷、空调系统，其冷凝压力可以比传统的水冷式或风冷式更低一些。这样，压缩机所消耗的功率就减少一些。

在蒸发式冷凝器的出口附近的液体制冷剂或许有一些过冷，但这很快就在从冷凝器到储液器的排液管中散失掉。在排液管与储液器中既含有制冷剂液体又含制冷剂蒸汽，它们处于两相共存的状态，所以不可能使制冷剂液体的温度保持在饱和温度以下。因此，一小部分过冷液体要来冷凝一部分制冷剂蒸汽直到在一个相当于冷凝压力的饱和温度达到平衡。制冷剂液体经过节流装置（节流阀）在焓值保持不变的情况下，压力降到系统吸气压力进入到蒸发器内蒸发吸热进行有效的制冷循环过程。

（2）蒸发式冷凝器节能原因

蒸发式冷凝器从制冷和空调系统中带走热量，但其消耗的能量和水量最少，水泵将水从集水槽送到喷淋系统中，通过喷嘴喷淋到冷凝盘管表面，确定水的最小流量应能保证喷淋水完全覆盖冷凝器盘管表面，喷淋水分布均匀和防止结垢就足够了，由此可确定水泵的最小功率。

风机系统强迫空气穿过下落水和盘管的表面，一小部分水被蒸发后带走制冷剂蒸气中的热量并将盘管内的制冷剂蒸气冷凝，因此就像冷却塔一样，所有的散热都是通过水的蒸发来完成的，这样就节省了大约 95% 的一次性用水系统通常所需的水量。

蒸发式冷凝器实际上就是把冷却塔和壳管式冷凝器结合在同一设备中。它去掉了在壳管式冷凝器系统中所必需的冷凝水的显热传热过程。这样就允许冷凝温度大体上接近设计湿球温度，从而使压缩机功率消耗最小。

水的温度和水流量是在指定设计的湿球温度条件下，是以氨和氟为制冷剂的制冷和空调系统中普遍采用的，这些条件有助于选择最经济的蒸发式冷凝器。然而，在同等的湿球温度下，使用一个较大的其他类型的冷凝器，也可以获得较低的冷凝温度和降低压缩机消耗功率。

（3）蒸发式冷凝器相对其他冷凝系统的优点

① 系统运行费用低　冷凝器的冷凝温度在 20.3℃ 以内是非常实际和经济的，其结果是压缩机功率比其他的冷却塔冷凝器系统节省至少 10% 的功耗，并且比风冷式冷凝器系统节省 30% 的功耗，风机的功率与其他冷凝器系统的风机消耗的功率相当，并且大约是相同规格的风冷式冷凝器风机功率的 1/3。由于泵的扬程较低和水流量的降低，水泵的功率大约是普通的冷却塔冷凝器系统中所需要的水泵功率的 25%。

② 节省初投资　蒸发式冷凝器把冷却塔、冷凝器、循环水池、循环水泵和水管综合为一体，这样减少了冷却塔、循环水泵和水管等设备，也减少了冷凝器系统中处理与安装单个元件的费用。由于蒸发式冷凝器高效率地利用蒸发式冷却换热方式，因此能有效地减少换热面积、风扇的数量和风机电机功耗。

③ 节省空间　蒸发式冷凝器通过把冷凝器盘管和冷却塔结合成一体节省了宝贵的空间，并且没必要像其他冷凝器系统那样需要较大的水泵与管路。蒸发式冷凝器只要求大约是相同规格的风冷式冷凝器的 50% 的迎风面积。

④ 节水　水冷式冷凝器 1kg 冷却水能带走 4.66～9W 的热量，而 1kg 水在常压下蒸发能带走 676W 热量，因而蒸发式冷凝器理论耗水量仅为一般水冷式冷凝器的 1%，实际上由于吹散损失、排污换水等，耗水量为一般水冷式冷凝器的 5%～10%，因而它特别适用于缺水地区。

（4）蒸发式冷凝器在国内应用不广的原因

① 目前国产蒸发式冷凝器质量普遍不高，换热效率没有体现其应有的优势，而且由于水质和外部运行问题，通常几年下来会带来外壳腐蚀和换热管结垢等问题，影响其寿命。

② 国外以及合资企业的蒸发式冷凝器质量较好，但其价格不仅远高于国内蒸发式冷凝器，并且要高于其他类型冷凝器，在一定程度上影响了它的应用。

③ 观念问题，一般习惯于使用传统的卧式冷凝器和立式冷凝器作为主要冷却设备。

13.2　蒸发式冷凝器的设计计算

13.2.1　设计条件

① 处理能力：天然气流量 $W_L = 23.15 \text{m}^3/\text{s} = 0.84 \text{kg/s}$。

② 设备型式：蒸发式冷凝器。

③ 操作条件：

a．天然气入口温度 $t_1 = 105℃$，出口温度 $t_2 = 36℃$。

b．天然气设计压力为 4.6MPa。

c．冷却介质：水，入口温度 $t_1' = 30℃$，出口温度 $t_2' = 50$ ℃。

d．水设计压力为 2.18MPa。

④ 按每天 24h 连续运行。

13.2.2　物性参数

定性温度：取流体进出口温度的平均值。

管程自来水的定性温度为：

$$t = \frac{30+50}{2} = 40(℃)$$

壳程天然气的定性温度为：

$$T = \frac{105+36}{2} = 70.5(℃)$$

根据定性温度，分别查取壳程和管程流体的有关物性数据，水在 40℃ 下的物性数据：

密度：

$$\rho_1 = 993.23\text{kg/m}^3$$

定压比热容：

$$c_{p1} = 4.17\text{kJ/(kg·K)}$$

热导率：

$$\lambda_1 = 0.63\text{W/(m·K)}$$

运动黏度：

$$\nu_1 = 0.66 \times 10^{-6}\,\text{m}^2/\text{s}$$

动力黏度：

$$\mu_1 = 6.55 \times 10^{-4}\,\text{Pa·s}$$

普朗特数：

$$Pr_1 = 4.33$$

天然气在 70.5℃、4.6MPa 下的有关物性数据如下：

密度：

$$\rho_2 = 27.58\text{kg/m}^3$$

定压比热容：

$$c_{p2} = 2.55\text{kJ/(kg·K)}$$

热导率：

$$\lambda_2 = 0.044\text{W/(m·K)}$$

运动黏度：

$$\nu_2 = 0.48 \times 10^{-6}\,\text{m}^2/\text{s}$$

动力黏度：

$$\mu_2 = 1.32 \times 10^{-5} \, \text{Pa} \cdot \text{s}$$

普朗特数：

$$Pr_2 = 0.78$$

13.2.3　估算换热面积

（1）热负荷

$$Q_o = W_L(i_2 - i_1) \tag{13-1}$$

式中　W_L——管内流体的流量，kg/s；

　　　i_1，i_2——管内流体进出口温度下的焓，kJ/kg。

$$Q_o = W_L(i_2 - i_1) = 0.84 \times (1068.0 - 891.34) = 148.4(\text{kW})$$

（2）对数平均温差

取温差修正系数 $\psi = 0.78$，则有效平均温差为：

$$\Delta t_m = \psi \frac{\Delta t_1 - \Delta t_2}{\ln(\Delta t_1 / \Delta t_2)} = 0.78 \times \frac{(105 - 50) - (36 - 30)}{\ln[(105 - 50)/(36 - 30)]} = 17.3(℃)$$

13.2.4　管程换热系数计算

管程流速取 25m/s，则管程流通面积为：

$$a_2 = \frac{W_L}{u} = \frac{23.15}{25} = 0.93(\text{m}^2)$$

选用换热管类型为 $\phi 60\text{mm} \times 5\text{mm}$，则管子外径 $d_0 = 0.07\text{m}$，内径 $d_1 = 0.06\text{m}$，则所需换热管根数为：

$$N_t = \frac{a_2}{\frac{\pi}{4} d_1^2} = \frac{0.93}{\frac{3.14}{4} \times 0.06^2} \approx 329$$

单管初选传热系数 $K_0 = 120\text{W}/(\text{m}^2 \cdot ℃)$，则总传热面积为：

$$F_0 = \frac{Q_0}{K_0 \Delta t_m} = \frac{148.4 \times 10^3}{120 \times 17.3} = 71.48(\text{m}^2)$$

每根换热管的长度为：

$$L = \frac{F_0}{N_t \pi d} = \frac{71.48}{329 \times 3.14 \times 0.07} = 0.99(\text{m})$$

经圆整，每根换热管的长度为 1 m。

管程雷诺数为：

$$Re = \frac{ud}{\nu} = \frac{25 \times 0.06}{0.48 \times 10^{-6}} = 3125000$$

管程传热系数为：

$$\alpha_2 = 0.023 \frac{\lambda}{d} Re^{0.8} Pr^{0.4} = 0.023 \times \frac{0.044}{0.06} \times 3125000^{0.8} \times 0.78^{0.4} = 2397.4[\text{kJ}/(\text{kg} \cdot ℃)]$$

13.2.5　结构的初步设计

经计算得出标况下输送 200 万立方米每天的天然气，在 4.6MPa 的设计工作压力下需要直径 70mm 的管子 329 根。设置两台蒸发式冷凝器，1 台运行，1 台备用。

查 GB/T 151—2014 知，管径壁厚取 5mm 满足压力要求，管间距按 $1.25d$ 取，管间距 $s = 0.0875\text{m}$。换热管排列方式为正三角形排列。最大排管数为每排 $N_a = 16$ 根，共 22 排。

箱体宽度：

$$L_1 = s(N_a - 1) + N_a d_0 + 4d_0 = 0.0875 \times (16 - 1) + 16 \times 0.07 + 4 \times 0.07 = 2.71(\text{m})$$

13.2.6　壳程换热系数计算

壳程流通面积为：

$$A_1 = B \times L_1 \times \left(1 - \frac{d_0}{s}\right) = 1.6 \times 2.71 \times \left(1 - \frac{0.07}{0.0875}\right) = 0.87(\text{m}^2)$$

壳程当量直径为：

$$d_e = \frac{L_1^2 - N_t d_0^2}{L_1 + N_t d_0} = \frac{2.71^2 - 329 \times 0.07^2}{1.5 + 329 \times 0.07} = 0.23(\text{m})$$

壳程雷诺数为：

$$Re = \frac{\rho_1 w_1 d_e}{\mu_1} = \frac{993.23 \times 1.5 \times 0.23}{6.55 \times 10^{-4}} = 523141$$

假定管外壁温度为 $t_{w1} = 40℃$，则查得在该壁温下水的黏度为 $\mu_w = 6.55 \times 10^{-4}(\text{N} \cdot \text{s})/\text{m}^2$，普朗特数为 $Pr_w = 4.33$。

黏度修正系数为：

$$\varphi = \left(\frac{\mu_1}{\mu_w}\right)^{0.14} = \left(\frac{6.55}{6.55}\right)^{0.14} = 1$$

壳程传热系数为：

$$\alpha_1 = 0.023 \times \frac{\lambda_1}{d_e} \times Re_1^{0.8} \times Pr_1^{\frac{1}{3}} \times \left(\frac{\mu_1}{\mu_w}\right)^{0.14} = 0.023 \times \frac{0.63}{0.23} \times 523141^{0.8} \times 4.33^{\frac{1}{3}} \times 1 = 3858.3 \text{ kJ}/(\text{kg} \cdot ℃)$$

13.2.7　传热系数计算

管程侧污垢热阻为：$r_1 = 0.000015 \text{m}^2 \cdot ℃/\text{W}$。

壳程污垢热阻为：$r_2 = 0.0004 \text{m}^2 \cdot ℃/\text{W}$。

管壁热阻可忽略，则总传热系数为：

$$K = \frac{1}{\dfrac{1}{\alpha_1} + \dfrac{1}{\alpha_2} + r_1 + r_2} = \frac{1}{\dfrac{1}{3858.3} + \dfrac{1}{2397.4} + 0.000015 + 0.0004} = 916.3[\text{W}/(\text{m}^2 \cdot ℃)]$$

13.2.8　管壁温度校核计算

管外壁热流密度为:

$$q_1 = \frac{Q_0}{N_t \pi d_0 L} = \frac{148.4 \times 10^3}{329 \times 3.14 \times 0.07 \times 1} = 2052.2(\text{W/m}^2)$$

管壁外壁侧温度为:

$$t_{wh} = t_1 - q_1\left(\frac{1}{\alpha_1} + r_1\right) = 105 - 2052.2 \times \left(\frac{1}{3858.3} + 0.0004\right) = 103.6(\text{℃})$$

内壁侧温度为:

$$t_{wl} = t_2 + q_1\left(\frac{1}{\alpha_2} + r_2\right) = 50 + 2052.2 \times \left(\frac{1}{3858.3} + 0.000015\right) = 50.6(\text{℃})$$

所以

$$t_w = \frac{t_{wh} + t_{wl}}{2} = \frac{103.6 + 50.6}{2} = 77.1(\text{℃})$$

13.2.9　管程压降校核计算

管程阻力可按一般摩擦阻力公式求得。对于多程换热器,其总阻力 Δp_t 等于各程直管阻力、回弯阻力及进、出口阻力之和。一般进、出口阻力可忽略不计,故管程总阻力的计算式为:

$$\Delta p_t = (\Delta p_i + \Delta p_r)F_t N_s N_p \tag{13-2}$$

式中　Δp_i、Δp_r——直管及回弯管中因摩擦阻力引起的压强降, N/m^2;

　　　　F_t——结垢校正因数,无量纲,对于 $\phi 60\text{mm} \times 5\text{mm}$ 的管子,取为 1.1,对 $\phi 32\text{mm} \times 9\text{mm}$ 的管子,取为 1.3;

　　　　N_p——管程数;

　　　　N_s——串联的壳程数。

每程直管阻力:

$$\Delta p_i = \lambda \frac{l}{d} \frac{\rho u^2}{2} \tag{13-3}$$

每程回弯阻力:

$$\Delta p_r = 3 \frac{\rho u^2}{2} \tag{13-4}$$

由此式可以看出,管程的阻力损失(或压降)正比于管程数 N_p 的三次方。

对同一换热器,若由单管程改为两管程,则阻力损失剧增为原来的 8 倍,而强制对流传热、湍流条件下的表面传热系数只增为原来的 1.74 倍;若由单管程改为四管程,则阻力损失增为原来的 64 倍,而表面传热系数只增为原来的 3 倍。由此可见,在选择换热器管程数目时,应该兼顾传热与流体压降两方面的得失。

则每程直管阻力:

$$\Delta p_i = \lambda \frac{l}{d} \frac{\rho u^2}{2} = 0.01 \times \frac{1}{0.06} \times \frac{27.58 \times 25^2}{2} = 1436.5(\text{Pa})$$

每程回弯阻力：

$$\Delta p_r = 3 \frac{\rho u^2}{2} = 3 \times \frac{27.58 \times 25^2}{2} = 25856.3(\text{Pa})$$

管程阻力：

$$\Delta p = 1.4(\Delta p_i + \Delta p_r) = 1.4 \times (1436.5 + 25856.3) = 38209.9(\text{Pa})$$

所以管程压降符合要求。

13.2.10　选型设计

（1）盘管的设计

本设计采用$\phi 70$mm 无缝钢管，盘管材料采用 20 优质碳钢，盘管的管型有圆管、椭圆及一些特殊管型，本设计采用圆管。盘管管束呈正三角形错列布置。管长 1m，翅片采用横式普通铝片，铝片厚度 $\delta = 0.2$mm，翅片间距 $s_f = 3.5$mm，垂直于流动方向的管间距 $s_1 = 87.5$mm，翅高 18.2mm，铝翅片热导率为 $\lambda_f = 246$W/(m·K)。

翅片为平直套片，考虑套片后的管外径为：

$$d_b = d_o + 2\delta = 70 + 2 \times 0.2 = 70.4(\text{mm})$$

以计算单元为基准进行计算，沿气流流动方向的管间距为：

$$s_2 = s_1 \times \cos 30° = 87.5 \times 0.866 = 75.8(\text{mm})$$

沿制冷剂流向套片的长度：

$$l = 4s_2 = 4 \times 75.8 = 303.2(\text{mm})$$

每米管长翅片的外表面积：

$$a_f = 2\left(s_1 s_2 - \frac{\pi}{4} d_b^2\right) \frac{1}{s_f} = 2 \times \left(0.0875 \times 0.0758 - \frac{3.14}{4} \times 0.0704^2\right) \times \frac{1}{0.0035} = 1.57(\text{m}^2)$$

每米管长翅片间的管子表面面积：

$$a_b = \pi d_b (s_f - \delta_f) \frac{1}{s_f} = 3.14 \times 0.0704 \times (0.0035 - 0.0002) \times \frac{1}{0.0035} = 0.21(\text{m}^2)$$

每米管长的总外表面面积：

$$a_0 = a_f + a_b = 1.57 + 0.21 = 1.78(\text{m}^2)$$

每米管长的外表面面积：

$$a_i = \pi d_i = 3.14 \times 0.07 = 0.22(\text{m}^2)$$

每米管长的内表面面积：

$$a_1 = \pi d_1 = 3.14 \times 0.06 = 0.19(\text{m}^2)$$

因此得每米管长的总外表面面积与翅片间的管子表面面积之比为：

$$\frac{a_f}{a_b} = \frac{1.57}{0.21} = 7.5$$

肋化系数：

$$\tau = \frac{a_0}{a_i} = \frac{1.78}{0.22} = 8.1$$

考虑到弯头及壳体间隙，迎制冷剂喷淋面长为 1.6 m，则：

$$D = A / B \tag{13-5}$$

式中　　D ——迎制冷剂喷淋面宽，m；

　　　　A ——迎制冷剂喷淋面积，m^2，A = 2.4m^2；

　　　　B ——迎制冷剂喷淋面长，m，B = 1.6m。

$$D = A / B = 2.4 / 1.6 = 1.5 \text{(m)}$$

管径 d_0 为 5mm（20 号优质碳钢的无缝钢管），管间距 P_t = 100mm。

$$n = D / (P_t + d_0) \tag{13-6}$$

式中　　n ——每排管数；

　　　　D ——迎风面宽，m；

　　　　P_t ——管间距，m。

按上式计算得：

$$n = 1.5 / (0.1 + 0.005) \approx 14$$

（2）选择管箱

表 13-1　管箱允许工作压力

管箱形式	允许压力/MPa
可卸盖板式、可卸帽盖式	≤6.4
丝堵式	≤20
集合管式	≤35

由表 13-1，选择可卸盖板式管箱。

（3）选风机

在本设计中每台冷凝器只配备 1 台风机，用于排水蒸气。选迎面风速，考虑到喷制冷剂后蒸汽侧阻力有所变化，因此迎面风速应取低于干式冷凝器冷器的数值。推荐标准迎面风速 v_{NF} 的数值如表 13-2 所示。

表 13-2　标准迎面风速 v_{NF} 推荐值

管排数	2	4	6
v_{NF} /（m/s）	2.7～2.8	2.5～2.6	2.3～2.4

由于该设计中管排数为 4，取 v_{NF} = 2.5 m/s 比较合理。

水蒸气流过蒸发式冷凝器的阻力为通过冷凝管、挡水板、喷嘴排管等阻力部分之和。

① 水蒸气流过冷凝盘管的阻力计算：

流过冷凝盘管的水蒸气质量流量：

$$G = \frac{G'_m}{A - nd_0 B} = \frac{VG_m}{A - nd_0 B} \qquad (13\text{-}7)$$

式中　G'_m ——最窄面水蒸气质量流量，kg/s；

　　　G_m ——排汽量的质量流量，kg/s，G_m=14.6kg/s；

　　　V ——排汽量的体积流量，m^3/s，取 V=24.8m^3/s；

　　　A ——喷淋面积，m^2；

　　　n ——每排管数；

　　　d_0 ——管径，m；

　　　B ——淋液面长，m。

按上式计算得：

$$G = \frac{24.8 \times 14.6}{2.4 - 14 \times 0.06 \times 1.6} = 342.9 (kg/s)$$

当 $\rho / d_0 = 2$ 时：

$$\Delta p_1 = 0.51 \times 10^{-9} NG^2 \qquad (13\text{-}8)$$

式中　Δp_1 ——水流过冷凝管的阻力，Pa；

　　　N ——管程数。

按上式计算得：

$$\Delta p_1 = 0.51 \times 10^{-9} \times 1 \times 342.9^2 = 6.0 \times 10^{-5} (Pa)$$

② 水蒸气流过挡水板的阻力：

$$\Delta p_2 = \frac{Ev}{2g} \qquad (13\text{-}9)$$

式中　Δp_2 ——水蒸气流过挡水板的阻力，Pa；

　　　E ——局部阻力系数，挡水板只有一折时 $E = 3$；

　　　v ——最窄面蒸汽流速（一般取 $v = 1.2 v_F$），m/s；

　　　v_F ——迎面蒸汽流速，m/s；

　　　g ——重力加速度，m/s。

按上式计算得：

$$\Delta p_2 = \frac{3 \times (1.2 \times 3.0)}{2 \times 9.8} = 0.55 (Pa)$$

③ 水蒸气流过喷嘴排管的阻力：

喷嘴个数：用迎液面长和迎液面面宽分别除以喷嘴和喷嘴的间距 300mm，得出的两个数再相乘，即得喷嘴的个数，即

$$1.6 / 0.25 = 6$$
$$1.5 / 0.25 = 6$$
$$Z = 6 \times 6 = 36$$

水蒸气流过喷嘴排管的阻力：

$$\Delta p_3 = 0.01 Z \frac{v_F}{2\rho} \qquad (13\text{-}10)$$

式中 Δp_3——蒸汽流过喷嘴的阻力，Pa；

    Z——喷嘴的个数；

    v_F——迎面蒸汽流速，m/s；

    ρ——此工况下蒸汽的密度，kg/m^3。

按上式计算得：

$$\Delta p_3 = 0.01 \times 36 \times \frac{3.0}{2 \times 53.66} = 0.01 \text{Pa}$$

④ 总阻力：

$$\Delta p' = \Delta p_1 + \Delta p_2 + \Delta p_3 \tag{13-11}$$

式中 $\Delta p'$——水蒸气流过蒸发式冷凝器的阻力，Pa；

    Δp_1——水蒸气流过冷凝管的阻力，Pa；

    Δp_2——水蒸气流过挡水板的阻力，Pa；

    Δp_3——水蒸气流过喷嘴的阻力，Pa。

按上式计算得：

$$\Delta p' = 6.0 \times 10^{-5} + 0.55 + 0.01 = 0.56 \text{(Pa)}$$

风机压头 Δp 选为20Pa。

⑤ 风机功率的确定：

目前中国的蒸发式冷凝器多为上吸收式，其风机设置在箱体的上部，箱内维持负压，水的蒸发温度较低，但风机长期处于潮湿环境中，容易被腐蚀，故应采用路铝合金风叶和全封闭电机。

风机功率：

$$N = \Delta p V \tag{13-12}$$

式中 N——风机功率，kW；

    Δp——空气压力损失，即风机压头，Pa；

    V——排汽量，m^3/s。

按上式计算得：

$$N = 20 \times 24.8 = 496 \text{(W)}$$

（4）淋水量及补水量的确定

水量的配置以能全部润湿冷凝盘管表面、形成连续的水膜为原则，力求获得最大的传热系数。水量过小，不足以满足冷凝的要求；水量过大，反而不利于热交换，同时会造成水泵功率增大。

中国 JB/T 7658.5—2006 标准的单位冷凝负荷的淋水量0.032L/(s•kW)，美国工业制冷手册标准为0.018L/(s•kW)。

本设计选用美国工业制冷手册标准为0.018L/(s•kW)，单位冷凝负荷的淋液量 $r = 0.018$L/(s•kW)。补水量一般为淋液体水量的5%～10%，湿度较大地区取小值。

淋液量按式（13-13）计算：

$$G_S = Q_k r \rho \tag{13-13}$$

式中　G_S ——淋液量，kg/s；

　　　Q_k ——换热量，kW；

　　　r　——单位冷凝负荷的淋液量，L/(s•kW)；

　　　ρ　——冷却水密度，kg/m^3。

将数据代入式（13-13）计算得：

$$G_S = 148.4 \times 0.018 \times 10^{-3} \times 993.23 = 2.7 (\text{kg/s})$$

补液量按式（13-14）计算：

$$W = G_S \times 5\% \tag{13-14}$$

式中　W ——补液量，kg/s；

　　　G_S ——淋液量，kg/s。

将数据代入式（13-14）计算得：

$$W = 2.7 \times 0.05 = 0.14 (\text{kg/s})$$

泵功率按式（13-15）计算：

$$N_S = 9.8 G_S H_Z \tag{13-15}$$

式中　N_S ——泵功率，kW；

　　　G_S ——淋液量，kg/s；

　　　H_Z ——泵扬程，m，其值为 10m。

将数据代入式（13-15）计算得：

$$N_S = 9.8 \times 2.7 \times 10 = 264.6 (\text{kW})$$

13.3　强度计算

13.3.1　可卸盖板管箱的计算

法兰厚度（碳素钢 20R）按下式计算：

$$\delta_1 = \sqrt{\dfrac{6p\left(2mb + \dfrac{G}{2}\right)i}{[\sigma]^t \varphi}} + C_3 \tag{13-16}$$

式中　δ_1 ——法兰厚度，mm；

　　　p ——设计压力，MPa，p=4.6MPa；

　　　m ——垫片系数，查 GB 150，取 m=1.25；

　　　b ——垫片的有效厚度，mm，查 GB 150，取 $b = 2.53\sqrt{15}$ mm；

　　　G ——横跨管箱的垫片间距，mm，等于 384 mm；

　　　i ——$i = (B-G)/2$；

　　　B ——横跨管箱的螺柱间距，mm，等于 444 mm；

　　　$[\sigma]^t$ ——设计温度下材料的许用应力，MPa，查 GB 150，取 $[\sigma]^t$ =133MPa；

　　　φ ——焊缝系数，取 φ=0.9；

C_3——加工余量。

将数据代入上式计算得：

$$\delta_1 = 48\text{mm}$$

标准化后取 $\delta_1 = 50\text{mm}$。

盖板厚度（碳素钢 20R）按下式计算：

$$\delta = \sqrt{\dfrac{6p\left[\dfrac{G^2}{8} + \left(2mb + \dfrac{G}{2}\right)h\right]}{[\sigma]^t}} + C_a \tag{13-17}$$

式中　h——螺柱中心线到垫片反作用点间的距离，mm，h=30mm。

将数据代入上式计算得：

$$\delta = \sqrt{\dfrac{6 \times 4.6 \times \left[\dfrac{384^2}{8} + \left(2 \times 1.25 \times 2.53\sqrt{15} + \dfrac{384}{2}\right) \times 30\right]}{133}} + 2 = 73.9(\text{mm})$$

标准化后取 75mm。

13.3.2　管箱强度校核

1 板截面的计算惯性矩：

$$I_1 = \dfrac{L_s \delta_1^3}{12} \tag{13-18}$$

式中　L_s——加强件间距，对非加强容器 $L_s = 1\text{mm}$，对加强容器 $L_s = 2\text{mm}$；

　　　δ_1——容器短边平板的计算厚度，mm。

将数据代入上式计算得：

$$I_1 = \dfrac{1 \times 50^3}{12} = 10416.7(\text{mm}^4)$$

2 板截面的计算惯性矩：

$$I_2 = \dfrac{L_s \delta_2^3}{12} \tag{13-19}$$

式中　δ_2——容器长边平板的计算厚度，mm。

将数据代入上式计算得：

$$I_2 = \dfrac{1 \times 60^3}{12} = 18000(\text{mm}^4)$$

厚度为 δ_{22} 的截面的惯性矩：

$$I_{22} = \dfrac{L_s \delta_{22}^3}{12} \tag{13-20}$$

式中　δ_{22}——容器 2-2 截面的计算厚度，mm。

将数据代入上式计算得：

$$I_{22} = \frac{1 \times 55^3}{12} = 13864.6(\text{mm}^4)$$

其中：

$$\alpha = H / h$$
$$k_1 = I_{22} / I_2$$
$$k_2 = (I_{22} / I_1)\alpha$$
$$K_1 = 2k_2 + 3$$
$$K_2 = 3k_1 + 2k_2$$
$$N = K_1 K_2 - k_2^2$$

将数据代入上式计算得：

$$\alpha = 200 / 300 = 0.67$$
$$k_1 = 13864.6 / 18000 = 0.77$$
$$k_2 = (13864.6 / 18000) \times 0.67 = 0.52$$
$$K_1 = 2 \times 0.52 + 3 = 4.04$$
$$K_2 = 3 \times 0.77 + 2 \times 0.52 = 3.35$$
$$N = 4.04 \times 3.35 - 0.52^2 = 13.26$$

13.3.2.1　短边侧板

侧板 Q、Q_1 点的薄膜应力计算：

$$\sigma_m^{Q_1} = \sigma_m^{Q} = \frac{p_c h}{2\delta_1} \tag{13-21}$$

将数据带入上式计算得：

$$\sigma_m^{Q_1} = \sigma_m^{Q} = \frac{1 \times 300}{2 \times 50} = 3.0(\text{MPa})$$

侧板 Q、Q_1 点的弯曲应力计算：

$$\sigma_b^{Q} = \frac{p_c c h^2 L_s}{4NI_1}[(K_2 - k_1 k_2) + \alpha^2 k_2 (K_2 - k_2)] \tag{13-22}$$

$$\sigma_b^{Q_1} = \frac{p_c c h^2 L_s}{4NI_1}[(K_1 k_1 - k_2) + \alpha^2 k_2 (K_1 - k_2)] \tag{13-23}$$

将数据代入上式计算得：

$$\sigma_b^{Q} = \frac{1 \times 150 \times 300^2 \times 2}{4 \times 13.26 \times 10416.7} \times [(4.04 \times 0.77 - 0.52) + 0.67^2 \times 0.52 \times (4.04 - 0.52)] = 158.9(\text{MPa})$$

$$\sigma_b^{Q_1} = \frac{1 \times 150 \times 300^2 \times 2}{4 \times 13.26 \times 10416.7} \times [(4.04 \times 0.77 - 0.52) + 0.67^2 \times 0.52 \times (4.04 - 0.52)] = 166.76(\text{MPa})$$

按下式进行应力校核：

$$\sigma_m^{Q} \leqslant [\sigma]^t \tag{13-24}$$

由于：

$$1.5[\sigma]^t = 1.5 \times 133 = 199.5(\text{MPa})$$

$$\sigma_T^Q = \sigma_m^Q + \sigma_b^Q = 3.0 + 158.9 = 161.9(\text{MPa}) < 199.5\text{MPa}$$

$$\sigma_T^{Q_1} = \sigma_m^{Q_1} + \sigma_b^{Q_1} = 3.0 + 166.76 = 169.76(\text{MPa}) < 199.5\text{MPa}$$

故应力满足要求。

13.3.2.2 长边侧板

侧板 M_1、Q_1 点的薄膜应力计算：

$$\sigma_m^{Q_1} = \sigma_m^{M_1} = \frac{p_c h}{4\alpha N \delta_2}[2\alpha^2 N - (K_2 + k_2) + k_1(K_1 + k_2) - \alpha^2 k_2(K_2 - K_1)] \tag{13-25}$$

将数据代入上式计算得：

$$\sigma_m^{Q_1} = \sigma_m^{M_1} = \frac{1 \times 300}{4 \times 0.67 \times 8.96 \times 45} \times [2 \times 0.67^2 \times 8.96 - (2.38 + 0.42) + 0.512 \times$$
$$(3.84 + 0.42) - 0.67^2 \times 0.42 \times (2.38 - 3.84)] = 1.06(\text{MPa})$$

侧板 M、Q 的薄膜应力计算：

$$\sigma_m^Q = \sigma_m^M = \frac{p_c h}{4\alpha N \delta_{22}}[2\alpha^2 N + (K_2 + k_2) - k_1(K_1 + k_2) + \alpha^2 k_2(K_2 - K_1)] \tag{13-26}$$

将数据代入上式计算得：

$$\sigma_m^Q = \sigma_m^M = \frac{1 \times 300}{4 \times 0.67 \times 13.26 \times 55}[2 \times 0.67^2 \times 13.26 + (3.35 + 0.52) -$$
$$0.77 \times (4.04 + 0.77) + 0.67^2 \times 0.52 \times (3.35 - 0.77)] = 1.95(\text{MPa})$$

侧板 M、M_1、Q、Q_1 点的弯曲应力计算：

$$\sigma_b^M = \frac{p_c c h^2 L_s}{8 N I_{22}}\{2[(K_2 - k_1 k_2) + \alpha^2 k_2(K_2 - k_2)] - N\} \tag{13-27}$$

$$\sigma_b^{M_1} = \frac{p_c c h^2 L_s}{8 N I_2}\{2[(K_1 k_1 - k_2) + \alpha^2 k_2(K_1 - k_2)] - N\} \tag{13-28}$$

$$\sigma_b^Q = \frac{p_c c h^2 L_s}{4 N I_{22}}[(K_2 - k_1 k_2) + \alpha^2 k_2(K_2 - k_2)] \tag{13-29}$$

$$\sigma_b^{Q_1} = \frac{p_c c h^2 L_s}{4 N I_2}[(K_1 k_1 - k_2) + \alpha^2 k_2(K_1 - k_2)] \tag{13-30}$$

将数据代入上式计算得：

$$\sigma_b^M = \frac{1 \times 100 \times 300^2 \times 2}{8 \times 13.26 \times 13864.6}\{2[(3.35 - 0.77 \times 0.52) + 0.67^2 \times 0.52 \times$$
$$(3.35 - 0.52)] - 13.26\} = -73.92(\text{MPa})$$

$$\sigma_b^{M_1} = \frac{1 \times 100 \times 300^2 \times 2}{8 \times 13.26 \times 18000}\{2[(4.04 \times 0.77 - 0.52) + 0.67^2 \times 0.52 \times$$
$$(4.04 - 0.52)] - 13.26\} = -60.67(\text{MPa})$$

$$\sigma_b^Q = \frac{1 \times 100 \times 300^2 \times 2}{4 \times 13.26 \times 13864.6}[(3.35 - 0.77 \times 0.52) + 0.67^2 \times 0.52 \times (3.35 - 0.52)] = 44.18(\text{MPa})$$

$$\sigma_b^{Q_1} = \frac{1 \times 100 \times 300^2 \times 2}{4 \times 13.26 \times 18000}[(4.04 \times 0.77 - 0.52) + 0.67^2 \times 0.52 \times (4.04 - 0.52)] = 32.17(\text{MPa})$$

按下式进行应力校核：

$$\sigma_m^M \leqslant [\sigma]^t \varphi \tag{13-31}$$

$$\sigma_m^{M_1} \leqslant [\sigma]^t \varphi \tag{13-32}$$

由于：

$$1.5[\sigma]^t \varphi = 1.5 \times 133 \times 0.9 = 179.55(\text{MPa})$$

$$\sigma_T^M = \sigma_m^M + \sigma_b^M = |2.9 + (-125.65)| = 122.75(\text{MPa}) < 179.55\text{MPa}$$

$$\sigma_T^{M_1} = \sigma_m^{M_1} + \sigma_b^{M_1} = |1.95 + (-73.92)| = 71.97(\text{MPa}) < 179.55\text{MPa}$$

$$\sigma_T^Q = \sigma_m^Q + \sigma_b^Q = 1.95 + 44.18 = 46.13(\text{MPa}) < 179.55\text{MPa}$$

$$\sigma_T^{Q_1} = \sigma_m^{Q_1} + \sigma_b^{Q_1} = 1.06 + 32.17 = 33.23(\text{MPa}) < 179.55\text{MPa}$$

13.3.3 螺栓计算

根据 GB 150，初选螺栓型号 2 1/2。

13.3.3.1 螺栓间距

螺栓间距：

$$A_b = \frac{\pi}{4} d_n^2 \tag{13-33}$$

$$e_1 = \frac{A_b [\sigma]_b^t}{p\left(\frac{G}{2} + 2mb\right)} \tag{13-34}$$

式中　A_b——单个螺柱的有效横截面积，mm^2；

d_n——螺柱螺纹小径，mm，d_n=23.6mm；

e_1——螺栓间距，mm；

$[\sigma]_b^t$——设计温度下螺柱材料的许用应力，MPa，$[\sigma]_b^t$=143MPa。

将数据代入上式计算得：

$$A_b = \frac{\pi}{4} \times 23.2^2 = 437.21(\text{mm}^2)$$

$$e_1 = \frac{437.21 \times 143}{1 \times \left(\frac{384}{2} + 2 \times 1.25 \times 2.53\sqrt{15}\right)} = 288.79(\text{mm})$$

螺栓间距 $e \leqslant e_1$，取 $e = 285\text{mm}$。

13.3.3.2　螺栓个数

螺栓个数：

$$Z = 2400 / 285 = 9(个)$$

13.3.3.3　预紧状态下需要的最小螺栓载荷

预紧状态下需要的最小螺栓载荷：

$$W_a = F_a = 3.14 D_G by = 3.14 \times 384 \times 2.53\sqrt{15} \times 2.8 = 33081.5(\text{MPa})$$

操作状态下需要的最小螺栓载荷：

$$W_p = F_p + F = 0.785 D_G^2 P_c + 6.28 D_G bm P_c = 0.785 \times 384^2 \times 1 +$$
$$6.28 \times 384 \times 1.25 \times 2.53\sqrt{15} \times 1 = 145290(\text{MPa})$$

13.3.3.4　螺栓面积

预紧状态下需要的最小螺栓面积：

$$A_a = \frac{W_a}{[\sigma]_b} = \frac{33081.5}{143} = 231.3(\text{mm}^2)$$

操作状态下需要的最小螺栓面积：

$$A_p = \frac{W_p}{[\sigma]_b^t} = \frac{145290}{143} = 1016(\text{mm}^2)$$

需要的螺栓面积 A_m 取 A_a 与 A_p 之大值，即：

$$A_m = 1016(\text{mm}^2)$$

实际螺栓面积 A_b 应不小于需要的螺栓面积 A_m，所以：

$$A_b = 1016(\text{mm}^2)$$

13.3.3.5　螺栓设计载荷

预紧状态螺栓设计载荷：

$$W = F_G = \frac{A_m + A_b}{2}[\sigma]_b = \frac{1016 + 1016}{2} \times 143 = 145288(\text{MPa})$$

操作状态下螺栓设计载荷：

$$W = W_p = 145288(\text{MPa})$$

13.4　喷淋装置的设计计算

13.4.1　喷嘴的选择

喷嘴的选择要求雾化效果好、喷液量大、喷射角大、喷射面积大。

喷水量 q 与喷水压力 p 和出口孔径 d_o 之间的关系为：

$$q = 73.756 p^{0.475} d_o^{0.844} \tag{13-35}$$

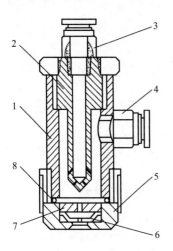

图 13-3 PX 型喷嘴结构示意图
1—喷头体；2—气泡发生器；3—进气管接头；
4—进气（液）5—喷头帽；6—喷片；
7—喷片压块；8—密封圈

可选用 PX 型喷嘴，如图 13-3 所示。

管箱面积为：

$$S = 1.5 \times 1.6 = 2.4(\text{m}^2)$$

取喷头到管箱上表面距离为 180mm，以使水雾完全覆盖管箱。

喷嘴个数：

$$n_o = 5 \times 6 = 30$$

系统总喷水量：

$$G = 1901.2 \times 0.018 \times 590.311 = 20.2(\text{kg/s})$$

单个喷嘴的喷水量：

$$q = \frac{W}{n_o} = \frac{20.2}{30} = 0.67(\text{kg/s})$$

选择喷液速度为 8m/s，则由 $Q = Av$ 得到喷嘴直径为 2mm。

13.4.2　喷管的选择与计算

安装喷嘴的喷管选取公称直径 DN=50mm 的焊接钢管。

所需要的喷管个数：

$$n_1 = 9$$

单个喷管上的喷水量：

$$w = \frac{W}{n_1} = \frac{20.2}{9} = 2.24(\text{kg/s}) = 0.0038(\text{m}^3/\text{s})$$

喷管内流体的流量：

$$Q = w = 0.0038(\text{m}^3/\text{s})$$

喷管内流体的流速：

$$v_1 = \frac{Q}{\left(\frac{D_1}{2}\right)^2 \pi} = \frac{0.0038}{\left(\frac{0.050}{2}\right)^2 \times 3.14} = 1.94(\text{m/s})$$

总供水管道选取公称直径 DN=100mm 的焊接钢管。

管道内流体的流量：

$$Q = W = 20.2(\text{kg}/\text{s}) = 0.034(\text{m}^3/\text{s})$$

管道内流体的流速：

$$v_2 = \frac{Q}{\left(\frac{D_2}{2}\right)^2 \pi} = \frac{0.034}{\left(\frac{0.100}{2}\right)^2 \times 3.14} = 4.33(\text{m/s})$$

13.4.3　水泵的选择与计算

水泵的流量：

$$Q = W = 0.34 (\text{m}^3/\text{s})$$

水泵的压力：

$$\Delta p = 1.2 p_\text{o} + \rho g h = 1.2 \times 30 + 590.3 \times 10 \times 2.5 = 14.75 (\text{kW})$$

标准化后选择功率为 15kW、扬程为 2.5m 的水泵。

参考文献

［1］NB/T 47007—2010.

［2］JB/T 4758.

［3］JB/T 4740—1997.

［4］GB 150—2011.

［5］［日］尾花英朗. 徐中权，译. 热交换器设计手册［M］. 北京：石油工业出版社，1982.

［6］马义伟. 空冷器设计与应用［M］. 哈尔滨：哈尔滨工业大学出版社，1998.

［7］樊丽娟，黄翔. 管式间接蒸发冷却器管外亲水膜的实验研究［J］. 西安工程大学学报，2010，24（4）：458-462.

［8］欧阳琴. 采用亲水膜的汽车空调蒸发器传热性能及空气阻力特性研究［D］. 长沙：中南大学，2007.

［9］高诚. 表面蒸发空冷器的应用［J］. 当代化工，2005，34（3）：223-225.

［10］丁尔谋. 发电厂空冷技术［M］. 北京：水利电力出版社，2008.

［11］编委会. 热交换器设计计算与传热强化及质量检验标准规范实用手册［M］. 北京：北方工业出版社，2012.

［12］董其伍. 石油化工设备设计选用手册换热器［M］. 北京：化学工业出版社，2009.

［13］顾晶，裴红. 高压空冷器管箱的制造［J］. 压力容器，2005，22（1）：25-28.

［14］任世科，刘雪梅，党兴鹏. 表面蒸发空冷器的腐蚀及防护措施［J］. 压力容器，2006，23（10）：45-47.

［15］李荣玲，张天仓. 蒸发冷却器在空冷机组辅机系统的应用［J］. 山西电力，2009（S1）：76-79.

［16］刘会强. 表面蒸发式空冷器的工业应用及问题分析［J］. 石油化工设备技术，2001（5）：1-2.

致　　谢

在本书即将完成之际，深深感谢在项目研究开发及专利技术开发方面给予关心和帮助的老师、同学及同事们。

（1）感谢梁萍、贾春燕、潘阳杰、杨戈在第 2 章 LNG 空温式汽化器设计计算技术方面所做的大量试算工作，最终完成了对 LNG 空温式汽化器汽化工艺及换热工艺设计计算过程，并掌握了 LNG 空温式汽化器的结构设计计算技术。

（2）感谢邱士昱、张玉、袁攀、范富强在第 3 章天然气板翅式换热器设计计算技术方面所做的大量试算工作，最终完成了对天然气板翅式换热器换热工艺设计计算过程，并掌握了天然气板翅式换热器的结构设计计算技术。

（3）感谢韩铭、吴彦亮、李爱林、潘蓉、卿晨在第 4 章天然气螺旋折流板式换热器设计计算技术方面所做的大量试算工作，最终完成了对天然气螺旋折流板式换热器换热工艺设计计算过程，并掌握了天然气螺旋折流板式换热器的结构设计计算技术。

（4）感谢戴光美、白映智、李成程、郭明阳在第 5 章天然气干式空冷器设计计算技术方面所做的大量试算工作，最终完成了对天然气干式空冷器换热工艺设计计算过程，并掌握了天然气干式空冷器的结构设计计算技术。

（5）感谢罗玲、李瑞童、黄国民、泽晗在第 6 章天然气板式换热器设计计算技术方面所做的大量试算工作，最终完成了对天然气板式换热器换热工艺设计计算过程，并掌握了天然气板式换热器的结构设计计算技术。

（6）感谢石兴天、沈军、郭张楚、吕宝满在第 7 章天然气浮头式换热器设计计算技术方面所做的大量试算工作，最终完成了对天然气浮头式换热器换热工艺设计计算过程，并掌握了天然气浮头式换热器的结构设计计算技术。

（7）感谢姚永东、米凯、马元文、范振宏在第 8 章天然气螺旋板式换热器设计计算技术方面所做的大量试算工作，最终完成了对天然气螺旋板式换热器汽化工艺及换热工艺设计计算过程，并掌握了天然气螺旋板式换热器的结构设计计算技术。

（8）感谢翟有蓉、王谦、高潮、卡比娜.库尔班在第 9 章天然气 U 形管式换热器设计计算技术方面所做的大量试算工作，最终完成了对天然气 U 形管式换热器汽化工艺及换热工艺设计计算过程，并掌握了天然气 U 型管式换热器的结构设计计算技术。

（9）感谢张丹、姚明亮、毛文博、曹雄林在第 10 章天然气板壳式换热器设计计算技术方面所做的大量试算工作，最终完成了对天然气板壳式换热器换热工艺设计计算过程，并掌握了天然气板壳式换热器的结构设计计算技术。

（10）感谢魏淏、赵皓辰、邱新安、王彦龙在第 11 章 LNG 燃烧式汽化器设计计算技术方面所做的大量试算工作，最终完成了对 LNG 燃烧式汽化器汽化工艺及换热工艺设计计算过程，并掌握了 LNG 燃烧式汽化器的结构设计计算技术。

（11）感谢罗萌、丁一、麻荣、刘鑫在第 12 章天然气缠绕管式换热器设计计算技术方面所做的大量试算工作，最终完成了对天然气缠绕管式换热器换热工艺设计计算过程，并掌握了天然气缠绕管式换热器的结构设计计算技术。

（12）感谢顾元元、张明亮、李刚、王亚鑫在第 13 章天然气表面蒸发空冷器设计计算技术方面所做的大量试算工作，最终完成了对天然气表面蒸发空冷器换热工艺设计计算过程，并掌握了天然气表面蒸发空冷器的结构设计计算技术。

（13）感谢田源、张梓洲两位同学在本书编辑过程中所做的大量编排整理工作。

另外，感谢兰州交通大学众多师生们的热忱帮助，对你们在本书所做的大量工作表示由衷的感谢，没有你们的辛勤付出，相关设计计算技术及本书也难以完成，这本书也是兰州交通大学广大师生们共同努力的劳动成果。

在本书涉及项目产品研究开发过程中，受到兰州兰石换热设备有限责任公司、甘肃中远能源动力工程有限公司等科研单位及相关单位科研工作者及领导的支持与帮助，一并感谢。

最后，感谢在本书编辑过程中做出大量工作的＊＊出版社＊＊老师的耐心修改与宝贵意见，非常感谢。

兰州交通大学
兰州兰石换热设备有限责任公司
甘肃中远能源动力工程有限公司
张周卫　苏斯君　张梓洲　田源
2017 年 11 月 16 日